Rolf Rehm
Flugfunk in der Praxis
Fester und beweglicher Flugfunkdienst,
Funknavigation und Flugwetterfunk

Fachbücher von

aus der Reihe
funk-technik-berater:

Funk und Computer (FTB 1)

DX-World-Guide (FTB 3)

Packet-Radio (FTB 6)

CB-Funk leicht gemacht (FTB 7)

Englisch für CB-Funker (FTB 8)

Fax für Funkamateure (FTB 9)

Meine Rechte als CB-Funker (FTB 10)

CB-Funk –
Das Handbuch für den Praktiker (FTB 11)

RTTY UND AMTOR (FTB 12)

Betriebstechnik für Funkamateure
(FTB 13)

CB-Funk – Weitverbindungen
mit Erfolg (FTB 14)

Kurzwelle Hören (FTB 15)

"QRP" – Mit kleiner Leistung rund
um die Welt (FTB 17)

Nachrichtentechnik der Nationalen Volksarmee – Teil 1: Funkmittel und Antennen 1956 - 1990 (FTB 18)

Minispione - Schaltungstechnik Band 1
(FTB 19)

Minispione - Schaltungstechnik Band 2
(FTB 20)

Radio in der BRD (FTB 21)

Erfolgreiche DX-Praxis für Funkamateure und Kurzwellenhörer (FTB 22)

CB-Funk – Zusatzgeräte und Zubehör –
Alles für den optimalen Funkeinsatz
(FTB 23)

funk Antennen-Report (FTB 24)

Amateurfunk DX-Praxis (FTB 25)

CW-Handbuch für Funkamateure –
Grundlagen – Technik – Praxis (FTB 26)

Das QRP-Baubuch – Entwurf und Bau von
Amateurfunkgeräten mit kleiner Leistung
(FTB 27)

Praxiserprobte Meßtechnik für Funkamateure
(FTB 28)

Tips und Tricks rund um das Funkgerät (FTB 29)

funk – Bauanleitungen für Funkamateure und
Hobbyelektroniker (FTB 30)

Amateurfunk-Elektronik – Zusatzgeräte selbst
gebaut (FTB 31)

Zusatz- und Meßgeräte im CB-Funk
(FTB 32)

Packet-Radio im CB-Funk (FTB 33)

Flugfunk in der Praxis

Fester und beweglicher Flugfunkdienst,
Funknavigation und Flugwetterfunk

Rolf Rehm

Verlag für Technik und Handwerk
Baden-Baden

 **Fachbuch**

funk-technik-berater
Best.-Nr.: FTB 34

Die Deutsche Bibliothek - CIP-Einheitsaufnahme

> **Rehm, Rolf:**
> Flugfunk in der Praxis : fester und beweglicher Flugfunkdienst, Funknavigation und Flugwetterfunk / Rolf Rehm. - Baden-Baden : Verl. für Technik und Handwerk, 1995
>   (Funk-Technik-Berater ; 34) (vth-Fachbuch)
>   ISBN 3-88180-334-3
> NE: 1. GT

Das Foto auf der Titelseite zeigt eine Lufthansa Boeing 747-400 kurz vor der Landung auf dem Flughafen Hongkong Kai Tak
                        (Foto: Deutsche Lufthansa GmbH)

Das Cockpit-Foto wurde aufgenommen in einem Sport- und Reiseflugzeug des Typs Cessna C 182 P   (Foto: Autor)

ISBN 3-88180-334-3

© 1995 by Verlag für Technik und Handwerk
Postfach 2274, 76492 Baden-Baden

Alle Rechte, besonders das der Übersetzung, vorbehalten. Nachdruck und Vervielfältigung von Text und Abbildungen, auch auszugsweise, nur mit ausdrücklicher Genehmigung des Verlages.

Printed in Germany
Druck: Fortuna-Druck, Kuppenheim

Inhaltsverzeichnis

Vorwort 9
Zu diesem Buch 10

Abschnitt I: Flugbetriebsverfahren im beweglichen Flugfunkdienst 11
  Frequenzbereiche des beweglichen Flugfunkdienstes 11
    Der VFL-Bereich 11
    Der LF-Bereich 11
    Der MF-Bereich 11
    Der HF-Bereich 11
      Der bewegliche Flugfunkdienst „route" und „off-route" 12
      Die Frequenzen des beweglichen Flugfunkdienstes im HF-Bereich ... 12
      Regionale HF-Frequenzen (RDARA) 13
      Internationale HF-Frequenzen (MWARA) 14
      HF-Frequenzen für den internationalen Flugwetterfunk (VOLMET) ... 14
      HF-Frequenzen der Bodenfunkstellen der internationalen Luftverkehrs-
      gesellschaften (LDOC) 15
    Der VHF-Bereich 15
    Der UHF-Bereich 16
    Der SHF-Bereich 17
    Der EHF-Bereich 17
  Kurzbezeichnung der Frequenzbänder 17
  Abwicklung des Flugfunkverkehrs 18
  Meldungen im beweglichen Flugfunkdienst 18
  Private Meldungen im Flugfunkdienst 19
  Rufzeichen der Luftfunkstellen 19
  Rufzeichen der Bodenfunkstellen 24
  Die Flugverkehrsdienste 25
  Der Flugberatungsdienst 27
  Der NOTAM-Code 28
    Der NOTAM-Code: Entschlüsselung 29
  Die Flugverkehrsregionalstelle 36
  Die Luftraumstruktur 36
  Unterer und oberer Luftraum 38

Flugregeln	39
Verkehrsstaffelung	39
Höhenmessereinstellungen	40
Probleme der Höhenstaffelung	41
Ein Beispielflug: Mit dem Jumbo-Jet von Frankfurt nach New York	43
Am Flughafen	43
Die Flughafenkontrolle	45
Unkontrollierte Flugplätze	51
Abflugkontrolle	54
Bezirkskontrolle	60
Die Atlantiküberquerung	61
Über Nordamerika	69
Wirbelschleppenkategorien	70
Anflug auf New York	72
Am Zielflughafen	81
Präzisionsanflüge	81
GCA-Anflüge	81
Nichtpräzisionsanflüge	82
Localizer-Anflüge	82
Der VOR-Anflug	82
Der NDB-Anflug	82
Das Durchstartmanöver	85
Sichtanflüge	85
Sichtanflughilfen	88
Visual Approach Slope Indicator System (VASIS)	88
Das PAPI-System	88
Die Frequenztabelle	88
Tabelle 1: Tabelle der Flughäfen und Landeplätze	89
Tabelle 2: Kurzwellen-Frequenztabelle	118
Tabelle 3: VHF-Frequenztabelle	150
Abschnitt II: Flugwetterfunk	**153**
Flugwetterberichte (METAR/SPECI)	153
METAR/SPECI-Schlüssel	154
Flugwettervorhersagen (TAF - Terminal Aerodrome Forecast)	165
Zusätzliche Angaben im TAF	169
Ergänzung der Flugplatzwettervorhersage	170
Der nordamerikanische Wettercode	171
Militärische Wettermeldungen	176
Signifikante meteorologische Erscheinungen (SIGMET)	177
Automatische Wettersender (VOLMET)	181
Aerodrome Terminal Information Service (ATIS)	183
Meldungen über Schnee, Schneematsch und Eis auf den Start-/Landebahnen (SNOWTAM)	185
AIREP-Meldungen	188

Frequenztabelle zum Flugwetterfunk 190
Frequenztabelle der VOLMET-Sender auf Kurzwelle 191
VOLMET- und ATIS-Sender im VHF-Flugfunkbereich 201
FIS-Rundfunksendungen 204

Abschnitt III: Die Technik 205
   Flugzeugantennen 205
   Kurzwellenantennen am Flugzeug 205
   Kommunikationstechnik 205
   Der VHF-Flugfunktransceiver 209
   Der UHF-Flugfunktransceiver 215
   Der KW-Flugfunktransceiver 216
   Das Audio Selector Panel 219
   Das SelCal-System 220
   Das CalSel-System 221
   Das Intercom-System 223
   Die Passenger-Adress-Anlage (PA) 224
   Der Cockpit Voice Recorder (CVR) 224
   Der Emergency Locator Transmitter (ELT) 224
   Funknavigationstechnik 226
   Bodenpeilanlagen (VDF,UDF) 226
      Bestimmung der Position: QTF 229
   Ungerichtete Funkfeuer - Nondirectional Radio Beacon, NDB 229
   Automatische Peilempfänger - Automatic Direction Finder, ADF 231
      Prinzip der automatischen Peilung 232
   Gerichtete Funkfeuer - VHF Omnidirectional Radio Range (VOR) 236
   Der VOR-Empfänger 239
   Doppler-VOR-Anlagen 240
   Entfernungsmeßeinrichtung - Distance Measuring Equipment (DME) 241
      DME Bord- und Bodenanlagen 242
   Tactical Air Navigation - TACAN 245
   Markierungsfunkfeuer - Marker Beacons 245
   Das Instrumenten-Lande-System ILS 246
      Der Localizer (LLZ) 247
      Der Glidepath (GP) 250
      Einflugzeichensender 251
         Voreinflugzeichensender 251
         Der Haupteinflugzeichensender 251
         Inneres Markierungsfunkfeuer 252
      ILS-Anzeigegeräte 252
      Praktische Anwendung des ILS 252
   Das RMS-Präzisionsanflugsystem 254
      Der KRM-Landekurssender 254
      Der GRM-Gleitwegsender 254
      Markierungsfunkfeuer 255

RMS-Frequenzen 255
Das Satellitennavigationssystem NAVSTAR/GPS 255
    Funktionsprinzip von NAVSTAR/GPS 255
    Technik des Satellitennavigationssystemes 256
Sekundärradaranlagen 258
Ausblick in die Zukunft 261
Die Frequenztabelle 261
Tabelle der Funknavigationsanlagen 262

Abschnitt IV: Der feste Flugfunkdienst 280
Aufbau des festen Flugfernmeldedienstes 280
Struktur des deutschen AFTN 280
Die Flugfernmeldestelle 281
Art der Meldungen im festen Flugfunkdienst 282
Das Meldungsformat 283
Standardmeldungen 291
Verkürztes Meldungsformat 292
Betriebstechnik der AFTN-Stationen 293
    Rufzeichen der AFTN-Funkstellen 293
    Telegraphiebetrieb im AFTN 293
        Rufen zur Kontaktaufnahme 294
        Antwort der angerufenen Stationen 294
        Übermittlung des Meldungstextes 294
        Unterbrechung einer Aussendung 294
        Empfangsbestätigung einer Meldung 295
        Streichung einer Meldung 295
        Doppelaussendung einer Meldung 296
        Meldungskorrekturen 296
    Fernschreibbetrieb im AFTN 296
        Überprüfung der Übertragungskanäle 297
Übermittlung von Informationen als Klartextaussendung 298
AFTN-Frequenzangaben 298
Frequenztabelle des festen Flugfunkdienstes 299

Anhang A: ICAO-Ortskenner 303
Anhang B: Konvertierung von Maßeinheiten 306
Anhang C: Literaturverzeichnis 307

Vorwort

Das Flugzeug - in 100 Jahren von den abenteuerlichen Anfängen Otto Lilienthals in den Krielower Bergen zum Massentransportmittel der neunziger Jahre. Obwohl schon längst zum alltäglichen Bild von heute gehörend, strahlt der Düsenjet als kleines Wunderwerk der Technik noch immer die Faszination der weiten Ferne und des schnellen Reisens aus. Für den Geschäftsreisenden so gewöhnlich wie das eigene Auto, für den Urlauber das sichere Verkehrsmittel in den langersehnten Traumurlaub, für die Flugzeugbesatzung der tägliche Arbeitsplatz. Das Flugzeug ist aus unserer heutigen mobilen Welt kaum mehr herauszudenken. Aber ist ein „normaler", tagtäglich stattfindender Langstreckenflug wirklich so einfach und durchschaubar, wie er dem Flugreisenden oft erscheint? Versteht der Passagier bei seinem flüchtigen Besuch im Cockpit, wie der Pilot auch bei schlechtestem Wetter das Flugzeug sicher zum richtigen Flughafen lenkt und den Jet dort sanft auf die Landebahn aufsetzt? Kann der Kurzwellenhörer das Piloten- und Fluglotsenkauderwelsch deuten, welches er zwischen den Rundfunksignalen exotischer Radiosender mit seinem Kurzwellenempfänger aufnimmt? Oder spiegelt uns gerade die hohe Zuverlässigkeit des Transportmittels Flugzeug eine Einfachheit der Systeme vor, die in der Praxis gar nicht gegeben ist?

An dieser Stelle setzt das Buch ein: Als Leser erhalten Sie ein fundiertes Basiswissen im Bereich der modernen Flugdurchführung, um aus der Sicht des Beobachters im Cockpit an einem Langstreckenflug von Frankfurt nach New York teilzunehmen. Nach der Ankunft am Zielflughafen sind Sie nicht nur in der Lage, die benutzte Phraseologie im UKW- und KW-Flugfunkverkehr zu entschlüsseln, sondern besitzen gleichwohl auch einen Überblick über die Anwendung der gebräuchlichsten Funknavigationshilfen.

Die nachfolgenden Kapitel bieten die Möglichkeit, das erworbene Wissen noch weiter zu vertiefen: Hier finden sich technisch detaillierte Informationen über die Arbeitsweise der Funknavigationsanlagen am Boden sowie im Flugzeug, Einzelheiten zum internationalen Flugwetterfunk sowie eine Beschreibung des festen Flugfunkdienstes. In tabellarischer Form sind die gebräuchlichsten Frequenzen der zivilen Flug- und Flugwetterfunkdienste aufgeführt, im Anhang befindet sich zusätzlich noch eine Übersicht der im Flugfunkbereich verwendeten Abkürzungen und Maßeinheiten. Hier findet der fluginteressierte Funkfreund alle Informationen, um einen Blick hinter die Kulissen der weiten Fliegerwelt zu werfen.

Viel Spaß dabei!

Zu diesem Buch

Das Buch gliedert sich in vier große Kapitel: Abschnitt I umfaßt die Flugbetriebsverfahren im beweglichen Flugfunkdienst, Abschnitt II den Flugwetterfunk, Abschnitt III die Technik mit dem Schwerpunkt Boden- und Bordanlagen der Funknavigation, Abschnitt IV schließlich den festen Flugfunkdienst. Am Ende eines jeden Abschnittes befinden sich ausführliche Frequenztabellen, die einerseits den „Wellenjäger" unterstützen, andererseits Hilfe beim Auffinden eines ganz bestimmten Funkdienstes bieten.

Im Jahre 1993 gab es im Bereich des Flug- und Flugwetterfunkes einige Änderungen, angefangen am 1. Januar 1993 mit der Privatisierung der bis dahin zuständigen Bundesanstalt für Flugsicherung (BFS) und ihrer Ablösung durch die neugegründete Deutsche Flugsicherung GmbH (DFS) mit Sitz in Offenbach/Main. Im vorliegenden Buch sind alle Neuerungen des Jahres 1993 enthalten: Die Luftraumumstrukturierung nach Muster der International Civil Aviation Organisation (ICAO) am 1. April 1993, die Änderung zu den Wetterschlüsseln METAR, SPECI, TAF und SIGMET am 1. Juli 1993. Ebenso die Frequenzbereichserweiterung des zivilen UKW-Flugfunkbandes bis 137 MHz, als deren Konsequenz nach und nach die Frequenzen der FIR Bremen, FIR Düsseldorf und FIR Frankfurt sowie von Rhein UIR in den neuen Frequenzbereich zwischen 136 MHz und 137 MHz verlegt werden. Die für die deutschen Flughäfen und Landeplätze aufgeführten ICAO-Ortskenner entsprechen dem neuestens Stand vom 5. Januar 1995.

Noch ein Hinweis zur Anwendung der Frequenztabellen: Nach bestehender Rechtsgrundlage sind diejenigen Personen von der aktiven Teilnahme am Flugfunkdienst ausgeschlossen, die nicht im Besitz eines gültigen, vom Bundesministerium für Post und Telekommunikation (BMPT) ausgestellten oder anerkannten Funksprechzeugnisses für den Flugfunkdienst sind. Entsprechend dem Fernmeldeanlagengesetz darf die Tatsache des zufälligen Empfangs sowie Inhalt dieser Flugfunkaussendungen Dritten nicht mitgeteilt werden. Die für den Funkempfang im Bereich der Bundesrepublik Deutschland verwendeten Geräte müssen den BMPT-Vorschriften entsprechen, also ein CE-, BZT- oder BMPT-zeichen tragen. Bitte beachten Sie diese Vorschriften oder die nationale Gesetzgebung Ihres Landes.

Besonderer Dank gilt der Firma Jeppesen, Frankfurt für die Bereitstellung des Kartenmaterials, der Deutschen Flugsicherung GmbH, Offenbach, dem AIS-Büro Frankfurt sowie der Bildstelle der Deutschen Lufthansa, Köln.

Rolf Rehm
Frankfurt, im Januar 1995

Abschnitt I:
Flugbetriebsverfahren im beweglichen Flugfunkdienst

Dieses Kapitel ist als Einführung in den technischen und organisatorischen Ablauf des modernen Flugbetriebes gedacht. Auch wenn der Themenbereich zuweilen weit ausgeholt erscheint - ohne diese Grundlage vermag kaum jemand Inhalt und Bedeutung der Flugbetriebsmeldungen zu entschlüsseln. Nach einem kurzen Blick auf die Grundlagen der Flugfunkbetriebstechnik geht es in diesem Kapitel schließlich mit dem Jumbo-Jet über den Nordatlantik zum John-F.-Kennedy-Airport in New York.

Frequenzbereiche des beweglichen Flugfunkdienstes

Flugfunk- und Funknavigationsanlagen sind im Frequenzspektrum von etwa 10 kHz (Navigationssender) bis 37.5 GHz (Vorfeldradar) angesiedelt. Am interessantesten dürfte hiervon der Flug- und Wetterfunk sein, der - in Klartext ausgestrahlt - im Frequenzbereich von etwa 2800 kHz bis 400 MHz zu finden ist. Hier eine Übersicht:

Der VLF-Bereich

Der Bereich der sehr niedrigen Frequenzen („Very Low Frequency" - VLF) umfaßt Frequenzen von 3kHz bis 30 kHz, was einer Wellenlänge von 100 km bis 10 km entspricht. In diesem Bereich liegen Sender des OMEGA-Navigationssystemes (10 kHz bis 14 kHz) sowie zusätzliche VLF-Sendestationen für die militärische Langstreckennavigation (10 kHz bis 30 kHz).

Der LF-Bereich

Niedrige Frequenzen („Low Frequency" - LF) sind Frequenzen von 30 kHz bis 300 kHz, entsprechend einer Wellenlänge von 10 km bis 1 km. Hier arbeiten die Funknavigationsanlagen DECCA (70 kHz bis 135 kHz), LORAN C (100 kHz), CONSOL (200 kHz bis 500 kHz) und ungerichtete Funkfeuer NDB („Nondirectional Beacon", 200 kHz bis 1750 kHz).

Der MF-Bereich

Mittlere Frequenzen („Medium Frequency" - MF) erstrecken sich von 300 kHz bis 3000 kHz mit einer Wellenlänge von 1000 m bis 100 m. In diesem Bereich sind ebenfalls die auch im LF-Bereich arbeitenden CONSOL- und NDB-Sender zu finden (bis 500 kHz CONSOL, bis 1750 kHz NDB). Hier liegen auch die zur Langstreckenkommunikation benutzten Frequenzen (ab etwa 2800 kHz).

Der HF-Bereich

Als HF-Bereich („High Frequency" - HF) wird das Frequenzspektrum von 3 MHz bis 30 MHz mit einer Wellenlänge von 100 m bis 10 m bezeichnet. Hier befinden sich keine Navigationsanlagen, der Frequenzbereich wird ausschließlich zur Langstreckenkommunikation von zivilen und militärischen Flugfunkstellen genutzt (2,8 MHz bis 23,4 MHz). Heutzutage sind die Aussendungen einseitenbandmoduliert („Single Side Band" - SSB/Einseitenbandmodulation mit unterdrücktem Träger J3E), wobei stets das obere Seitenband („Upper Side Band" - USB) verwendet wird. Sehr selten arbeiten einige Wettersender auch noch mit der Amplitudenmodulation (AM/A3E).

Der bewegliche Flugfunkdienst „route" und „off-route"

Bei der Erstellung der Frequenzverteilungspläne des beweglichen Flugfunkdienstes in den fünfziger Jahren wurde zwischen zwei Benutzergruppen unterschieden: Flugverkehrsteilnehmer „on-route" oder „route" einerseits sowie „off-route" andererseits. Mit „off-route" war hier der Luftverkehr abseits der internationalen Luftstraßen gemeint (zu dieser Zeit insbesondere der militärische Flugverkehr), „route" stand entsprechend für den Flugverkehr entlang der festgelegten Strecken für die Zivilluftfahrt. Diese Unterscheidung ist heutzutage wenig zweckmäßig, denn aufgrund der modernen Radarführung sowie der fortgeschrittenen Navigationstechnik kommt es immer häufiger zu einer Durchmischung des Luftverkehrs. Vielfach fliegen Zivilflugzeuge bereits planmäßig Abkürzungen abseits jeglicher Luftstraßen, ohne damit gleich zum „off-route"-Verkehr im eigentlichen Sinne zu gehören - die Bezeichnung „route" und „off-route" wirkt hier irreführend; geblieben sind jedoch die nach „route" und „off-route" getrennten Frequenzzuweisungen für den zivilen und militärischen Luftverkehr. Deswegen wird in diesem Buch stattdessen zwischen den militärisch genutzten Frequenzen (ehemals „off-route"-Funkverkehr) sowie dem zivilen Frequenzbereich (vormals „route"-Funkverkehr) unterschieden, um die verschiedenen Benutzergruppen der einzelnen Flugfunkfrequenzen deutlich werden zu lassen. Da der Zuteilungsplan für „route"- und „off-route"-Frequenzen sehr alt ist, sind darüber hinaus immer häufiger auch zivile Funkstellen im „off-route"-Frequenzbereich anzutreffen (beispielsweise die Arbeitsfrequenzen einzelner Fluggesellschaften). Im UKW-Bereich existiert eine ähnliche Trennung: Die UHF-Frequenzen des beweglichen Flugfunkdienstes werden ausschließlich von militärischen Funkstellen belegt. Da allerdings Zivilflugzeuge gemäß ihrer Ausrüstungspflicht nur Sende- und Empfangsanlagen für den zivilen Flugfunkbereich an Bord haben, arbeiten viele militärische Kontrollstellen auch gleichzeitig im VHF-Band (als Beispiel sei hier die VHF-Towerfrequenz 122.100 MHz der Militärflughäfen genannt). Um Militärflugzeugen die Benutzung von zivilen Lufträumen oder Flugplätzen zu ermöglichen, besitzen die zivilen Kontrollstellen zusätzlich Arbeitsfrequenzen im UHF-Bereich. Natürlich haben militärische Luftfahrzeuge, die häufig einer zivilen Flugverkehrskontrolle unterliegen - beispielsweise Transportflugzeuge - sowohl UHF- wie auch VHF-Funkgeräte an Bord. Der Umbildungsprozess der Bundesanstalt für Flugsicherung (BFS) in die privatwirtschaftlich arbeitende Deutsche Flugsicherung GmbH (DFS) schließt auch die Übernahme der überörtlichen militärischen Flugsicherung mit ein.

So kontrollieren also immer mehr zivile Fluglotsen auch den militärischen Streckenflugverkehr. Hier wird die Tendenz in der modernen Flugsicherung deutlich: Die Kontrolle des zivilen sowie des militärischen Verkehrs erfolgt zentral durch eine einzige Luftverkehrskontrollstelle. Anstelle von zwei parallel nebeneinander arbeitenden Kontrollzentralen für Zivil- und Militärflüge ist nur noch eine Kontrollstelle für den gesamten Luftverkehr zuständig - und diese arbeitet dann sowohl im zivilen wie auch im militärischen Flugfunkbereich.

Die Frequenzen des beweglichen Flugfunkdienstes im HF-Bereich

In den folgenden Frequenzabschnitten arbeiten Stationen des zivilen beweglichen Flugfunkdienstes. Diese Frequenzen liegen in den ursprünglich festgelegten Flugfunk-"route"-Bereichen:

r-oute

    2850 kHz bis 3020 kHz
    3400 kHz bis 3500 kHz
    4650 kHz bis 4700 kHz
    5450 kHz bis 5680 kHz
    6525 kHz bis 6685 kHz
    8815 kHz bis 8965 kHz
  10005 kHz bis 10100 kHz
  11275 kHz bis 11400 kHz
  13260 kHz bis 13360 kHz
  17900 kHz bis 17970 kHz
  21925 kHz bis 22000 kHz

Auf den Frequenzen der ursprünglich zugeteilten „off-route"-Bereiche arbeiten vorwiegend militärische, vereinzelt aber auch zivile Flugfunkstellen. Ebenso liegen die internationalen Notfrequenzen („international distress frequencies") in diesen Bandabschnitten. Aufgrund des Alters des Frequenzverteilungsplanes befinden sich die hier veröffentlichten aktuellen Frequenzen teilweise außerhalb der eigentlichen „off-route"-Segmente:

off-route

    3020 kHz bis 3155 kHz
    3800 kHz bis 4550 kHz
    4700 kHz bis 4750 kHz
    5680 kHz bis 5740 kHz
    6680 kHz bis 6850 kHz
    8965 kHz bis 9150 kHz
  11175 kHz bis 11275 kHz
  13200 kHz bis 13260 kHz
  15010 kHz bis 15100 kHz
  17970 kHz bis 18060 kHz
  23200 kHz bis 23350 kHz

Regionale HF-Frequenzen (RDARA)

Die Flugfunkfrequenzen des HF-Bereiches werden nach ihrer Verwendung für den Kurz- und Mittelstreckenverkehr sowie den Langstreckenverkehr unterschieden. Die Zuweisung der regionalen Kurzwellenfrequenzen an die für Inlands- und Kontinentalflüge zuständigen Kontrollzentren erfolgt dabei in Abhängigkeit vom Standort der Bodenfunkstelle. Hierzu wird die Erde in Gebiete der Regional- und Inlandsflugstrecken eingeteilt, den sogenannten RDA-RA-Zonen („Regional and Domestic Air Route area" - RDARA). Besitzt eine Bodenfunkstelle nur eine Kurzwellenstation (wie heute noch stellenweise in Fernost und Afrika üblich) oder befindet sich das Flugzeug außerhalb der UKW-Reichweite der Bodenfunkstelle, so nimmt der Pilot über eine der RDARA-Frequenzen Kontakt mit der zuständigen Kontrollstelle auf - unabhängig von der Position des Flugzeuges in Relation zum Kontrollzentrum. In den Streckenunterlagen der Besatzung sind die einzelnen Kurzwellenfrequenzen einer Bodenfunkstelle verzeichnet.Hier findet der Pilot die richtige Frequenz anhand des Namens der Kontrollstelle; es ist daher für ihn uninterssant, in welcher RDARA-Zone eine bestimmte Funkstelle liegt. Der Vollständigkeit halber sei hier die Liste der einzelnen RDARA-Zonen aufgeführt:

1 Europa
2 europäischer Teil der ehemaligen UdSSR
3 asiatischer Teil der ehemaligen UdSSR
4 Afrika, nordwestlicher Teil
5 Afrika, nordöstlicher Teil und mittlerer Osten bis Pakistan
6 Asien
7 südliches Afrika
8 Indischer Ozean
9 Südlicher Pazifik
10 Alaska, Kanada und Grönland
11 USA, nördlicher Pazifik
12 Hawaii, Karibik, nördliches Südamerika
13 Südamerika
14 Australien

Durch angehängte Buchstaben werden die einzelnen RDARA-Zonen in weitere Teilgebiete untergliedert. So befindet sich Deutschland in den RDARA-Zonen 1B und 1C, Österreich ebenfalls in der Zone 1C und die Schweiz liegt in der RDARA-Zone 1E. An dieser Stelle sei nochmals betont, daß es sich bei der RDARA-Zoneneinteilung lediglich um eine organisatorische Maßnahme handelt und diese in der Flugfunkpraxis für die Beteiligten unwichtig ist - ganz im Gegensatz zu den MWARA-Zonen der internationalen Langstreckenflugkommunikation.

Internationale HF-Frequenzen (MWARA)

Analog zu der RDARA-Zoneneinteilung der regionalen Frequenzen existiert für die Verwendung der internationalen HF-Frequenzen eine Einteilung der Erde in Gebiete der wichtigen Weltflugstrecken, den sogenannten MWARA-Zonen („Major World Air Route Area" - MWARA). In diesen Gebieten muß der Flugfunkverkehr teilweise auf Kurzwelle abgewickelt werden, da das Flugzeug weitab der Kontinente und damit auch außerhalb der UKW-Reichweite der Bodenfunkstelle fliegt (beispielsweise bei Atlantik- oder Pazifiküberquerungen). Anders als bei den Frequenzen der RDARA-Zonen erfolgt hier die Auswahl der aktuellen Arbeitsfrequenz gemäß der Position des Flugzeuges; für die Piloten ist es bei der Kontaktaufnahme mit der zuständigen Kontrollstelle daher unerläßlich zu wissen, in welcher MWARA-Zone sie sich gerade befinden. Folglich sind in den Streckenunterlagen der Besatzung die HF-Frequenzen in Verbindung mit dem Namen der Kontrollstelle sowie dem entsprechenden MWARA-Bereich verzeichnet. Hier eine Übersicht der einzelnen MWARA-Zonen:

AFI	Afrika	(Africa)
CAR	Karibik	(Caribbean)
CEP	mittlerer Ostpazifik	(Central East Pacific)
CWP	mittlerer Westpazifik	(Central West Pacific)
EA	Ostasien	(East Asia)
EUR	Europa	(Europe)
INO	Indischer Ozean	(Indian Ocean)
MID	mittlerer/ferner Osten	(Middle East) (bis Pakistan/Indien)
NAT	Nordatlantik	(North Atlantic) (Atlantiküberquerungen)
NCA	nördliches Zentralasien	(North Central Asia)
NP	Nordpazifik	(North Pacific)
SAM	Südamerika	(South America)
SAT	Südatlantik	(South Atlantic)
SEA	Südostasien	(South East Asia)
SP	Südpazifik	(South Pacific)

Auf vielbeflogenen Strecken können die MWARA-Zonen durch angehängte Buchstaben oder Zahlen noch weiter unterteilt sein (wie etwa NAT A oder MID 3). Beispielsweise kann bei einer Atlantiküberquerung von Europa in die USA der Pilot anhand des Namens der Kontrollstelle die korrekte Kurzwellenfrequenz entsprechend seiner Flugroute aus den Tabellen NAT A bis F entnehmen.

Um den Kurzwellenfunkverkehr nachvollziehen zu können, sind sowohl die Zuständigkeitsbereiche der Kontrollstellen als auch die Frequenzeinteilung gemäß den MWARA-Bereichen mit in die nachfolgenden Tabellen dieses Buches aufgenommen worden. Darüber hinaus wird in der noch folgenden Beschreibung eines Langstreckenfluges ebenfalls die betriebliche Abwicklung des Kurzwellenflugfunkes bei einer Atlantiküberquerung genauestens geschildert.

HF-Frequenzen für den internationalen Flugwetterfunk (VOLMET)

Wie auch im UKW-Flugfunkbereich üblich, werden auf Kurzwelle automatische Wettersendungen ausgestrahlt (Wetterinformationen für im Flug befindliche Luftfahrzeuge, VOLMET). So kann die Besatzung eines Langstreckenflugzeuges sich schon während des Fluges ein genaues Bild über das tatsächliche Wetter oder eventuelle Wetteränderungen am Zielflughafen machen und Entscheidungen für Umleitungen oder Flüge zu Ausweichflughäfen treffen. Natürlich sind auch den VOLMET-Sendern je nach ihrer geographischen Lage unterschiedliche Frequenzgruppen zugeteilt. Die Einteilung der VOLMET-Zonen geschieht nach folgendem Schema:

AFI	Afrika	(Africa)
CAR	Karibik	(Caribbean)
EUR	Europa	(Europe)
MID	mittlerer Osten	(Middle East)
NAM	Nordamerika	(North America)
NAT	Nordatlantik	(North Atlantic)
NCA	nördliches Zentralasien	(North Central Asia)
PAC	Pazifik	(Pacific)
SAM	Südamerika	(South America)
SEA	Südostasien	(South East Asia)

Auf den VOLMET-Frequenzen werden von einem oder mehreren sich abwechselnden Sendern zu bestimmten Zeiten Wetterberichte, -vorhersagen sowie -warnungen der internationalen Luftstrecken und Flughäfen ausgestrahlt. Eine genaue Erläuterung der VOLMET-Aussendungen im HF- und VHF-Bereich finden Sie im Kapitel „Wetterfunk" dieses Buches.

HF-Frequenzen der Bodenfunkstellen der internationalen Luftverkehrsgesellschaften (LDOC)

Im täglichen Flugbetrieb gibt es immer wieder Situationen, in denen die Besatzung eines Flugzeuges Kontakt zu ihrer Fluggesellschaft oder der am Boden für die Abfertigung des Flugzeuges zuständigen Firma aufnehmen muß. Auf der Kurzstrecke und im Anflug auf Flughäfen geschieht dieses auf sogenannten „Company"-Frequenzen, über welche die Fluggesellschaften, Abfertigungs- und Lieferfirmen und natürlich auch die Flugzeugmechaniker gerufen werden können. Damit auch auf Langstreckenflügen der Kontakt der Flugzeugbesatzung zur Fluggesellschaft nicht abreißt, existieren solche LDOC-Frequenzen („Long Distance Operational Control" - LDOC) ebenfalls im Kurzwellenbereich. Die Frequenzzuweisung geschieht auch hier wieder gemäß der geographischen Lage der Bodenfunkstelle (Funkstelle der Fluggesellschaft) innerhalb einer LDOC-Zoneneinteilung; die entsprechenden Arbeitsfrequenzen sind bestimmten LDOC-Bereichen zugeordnet. Es existieren insgesamt fünf LDOC-Zonen:

1	-	Europa
2	-	Nordamerika
3	-	Asien, Australien, Südpazifik
4	-	Südamerika
5	-	Afrika und mittlerer Osten

Oftmals besitzen große Fluggesellschaften mehrere Frequenzen, um trotz schwankender Ausbreitungsbedingungen (beispielsweise im Tag-/Nachtwechsel) eine ständige Kontaktmöglichkeit zu allen Flugzeugen zu gewährleisten. Im Kurzwellenbereich werden über diese Frequenzen ausschließlich die Langstreckenflüge betreut. Hier erhalten einerseits die Besatzungen Informationen über Wetter, zu erwartende Verzögerungen, Personal- und Flugzeugwechsel. Die Luftverkehrsgesellschaft andererseits kann Unregelmäßigkeiten und Verspätungen im Flugplan schon früh erkennen und organisatorische Ausgleichsmaßnahmen rechtzeitig einleiten. Auf einigen Strecken wird von der Flugzeugbesatzung erwartet, daß sie sich an bestimmten Orten oder zu bestimmten Zeiten bei ihrer Fluggesellschaft meldet, um so aktuelle Informationen über das Flugwetter und den zeitlichen Flugablauf direkt weiterzugeben.

Der VHF-Bereich

Der Bereich der sehr hohen Frequenzen („Very High Frequency" - VHF) umfaßt allgemein das Frequenzband von 30 MHz bis 300 MHz, dieses entspricht einer Wellenlänge von 10 m bis 1 m. Die Frequenzen im Spektrum von 30 MHz bis 144 MHz sind sowohl dem beweglichen Flugfunkdienst (Kommunikation) wie auch dem Funknavigationsdienst (gerichtete Funkfeuer sowie Teile des Instrumenten-Lande-Systems/ILS) zugeordnet. Während im VHF-Flugfunkbereich zivile und militärische Stationen zu finden sind, gehört der VHF-Flugnavigationsbereich ganz alleine den zivilen Funkfeuern und Landehilfen - die aber bei entsprechender Ausrüstung auch von Militärflugzeugen genutzt werden können. Weltweit ist der VHF-Bereich - insbesondere der Abschnitt von 108 MHz bis 137 MHz - der wichtigste und damit auch der meistbenutzte Flugfunkbereich. Hier eine Übersicht:

30 bis 74 MHz:

In diesem Bereich arbeiten hauptsächlich Funkstellen des Heeres der Bundeswehr und anderer NATO-Streitkräfte. Daher sind hier neben den eigentlichen Hauptbenutzern des beweglichen Landfunkdienstes auch die Bodenfunkstellen der Heeresflugplätze in Deutschland zu finden. Die benutzte Modulationsart ist die Frequenzmodulation (FM/F3E); der Abstand der einzelnen Kanäle voneinander beträgt 50 kHz.

75 MHz:

Feste Frequenz der VHF-Markierungsfunkfeuer (Marker), die entweder freistehend entlang von Luftstraßen (Enroute Marker) oder als Bestandteile des Instrumenten-Lande-Systemes (Outer, Middle und Inner Marker) aufgestellt sind.

108 bis 118 MHz:

VHF-Funknavigation, Kanalraster 50 kHz

> *108.100 bis 111.950 MHz, ungerade Zehntel:*

Landekurssender des Instrumenten- Lande-Systems (ILS-Localizer).

> *108.000 bis 111.850 MHz, gerade Zehntel:*

gerichtetes Platzfunkfeuer („Terminal Very High Frequency Omnidirectional Radio Range" - TVOR)

> *112.000 bis 117.950 MHz, durchgehend:*

gerichtete Funkfeuer („Very High Frequency Omnidirectional Radio Range" - VOR) und Doppler-VOR (DVOR). Im gesamten Bereich von 108 MHz bis 118 MHz ist auch die Ausstrahlung des Flugplatzinformationsdienstes („Aerodrome Terminal Information Service" - ATIS) über die Frequenz eines Funkfeuers möglich. Verwendet wird in diesem Fall die Amplitudenmodulation (AM/A3E).

118 bis 137 MHz:

Hauptbereich des zivilen beweglichen Flugfunkdienstes; die höchste benutzbare Frequenz ist 136.975 MHz bei einem Kanalabstand von 25 kHz. Der Abschnitt zwischen 135.975 MHz und 137 MHz steht den zivilen Nutzern erst seit dem 1. Januar 1993 zur Verfügung. Im gesamten Frequenzbereich kommt die Amplitudenmodulation (AM/A3E) zur Verwendung.

137 bis 144 MHz:

Militärische Stationen des beweglichen Flugfunkdienstes. Auch hier wird die Amplitudenmodulation (AM/A3E) benutzt.

Der UHF-Bereich

Das UHF-Spektrum („Ultra High Frequency" - UHF) erstreckt sich von 300 MHz bis 3000 MHz (3 GHz) mit Wellenlängen von 100 cm bis 10 cm; der UHF-Flugfunkbereich beginnt allerdings schon bei 230 MHz. Der Flugfunkdienst in diesem Abschnitt bleibt größtenteils dem Militär vorbehalten; lediglich im Bereich von 440 MHz bis 460 MHz sind zivile Stationen des beweglichen Landfunkdienstes (wie etwa die Flughafenfeuerwehr, Einwinker, Bau- und Servicefahrzeuge) zu finden. Bei einer Kanaltrennung von 50 kHz kommt in der gesamten UHF-Kommunikation die Frequenzmodulation (FM/F3E) zur Anwendung. Die Frequenzen des Flugnavigationsdienstes werden sowohl von militärischen als auch von zivilen Funknavigationssendern genutzt:

230 bis 330 MHz:

militärischer beweglicher Flugfunkienst

330 bis 335 MHz:

Gleitpfadsender des Instrumenten-Lande-Systemes („ILS-glidepath" - ILS-GP)

335 bis 400 MHz:

militärischer beweglicher Flugfunkdienst

440 bis 460 MHz:

ziviler beweglicher Landfunkdienst im Flughafenbereich

960 bis 1215 MHz:

militärische gerichtete Funkfeuer („Tactical Air Navigation", TACAN) sowie Entfernungsmessung („Distance Measuring Equipment", DME). Das militärische TA-

CAN-Funkfeuer beinhaltet stets auch eine DME-Anlage, welche von einem zivilen Flugzeug mitbenutzt werden kann; Richtungsinformationen sind allerdings nur mit einem militärischen TACAN-Empfänger auswertbar.

1030 MHz:
Sekundär-Rundumsichtradar, Abfrageimpulspaare (Secondary Surveillance Radar/SSR-Interrogator)

1090 MHz:
Sekundär-Rundumsichtradar, Antwortimpulspaare (Secondary Surveillance Radar/SSR-Transponder)

1227.6 MHz:
Satelliten-Navigation („Global Positioning System", GPS); L2-Trägersignal, moduliert mit dem militärischen Precision-Code (zivil nicht nutzbar)

1250 bis 1350 MHz:
Rundumsichtradaranlagen („Surveillance Radar Equipment", SRE)

1575.42 MHz:
Satelliten-Navigation (GPS); L1-Trägersignal, moduliert mit dem militärischen Precision-Code und dem zivil frei zugänglichen C/A-Code („Clear Access",C/A)

2700 bis 2900 MHz:
Flughafen-Rundumsichtradaranlagen („Airport Surveillance Radar", ASR)

Der SHF-Bereich

Frequenzen von 3 GHz bis 30 GHz (das entspricht einer Wellenlänge von 10 cm bis 1 cm) werden als superhohe Frequenzen („Super High Frequency", SHF) bezeichnet. In diesem Bereich sind nur noch moderne Anflughilfen sowie Bord-und Bodenradaranlagen zu finden; zur Kommunikation wird dieses Frequenzspektrum nicht mehr genutzt.

5000 bis 15000 MHz:
Mikrowellen-Lande-System („Microwave Landing System", MLS)

8800 MHz:
Doppler-Radar: Flugzeugradar zur Ermittlung der Drift(durch den Wind verursacht) sowie der Geschwindigkeit über Grund

9000 MHz:
Bodenanlagen des Präzisionsanflugradars („Precision Approach Radar", PAR); als Landehilfe („Ground Controlled Approach", GCA) vorwiegend militärisch genutzt (Militärflughäfen)

9345 bis 9405 MHz:
Bordanlagen des Flugzeug-Wetterradars

20000 bis 37500 MHz:
Flughafen-Vorfeldradar („Airport Surface Detecting Equipment", ASDE) zur Überwachung der auf dem Vorfeld der Flughäfen befindlichen Flugzeuge (Kontrolle der Rollvorgänge bei schlechter Sicht)

Der EHF-Bereich

Das EHF-Spektrum („Extreme High Frequency", EHF) reicht von 30 GHz bis 300 GHz, was einer Wellenlänge von 10 mm bis 1 mm entspricht. In diesem Frequenzbereich arbeitet nur noch das Flughafen-Vorfeldradar, das Frequenzen bis zu 37.5 GHz belegt. Zur anderweitigen Navigation oder gar Kommunikation wird dieser Frequenzbereich nicht benutzt.

Kurzbezeichnung der Frequenzbänder

Zur eindeutigen Identifikation bestimmter Frequenzbereiche hat sich international eine Buchstabenbezeichnung durchgesetzt. Während im veralteten System lediglich Frequenzen vom VHF- bis zum EHF-Bereich berücksichtigt wurden, können mit dem neuen System alle Frequenzbänder bestimmt werden:

altes System

P	80 MHz bis 390 MHz
L	390 MHz bis 2500 MHz
S	2.5 GHz bis 4.1 GHz
C	4.1 GHz bis 7.0 GHz
X	7.0 GHz bis 11.5 GHz

J	11.5 GHz bis 18.0 GHz
K	18 GHz bis 33 GHz
Q	33 GHz bis 40 GHz
O	40 GHz bis 60 GHz
V	60 GHz bis 90 GHz

neues System

A	0 MHz bis 250 MHz
B	250 MHz bis 500 MHz
C	500 MHz bis 1000 MHz
D	1 GHz bis 2 GHz
E	2 GHz bis 3 GHz
F	3 GHz bis 4 GHz
G	4 GHz bis 6 GHz
H	6 GHz bis 8 GHz
I	8 GHz bis 10 GHz
J	10 GHz bis 20 GHz
K	20 GHz bis 40 GHz
L	40 GHz bis 60 GHz
M	60 GHz bis 100 GHz

Um einen bestimmten Frequenzbereich noch enger einzugrenzen, wird jedes Frequenzband in zehn gleichweite Bandsegmente unterteilt. Zur Kennzeichnung des entsprechenden Segmentes wird dem Kennbuchstaben eine Ziffer (1 bis 10) angefügt, wobei „1" das niedrigste und „10" das höchste Frequenzsegment bezeichnet. Der Frequenzbereich von 500 MHz bis 550 MHz wird folglich mit C1 umschrieben, K3 bestimmt den Frequenzbereich von 24 GHz bis 26 GHz.

Um eine präzise Frequenzbestimmung zu ermöglichen, kann dem oben erläuterten Bandsegmentbezeichner die Frequenzdifferenz (in Megahertz) von der unteren Segmentgrenze bis zur eigentlich zu bezeichnenden Frequenz nachgestellt werden. So wird beispielsweise 560 MHz über „C2 plus 10" genau beschrieben; K3 plus 400 entspricht einer Frequenz von 24.4 GHz.

Bei dieser Art der Bandbestimmung gehört die untere Grenzfrequenz zum Bandsegment, die obere Grenzfrequenz gilt bereits als Segmentuntergrenze des nachfolgenden Frequenzbereiches. Während 20 GHz also die Untergrenze des K-Bandes darstellt, gehört 40 GHz folglich zum L-Band.

Abwicklung des Flugfunkverkehrs

Der Flugfunkverkehr wird auf allen Frequenzbereichen simplex, also im Wechselsprechverfahren, durchgeführt - und dieses selbst bei Telefonverbindungen („phone patch") beispielsweise über Stockholm Radio auf Kurzwelle. Gewöhnlich findet der Funkbetrieb zwischen einer Boden- und einer Luftfunkstelle statt; Ausnahmen gibt es lediglich auf bestimmten Frequenzen im Flugsportbereich (etwa Segel- oder Drachenflieger untereinander), in Gebieten unzuverlässiger Kontrollstellen (Absprachen und Positionsmeldungen zwischen den einzelnen Flugzeugbesatzungen) sowie in Bereichen außerhalb der Reichweite von UKW-Funkstellen (gemeint sind hier die „air-to-air"-Frequenzen über den Ozeanen). Dieses sind jedoch alles operationelle Frequenzen; Privatmitteilungen sind also - offiziell - verboten.

Natürlich geschieht es auch des öfteren, daß eine Besatzung die Flugbetriebsmeldung eines weit entfernten Flugzeuges an eine Bodenfunkstelle - und auch umgekehrt - übermittelt, insbesondere bei ungünstigen Flughöhen und Flugzeugpositionen oder bei mangelnder Reichweite der Sendeanlage am Boden. Dieses geschieht dann auf der Frequenz der jeweiligen Kontrollstelle - während für die oben genannten Fälle spezielle, in der Frequenzübersicht dieses Buches besonders hervorgehobene Frequenzen zur Verfügung stehen.

Meldungen im beweglichen Flugfunkdienst

Die innerhalb des beweglichen Flugfunkdienstes zulässigen Meldungen sind genau definiert und entsprechend ihrer Wichtigkeit für den Flugbetrieb abgestuft. Die jeweils höher eingestufte Meldungsart hat Priorität über alle nachfolgenden Meldungsarten:

1. Luftnotmeldungen („MAYDAY")
2. Luftdringlichkeitsmeldungen („PAN PAN")
3. Peilfunkmeldungen („DF"; Direction Finding)
4. Flugsicherheitsmeldungen
5. Wettermeldungen
6. Flugbetriebsmeldungen
7. In der BR Deutschland: Staatstelegramme

Die im täglichen Flugfunkbetrieb am häufigsten zu hörenden Meldungen sind zweifelsohne die Flugsicherheitsmeldungen, Flugbetriebsmeldungen sowie Wettermeldungen. Flugsicherheitsmeldungen bestehen im Einzelnen aus:

1. Flugverkehrskontrollmeldungen
2. Positionsmeldungen
3. Meldungen eines Flugzeuges oder Flugzeugbetreibers, die von unmittelbarer Wichtigkeit für ein im Flug befindliches Luftfahrzeug sind.

Die Flugsicherheitsmeldungen sind auf den Frequenzen der einzelnen Kontrollzentren zu hören, während Flugbetriebsmeldungen auf speziellen, den Luftverkehrs- oder Abfertigungsgesellschaften reservierten Frequenzen ausgetauscht werden. Wettermeldungen von im Fluge befindlichen Luftfahrzeugen sowie Wetterberichte für Flugzeuge sind selten von Kontrollstellen, häufiger dafür von den Bodenfunkstellen der Fluggesellschaften und natürlich auf den speziellen Wetterfunkfrequenzen zu empfangen - teilweise auf Anfrage, teilweise als automatische Wetteraussendung.

Private Meldungen im Flugfunkdienst

Auch wenn auf einigen operationellen Frequenzen oftmals private Mitteilungen zu hören sind: Erlaubt sind in Europa lediglich die oben angeführten Meldungen im Flugfunkbetrieb. Anders in den Vereinigten Staaten: Für die den Flugfunkbereich betreffenden Dienstleistungen aller Art ist hier AIRINC („Aeronautical Radio, Inc.") zuständig. Von der Mietwagenbestellung über das Telefongespräch bis hin zur Wettermeldung erledigt AIRINC so ziemlich alles - natürlich nur gegen entsprechende Bezahlung. Über ein dichtes Netz von Relaisstationen kann eine Flugzeugbesatzung von nahezu jeder Position innerhalb der kontinentalen USA Kontakt mit einer der beiden AIRINC-Zentralen in New York und San Francisco aufnehmen - die Rechnung wird dem über das Flugzeugkennzeichen ermittelten Halter zugeschickt. Umgekehrt übermittelt AIRINC auch Nachrichten an ein bestimmtes Luftfahrzeug: Die Piloten werden mit Hilfe des SELCAL-Systemes gerufen (siehe dazu auch den Technikteil dieses Buches) - Bedingung hierfür ist die ständige Empfangsbereitschaft auf einer der AIRINC-Frequenzen.

Rufzeichen der Luftfunkstellen

Für die Luftfunkstellen kommen fünf verschiedene Arten von Rufzeichen in Betracht:

1. Das Flugzeugkennzeichen

Das für Luftfahrzeuge der allgemeinen Luftfahrt am häufigsten verwendete Rufzeichen ist das Flugzeugkennzeichen. In Europa setzt es sich entsprechend der jeweiligen nationalen Gesetzgebung aus dem Landeskenner, einem Bindestrich sowie einem mehrstelligen Registrierzeichen zusammen. Für Deutschland, Österreich und Schweiz werden die Flugzeugkennzeichen wie folgt erstellt:

(a) Bundesrepublik Deutschland
Nationalitätszeichen „D" und Bindestrich.

Das Registrierzeichen besteht aus vier Buchstaben (ausgenommen Segelflugzeuge und Ballone), wobei der erste Buchstabe die Gewichtsklasse (höchstzulässiges Startgewicht) des Flugzeuges angibt.

„E" - einmotorige Flugzeuge bis 2 to.
„G" - mehrmotorige Flugzeuge bis 2 to.
„F" - einmotorige Flugzeuge über 2 to. bis 5.7 to.
„I" - mehrmotorige Flugzeuge über 2 to. bis 5.7 to.
„C" - alle Flugzeuge über 5.7 to. bis 14 to.
„B" - alle Flugzeuge über 14 to. bis 20 to.
„A" - alle Flugzeuge über 20 to.
„L" - Luftschiffe
„H" - Hubschrauber
„K" - Motorsegler

Die letzten drei Buchstaben des Registierzeichens sind zufällig gewählt. Abweichend von diesem Schema erhalten Segelflugzeuge als Registrierzeichen eine vierstellige Nummer, bemannte Freiballone einen Registriernamen.
Beispiele:
D-EKIB, D-ABRR, D-3477, D-Luftballon

(b) Österreich
Nationalitätszeichen „OE" und Bindestrich.

Das Registrierzeichen besteht aus drei Buchstaben (ausgenommen Segelflugzeuge), wobei der erste Buchstabe die Gewichtsklasse (max. Startgewicht) und die Sitzplatzzahl des Flugzeuges kennzeichnet.

„A", „C"
- einmotorige Luftfahrzeuge bis 2 to.: Flugzeuge, Hubschrauber und Ballone mit weniger als vier Sitzen
„D" - einmotorige Luftfahrzeuge bis 2 to.: Flugzeuge, Hubschrauber und Ballone mit vier oder mehr Sitzen
„E" - einmotorige Luftfahrzeuge über 2 to. bis 5.7 to.: Flugzeuge und Hubschrauber
„F" - mehrmotorige Luftfahrzeuge bis 5.7 to.: Flugzeuge und Hubschrauber
„G" - alle Luftfahrzeuge über 5.7 to. bis 14 to.
„H" - alle Luftfahrzeuge über 14 to. bis 20 to.
„I","L"
- alle Luftfahrzeuge über 20 to.
„B" - Luftfahrzeuge des Bundes: Flugzeuge und Hubschrauber

Die letzten beiden Buchstaben des Registrierzeichens sind zufällig gewählt. Segelflugzeuge und Motorsegler erhalten in Österreich eine vierstellige Registriernummer; bei Motorseglern beginnt diese mit einer „9".
Beispiele:
OE-DEA, OE-HBA, OE-4381, OE-9133

(c) Schweiz
Nationalitätszeichen „HB" und Bindestrich.

Das Registrierzeichen besteht aus drei Buchstaben (ausgenommen Segelflugzeuge), wobei der erste Buchstabe die Typengruppe des jeweiligen Flugzeuges kennzeichnet. Flugzeuge der allgemeinen Luftfahrt werden in die folgenden Typengruppen eingeteilt:

„B" - Ballone
„C" - Cessna, einmotorig
„D" - Gardan, Mooney, Nord, Saab, Wassmer
„E" - Beechcraft, Jodel, Morane, Partenavia, Robin, Siai Marchetti
„F" - Pilatus
„G" - Beechcraft
„I" - Verkehrsflugzeuge
„L" - Cessna und Piper, mehrmotorig
„M" - Bücker
„N" - Beagle, Rockwell
„O" - Piper, einmotorig
„P" - Piper, einmotorig
„S" - Jodel
„T" - Soko, Zlin
„U" - Aeronca, American, Bölkow, Bücker
„V" - Business-Jets
„X" - Hubschrauber

Die letzten beiden Buchstaben des Registrierzeichens sind zufällig gewählt. Segelflugzeuge in der Schweiz erhalten eine fortlaufende Registriernummer, einmal zugeteilte Nummern werden nicht mehr vergeben.

Beispiele:
HB-FAO, HB-ODE, HB-391, HB-XAR

2. Bei Airlines:

Die für das Luftverkehrsuntenehmen festgelegte Sprechfunkabkürzung in Verbindung mit dem Flugzeugkennzeichen aus Punkt 1. Gewöhnlich wird als Sprechfunkabkürzung der Name der Luftverkehrsgesellschaft oder eine leicht zuzuordnende Kurzform desselben gewählt, so daß es keine Probleme bei der Identifikation der Airline über das Funkrufzeichen geben sollte (beispielsweise „Swissair" für Swissair oder „Austrian" für Austrian Airlines).

Anhand der nachfolgenden Tabelle können im Flugfunkverkehr auch die Airlines erkannt werden, bei denen das Funkrufzeichen teilweise erheblich vom Namen abweicht; darüber hinaus umfaßt die Liste auch die großen und daher häufig zu hörenden Luftverkehrsgesellschaften:

Adria	-	Adria Airways
Aerocarga	-	Carga Mexicana
Aeroflot	-	Aeroflot
Aero Lloyd	-	Aero Lloyd (Deutschland)
Aeromar	-	Aeromaritime
Aeromexico	-	Aeromexico
African Express	-	African Express
African West	-	African West
Afro	-	Affretair
Airafric	-	Air Afrique
Air Atlantis	-	Air Atlantis
Air Belgium	-	Air Belgium
Air Berlin	-	Air Berlin (Deutschland)
Air Canada	-	Air Canada
Air Charter	-	Air Charter
Airevac	-	USAF Ambulance
Air Force One	-	US President
Air Force Two	-	US Vice President
Air France	-	Air France
Air Hong Kong	-	Air Hong Kong
Air India	-	Air India
Air Inter	-	Air Inter
Air Lanka	-	Air Lanka
Air Littoral	-	Air Littoral
Air London	-	Air London
Air Malta	-	Air Malta
Air Mauritius	-	Air Mauritius
Air Portugal	-	Air Portugal
Air Rwanda	-	Air Rwanda
Air Sweden	-	Air Sweden
Air Zaire	-	Air Zaire
Air Zimbabwe	-	Air Zimbabwe
Alderney	-	Channel Air Services
Alitalia	-	Alitalia
All Nippon	-	All Nippon Airwas (ANA)
Alyemda	-	Yemen Airlines
American	-	American Airlines
Amtran	-	American Trans Air
Argentina	-	Aerolineas Argentinas
Atas	-	Air Gambia
Atlantic	-	Air Atlantique
Austrian	-	Austrian Airlines (Österreich)
Aviaco	-	Aviaco
Avianca	-	Avianca
Balair	-	Balair (Schweiz)
Balkan	-	Balkan-Bulgarian
Bangladesh	-	Bangladesh Biman
Batman	-	Ratioflug Frankfurt (Deutschland)
Belgair	-	Trans European Airways
Bluejet	-	LTE International
Bodensee	-	Delta Airlines (Deutschland)
Bosporus	-	Bosporus Airlines
Braathens	-	Braathens
Britannia	-	Britannia Airways
Brunei	-	Royal Brunei Airlines
Busy Bee	-	Busy Bee of Norway
Cactus	-	America West
Cam-Air	-	Cameroon Airlines
Camelot	-	Excalibur Airways

Cameo	- Cam Air	Gamair	- Gamair
Canada	- Worldways Canada	Indonesia	- Garuda Indonesian Airways
Canadian	- Canadian Airlines		
Cargolux	- Cargolux Airlines	German Air Force	- Luftwaffe (Deutschland)
Cathay	- Cathay Pacific		
Cedarjet	- Middle East Airlines (MEA)	German Army	- Heer (Deutschland)
		German Navy	- Marine (Deutschland)
China	- CAAC	German Cargo	- German Cargo (jetzt Lufthansa Cargo Airlines) Deutschland
China Eastern	- China Eastern Airlines		
Cimber	- Cimber Air		
City	- NLM City Hopper	Germania	- Germania (Deutschland)
Conair	- Conair		
Condor	- Condor Flugdienst (Deutschland)	Ghana	- Ghana Airways
		Granite	- Business Air
Contactair	- Contactair Flugdienst (Deutschland)	Green Air	- Green Air
		Greenlandair	- Greenlandair
Continental	- Continental Airlines	Guernsey	- Guernsey Airlines
Corsair	- Corse Air	Gulf Air	- Gulf Air
Croatia	- Croatian Airlines	Hamburg	- Hamburg Airlines (Deutschland)
CSA	- Czech Airlines		
CTA	- CTA (Schweiz)	Hapag Lloyd	- Hapag-Lloyd-Flug
Cubana	- Cubana	Heavylift	- Heavvylift Cargo
Cyprus	- Cyprus Airways	Hot Air	- Baltic Airlines
Dairair	- Dairo Air Services	Iberia	- Iberia
Delta	- Delta Airlines	Iceair	- Icelandair
Deltair	- Delta Air Transport	Indonesian	- Garuda Indonesian
Egyptair	- Egyptair	Iranair	- Iran Air
El Al	- El Al	Iraqi	- Iraqi Airways
Elite	- Air 3000	Japanair	- Japan Airlines
Emirates	- Emirates	Jetset	- Air 2000
Empress	- CP-Air	Jordanian	- Royal Jordanian
Ethiopian	- Ethiopian Airlines	Karair	- Kar-Air
Euralair	- Euralair	Kenya	- Kenya Airways
Europa	- Europe Air	KLM	- KLM
Eurowings	- Eurowings (ehemals NFD und RFG) Deutschland	Korean Air	- Korean Airlines
		Kuwaiti	- Kuwait Airways
		LAN	- LAN Chile
Evergreen	- Evergreen International	Lauda	- Lauda Air (Österreich)
		LCN	- Lineas Aereas Canarias
Excalibur	- Air Excel (UK)	Leisure	- Air UK (Leisure)
Executive	- Extra Executive (Deutschland)	Libair	- Libyan Arab
		Logan	- Loganair
Express	- Federal Express	LTS	- LTU Süd (Deutschland)
Finnair	- Finnair	LTU	- LTU (Deutschland)
Fordair	- Ford Motor Co.	Lufthansa	- Lufthansa (Deutschland), auch Lufthansa
Fred Olsen	- Fred Olsen		

	-	Express Lufthansa City Line
		Lufthansa Cargo Airlines
Luxair	-	Luxair
MAC	-	Military Airlift Command
Maerskair	-	Maersk Air
Malawi	-	Air Malawi
Malaysian	-	Malaysian Airlines
Malev	-	Malev
Manx	-	Manx Airlines
Marocair	-	Royal Air Maroc
Midland	-	British Midland
Mike Romeo	-	Air Mauretanie
Minerve	-	Minerve
Monarch	-	Monarch Airlines
Mozambique	-	LAM-Mozambique
Nacar	-	Air Sur
Netherlines	-	Netherlines
New Zealand	-	Air New Zealand
Northwest	-	Northwest Orient
Norspeed	-	Norway Airlines
Okada	-	Okada Airlines
Olympic	-	Olympic Airways
Oman	-	Oman Royal Flight
Orange	-	Air Holland
Orion	-	Orion Airways
Pakistan	-	Pakistan International Airlines (PIA)
Paraguaya	-	Lineas Aereas Paraguayas
Pearl	-	Oriental Pearl Airways
Philippine	-	Philippine Airlines
Pirol	-	Bundesgrenzschutz (Deutschland)
Pollot	-	LOT
Port	-	Skyworld Airlines
Quantas	-	Quantas
Regal	-	Crown Air
RFG	-	RFG Regionalflug (jetzt Eurowings) Deutschland
Ryanair	-	Ryanair
Saarland	-	Saarland Airlines (Deutschland)
Sabena	-	Sabena
Saudia	-	Saudi-Arabian Airlines
Scandinavian	-	Scandinavian Airlines System (SAS)
Seychelles	-	Air Seychelles
Shamrock	-	Air Lingus
Shuttle	-	British Airwas Shuttle
Singapore	-	Singapore Airlines
Snoopy	-	Air Traffic GmbH (Deutschland)
Sobelair	-	Sobelair
Somalair	-	Somali Airlines
Speedbird	-	British Airways
Springbok	-	South African Airways
Sterling	-	Sterling Airways
Sudanair	-	Sudan Airways
Sudavia	-	Sudavia
Sun Express	-	Sun Expres
Sunturk	-	Pegasus
Sunwing	-	Spanair
Surinam	-	Surinam Airways
Swedair	-	Swedair
Swedline	-	Linjeflyg
Swissair	-	Swissair (Schweiz)
Syrianair	-	Syrian Arab Airlines
Tango Lima	-	Trans Mediterranean
Tarom	-	Tarom
TAT	-	TAT France
Tee Air	-	Tower Air
Thai Inter	-	Thai International
Torair	-	Toros Airlines
Transamerica	-	Transamerica Airlines
Trans Arabian	-	Trans Arabian Airlines
Transatlantic	-	Transatlantic
Transavia	-	Transavia
Transwede	-	Transwede
Transworld	-	Transworld
Triangle	-	Atlantic Island Air
Tunair	-	Tunis Air
Turkair	-	Turkish Airlines
Tyrolean	-	Tyrolean Airways (Österreich)
Uganda	-	Uganda Airlines
Ukay	-	Air UK
United	-	United Airlines
Universair	-	Universair

USAir	- USAir
UTA	- UTA France
VARIG	- VARIG Brazil
VIASA	- VIASA
Viking	- Scanair
Virgin	- Virgin Atlantic
VIVA	- VIVA Air
Walter	- LGW (Luftfahrtgesellschaft Walter)
WDL	- WDL Flugdienst
West Indian	- BWIA
Witchcraft	- Flugdienst Fehlhaber, Deutschland
World	- World Airways
Yemeni	- Yemen Airways
Zambia	- Zambia Airways
ZAS	- ZAS Airlines of Egypt
Zebra	- African Safari

Beispiele:
Lufthansa D-ABYW, Swissair HB-IGD

3. Bei Airlines:
Die für das Luftverkehrsunternehmen festgelegte Sprechfunkabkürzung in Verbindung mit der Flugnummer.
Die mit Abstand am häufigsten verwendeten Rufzeichen der Airliner im internationalen Flugverkehr: Die Sprechfunkabkürzung aus der Tabelle unter Punkt 2 zusammen mit der aktuellen Flugnummer, unter Umständen mit angehängtem Kennbuchstaben.
Beispiele:
Lufthansa 756, Austrian 244, Shuttle 12A

4. Das Luftfahrzeugmuster in Verbindung mit dem Flugzeugkennzeichen aus Punkt 1.
Findet selten in Europa, häufiger dafür in den Vereinigten Staaten Anwendung. Im amerikanischen Flugfunkbetrieb ersetzt der Flugzeugtyp gewöhnlich das Nationalitätszeichen.
Beispiele:
Cessna D-EXAR, Piper D-EKIB,
Morane OE-DFC

5. Bei militärischen Flügen:
Ein aus maximal sieben Zeichen bestehendes Funkrufzeichen.
Zum Teil willkürlich ausgewähltes Rufzeichen zusammen mit einer Flug- oder Erkennungnummer.
Beispiele:
Viking 216, Reach 41779, Mission 11

Rufzeichen der Bodenfunkstellen

Das Rufzeichen einer Bodenfunkstelle im beweglichen Flugfunkdienst setzt sich aus der Ortsbezeichnung oder dem Namen der Funkstelle sowie einem der nachfolgend aufgeführten Kennwörter zusammen; diese Kennwörter charakterisieren die Funktion der Kontrollstelle innerhalb des Flugbetriebes.

1. Flugfunkbetrieb in englischer Sprache:
„CONTROL"
 Bezirkskontrolldienst ohne Radar
„RADAR"
 Bezirkskontrolldienst mit Radar
„ARRIVAL"
 Kontrolldienst bei Anflügen mit Radarunterstützung
„DEPARTURE"
 Kontrolldienst bei Abflügen mit Radarunterstützung
„APPROACH"
 Anflugkontrolldienst ohne Radar
„PRECISION"
 Endanflugkontrolle mittels Präzisionsradar
„TOWER"
 Flugplatzkontrolldienst
„GROUND"
 Vorfeldkontrolle, teilweise auch Übermittlung von Streckenfreigaben
„APRON"
 Vorfeldkontrolle durch den Flughafenunternehmer
„DELIVERY"
 Übermittlung von Streckenfreigaben

„DISPATCH"
  Übermittlung von Flugbetriebsmeldungen einer Luftfahrtgesellschaft
„VOLMET"
  Automatische Wetteraussendungen
„INFORMATION"
  Fluginformationsdienst der DFS (keine Kontrollfunktion)
„INFO"
  Flugplatzinformationsdienst durch Luftaufsichtspersonal (unkontrollierte Flugplätze)
„RADIO"
  Bodenfunkstelle (keine Kontrollstelle; leitet die übertragenen Meldungen weiter)

2. Flugfunkbetrieb in deutscher Sprache:

„TURM"
  Flugplatzkontrolldienst
„ROLLKONTROLLE"
  Bewegungslenkung auf dem Vorfeld
„VORFELD"
  Bewegungslenkung auf dem Vorfeld durch den Flughafenunternehmer
„INFORMATION"
  Fluginformationsdienst der DFS (keine Kontrollfunktion)
„INFO"
  Flugplatzinformationsdienst durch Luftaufsichtspersonal (unkontrollierte Flugplätze)
„START", „SCHULE"
  Flugausbildung
„SEGELFLUG"
  Segelflugbetrieb
„RÜCKHOLER"
  Segelflugbegleit- und Rückholbetrieb
„VERFOLGER"
  Freiballonbegleit- und Rückholbetrieb
„WETTBEWERB"
  Wettbewerbsveranstaltungen

Darüberhinaus kann die Deutsche Flugsicherung GmbH im Bedarfsfall zusätzliche, dem jeweiligen Verwendungszweck entsprechende Rufzeichen festlegen und zuteilen.

Die Flugverkehrsdienste

Zur Unterstützung im täglichen Flugbetrieb stehen den Luftfahrzeugbesatzungen eine Reihe von Flugverkehrsdiensten zur Verfügung. Diese dienen allgemein
– zur Kollisionsverhütung zwischen einzelnen Luftfahrzeugen sowie zwischen Flugzeugen und Bodenhindernissen, besonders im Bereich von Flughäfen;
– zur Gewährleistung eines reibungslosen Ablaufes des Flugverkehrs;
– zur Übermittlung wichtiger Informationen an die Flugzeugbesatzungen, um eine sichere und effiziente Flugdurchführung zu ermöglichen;
– zur Alarmierung und Unterstützung der Such- und Rettungsdienste.

In der Bundesrepublik Deutschland werden die Flugverkehrsdienste durch die Deutsche Flugsicherung GmbH angeboten. Im Einzelnen können die unterschiedlichen Dienstleistungen in drei Hauptgruppen eingeteilt werden:

1. Der Flugverkehrskontrolldienst („Air Traffic Control Service", ATC) mit seinen drei Untergruppen:

a) Bezirkskontrolldienst
  „Area Control Center" (ACC)
  Kontrolle der Streckenflüge nach Instrumentenflugregeln innerhalb des kontrollierten Luftraumes;
  Rufzeichen: ....CONTROL
                   ....RADAR

b) Anflugkontrolldienst
  „Approach Control Center" (APP)
  Kontrolle des An- und Abflugverkehrs zu und von Flughäfen innerhalb des kontrollierten Luftraumes (hauptsächlich nach Instrumentenflugregeln);
  Rufzeichen: ....APPROACH
                   ....RADAR

c) Flugplatzkontrolldienst
„Aerodrome Control Service" (TWR)
Kontrolle des Flughafenverkehrs an kontrollierten Flugplätzen;
Rufzeichen:
....TOWER (in der Luft)
....GROUND (am Boden)

2. Der Fluginformationsdienst („Flight Information Service"; FIS):

Dient zur Informationsübermittlung an die Besatzungen aller bekannten Flüge, sowohl nach Instrumenten- (IFR) als auch nach Sichtflugregeln (VFR). Der Fluginformationsdienst wird über das „Flight Information Centre" (FIC) oder dem „Area Control Center" (ACC) angeboten.

Rufzeichen: ....INFORMATION

Grundsätzlich gibt der FIS den Flugzeugbesatzungen Hinweise und Informationen für eine sichere, geordnete und flüssige Flugdurchführung. Innerhalb der Bundesrepublik Deutschland kann die Informationsübermittlung an die Piloten auf zwei Arten geschehen:

a) Flugrundfunksendungen als allgemeine Meldung über:
   - bedeutsame Wettererscheinungen
   - Luftnotfälle
   - Treibstoffschnellablaß
   - Katastrophenfälle
   - SAR-Einsätze
   - kurzfristig eintretende Beschränkungen des Luftverkehrs
   - Automatischer Flughafen-Informationsdienst (ATIS)
   - Automatische Flugwetterausstrahlung (VOLMET)

b) Auskünfte und Hinweise auf Anfrage von Flugzeugbesatzungen über:
   - Status von Flughäfen, angeschlossenen Einrichtungen und Kontrollzonen
   - besondere Nutzung des Luftraumes (beispielsweise Luftfahrtveranstaltungen und militärische Übungen)
   - Einschränkungen und Änderungen bei Funknavigationsanlagen und Sprechfunkfrequenzen
   - Wettermeldungen und -vorhersagen
   - navigatorische Unterstützung im Bedarfsfall
   - sicherheitsrelevante Informationen
   - Verkehrsinformationen in den Nahverkehrsbereichen von Verkehrsflughäfen (Terminal-FIS)
   - Entgegennahme und Weiterleitung von Flugplanmeldungen, Start und Landezeiten sowie Wettermeldungen von Piloten („Pilot Report", PIREP)

FIS-Flugrundfunksendungen werden zu bestimmten Zeiten (etwa alle 20 Minuten) auf denselben FIS-Frequenzen ausgestrahlt, die auch zur Kommunikation mit der entsprechenden Informationsstelle dienen; ATIS- und VOLMET-Sendungen sind kontinuierlich auf hierfür speziell reservierten Frequenzen zu empfangen. Detaillierte Informationen enthält die Frequenzübersicht am Ende dieses Abschnittes.

In einigen Ländern gibt es Lufträume oder auch einzelne Luftstraßen, in oder auf denen zwar ein Flugbetrieb nach Instrumentenflugregeln (IFR) zugelassen ist, die jeweiligen Flugzeuge jedoch keiner Luftverkehrskontrolle unterliegen (dieses ist zum Beispiel im ICAO-Luftraum „F" möglich; siehe dazu auch das Kapitel „Luftraumstruktur"). In diesen Fällen leistet das entsprechende Flight Information Center (FIC) oder ein benachbartes Area Control Center (ACC) einen sogenannten Flugverkehrsberatungsdienst (Advisory Service), der den Flugzeugbesatzungen Angaben über anderen Flugverkehr, belegte Flughöhen, Sperr- und Beschränkungsgebiete, Gefahrengebiete, Position und Kurs von Schiffen (bei langen Wasserstrecken), militärisch genutzte Lufträume und mehr machen kann.

Rufzeichen: ....CONTROL (Advisory Service über ACC)
....INFORMATION (Advisory Service über FIC)

3. Der Flugalarmdienst („Alerting Service"):

Falls benötigt, werden über sämtliche Flugverkehrsdienste und dem Flugalarmdienst die jeweiligen Such- und Rettungsorganisationen alarmiert und unterstützt.

Rettungsaktionen werden über ein „Rescue Coordination Center" geleitet und koordiniert. Der Flugalarmdienst steht allen - den Flugverkehrsdiensten bekannten - Flügen zur Verfügung.

Der Flugberatungsdienst

Der Flugberatungsdienst („Aeronautical Information Service", AIS) ist die behördliche Dienststelle zur Sammlung, Bearbeitung und Verbreitung sämtlicher Informationen, die innerhalb des jeweiligen Zuständigkeitsbereiches für die internationale Luftfahrt von Bedeutung sind. Zu ihren Aufgabe zählt

– die Veröffentlichung des Luftfahrthandbuches („Aeronautical Information Publication", AIP)
– die Herausgabe der Nachrichten für Luftfahrer („Notice To Airmen", NOTAM)
– die Herausgabe der Aeronautical Information Circulars (AIC)

Zur Verarbeitung der den Luftverkehr betreffenden Informationen wird ein internationales „NOTAM-Office" (Büro der Nachrichten für Luftfahrer) unterhalten. Zusätzlich stellt der Flugberatungsdienst Flughafenbüros, in denen abfliegende Besatzungen Informationen zur Flugplanung erhalten (keine Wetterberatung; diese findet - in der Praxis telefonisch - über die nationalen Wetterdienste statt). Der Flugberatungsdienst am Flughafen nimmt ebenso die Flugpläne für abgehende Flüge wie auch Informationen ankommender Flugzeugbesatzungen entgegen (wie etwa Berichte über nicht oder fehlerhaft arbeitende Funknavigationsanlagen).

Veröffentlichungen des Büros der Nachrichten für Luftfahrer (NOTAM-Office) der Bundesrepublik Deutschland

Die folgenden Veröffentlichungen werden für die nationale wie auch internationale Luftfahrt vom NOTAM-Office herausgegeben:

1. Nachrichten für Luftfahrer Teil 1 (NfL I)
In deutscher Sprache werden Anordnungen sowie wichtige Informationen und Hinweise bekanntgegeben, soweit sie die Durchführung des Flugbetriebes betreffen (Flugsicherung, Flughäfen, Flugwetterdienst).

2. Nachrichten für Luftfahrer Teil 2 (NfL II)
Hier werden Anordnungen, wichtige Informationen sowie Hinweise bekanntgemacht, die das Luftfahrtgerät und Luftfahrtpersonal betreffen und nicht in den NfL I einzuordnen sind.
Die Nachrichten für Luftfahrer sind ganz allgemein für die nationale Verteilung innerhalb der Bundesrepublik Deutschland vorgesehen.

3. Notice to Airmen Class 1 (NOTAM Class I)
Ist eine rechtzeitige Bekanntgabe auf dem Postweg nicht mehr gewährleistet, so wird ein NOTAM grundsätzlich als NOTAM Class I in englischer Sprache fernschriftlich über das AFTN (Fernmeldenetz des festen Flugfunkdienstes) verbreitet. Dieses betrifft insbesondere Informationen über kurzfristige Ausfälle oder Betriebseinschränkungen von Luftfahrtbodeneinrichtungen. Die NOTAMs Class I sind in drei Serien wie folgt unterteilt:

Serie A – Informationen, die für den IFR- oder IFR-/VFR-Streckenflug von Bedeutung sind
– Informationen, die den IFR-Flugbetrieb an den internationalen Verkehrsflughäfen in der Bundesrepublik Deutschland betreffen

Serie B – Informationen ausschließlich für den VFR-Streckenflug
– Informationen, die den Flugbetrieb an Flugplätzen mit Zollabfertigung in der Bundesrepublik Deutschland betreffen

Serie C – Informationen über den VFR-Flugbetrieb an Flugplätzen ohne Zollabfertigung in der Bundesrepublik Deutschland
– Informationen, die lediglich innerhalb der Bundesrepublik Deutschland verbreitet werden

4. Notice to Airmen Class 2 (NOTAM Class II)

Informationen für die Luftfahrt, die gemäß ICAO Annex 15 internationaler Verbreitung bedürfen, um eine sichere, geordnete und flüssige Durchführung des Flugbetriebes zu gewährleisten. Die NOTAMs Class II sind sowohl in deutscher als auch in englischer Sprache abgefaßt. Die internationale Bekanntgabe erfolgt nach dem AIRAC-System, welches eine Veröffentlichung der betreffenden Informationen mindestens vier Wochen vor Inkrafttreten ermöglicht.

5. Aeronautical Information Circulars (AIC)

Informationen und Hinweise für die Luftfahrt, die zwar nicht von unmittelbarer Bedeutung für den Flugbetrieb sind, deren Verbreitung jedoch zweckmäßig erscheint. AICs erscheinen in deutscher und englischer Sprache.

6. Luftfahrthandbuch Deutschland (AIP)

Alle für das Gebiet der Bundesrepublik Deutschland wichtigen Informationen und Bestimmungen werden in dem aus drei Bänden bestehenden Luftfahrthandbuch Deutschland veröffentlicht. Es ist in deutscher sowie in englischer Sprache abgefaßt und umfaßt die folgenden Themenbereiche:

Band I – GEN: Allgemeines
– AGA: Flugplätze
– COM: Flugfernmeldewesen
– MET : Flugwetterdienst
– RAC: Luftverkehrsvorschriften und Flugsicherungsverfahren
– FAL: Erleichterungen für den internationalen Luftverkehr
– SAR: Such- und Rettungsdienst

Band II – Luftfahrtkarten, Funknavigationskarte Deutschland, Instrumenten Ein- und Abflugstrecken, Instrumenten-Anflugverfahren

Band III – Sichtanflug und Landekarten für alle Flughäfen, Landeplätze und Hubschrauberflugplätze in der Bundesrepublik Deutschland

7. Luftfahrtkarten

Zusätzlich zu den bereits im Luftfahrthandbuch Deutschland (AIP) enthaltenen Karten veröffentlicht das deutsche NOTAM-Office noch die aufgeführten Luftfahrtkarten:
a) ICAO-Karte Bundesrepublik Deutschland (1:500.000)
b) Flugsicherungsarbeitskarte Deutschland (1:500.000)
c) Flugsicherungsarbeitskarte Europa (1:5.000.000)

Der NOTAM-Code

Um die Übertragungszeit der NOTAMs Class I über das AFTN (Fernmeldenetz des festen Flugfunkdienstes) so kurz wie möglich zu halten, wird der Meldungsinhalt in der Regel verschlüsselt übertragen. Das Standardformat eines NOTAM Class I sieht wie folgt aus:

Schlüsselwort
„NOTAMN" – NOTAM mit neuen Informationen

„NOTAMR" – ersetzt ein vorausgegangenes NOTAM
„NOTAMC" – löscht ein vorausgegangenes NOTAM
„NOTAMS" – SNOWTAM (siehe Abschnitt „Wetterfunk")

a) Ortskenner des betreffenden Luftraumes/Flughafen
b) Zeitpunkt des Inkrafttretens in UTC: Tag, Monat, Uhrzeit als Acht-Ziffern-Gruppe
   oder „WIE": With Immediate Effect, sofortiges Inkrafttreten
c) Ende der Gültigkeit in UTC: Tag, Monat, Uhrzeit als Acht-Ziffern-Gruppe
   oder „PERM": Permanent, andauernd
   oder „UFN": Until Further Notice, bis weitere Meldung erfolgt
   oder „APRX DUR": Approximate Duration, ungefähre Dauer
d) Falls notwendig: Zeitplan
e) NOTAM-Meldung
   Der erste Buchstabe „Q" kündigt einen verschlüsselten Meldungstext an.
   Der zweite und dritte Buchstabe bezeichnet die betreffende Einrichtung, Dienstleistung oder Gefahr
   Der vierte und fünfte Buchstabe erläutert den Status der vorher bezeichneten Einrichtung, Dienstleistung oder Gefahr.
   Die Verschlüsselung erfolgt gemäß der nachfolgend angegebenen NOTAM-Tabelle. Darüberhinaus ist auch die Übertragung in Klartext oder ICAO-Abkürzungen möglich.
f) Nur bei Navigationswarnungen: Untergrenze
g) Nur bei Navigationswarnungen: Obergrenze

Der NOTAM-Code: Entschlüsselung

Bedeutung der unter Punkt e) angegebenen NOTAM-Verschlüsselung

1. Buchstabe:
Bei Verschlüsselung grundsätzlich „Q"

2. und 3. Buchstabe:

Code	Bedeutung	Abkürzung
(„L": Flugplätze/Beleuchtungseinrichtungen)		
LA	Anflugbefeuerung der Landebahn ...	apch lgt
LB	Flughafen-Identifizierungslicht	abn
LC	Startbahn-Mittellinienbefeuerung (Bahn ...)	rwy centreline lgt
LD	Beleuchtung der Landerichtungsanzeige	ldi lgt
LE	Startbahn-Begrenzungslichter (Bahn ...)	rwy edge lgt
LF	Anflug-Blitzbefeuerung (Bahn ...)	sequenced flg lgt
LH	Startbahn-Hochintensitätsbefeuerung (Bahn ...)	high intst rwy lgt
LI	Startbahn-Endbefeuerung (Bahn ...)	rwy end id lgt
LJ	Beleuchtung des Bahnbezeichners (Bahn ...)	rwy alignment ind lgt
LK	Komponenten der CAT II - Anflugbefeuerung	cat II comp apch lgt
LL	Startbahnbefeuerung niedriger Intensität (Bahn ...)	low intst rwy lgt
LM	Startbahnbefeuerung normaler Intensität (Bahn ...)	medium intst rwy lgt
LP	Präzisions-Gleitwinkelanzeige (PAPI) (Bahn ...)	papi
LR	Gesamte Befeuerung im Landebereich	ldg area lgt fac

Code	Bedeutung	Abkürzung
LS	Begrenzungslichter der Ausrollfläche (Bahn ...)	swy lgt
LT	Landebahn-Schwellenbeleuchtung (Bahn ...)	thr lgt
LV	optische Gleitwinkelanzeige (VASIS) (Bahn ...)	vasis
LW	Beleuchtung des Heliports	heliport lgt
LX	Rollweg-Mittellinienbefeuerung (Rollweg ...)	twy centreline lgt
LY	Rollweg-Begrenzungslichter (Rollweg ...)	twy edge lgt
LZ	Beleuchtung der Aufsetzzone (Bahn ...)	rwy tdz lgt

(„M": Flugplätze/Roll- und Landebereich)

MA	Rollgebiete	mov area
MB	Tragfähigkeit des Bereiches ...	bearing strength
MC	Hindernis-Freibereich hinter Startbahnen (Bahn ...)	cwy
MD	Veröffentlichte Längen (der Start-/Landebahnen ...)	declared dist
MG	Roll-Führungssystem	tax guidance system
MH	Fangkabel (für militärische Strahlflugzeuge)	rwy arst gear
MK	Parkbereiche	prkg area
MM	unbeleuchtete Markierungen im Gebiet ...	day markings
MN	Vorfeld	apron
MP	Flugzeug-Parkpositionen ...	acft stand
MR	Start-/Landebahn ...	rwy
MS	Anhalteweg hinter der Startbahn ...	swy
MT	Start-/Landebahnschwelle ...	thr
MU	Wendebucht an der Start-/Landebahn ...	rwy turning bay
MW	unbefestigte Start-/Landebahn ...	strip
MX	Rollweg ...	twy

(„F": Flugplätze/Einrichtungen und Dienstleistungen)

FA	Flughafen	ad
FB	Ausrüstung zur Bestimmung des Bremswertes	ba measurement eqpt
FC	Gerät zur Bestimmung der Wolkenuntergrenze	ceiling measurement eqpt
FD	Einwinksystem (Angabe des Systemes)	docking system
FF	Feuerwehr und Rettungsdienste	fire and rescue
FG	Rollkontrolle	gnd mov ctl
FH	Hubschrauber-Startbereich	hel alighting area
FL	Landerichtunganzeige	ldi
FM	Wetterdienst (genaue Angabe der Dienstleistung)	met
FO	Entnebelungssystem	fog dispersal
FP	Heliport	heliport
FS	Schneeräumausrüstung	snow removal eqpt
FT	Gerät zur Bestimmung der Start-/Landebahnsicht	transmissiometer
FU	Verfügbarkeit von Treibstoffen	fuel avbl
FW	Windrichtungsanzeige	wdi
FZ	Zoll	cust

Code	Bedeutung	Abkürzung

("C": Kommunikation/Funkverkehr und Radaranlagen)

CA	Luft-/Bodeneinrichtungen (Anlagen, Frequenzen)	a/g fac
CE	Streckenradar	rsr
CG	Präzisionsanflugradar/Landehilfe (GCA)	gca
CL	SELCAL-System	selcal
CM	Vorfeldradar	smr
CP	Präzisionsanflugradar (PAR) (Bahn ...)	par
CR	Komponenten des Präzisionsanflugradarsystemes	sre
CS	Sekundärradaranlage (SSR)	ssr
CT	Anflugradar (TAR)	tar

("I": Kommunikation/Instrumenten- und Mikrowellenlandesystem)

IC	Instrumentenlandesystem (ILS) (Bahn ...)	ils
ID	ILS: Entfernungsmeßeinrichtung (DME)	ils dme
IG	ILS: Gleitpfadsender (Bahn ...)	ils gp
II	ILS: inneres Einflugzeichen (Bahn ...)	ils im
IL	ILS: Landekurssender (Bahn ...)	ils llz
IM	ILS: mittleres Einflugzeichen (Bahn ...)	ils mm
IO	ILS: äußeres Einflugzeichen (Bahn ...)	ils om
IS	ILS Kategorie I (Bahn ...)	ils I
IT	ILS Kategorie II (Bahn ...)	ils II
IU	ILS Kategorie III (Bahn ...)	ils III
IW	Mikrowellenlandesystem (MLS) (Bahn ...)	mls
IX	ILS: äußeres Markierungsfunkfeuer (Bahn ...)	ils lo
IY	ILS: mittleres Markierungsfunkfeuer (Bahn ...)	ils lm

("N": Kommunikation/Anflug- und Streckennavigationseinrichtungen)

NA	alle Funknavigationseinrichtungen (außer ...)	all rdo nav fac
NB	ungerichtete Funkfeuer	ndb
NC	DECCA	decca
ND	Entfernungsmeßeinrichtung (DME)	dme
NF	Markierungszeichen	fan mkr
NL	Markierungsfunkfeuer (Kennung ...)	l
NM	gerichtete Funkfeuer (VOR) mit DME	vor/dme
NN	militärisches gerichtetes Funkfeuer (TACAN)	tacan
NO	OMEGA	omega
NT	VOR- und TACAN-Funkfeuer (VORTAC)	vortac
NV	gerichtetes Funkfeuer (VOR)	vor
NX	Peilstation (Art und Frequenz)	df

("A": Flugverkehrsregeln/Luftraumorganisation)

AA	Mindesthöhen (genaue Angabe)	mnm alt
AC	Kontrollzone (CTR)	ctr

Code	Bedeutung	Abkürzung
AD	Luftverteidigungs- und Identifizierungszone (ADIZ)	adiz
AE	Kontrollbezirk (CTA)	cta
AF	Fluginformationsgebiet (FIR)	fir
AH	Oberer Kontrollbezirk (UTA)	uta
AL	niedrigste benutzbare Flugfläche	mnm usable fl
AN	RNAV-Luftstraße (area navigation route)	rnav route
AO	Ozean-Kontrollbezirk (OCA)	oca
AP	Meldepunkt (Name)	rep
AR	veröffentlichte Luftstraße (Benennung)	ats route
AT	Nahverkehrsbereich (TMA)	tma
AU	Oberes Fluginformationsgebiet (UIR)	uir
AV	Oberes Flugberatungsgebiet (UDA)	uda
AX	Luftstraßenkreuzung	int
AZ	Flugplatzverkehrszone	atz

(„S": Flugverkehrsregeln/Flugverkehrs- und Flugwetterdienste)

SA	Automatischer Flughafeninformationsdienst (ATIS)	atis
SB	Meldestelle der Flugverkehrsdienste	aro
SC	Bezirkskontrollstelle des unteren Luftraumes (ACC)	acc
SE	Fluginformationsdienst (FIS)	fis
SF	Flughafeninformationsdienst (AFIS)	afis
SL	Verkehrsflußüberwachung	flow ctl centre
SO	Ozean-Bezirkskontrollstelle (OAC)	oac
SP	Anflugkontrolldienst (APP)	app
SS	Flugberatungsstelle (FSS)	fss
ST	Kontrollturm (TWR)	twr
SU	Bezirkskontrollstelle des oberen Luftraumes (UAC)	uac
SV	VOLMET-Aussendung	volmet
SY	Flugverkehrsberatungsdienst (genaue Angabe)	advisory ser

(„P": Flugverkehrsregeln/Flugverkehrsverfahren)

PA	IFR-Standardanflugstrecken (STAR) (Name)	star
PD	IFR-Standardabflugstrecken (SID) (Name)	sid
PF	Verkehrsflußsteuerung	flow ctl proc
PH	Warteschleifen	hldg proc
PI	Instrumentenanflugverfahren (Art und Bahn)	inst apch proc
PL	Hindernisfreiräume (für Anflugverfahren ...)	ocl
PM	Flughafen-Mindestwetterbedingungen	opr minima
PO	Hindernisfreiräume (Höhe über NN)	oca
PP	Hindernisfreiräume (Höhe über Grund)	och
PR	Verfahren bei Funkausfall	radio failure proc
PT	Wechselhöhe zum Flugflächen-System	transition alt
PU	Fehlanflugverfahren (Bahn ...)	missed apch proc

Code	Bedeutung	Abkürzung
PX	Mindesthöhe für Warteschleifen (Position ...)	mnm hldg alt
PZ	Flugverfahren innerhalb der ADIZ	adiz proc

(„R": Navigationswarnungen/Luftraumbeschränkungen)

RA	Einschränkungen des Luftraumes (genaue Angabe)	airspace reservation
RD	Gefahrengebiet (Landeskenner und Nummer)	..d..
RO	Überfliegen von ...	overflying
RP	Sperrgebiet (Landeskenner und Nummer)	..p..
RR	Beschränkungsgebiet (Landeskenner, Nummer)	..r..
RT	zeitweiliges Beschränkungsgebiet	tempo restricted

(„W": Navigationswarnungen/allgemeine Warnungen)

WA	Flugschau	air display
WB	Kunstflug	aerobatics
WC	Fesselballon oder Drachen	captive balloon or kite
WD	Zündung von Munition	demolition of explosives
WE	Übungen (genaue Angaben)	exer
WF	Luftbetankung	air refuelling
WG	Segelflugbetrieb	glider flying
WJ	Bannerschlepp, Zieldarstellung	banner/target towing
WL	Freiballonaufstieg	ascent of free balloon
WM	Schießübungen	frng
WP	Fallschirmabsprünge (PJE)	pje
WS	brennendes oder ausströmendes Gas	burning or blowing gas
WT	großmengige Flugbewegungen	mass mov of acft
WV	Formationsflüge	formation flt
WW	größere Vulkanausbrüche	sig volcanic act
WZ	Modellflugbetrieb	model flying

(„O": andere Informationen)

OA	Flugberatungsdienst	ais
OB	Hindernis (genaue Angaben)	obst
OE	Einflugbedingungen für Luftfahrzeuge	acft entry rqmnts
OL	Hindernisbefeuerung von ...	obst lgt
OR	Rettungs-Koordinationszentrum	rcc

4. und 5. Buchstabe:

Code	Bedeutung	Abkürzung

(„A": Verfügbarkeit)

AC	wegen Überholung zurückgenommen	withdrawn maint
AD	nur bei Tageslicht verfügbar	avbl day ops

Code	Bedeutung	Abkürzung

AF	durch Kontrollflug überprüft	fltck okay
AG	verfügbar, Kontrollflug steht noch bevor	opr awaiting fltck
AH	aktuelle Dienstzeiten	hr ser
AK	wieder normal verfügbar	okay
AL	verfügbar/nicht verfügbar entsprechend vorher veröffentlichter Einschränkungen/Bedingungen	opr subj previous cond
AM	nur für Militärflugbetrieb	mil ops only
AN	für Nachtflugbetrieb verfügbar	avbl night ops
AO	in Betrieb	opr
AP	nach vorheriger Genehmigung verfügbar	avbl ppr
AR	auf Anforderung verfügbar	avbl o/r
AS	außer Dienst	u/s
AU	nicht verfügbar (Angabe des Grundes)	not avbl
AW	vollständig zurückgenommen	withdrawn
AX	Zurücknahme der angekündigten Abschaltung	promulgated shutdwn cnl

(„C": Änderungen)

CA	aktiviert	act
CC	vervollständigt	cmpl
CD	deaktiviert	deactivated
CE	aufgerichtet	erected
CF	Frequenzänderung auf ...	freq change
CG	Rückklassifizierung nach ...	downgraded to
CH	geändert	changed
CI	Änderung von Rufzeichen/Identifikation in ...	ident change
CL	neu ausgerichtet	realigned
CM	versetzt	displaced
CN	gelöscht, zurückgezogen	cnl
CO	in Betrieb	opr
CP	mit verminderter Leistung in Betrieb	opr reduced power
CR	zeitweilig ersetzt durch	tempo rplcd by
CS	installiert, eingesetzt	installed
CT	Testbetrieb, nicht benutzen	on test, do not use

(„H": Gefahren)

HA	Bremswirkung ist:	ba is:
	1.) schlecht	poor
	2.) mittel/schlecht	medium/poor
	3.) mittel	medium
	4.) mittel/gut	medium/good
	5.) gut	good
HB	nach Meßverfahren ...ist Bremskoeffizient ...	brkg coefficient is
HC	geschlossene Schneedecke mit einer Tiefe von ...	cov comp snow depth

Code	Bedeutung	Abkürzung
HD	trockener Schnee mit einer Tiefe von ...	cov dry snow depth
HE	Wasserschicht mit einer Tiefe von ...	cov water depth
HF	völlig frei von Schnee und Eis	free of snow and ice
HG	Mäharbeiten	grass cutting
HH	Gefährdung durch ... (genaue Angabe)	hazard due
HI	mit Eis bedeckt	cov ice
HJ	geplanter Aufstieg von ... (genaue Angaben)	launch plan
HK	Vogelwanderung (Richtungsangabe)	bird migration inpr
HL	Schneeräumarbeiten beendet	snow clr compl
HM	Markiert durch ...	marked by
HN	nasser Schnee/Schneematsch, Tiefe von ...	cov wet snow depth
HO	durch Schnee verdeckt	obscured by snow
HP	Durchführung von Schneeräumarbeiten	snow clr inpr
HQ	Aufstieg von ... abgebrochen (genaue Angaben)	opr cnl
HR	Wasserlachen	standing water
HS	Durchführung von Sandstreuarbeiten	sanding
HT	Anflug nur entsprechend dem Signalfeld	apch acc signal area only
HU	Aufstieg von ... (genaue Angaben)	launch inpr
HV	Arbeit beendet	work cmpl
HW	Durchführung von Arbeiten	wip
HX	Vogelansammlung	bird concentration
HY	Höhe der Schneebänke beträgt ...	snow banks hgt
HZ	gefrorene Spuren und Furchen	cov frz ruts and ridges

("L": Einschränkungen)

Code	Bedeutung	Abkürzung
LA	Betrieb mit Hilfsstromversorgung	opr aux pwr
LB	ausschließlich für am Ort stationierte Flugzeuge	res for acft based therein
LC	geschlossen	clsd
LD	nicht sicher	unsafe
LE	keine Hilfsstromversorgung verfügbar	opr without aux pwr
LF	Störung durch	interference from
LG	Betrieb ohne Identifikationsaussendung	opr without ident
LH	nicht betriebsbereit für Flugzeuge schwerer als ...	u/s acft heavier than
LI	geschlossen für den Instrumentenflugbetrieb	clsd ifr ops
LK	Betrieb als Dauerlicht	opr as f lgt
LL	benutzbare Länge/Breite	useable length/width
LN	geschlossen für den Nachtflugbetrieb	clsd night ops
LP	Verbot, gesperrt für ...	prohibited to
LR	Flugzeugbewegungen auf Start-/Landebahnen und auf Rollwege beschränkt	acft restricted to rwy and twy
LS	Unterbrechungen/Störungen unterworfen	subj intrp
LT	beschränkt auf	limited to
LV	geschlossen für den Sichtflugbetrieb	clsd vfr ops

Code	Bedeutung	Abkürzung
LW	wird stattfinden	will take place
LX	betriebsbereit, um Vorsicht wird gebeten wegen ...	opr but caution due

("X": andere Bemerkungen)

XX kann die Situation durch keinen adäquaten Code beschrieben werden, erscheint an der Stelle des 4. und 5. Buchstabens die Abkürzung „XX" sowie eine nachfolgende detaillierte Erklärung in Klartext.

Die Flugverkehrsregionalstelle

An den internationalen Verkehrsflughäfen Deutschlands unterhält die Deutsche Flugsicherung GmbH sogenannte Flugsicherungsregionalstellen, um dem nationalen und internationalen Luftverkehr die unten aufgeführten Flugverkehrsdienste anbieten zu können:

– Flugplatzkontrolldienst (TWR)
  (Rufzeichen „TOWER" und „GROUND")
– An- und Abflugkontrolldienst (APP)
  (Rufzeichen „RADAR", „APPROACH" oder „DEPARTURE")
– Bezirkskontrolldienst (ACC)
  (Rufzeichen „RADAR")
– Fluginformationsdienst (FIS)
  (Rufzeichen „INFORMATION")
– Flugberatungsdienst (AIS)
  (AIS-Flughafenbüro)
– Flugfernmeldedienst (COM)
  (Anbindung der Flugsicherungsstelle an diverse Fernschreibnetze, wie etwa des festen Flugfunkdienstes/AFTN und der internationalen Wetterdienste/MOTNE)
– technischer Dienst (Wartung und Instandsetzung von Flugsicherungsanlagen)

Anhand der Zeichnung 1 wird der interne Aufbau einer solchen Regionalstelle durchschaubar.

Die Luftraumstruktur

Der Luftraum über Zentraleuropa wird durch ein hohes Verkehrsaufkommen auf verhältnismäßig engem Raum charakterisiert. Hier drängeln sich der internationale Luftverkehr (Verkehrs- und Zubringerflugzeuge), die allgemeine Luftfahrt (Geschäftsreise- und Firmenflugzeuge), der Flugsport (Segelflug, Motorsegler und Leichtflugzeuge) sowie der militärische Flugverkehr (Kampf- und Transportflugzeuge).

Eine begrenzte Anzahl von Regionalflugplätzen bewirkt eine hohe Konzentration der in unterschiedlichen Geschwindigkeitsbereichen fliegenden Luftfahrzeuge. Darüberhinaus besteht in den Bereichen der Verkehrsfliegerei sowie der allgemeinen Luftfahrt der Bedarf, die Zielflughäfen nach „wetterfesten" Instrumentenflugregeln anzufliegen, während der Luftsport zum größten Teil bei gutem Wetter nach Sichtflugregeln stattfindet.

Der Luftraum muß also eine Struktur aufweisen, die einerseits den fliegerischen Eigenarten einer jeden Benutzergruppe gerecht wird, andererseits auch den extremen Mischverkehr verkraften kann.

Dieses wurde durch die Einführung unterschiedlich klassifizierter Lufträume zu erreichen versucht; Zeichnung 2 zeigt die Luftraumorganisation innerhalb der Bundesrepublik Deutschland.

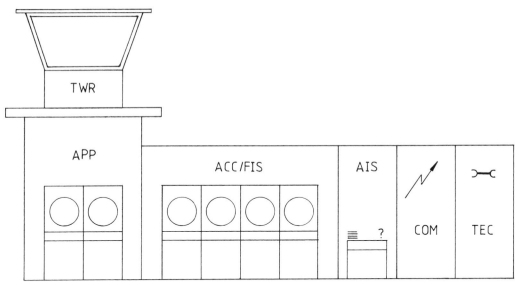

Zeichnung 1: Flugverkehrsregionalstelle in der Bundesrepublik Deutschland:

TWR - Flugplatzkontrolldienst („TOWER")
APP - An- und Abflugkontrolldienst („APPROACH" und „DEPARTURE")
ACC - Gebietskontrolldienst („RADAR")
FIS - Fluginformationsdienst („INFORMATION")
AIS - Flugberatungsdienst
COM - Fernmeldedienst
TEC - Technischer Dienst

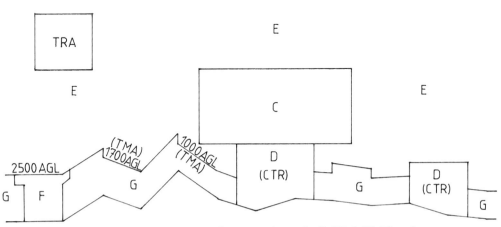

Zeichnung 2: Struktur des unteren Luftraumes (unterhalb FL 245) über der Bundesrepublik Deutschland:

A bis G - Luftraumklassifizierung
TRA - zeitweiliges Flugbeschränkungsgebiet
TMA - Nahverkehrsbereich (an Flughäfen)
CTR - Kontrollzone (an Flughäfen)

Luftraum Klasse A:
– in Deutschland nicht eingeführt

Luftraum Klasse B:
– in Deutschland nicht eingeführt

Luftraum Klasse C:
– Staffelung Instrumentenflüge untereinander, Flugverkehrskontrolle
– Staffelung Instrumentenflüge/Sichtflüge und umgekehrt, Flugverkehrskontrolle
– Verkehrsinformation für Sichtflüge untereinander
– Einflugfreigabe und Funkkontakt erforderlich
– Sichtflugregeln/Mindestwerte:
  1. Flugsicht 5 km (8 km oberhalb 3050 m/10000 ft)
  2. Abstand von Wolken vertikal 1500 m, horizontal 300 m
– keine Mindestwetterbedingungen für Instrumentenflüge

Luftraum Klasse D:
– Staffelung Instrumentenflüge untereinander, Flugverkehrskontrolle
– Verkehrsinformation Sichtflüge/Instrumentenflüge und umgekehrt
– Verkehrsinformation für Sichtflüge untereinander
– Einflugfreigabe und Funkkontakt erforderlich
– Sichtflugregeln/Mindestwerte:
  Wie Luftraum Klasse C, in der Kontrollzone zusätzlich
  1. Bodensicht 5 km
  2. Hauptwolkenuntergrenze 450 m/1500 ft
– keine Mindestwetterbedingungen für Instrumentenflüge

Luftraum Klasse E:
– Staffelung Instrumentenflüge untereinander, Flugverkehrskontrolle
– Verkehrsinformation für alle anderen Flüge (soweit möglich)
– Einflugfreigabe und Funkkontakt nur für Instrumentenflüge erforderlich
– Sichtflugregeln/Mindestwerte:
  1. Flugsicht 8 km
  2. Abstand von Wolken vertikal 1500 m, horizontal 300 m
– keine Mindestwetterbedingungen für Instrumentenflüge

Luftraum Klasse F:
– Staffelung Instrumentenflüge untereinander
– Flugverkehrsberatungsdienst für Instrumentenflüge (Instrumentenflüge im unkontrollierten Luftraum!)
– Fluginformationsdienst für alle anderen Flüge
– Einflugfreigabe und Funkkontakt nur für Instrumentenflüge erforderlich
– Sichtflugregeln/Mindestwerte:
  Wie Luftraum Klasse E, Sonderregelung Berlin FIR:
  1. Flugsicht 5 km unterhalb 3050 m/10000 ft
– keine Mindestwetterbedingungen für Instrumentenflüge

Luftraum Klasse G:
– Fluginformationsdienst
– Instrumentenflüge nicht möglich
– Einflugfreigabe und Funkkontakt nicht erforderlich
– Sichtflugregeln/Mindestwerte:
  1. Flugsicht 1.5 km
  2. frei von Wolken
  3. Erdsicht

Eine Geschwindigkeitsbeschränkung von maximal 250 kt (etwa 460 km/h) unterhalb von FL 100 besteht :
– für alle Flüge im Luftraum D bis G
– für Sichtflüge zusätzlich im Luftraum C

Unterer und oberer Luftraum

Der Luftraum in der Bundesrepublik Deutschland wird in den oberern und unteren Luftraum unterteilt. Der untere Luftraum (unterhalb FL 245) besteht aus den Fluginformationsgebieten (Flight Information Region, FIR) Bremen, Düsseldorf, Berlin, Frankfurt und München. Da der gesamte deutsche Luftraum oberhalb 2500 Fuß über Grund kontrolliert wird, sind die FIR-Grenzen deckungsgleich mit den Grenzen der unteren Kontrollbezirke (Control Area, CTA). Im unteren Luftraum sind alle Luftraumklassifizierungen von „C" bis „F" möglich. Die Grenzen der oberen Fluginformationsgebiete (Upper Flight Information Region, UIR, FL 245 bis FL 460) verlaufen weitesgehend deckungsgleich mit den FIR-Grenzen; München und Berlin UIR liegen oberhalb der entsprechenden FIRs, Rhein UIR befindet sich oberhalb der Frankfurt FIR, Hannover UIR schließlich umfaßt das Gebiet der FIRs Bremen und Düsseldorf. Allerdings existieren im oberen Luftraum lediglich drei obere Kontrollbezirke (Upper Control Area, UTA): UTA Hannover (identisch mit der Hannover UIR), UTA Berlin (deckungsgleich mit der Berlin UIR) sowie UTA Rhein (in den Grenzen von Rhein und München UIR). Der obere Luftraum wird allgemein als Luftraum „C" klassifiziert.

Im unteren Luftraum erfolgt die Flugverkehrskontrolle je nach FIR radargestützt durch die entsprechenden Regionalstellen Berlin, Bremen, Düsseldorf, Frankfurt und München. Der obere Luftraum wird vom Eurocontrol-Kontrollzentrum Maastricht (UTA Hannover), der Flugsicherungsleitstelle Karlsruhe (Rhein UTA oberhalb der Frankfurt FIR), der Regionalstelle München (Rhein UTA oberhalb der München FIR) und der Regionalstelle Berlin (Berlin UTA) kontrolliert.

Die einzelnen Kontrollbezirke sind wiederum in Radarsektoren unterteilt; in diesen ist dann jeweils ein bestimmtes Lotsenteam für den Flugverkehrskontrolldienst verantwortlich.

Flugregeln

Wie bereits aus der Darstellung der Luftraumstruktur hervorgegangen ist, wird generell zwischen den Sichtflugregeln (VFR) und den Instrumentenflugregeln (IFR) unterschieden. Der Sichtflieger ist für die Einhaltung der im vorangegangenen Kapitel aufgeführten Wetterminima selbst verantwortlich; soweit keine Vorschriften verletzt werden, kann er seine Flugroute frei wählen und den Flug ohne Funkkontakt zu einer Kontrollstelle durchführen. Es bleibt dem Piloten selbst überlassen, ob er seinen Flug in Form eines Flugplanes oder über die Kontaktaufnahme mit dem zuständigen Fluginformationsdienst anmeldet, um so auf die entsprechenden Flugverkehrsdienste zurückgreifen zu können. Im Gegensatz hierzu besteht für den Flug nach Instrumentenflugregeln eine Flugplanpflicht, die Flugzeugbesatzung muß in ständigem Funkkontakt mit einer Flugverkehrskontrollstelle oder einer Flugverkehrsinformationsstelle stehen. Mit der Abgabe eines Flugplanes gibt die Flugzeugbesatzung den Flugverkehrskontrollstellen bereits die gewünschte Flughöhe und Flugstrecke bekannt. Da für den Streckenflug keine Mindestwetterbedingungen vorgeschrieben sind, geschieht die Navigation ohne Außensicht mit Hilfe moderner Funk- oder Trägheitsnavigationsanlagen. Lediglich für die Landung sind Mindestsichtweiten vorgeschrieben, die - je nach Anflugverfahren - signifikant unter den Sichtflugbedingungen liegen (Näheres hierzu im Abschnitt „Die Technik").

Verkehrsstaffelung

Zur Vermeidung von gefährlichen Annäherungen oder gar Zusammenstößen sind von der internationalen Zivilluftfahrtbehörde ICAO weltweit gültige Richtlinien und Empfehlungen erarbeitet worden. Danach werden die einzelnen Luftfahrzeuge - entsprechend den Möglichkeiten der Kontrollstellen - durch festgelegte Mindestentfernungen und zeitliche Abstände sowie unterschiedliche Flughöhen voneinander ferngehalten. Auch hier bleibt der Sichtflieger wieder auf sich selbst gestellt; mit entsprechenden Ausweichmanövern muß er seinen Abstand zu Hindernissen und anderem Verkehr sicherstellen. Bei der horizontalen Staffelung hängt die zugeteilte Flughöhe primär von der Flugrichtung ab, man spricht deshalb auch von den sogenannten Halbkreis-Flughöhen:

1. **mißweisender Kurs von 000° bis 179°**
– Flüge nach Instrumentenflugregeln unterhalb 30000 ft benutzen die ungeraden Tausender (Höhenangabe in Fuß über NN): 5000 ft, 7000 ft, 9000 ft, ..., 29000 ft.
Darüber: 33000 ft, 37000 ft, 41000 ft, 45000 ft, ...
– Flüge nach Sichtflugregeln bis zu einer maximalen Flughöhe von 20000 ft bleiben jeweils 500 ft oberhalb der Instrumentenflughöhen: 5500 ft, 7500 ft, 9500 ft, 11500 ft, 13500 ft, 15500 ft, 17500 ft, 19500 ft

2. **mißweisender Kurs von 180° bis 359°**
– Flüge nach Instrumentenflugregeln unterhalb 30000 ft benutzen die geraden Tausender (Höhenangabe in Fuß über NN): 6000 ft, 8000 ft, 10000 ft, ..., 28000 ft
Darüber: 31000 ft, 35000 ft, 39000 ft, 43000 ft, ...
– Flüge nach Sichtflugregeln bis zu einer maximalen Flughöhe von 20000 ft bleiben auch hier wieder jeweils 500 ft über den Instrumentenflughöhen: 6500 ft, 8500 ft, 10500 ft, 12500 ft, 14500 ft, 16500 ft, 18500 ft

Von den Halbkreisflughöhen kann im Einzelfall durchaus auch abgewichen werden; bei Instrumentenflügen geschieht dieses auf Anweisung des Fluglotsen, der Sichtflieger wählt seine Flughöhe auf eigene Verantwortung. In einigen Gebieten der Erde (so beispielsweise über dem Nordpazifik) gelten teilweise andere, in den jeweiligen Luftfahrtkarten speziell veröffentlichte Flughöhen.

Höhenmessereinstellungen

Aufgrund seiner barometrischen Funktionsweise mißt der gebräuchliche Höhenmesser nicht die tatsächliche Flughöhe, sondern lediglich den aktuellen Luftdruck, der mit steigender Höhe immer weiter sinkt. Radarhöhenmesser - die in der modernen Luftfahrt für Landungen, also in niedrigen Höhenbereichen eingesetzt werden - wären hier unpraktisch, da ein Reiseflug bei hoher Geschwindigkeit mit einem stets konstanten Abstand zur Erdoberfläche allenfalls über glatter See komfortabel wäre. Aber auch die Verwendung des luftdruckabhängigen Höhenmessers birgt in der Praxis einen gravierenden Nachteil: Seine Anzeige ist neben der Flughöhe auch von lokalen Luftdrucksystemen (Hoch- und Tiefdruckgebiete) abhängig. Mit gleichbleibender Anzeige des Höhenmessers (konstanter Umgebungsdruck) sinkt ein Flugzeug bei Einflug ins Tiefdruckgebiet, es steigt bei Einflug ins Hochdruckge-

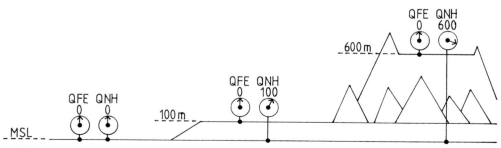

Zeichnung 3: Die Zeichnung verdeutlicht die unterschiedlichen Höhenmessereinstellungen nach QNH und QFE sowie die entsprechenden Höhenanzeigen

biet - jeweils von der Erdoberfläche aus betrachtet. Um eine Anzeige der tatsächlichen Flughöhe zu bekommen, muß die Flugzeugbesatzung den Höhenmesser vor Beginn des Fluges auf den aktuellen Luftdruck eichen. Geschieht dieses nicht, so erhält der Pilot eine falsche Höhenangabe - sollte der Luftdruck inzwischen gefallen sein, zeigt das Instrument eine zu große Flughöhe an, was besonders im Bereich von Bodenhindernissen (hohe Berge) fatale Folgen haben kann. In der heutigen Fliegerei sind zwei Einstellungen gebräuchlich:

1. **Die QNH-Einstellung:** Hier wird der Höhenmesser auf den Luftdruck in Meereshöhe (QNH) geeicht; am Boden wird also die Höhe des Landeplatzes über NN angezeigt. Diese Einstellungsart ist weltweit gebräuchlich.
2. **Die QFE-Einstellung:** Der Höhenmesser wird auf den Luftdruck am Flugplatz geeicht; am Boden zeigt er also null an. Diese Einstellungsart war im ehemaligen Ostblock verbreitet und wird heute noch im Gebiet der ehemaligen UdSSR sowie im Flugsportsektor (Segelflug) verwendet.

In den internationalen Luftfahrtkarten werden Bodenhindernisse stets als Erhebung über NN angegeben; bei der QNH-Einstellung (Flughöhe über NN) kann der Abstand zur Erdoberfläche daher schnell und ohne große Rechnung bestimmt werden. Die QFE-Einstellung bietet in der Regel nur dann Vorteile, wenn auch wieder auf dem Startflugplatz gelandet werden soll (siehe Zeichnung 3).

Probleme der Höhenstaffelung

Ein weiterer Nachteil des barometrischen Höhenmessers tritt insbesondere bei längeren Reiseflügen zu Tage: Während sich der Luftdruck an einem bestimmten Ort zeitlich nur sehr langsam ändert, werden auf langen Flügen häufig ganze Wettersysteme durchflogen, der Luftdruck ändert sich vom Start- zum Zielflugplatz teilweise erheblich. Begegnen sich Flugzeuge mit jeweils unterschiedlich eingestelltem Höhenmesser, so stimmt die angezeigte Höhendifferenz nicht mit dem tatsächlichen

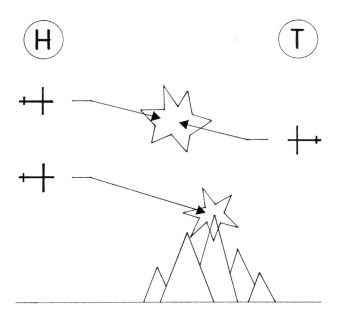

Zeichnung 4:
Wird die Höhenmessereinstellung bei Änderung des Umgebungsdruckes nicht nachgestellt, kann man trotz scheinbar sicherer Höhenanzeige böse Überraschungen erleben

Abstand überein; im Extremfall fliegen zwei Flugzeuge trotz voneinander abweichender Anzeige in derselben Höhe (Zeichnung 4).

Hier werden die Anforderung an die Höhenmessung deutlich: In Bodennähe ist die Kenntnis der tatsächlichen Flughöhe zum Überfliegen von Hindernissen wichtig; im Reiseflug muß die Höhendifferenz unterschiedlich anzeigender Höhenmesser mit der Realität übereinstimmen, um Flugzeugzusammenstöße zu vermeiden. In großen Flughöhen spielt der tatsächliche Abstand zum Boden ohnehin nur eine untergeordnete Rolle. Um der hier aufgeführten Problematik beggnen zu können, wurde eine dritte Art der Höhenmessereinstellung eingeführt, die sogenannte Standardeinstellung. Unterhalb einer bestimmten Flughöhe, der sogenannten Transition Altitude, bleibt der Höhenmesser in der QNH- oder QFE-Einstellung. Die Luftdruckwerte werden dem Flugzeugführer hierbei vom zuständigenden Luftverkehrsdienst übermittelt. Im Steigflug wird oberhalb der Transition Altitude der Höhenmesser auf den Standardwert 1013 haPa (genau 1013.25 haPA) oder 29.92 inHg (USA) eingestellt. Da die Anzeige nun nicht mehr mit der aktuellen Flughöhe übereinstimmt, teilt man die angezeigte Höhe durch 100 und nennt diesen Wert Flugfläche (Flight Level); bei einer abgelesenen Höhe von 13000 ft befindet sich das Flugzeug folglich in der Flugfläche 130. Der Flight Level 130 muß nicht zwingend in einer Höhe von 13000 ft über NN sein; dafür haben aber die Flugflächen 110 und 130 mit Sicherheit

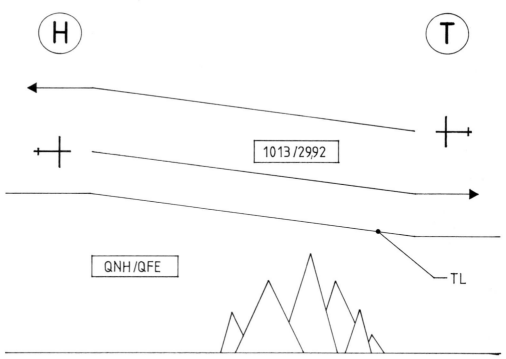

Zeichnung 5: Eine einheitliche Höhenmessereinstellung oberhalb des Transition Levels (in der Zeichnung „TL") gewährleistet die Höhenstaffelung der einzelnen Flugzeuge untereinander; unterhalb des Transition Levels bleibt der Höhenmesser auf QNH/QFE eingestellt - die Nachführung bei Änderung des Umgebungsdruckes wird hier lebenswichtig!

einen Abstand von 2000 ft. Im Sinkflug wird umgekehrt unterhalb einer niedrigsten benutzbaren Flugfläche (entsprechend „Transition Level" genannt) der Höhenmesser wieder auf die QNH- oder QFE-Einstellung umgestellt. In einigen Ländern sind Transition Altitude und Transition Level festgelegte Höhenwerte; in Deutschland beträgt die Transition Altitude 5000 ft, der Transition Level ändert sich mit dem vorherrschenden Luftdruck und wird stets so gewählt, daß er oberhalb der Transition Altitude liegt (im Sinkflug zeigt der Höhenmesser nach Übergang von der Standardeinstellung zur QNH-/QFE-Einstellung also eine Flughöhe oberhalb von 5000 ft an). Zur Einhaltung der korrekten Flughöhen ist es daher unerläßlich, im Steig- oder Sinkflug die Werte für den Luftdruck (QNH oder QFE), Transition Level und Transition Altitude zu kennen. Deshalb werden diese Daten ständig über den automatischen Flughafen-Informationsdienst (ATIS) der internationalen Verkehrsflughäfen ausgesendet; darüberhinaus wird den Piloten bei jeder Sinkflugfreigabe auf eine Flughöhe unterhalb des Transition Levels der aktuelle Luftdruck mitgeteilt (Zeichnung 5).

Werden Reiseflüge unterhalb der Transition Altitude durchgeführt, ist es für den Piloten von besonderer Bedeutung, immer den korrekten Luftdruckwert am Höhenmesser eingestellt zu haben. Bei Sichtflügen kann er so die richtige Halbkreisflughöhe sowie eventuelle Mindestflughöhen einhalten. Das Einholen von Luftdruck- und Wetterinformationen kann beispielsweise über den Fluginformationsdienst geschehen, bei Flügen nach Instrumentenflugregeln gibt natürlich auch jede Flugverkehrskontrollstelle Auskunft. Die gebräuchlichen Werte für Transition Altitude und Transition Level werden auf nationaler Ebene festgelegt und können daher von Land zu Land teilweise erheblich voneinander abweichen. Einige Beispiele: Die Transition Altitude beträgt in Deutschland 5000 ft, in der Türkei 3000 ft, in den USA 18000 ft, in Japan 14000 ft und in Thailand 11000 ft.

Ein Beispielflug: Mit dem Jumbo-Jet von Frankfurt nach New York

Nach dieser doch recht theoretischen Einführung in die Grundlagen von Flugbetrieb und Flugsicherung soll jetzt ein Blick in die Praxis folgen. Hier wird die Durchführung eines alltäglichen Langstreckenfluges zusammen mit Funksprechverkehr und Navigation durchschaubar und verständlich dargestellt. Das Beispiel beschreibt aus der Sicht der Piloten den Flug LH 400 von Frankfurt nach New York/John F. Kennedy. Als Flugzeugtyp wird ein Jumbo-Jet B747-200 eingesetzt. Foto 1 zeigt einen Blick ins Cockpit.

Bei genauer Betrachtung erkennt man die Bedienelemente der UKW-Flugfunkgeräte und NDB-Peilempfänger (VHF-COM und ADF in der Mittelkonsole zwischen den Pilotensitzen), der VOR-Empfänger (VHF-NAV im Glareshield direkt vor den Piloten) und der KW-Funkgeräte (HF-COM im Overheadpanel).

Am Flughafen

Eineinhalb Stunden vor dem geplanten Abflug trifft sich die Flugzeugbesatzung am Flughafen. Insgesamt 15 Personen werden den Jumbo sicher nach New York bringen: Im Cockpit sitzen Kapitän, Copilot und Flugingenieur; die Kabinenbesatzung besteht aus Purser sowie 11 Flugbegleitern.

Die Cockpitbesatzung findet sich im Dispatch-Büro ein: Hier hat ein ausgebildeter Dispatcher auf Grundlage der aktuellen Wetter- und Winddaten sowie unter Berücksichtigung der Verkehrslage die wirtschaftlichste Flugroute erarbeitet. Piloten und Flugingenieur überprüfen die Berechnungen und entscheiden, wieviel Tonnen Kerosin letztendlich in die Tanks des Riesenjets fließen sollen. Zur Aufgabe des Dispatchers gehört es ebenfalls, den Flugplan auszuarbeiten und ihn an den Flugverkehrskontrolldienst zu übermitteln: in diesem sind Daten über Flugzeugtyp, Ausrüstung, Ge-

Foto 1: Cockpit einer Boeing B747-200; die Flugfunkgeräte befinden sich in der Mittelkonsole am unteren Bildrand.

(Foto: Autor)

Foto 2: Frachtversion der Boeing B747-200 mit hochklappbarer Frontladetür

(Foto: Deutsche Lufthansa, Köln)

schwindigkeit, Flughöhe und natürlich auch Flugroute enthalten. Die Cockpitbesatzung erhält einen wesentlich detaillierteren Flugablaufplan, in dem zusätzliche Angaben über Spritverbrauch, Steuerkurse, Entfernungen sowie Steig- und Sinkflüge enthalten sind. Mit diesen Informationen begibt sich das Cockpitpersonal zu Purser und Flugbegleitern, die ebenfalls eine Vorbesprechung abhalten. Hat man sich gegenseitig bekannt gemacht, sind alle wichtigen Informationen ausgetauscht und Unregelmäßigkeiten besprochen, fährt die Besatzung mit einem Bus auf das Vorfeld zum Flugzeug. Der Jumbo ist inzwischen aus der Werft zum Abfluggate geschleppt worden, notwendige Wartungs- und Reparaturarbeiten sind abgeschlossen. Bei der Ankunft der Flugbesatzung läuft die Betankung auf Hochtouren, gleichzeitig werden die benötigten Passagiermahlzeiten sowie die Küchenausrüstung verladen. Soweit noch nicht vorher geschehen, wird das Flugzeug gereinigt, mit Frischwasser versorgt und das Abwasser abgepumpt. Für den Zuschauer auf der Besucherterasse scheint das Vorfeld in der Umgebung des Jumbo-Jets im Chaos zu versinken; doch die Frachtpaletten und Container, die scheinbar wahllos herumstehen, verschwinden in genau festgelegter Reihenfolge im Bauch der 747. Vom Stoffballen bis zum Passagiergepäck findet nahezu alles einen Platz in den silbernen Containern; sperrige Frachtstücke, wie Autos und Maschinenteile, werden auf einzelne Paletten verladen (Foto 2).

In Cockpit und Kabine beginnen nun die Vorflugkontrollen; dazu gehört neben der Überprüfung von Beladung und Ausrüstung auch die Funktionskontrolle der Flugzeugtechnik. Im Cockpit werden Funk- und Navigationsgeräte, sämtliche Kontroll- und Bedienelemente, Flugunterlagen und technische Ausrüstung genauestens gecheckt. Im Jumbo gibt es hierbei einiges zu tun: Insgesamt drei UKW-Transceiver, zwei KW-Transceiver und zwei SELCAL-Systeme werden mittels Kontrollanruf geprüft; zusätzlich wird die richtige Funktionsweise der jeweils zwei NDB- und VOR-Empfänger kontrolliert.

Sind weder innen noch außen irgendwelche Mängel oder Defekte entdeckt worden, beginnt nach Abschluß der Betankung - etwa 30 Minuten vor der geplanten Abflugzeit - der Einsteigevorgang der Passagiere. Zu diesem Zeitpunkt ist der Copilot mit der Errechnung der wetterabhängigen Startdaten (Stellung der Landeklappen und Triebwerksleistung zum Start, maximal erlaubtes Startgewicht, Abhebe- und Steiggeschwindigkeiten) beschäftigt. Nach weiteren 20 Minuten ist die Abfertigung beendet: Das sogenannte Loadsheet, welches jetzt an Bord gebracht wird, gibt genaue Auskunft über das endgültige Gewicht von Passagieren und Ladung - die Überprüfung der Schwerpunktlagen für Start, Reiseflug und Landung sind ebenfalls mit in der Berechnung eingeschlossen. Noch eine ausgiebige Überprüfung dieser Dokumente auf ihre inhaltliche Richtigkeit durch die Cockpitbesatzung, dann werden die letzten Kopien von Bord gegeben, die Türen geschlossen - der Jumbo ist abflugbereit.

Die Flughafenkontrolle

Bereits während der Errechnung der Startdaten hat der Copilot den automatischen Flughafen-Informationsdienst (ATIS) abgehört. Neben den eigentlichen Wetterdaten werden Informationen über die benutzten Startbahnen, den Transition Level sowie kurzfristige Besonderheiten im Flughafenbereich ausgestrahlt. Zur Identifikation einer im Regelfall alle 30 Minuten aktualisierten ATIS-Sendung dient ein Buchstabe, der bei der ersten Kontaktaufnahme der zuständigen Flugverkehrskontrollstelle übermittelt wird.

Nach dem Lesen der notwendigen Checklisten kann der Anlaßvorgang der Triebwerke („start-up") und - wenn aufgrund der Parkposition notwendig - das Zurückschieben des Flugzeuges („push-back") beginnen. Hierzu beantragt der Copilot bei „Frankfurt Ground" (121.900 MHz) die Anlaßfreigabe:

Foto 3: Die Boeing B747-200 Jets der Lufthansa sind Großraum-Passagierflugzeuge mit großer Reichweite und zum Teil zusätzlicher Frachtkapazität im hinteren Hauptdeck.

(Foto: Deutsche Lufthansa, Köln)

Foto 4: Flughafen Frankfurt - Ausgangspunkt vieler Lufthansaflüge in alle Welt

(Foto: Deutsche Lufthansa, Köln)

„Frankfurt Ground, Lufthansa 400, Information Uniform, request start-up".
(Lufthansa 400 erbittet Anlaßfreigabe, ATIS-Information „U" empfangen)

In Frankfurt wird die Anlaßfreigabe zusammen mit der Streckenfreigabe erteilt; die Streckenfreigabe enthält die verbindlichen Daten der Flugstrecke und Flughöhe. Stimmt die genehmigte Flugroute mit dem vom Dispatcher aufgegebenen Flugplan überein, so wird lediglich die aktuelle Standardabflugstrecke, die Bestätigung „route as requested" oder „route as filed" sowie der Transponder-Code (Sekundärradaranlage) genannt.

„Lufthansa 400, start-up approved, cleared to JFK, FOXTO 3G departure, route as filed, squawk 2203. For push-back call Frankfurt Apron 122.05"
(Lufthansa 400 darf die Triebwerke anlassen, Flugstrecke über Standardabflugstrecke FOXTO 3G, dann wie im Flugplan nach New York/John F. Kennedy, Transponder-Code 2203. Freigabe zum Zurückstoßen auf der Frequenz 122.050 MHz).

Ein Zurücklesen der einzelnen Freigaben ist zwingend erforderlich. Die Anlaßfreigabe bleibt fünf Minuten lang gültig - wird das Flugzeug innerhalb dieser Zeitspanne nicht bewegt, muß eine neue Freigabe beantragt werden. Der Transponder-Code („squawk") dient zur einfachen Identifikation des Flugzeuges durch den Fluglotsen: Trifft ein Radarstrahl die Transponder-Antenne, so wird der eingestellte Zahlencode zusammen mit der Flughöhe abgestrahlt. Die Angaben erscheinen unverzüglich und eindeutig auf dem Radarschirm am Boden - dieses erspart dem Lotsen aufwendiges Nachfragen und komplizierte Identifizierungsverfahren, wie sie vor Einführung der sogenannten Sekundärradaranlage üblich waren.

Für das Zurückschieben des Flugzeuges ist eine Genehmigung durch die Vorfeldaufsicht notwendig; diese holt die Besatzung auf der Frequenz 122.050 MHz ein:

„Frankfurt Apron, Lufthansa 400, Position B20, request push-back"
(Lufthansa 400 erbittet „Push-Back"-Genehmigung von der Gate-Position B20)

„Lufthansa 400, push-back approved, after push pull forward to abeam position B25, for taxi contact Frankfurt Apron 121.7"
(„Push-Back"-Genehmigung für Lufthansa 400 erteilt, nach dem Zurückstoßen soll das Flugzeug bis querab von Gate-Position B25 vorgezogen werden, Rollfreigabe auf der Frequenz 121.700 MHz).

Eine kurze Absprache mit dem Mechaniker am Schubwagen, und der Push-Back kann beginnen. Da die Anlaßfreigabe bereits erteilt wurde, erfolgt das Starten der vier Triebwerke während des Zurückschiebens. Nach der nächsten Checkliste wird zügig auf 121.700 MHz die Rollfreigabe angefordert:

„Frankfurt Apron, Lufthansa 400 is ready for taxi"
(Lufthansa 400 ist bereit zum Abrollen)

„Lufthansa 400, taxi via Golf and Alpha to Runway 25. Crossing November you are number two behind a Hapag Lloyd 737"
(Lufthansa 400 soll über die Rollwege „G" und „A" zu den Startbahnen 25 rollen. Die Kreuzung zur Rollbahn „N" soll das Flugzeug nach einer Hapag Lloyd 737 passieren).

Der mächtige Jumbo-Jet setzt sich langsam in Bewegung. Die Boeing 737 in den Farben der Hapag Lloyd hat bereits den Rollweg November passiert, so daß LH 400 geradewegs über die „Taxiways" Golf und Alpha zu den Startbahnen 25L und 25R rollen kann. Als Hilfe zur Orientierung dient die abgebildete

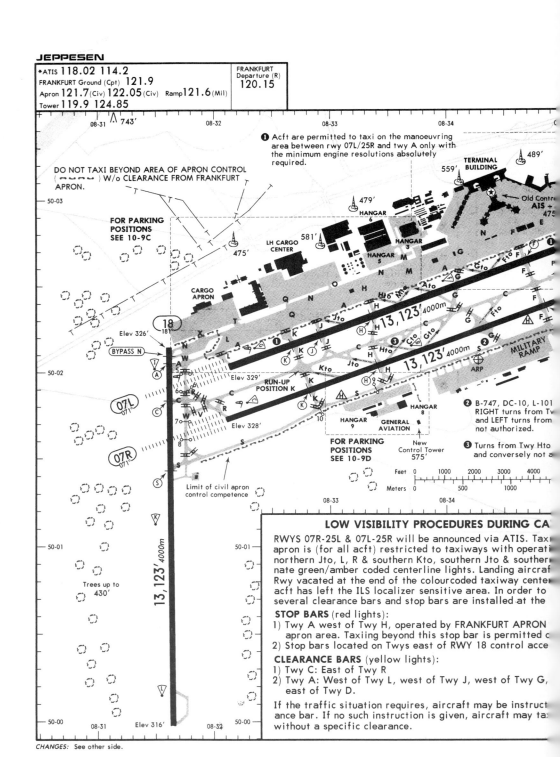

11 DEC 92 (10-9) **AIRPORT** NOT FOR NAVIGATIONAL PURPO-
SES - INFORMATION ONLY
FRANKFURT/MAIN, GERMANY
EDDF FRANKFURT/MAIN
245.5°/2.9 From FFM 114.2   N50 02.1 E008 34.3
Var 01°W   Elev **364'**

START-UP/TAXI PROCEDURES FOR JET & TURBO-PROP AIRCRAFT

CIVIL

1. Contact FRANKFURT GROUND for start-up clearance when ready to start engines within 5 minutes after the clearance has been issued. Expect IFR enroute clearance together with start-up clearance.
2. When ready, contact FRANKFURT APRON for pushback or taxi instructions. The pilot shall indicate the runway predetermined by Departure Route assigned.
3. Expect instructions to contact either Tower or Ground Control before leaving apron, and change frequency <u>without delay.</u>

Be advised when 122.05 used as initial call-up frequency, pilots will be instructed to monitor 121.7.

MILITARY

1. Contact FRANKFURT GROUND for start-up clearance. Expect ATC IFR enroute clearance together with engine start clearance.
2. As soon as engine start clearance received call Military Ramp Control for move out instructions from ramp.
3. Expect instructions from Military Ramp Control to further contact Civil Tower before leaving apron.

DO NOT CROSS LIMIT OF MILITARY RAMP CONTROL COMPETENCE UNTIL SPECIFICALLY CLEARED TO PROCEED, AND TAXI CLEARANCE RECEIVED FROM CIVIL TOWER, GROUND OR MILITARY RAMP CONTROL RESPECTIVELY.

Taxi Guidance

Aircraft landing on runway 25L/07R will generally receive taxi instructions from Tower/ground Control (ATC) allowing runway 25R/07L to be crossed at locations close to the pre-planned parking position.

Depending on the weather and/or traffic situation, however, other taxi routes may be assigned.

LEGEND
- ─o1 Stop point 1 (Adnl holding posn O/R by ATC)
- (F) Take-off position
- → One way taxiway

08-36
FOR PARKING POSITIONS SEE 10-9B

Trees up to 423'

Limit of military ramp control competence

RATIONS
…nway to the civil
  lights. Taxiways D,
…ipped with alter-
…ed to report
… indicate that the
…und movement
…way intersections.

… access to the
… switched off.
…ay.

…Fto, west and

… specific clear-
… learance bar

© JEPPESEN SANDERSON, INC., 1991, 1992. ALL RIGHTS RESERVED.

Karte 1:
Flughafenkarte Frankfurt/Rhein-Main-Flughafen; die Parkpositionen der Zivilflugzeuge befinden sich auf der Nordseite (auf der Karte oben), das militärisch genutzte Vorfeld liegt im Süden
(Copyright 1991,1992
JEPPESEN SANDERSON, INC.)

Flugplatzkarte (Karte 1), auf der sämtliche Einzelheiten im Flughafenbereich zu erkennen sind.

Die Benennung der Start- und Landebahnen gibt ihre auf volle zehn Grad gerundete Ausrichtung bezüglich der magnetischen Nordrichtung wieder. Eine Ost-West-Bahn wird in Richtung Osten (Kompaßrichtung 090°) „09", in Richtung Westen (Kompaßrichtung 270°) „27" genannt. Parallelbahnen unterscheiden sich durch den Zusatz „L" für links, „R" für rechts sowie „C" für Mitte („center"). Wie auch aus der Jeppesen-Karte hervorgeht, haben die Start- und Landebahnen in Frankfurt folgende Ausrichtung:

Start- und Landebahn 07R:
   071° (Richtung Ost-Nordost)
Start- und Landebahn 25L:
   251° (Richtung West-Südwest)
Start- und Landebahn 07L:
   071° (Richtung Ost-Nordost)
Start- und Landebahn 25R:
   251° (Richtung West-Südwest)
Startbahn 18:
   181° (Richtung Süden)

Während des Rollens werden die letzten Checks durchgeführt: Bremsen, Instrumente, Setzen von Landeklappen und Trimmung, Armierung der Systeme für die automatische Betätigung von Bremsklappen (Autospoiler) und Radbremse (Autobrake) für den seltenen Fall eines Startabbruches. Auf halbem Wege schickt die Vorfeldkontrolle die Jumbobesatzung auf die Tower-Frequenz:

> *„Lufthansa 400, contact Frankfurt Tower on 119.9"*
> (Lufthansa 400 soll auf die Kontrollturm-Frequenz 119.900 MHz überwechseln)

Sofort meldet sich der Copilot für den Start an:
„Frankfurt Tower, Lufthansa 400, ready for departure upon reaching the runway"
(Lufthansa 400 ist mit dem Erreichen der Bahnen 25 startbereit)

Nur noch wenige Minuten, dann wird sich der riesige Jumbo-Jet zusammen mit seiner Fracht von 400 Menschen in den Himmel erheben. Im Cockpit werden jetzt in Kurzform die gültigen Verfahren für Triebwerksausfälle während des Startlaufes und in der Luft besprochen. Ist das Wetter gut genug, um mit nur drei laufenden Triebwerken wieder landen zu können, oder muß in diesem Falle zu einem Ausweichflugplatz, dem sogenannten „Take-Off-Alternate", geflogen werfen? Für den Steigflug mit eingeschränkter Steigleistung (Triebwerkausfall) sind „Engine Failure Procedures" festgelegt - spezielle hindernisfreie Abflugstrekken, die im Notfall anstelle der Standardrouten benutzt werden.

Aus dem Cockpitfenster sind deutlich die anfliegenden Maschinen zu erkennen. Wie Perlen auf eine Schnur gezogen, die hell strahlenden Landescheinwerfer eingeschaltet, nähern sie sich in Verlängerung der beiden Landebahnen 25L und 25R dem Rhein-Main-Airport. In dieser bis zum Horizont reichenden Kette scheint es keine Lücke mehr zu geben, die auch nur den Start eines einzigen Flugzeuges zulassen würde. Doch die Stimme aus dem Funkgerät belehrt die Piloten eines besseren:

> *„LH 400, behind next landing DC10 on two miles final line up 25R and wait, prepare for immediate takeoff"*
> (Lufthansa 400 soll nach dem nächsten landenden Flugzeug, einer im Augenblick noch rund dreieinhalb Kilometer entfernten DC10, auf die Bahn 25R rollen und warten; mit einer schnellen Startfreigabe ist zu rechnen).

Kaum hat der Copilot auch diese Freigabe zurückgelesen, schwebt die besagte DC10 in rund 15m Höhe über die Schwelle der Bahn 25R. Die Piloten dürfen den Jumbo nun auf die Startbahn rollen, müssen allerdings noch auf die Startfreigabe warten. Zeit für die letzten

Foto 5: Auch nachts starten viele Langstreckenjets zur weiten Reise um die Welt.
(Foto: Deutsche Lufthansa, Köln)

Startvorbereitungen und Kontrollen - Landescheinwerfer, Fahrwerksteuerung, leuchtet noch irgendwo eine Warnlampe? Gerade verläßt die DC10 die Landebahn, da meldet sich auch schon der Kontrollturm:

„*Lufthansa 400, cleared for takeoff, please expedite, next landing aircraft on five miles final*"
(Zügige Startfreigabe für Lufthansa 400, das nächste landende Flugzeug befindet sich in nur noch neun Kilometer Entfernung).

Mit dem Vorschieben der vier Schubhebel wächst das Heulen der Triebwerke zum ohrenbetäubenden Donnern an; erst ganz gemächlich, dann immer schneller setzt sich das fast 380 Tonnen schwere Flugzeug in Bewegung. 100, 120, 140 Stundenkilometer - der Zeiger des Fahrtmessers bleibt in Bewegung. 260, 280, 300 Stundenkilometer - die V1 ist erreicht, ein Startabbruch ist jetzt nicht mehr möglich, da die schwere Maschine sonst über das Bahnende hinausschießen würde; bei Triebwerksausfall müßte der Start fortgeführt werden! 320, 330 Stundenkilometer - mit einem leichten Zug am Höhensteuer hebt der Jumbo seine Nase etwa 15 Grad in den Himmel. 340, 350 Stundenkilometer - die 16 Räder des Hauptfahrwerkes verlassen die Startbahn, größer und größer wird der Abstand zum Erdboden.
Die Reise nach New York kann beginnen!

Unkontrollierte Flugplätze

Auf den kleineren Regionalflugplätzen geht es natürlich um einiges beschaulicher zu als zur Hauptverkehrszeit auf dem Frankfurter Flughafen. Während die internationalen Verkehrsflughäfen natürlich durch die Deutsche Flugsicherung GmbH kontrolliert werden, gibt es auf

Sichtan-/abflugkarte Visual Approach/Departure Chart	Höhe ü. NN ELEV 1966	**SIEGERLAND EDKS**

NICHT ZUR NAVIGATION VERWENDEN

FIS	VDF (QDM)	SIEGERLAND INFO
FRANKFURT INFORMATION 124.725	118.200 O/R { 122.600	118.200 En/Ge (25 NM, 4000 ft)
DÜSSELDORF RADAR 120.900	122.500 123.000	122.500 En/Ge

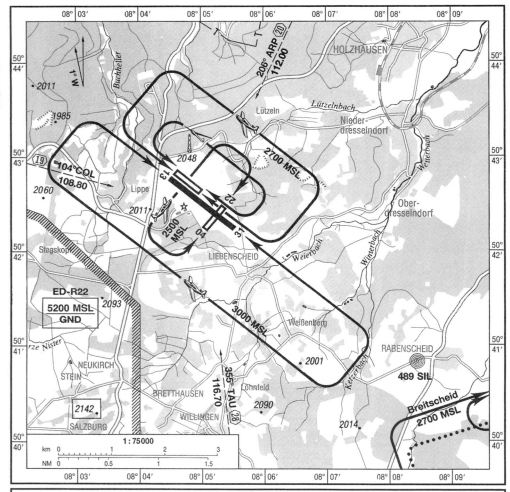

Berichtigung: ED-R22.
Correction: ED-R22.

Auf den Flugbetrieb des Landeplatzes Breitscheid in SO des Flughafens Siegerland ist zu achten.

Pay attention to flight operations of the aerodrome Breitscheid in the SE of the aerodrome Siegerland.

Karte 2: Sichtan-/abflugkarte Flugplatz Siegerland; eingezeichnet sind die Platzrunden für Motor- und Segelflugzeuge. Um Siegerland auch unter Instrumentenflugbedingungen anfliegen zu können, soll der Flugplatz in naher Zukunft ein Instrumenten-Lande-System ILS sowie eine Kontrollzone erhalten.

(Quelle: DFS Deutsche Flugsicherung GmbH)

kleineren Flugplätzen lediglich eine Luftaufsichtsstelle oder Flugleitung. Hier verrichtet ein Beauftragter für Luftaufsicht (BfL) oder Flugleiter seinen Dienst. Im Gegensatz zu seinen Kollegen im Tower der Großflughäfen darf er nur Verkehrsinformationen erteilen und ergreift Maßnahmen erst dann, wenn die Sicherheit des Luftverkehrs ernsthaft gefährdet scheint. Folglich gestaltet sich die Abwicklung des Flugplatzverkehrs gänzlich anders als an den Verkehrsflughäfen. (Siehe Karte 2)

Grundsätzlich basieren die An- und Abflugverfahren an den vorwiegend nach Sichtflugregeln angeflogenen Flugplätzen auf einer sogenannten Platzrunde. Diese hat gewöhnlich einen einheitlichen Aufbau, kann im Einzelfall (etwa wegen geographischer Besonderheiten, oder um Fluglärm über bewohntem Gebiet zu vermeiden) aber auch leicht abgewandelt aussehen (Zeichnung 6 zeigt eine Standard-Platzrunde)

Primär dient die Platzrunde zur Vereinheitlichung des Flugplatzverkehrs; die Piloten wissen, wo sie mit anderem Flugverkehr zu rechnen haben. An- und Abflüge finden in der Regel über den Gegenanflug statt; jeder Pilot trägt aber - wie in der Sichtfliegerei üblich - selbst die Verantwortung zur Vermeidung von Zusammenstößen. Über Funk wird die Position jedes Flugzeuges innerhalb der Platzrunde gemeldet, der Flugleiter oder BfL greift mit hilfreichen Verkehrshinweisen und Windmeldungen mit in das Geschehen ein. Man darf sich aber durch den teilweise recht massiven

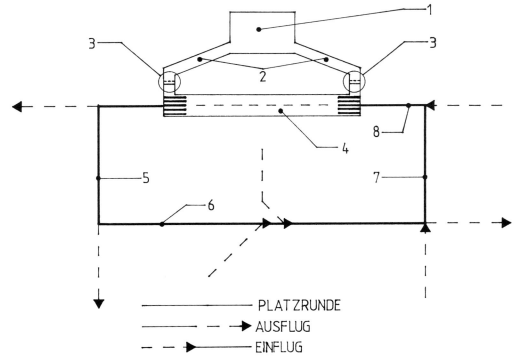

Zeichnung 6: Schemazeichnung einer gewöhnlichen (Links-) Platzrunde; Bedeutung der einzelnen Zahlen:

1 - Vorfeld (Apron)
2 - Rollwege (Taxiways)
3 - Rollhalteort (Taxi Holding Position)
4 - Start-/Landebahn (Runway)

5 - Querabflug (Crosswind)
6 - Gegenabflug/Gegenanflug (Downwind)
7 - Queranflug (Base Leg)
8 - Endanflug (Final)

Funkverkehr nicht täuschen lassen: Der Platzrundenverkehr wie auch der Vorfeldverkehr am Boden läuft hier unkontrolliert ab. An einigen Flugplätzen sind zusätzlich Kontrollzonen eingerichtet worden; entweder aufgrund eines hohen Verkehrsaufkommens (so etwa in Egelsbach, einige Kilometer südlich des Frankfurter Flughafens), oder um den Platz generell nach Instrumentenflugregeln anfliegbar zu machen (zum Beispiel Lübeck-Blankensee). Der Sichtflugverkehr ist auch hier an Platzrunden gebunden - allerdings hat der Fluglotse im Kontrollturm sämtliche Befugnisse wie auch seine Kollegen an den großen Verkehrsflughäfen, kann also durchaus vom Schema abweichende Anweisungen erteilen.

Abflugkontrolle

Nach diesem kurzen Ausflug in die Welt der allgemeinen Luftfahrt („General Aviation") zurück zu den Verkehrsflugzeugen. LH 400 ist inzwischen „airborne", befindet sich also in der Luft. Sofort nach dem Abheben wird das Fahrwerk eingezogen, anschließend folgt ein Steigflug mit ungefähr 365 km/h auf 1500 ft (450 m) über Grund, in Frankfurt rund 570 m über NN. Nachdem die Triebwerkleistung auf Steigflugleistung reduziert worden ist, nimmt die Besatzung Kontakt mit der zuständigen Flugverkehrskontrollstelle auf; die entsprechende Frequenz (120.150 MHz) kann der Abflugkarte entnommen werden.

„Frankfurt Radar, Lufthansa 400, out of 1900, climbing 5000"
(Lufthansa 400 hat 1900 ft über NN passiert und steigt auf 5000 ft)

Der Funkkontakt mit der Abflugkontrollstelle ist hergestellt:

Foto 7: Blick in den Kontrollturm Frankfurt; im Hintergrund die Start- und Landebahnen 25L und 25R.

(Foto: Deutsche Flugsicherung GmbH, Offenbach)

NICHT ZUR NAVIGATION VERWENDEN

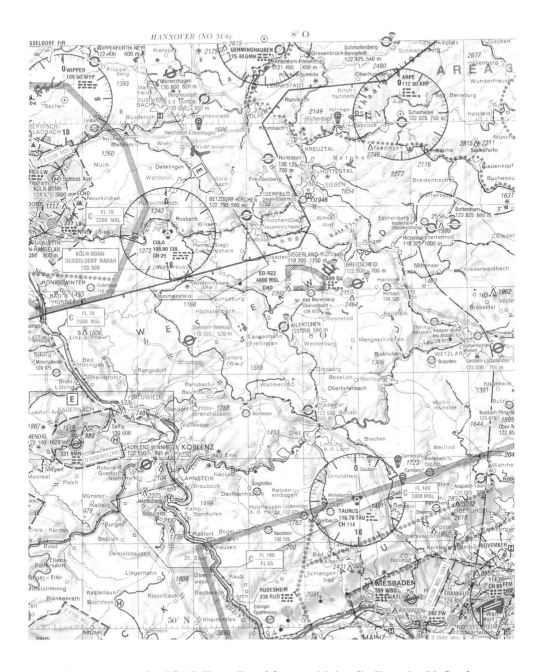

Karte 3: Auszug aus der ICAO-Karte Frankfurt am Main; die Karte im Maßstab 1:500000 wird vorwiegend zur Sichtnavigation eingesetzt. (Quelle: DFS Deutsche Flugsicherung GmbH)

JEPPESEN

FRANKFURT Radar 120.15

TRANS LEVEL: BY ATC
TRANS ALT: 5000'

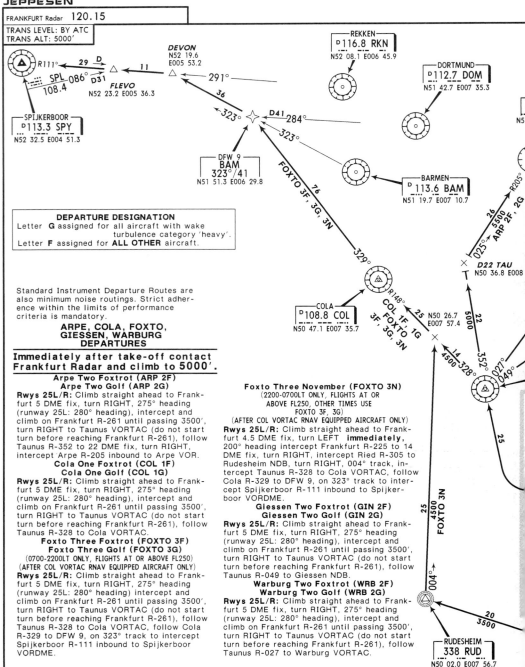

DEPARTURE DESIGNATION
Letter **G** assigned for all aircraft with wake turbulence category 'heavy'.
Letter **F** assigned for **ALL OTHER** aircraft.

Standard Instrument Departure Routes are also minimum noise routings. Strict adherence within the limits of performance criteria is mandatory.

ARPE, COLA, FOXTO, GIESSEN, WARBURG DEPARTURES

Immediately after take-off contact Frankfurt Radar and climb to 5000'.

Arpe Two Foxtrot (ARP 2F)
Arpe Two Golf (ARP 2G)
Rwys 25L/R: Climb straight ahead to Frankfurt 5 DME fix, turn RIGHT, 275° heading (runway 25L: 280° heading), intercept and climb on Frankfurt R-261 until passing 3500', turn RIGHT to Taunus VORTAC (do not start turn before reaching Frankfurt R-261), follow Taunus R-352 to 22 DME fix, turn RIGHT, intercept Arpe R-205 inbound to Arpe VOR.

Cola One Foxtrot (COL 1F)
Cola One Golf (COL 1G)
Rwys 25L/R: Climb straight ahead to Frankfurt 5 DME fix, turn RIGHT, 275° heading (runway 25L: 280° heading), intercept and climb on Frankfurt R-261 until passing 3500', turn RIGHT to Taunus VORTAC (do not start turn before reaching Frankfurt R-261), follow Taunus R-328 to Cola VORTAC.

Foxto Three Foxtrot (FOXTO 3F)
Foxto Three Golf (FOXTO 3G)
(0700-2200LT ONLY, FLIGHTS AT OR ABOVE FL250)
(AFTER COL VORTAC RNAV EQUIPPED AIRCRAFT ONLY)
Rwys 25L/R: Climb straight ahead to Frankfurt 5 DME fix, turn RIGHT, 275° heading (runway 25L: 280° heading) intercept and climb on Frankfurt R-261 until passing 3500', turn RIGHT to Taunus VORTAC (do not start turn before reaching Frankfurt R-261), follow Taunus R-328 to Cola VORTAC, follow Cola R-329 to DFW 9, on 323° track to intercept Spijkerboor R-111 inbound to Spijkerboor VORDME.

Foxto Three November (FOXTO 3N)
(2200-0700LT ONLY, FLIGHTS AT OR ABOVE FL250, OTHER TIMES USE FOXTO 3F, 3G)
(AFTER COL VORTAC RNAV EQUIPPED AIRCRAFT ONLY)
Rwys 25L/R: Climb straight ahead to Frankfurt 4.5 DME fix, turn LEFT **immediately,** 200° heading intercept Frankfurt R-225 to 14 DME fix, turn RIGHT, intercept Ried R-305 to Rudesheim NDB, turn RIGHT, 004° track, intercept Taunus R-328 to Cola VORTAC, follow Cola R-329 to DFW 9, on 323° track to intercept Spijkerboor R-111 inbound to Spijkerboor VORDME.

Giessen Two Foxtrot (GIN 2F)
Giessen Two Golf (GIN 2G)
Rwys 25L/R: Climb straight ahead to Frankfurt 5 DME fix, turn RIGHT, 275° heading (runway 25L: 280° heading), intercept and climb on Frankfurt R-261 until passing 3500', turn RIGHT to Taunus VORTAC (do not start turn before reaching Frankfurt R-261), follow Taunus R-049 to Giessen NDB.

Warburg Two Foxtrot (WRB 2F)
Warburg Two Golf (WRB 2G)
Rwys 25L/R: Climb straight ahead to Frankfurt 5 DME fix, turn RIGHT, 275° heading (runway 25L: 280° heading), intercept and climb on Frankfurt R-261 until passing 3500', turn RIGHT to Taunus VORTAC (do not start turn before reaching Frankfurt R-261), follow Taunus R-027 to Warburg VORTAC.

CHANGES: Departure designation assignment.

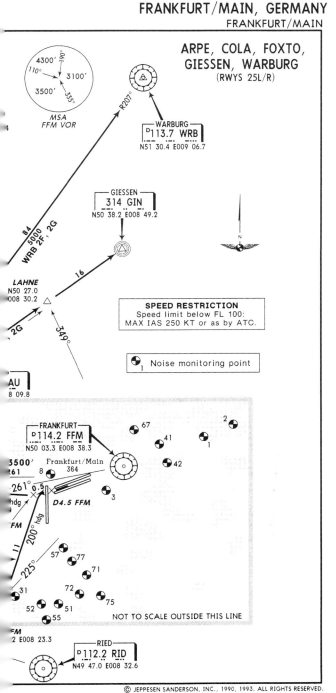

Karte 4: Standardabflugstrecken für die Startbahnen 25L/ 25R in Frankfurt; die „FOXTO 3G"-Route wird in der linken unteren Ecke der Karte beschrieben

(Copyright 1990,1993 JEPPESEN SANDERSON, INC.)

„*Lufthansa 400, radar identified, climb to 5000*"
(Lufthansa 400 ist auf dem Radarschirm identifiziert und soll auf 5000 ft steigen)

Die Piloten navigieren den Jumbo jetzt exakt entlang der Standardabflugstrecke FOXTO 3G.

Streckenführung, Höhenbeschränkungen und Frequenzen der zuständigen Kontrollstellen sind zusammen mit allen anderen notwendigen Angaben in der Abflugkarte (Karte 4) verzeichnet.

Gemäß Jeppesen-Karte wird die Standard-Abflugstrecke FOXTO 3G wie folgt geflogen:

– Höhenbeschränkung 5000 ft (1500 m über NN)
– Abflugkontrollstelle: „Frankfurt Radar", Frequenz 120.150 MHz
– Start auf der Bahn 25L oder 25R
– geradeaus bis zu einer Entfernung von fünf Meilen (9.3 km) vom Funkfeuer Frankfurt (Kennung „FFM", Frequenz 114.200 MHz)
– Rechtskurve auf einen Steuerkurs von 275° (Startbahn 25R) oder 280° (Startbahn 25L)
– Linkskurve auf das Radial 261 des Funkfeuers Frankfurt („FFM")
– bei Erreichen von 3500 ft (1050 m über NN) Rechtskurve zum Funkfeuer Taunus (Kennung „TAU", Frequenz 116.700 MHz); Rechtskurve darf keinesfalls vor Erreichen des Radiales 261 „FFM" begonnen werden!
– nach „TAU" Radial 328 zum Funkfeuer Köln (Kennung „COL", Frequenz 108.800 MHz)
– nach „COL" Radial 329 zum Punkt „DFW 9" (Radial 323/Entfernung 41 Meilen (76 km) vom Funkfeuer Barmen, Kennung „BAM", Frequenz 113.600 MHz)
– nach „DFW 9" Kurs 323° zum Punkt „DEVON" (Radial 323/Entfernung 77 Meilen (142.6 km) vom Funkfeuer „BAM")
– hinter „DEVON" direkt nach Amsterdam (Funkfeuer Spijkerboor, Kennung „SPY",

Frequenz 113.300 MHz, Radial 111/Kurs 291°)

Die Kontrollstelle „Frankfurt Radar" kann die Abflugstrecke natürlich jederzeit ändern oder ergänzen sowie zur Abkürzung Direktfreigaben erteilen.

LH 400 ist inzwischen weiter als fünf Meilen vom Funkfeuer „FFM" entfernt und und befindet sich nach einer leichten Rechtskurve auf Steuerkurs 275°. Die Piloten sind jetzt bemüht, die Mindesthöhe von 3500 ft zügig zu erreichen, um danach das Funkfeuer Taunus („TAU") direkt ansteuern zu dürfen. Damit die momentane Steigrate gehalten werden kann, bleibt das Flugzeug mit den Landeklappen auf Startstellung bei seiner augenblicklichen Geschwindigkeit von rund 370 Stundenkilometer. Schon läuft das Radial 261 der VOR-Station „FFM" ein - ein kurzer Schlenker nach links auf Kurs 261°, 45 Sekunden später werden 3500 ft (1050m über NN) passiert, der Jumbo dreht wieder nach rechts, Kurs 330° nach „TAU". Die Piloten senken die Nase der 747, um die Geschwindigkeit weiter zu erhöhen; das höchste Hindernis, der Feldberg nördlich von Frankfurt, liegt jetzt unterhalb des Flugweges.

Entsprechend der Fluggeschwindigkeit werden die Landeklappen und Vorflügel eingefahren - ab rund 480 km/h kommt die Boeing ohne die widerstanderzeugenden Auftriebshilfen aus. Noch bevor die in der Standardabflugstrecke vorgeschriebene Höhe von 5000 ft erreicht ist, erlaubt Frankfurt Radar einen weiteren Steigflug:

„*Lufthansa 400, continue climb to Flight Level 90*"
(Lufthansa 400 kann den Steigflug bis zur Flugfläche 90 fortsetzen)

Der Höhenmesser wird oberhalb der Transition Altitude auf den Standardwert 1013 haPa eingestellt, das Flugzeug befindet sich nun innerhalb des Flugflächensystemes. Während des

***Karte 5:** Ausschnitt aus der Streckenkarte S1/unterer Luftraum (gültig unterhalb Flugfläche 245)*

(Quelle: DFS Deutsche Flugsicherung GmbH)

weiteren Steigfluges muß die Besatzung darauf achten, den Jumbo unterhalb von FL 100 nicht über die maximal zulässige Geschwindigkeit von 460 Stundenkilometer zu beschleunigen; die ökonomische Steiggeschwindigkeit von etwa 640 km/h kann also erst jenseits von Flugfläche 100 erreicht werden. Zusätzlich zu den VOR-Empfängern benutzen die Piloten nun die Trägheitsnavigationsgeräte, denn einige Punkte der Abflugstrecke („DFW 9" und „DEVON") sind lediglich über ihre Koordinaten oder durch Richtung und Entfernung zum nächsten Funkfeuer definiert. Ein Bordcomputer, der die augenblickliche Position kennt, bestimmt aus diesen Angaben den Kurs und die Distanz zu den jeweiligen Punkten. Die Ausrüstung mit einem solchen Computer (Area-Navigation, kurz „RNAV") ist - wie auch auf der Jeppesen-Karte erwähnt - Voraussetzung, um die Abflugstrecke FOXTO 3G im Flugplan zu beantragen. (Karte 4)

Bezirkskontrolle

LH 400 nähert sich der Stadt Köln und fliegt damit in den Kontrollbezirk Düsseldorf ein. Immer noch im unteren Luftraum (unterhalb FL 245) steht die Besatzung nun in Funkkontakt mit Düsseldorf Radar. Es folgen Steigflugfreigaben bis zum FL 250, im oberen Luftraum wird der Flug dann von „Eurocontrol" überwacht. Die Kontrollstelle befindet sich in Maastricht, entsprechend lautet auch ihr Rufzeichen:

> *„Maastricht Radar, Lufthansa 400, maintaining Flight Level 250, standing by for climb to Flight Level 310"*
> (Lufthansa 400 fliegt in Flugfläche 250 und erwartet eine Steigflugfreigabe auf die im Flugplan beantragte Flugfläche 310)

> *„Lufthansa 400, climb to Flight Level 310 and proceed direct to Newcastle"*
> (Lufthansa 400 darf auf Flugfläche 310 steigen und direkt zum Funkfeuer Newcastle an der englischen Ostküste fliegen; Kennung „NEW", Frequenz 114.250 MHz)

Während unterhalb der Flugfläche 300 gewöhnlich nach konstanter (angezeigter) Geschwindigkeit geflogen wird, behalten die Flugzeuge jenseits dieser Höhe eine konstante Machzahl bei, fliegen also einen bestimmten Bruchteil der Schallgeschwindigkeit. Der Schall bewegt sich mit der Machzahl 1 fort, das Geschwindigkeitsspektrum moderner Verkehrsflugzeuge erstreckt sich von Mach 0.72 bis Mach 0.86 (abgekürzt M.72 bis M.86). Obwohl die Flugrouten gemäß Flugplan meistens entlang der Luftstraßen von Funkfeuer zu Funkfeuer führen, sind Direktfreigaben innerhalb des kontrollierten Luftraumes keine Seltenheit. Auf diesem Wege werden durch Überfliegen von Kurven und Umwegen häufig Abkürzungen von mehreren Minuten erzielt. Darüberhinaus läßt eine aus langen, kurvenlosen Abschnitten bestehende Streckenführung den Flugablauf um einiges ruhiger erscheinen.

Die Luftraumkontrolle innerhalb Europas erfolgt nahezu ausnahmslos mittels Sekundärradaranlagen; die herkömmliche Kontrolle durch Positionsmeldungen ist nur noch in Gebieten außerhalb der Radarreichweite gebräuchlich; Primaradaranlagen sind gewöhnlich nur noch in Entwicklungsländern zu finden. Position und Flughöhe der einzelnen Flugzeuge sind den Fluglotsen daher bekannt - vollständige Positionsmeldungen sind in den europäischen Kontrollbezirken kaum mehr zu hören. Daher kommt hier eine verkürzte Positionsmeldung zur Anwendung: Bei Frequenzwechsel nennen die Piloten der neuen Kontrollstelle nur das Funkrufzeichen zusammen mit der aktuelle Flughöhe - im Steig- oder Sinkflug wird auch noch die Zielflughöhe erwähnt. Die per Funk übermittelte Flughöhe dient dem Fluglotsen zur Verifikation seiner Anzeige auf dem Radarschirm, der lapidare Hinweis „radar contact" oder „radar identified" befreit die Besatzung von jeder weiteren Positionsmeldung auf dieser Frequenz.

LH 400 wechselt nun in den englischen Luftraum über; die Bezirkskontrollstelle ist „London Radar":

„London Radar, Lufthansa 400, maintaining Flight Level 310"
(Lufthansa 400 fliegt in Flugfläche 310)

„Lufthansa 400, radar identified, maintain Flight Level 310, proceed direct 56 North 10 West"
(Lufthansa 400 ist auf dem Radarschirm identifiziert und soll weiterhin in Flugfläche 310 bleiben; Direktfreigabe zum Einflugpunkt in den Nordatlantik-Luftraum, 56°N und 010°W)

Etwa in Höhe des Funkfeuers Newcastle („NEW") erfolgt dann der Wechsel zu „Scottish Radar", der letzten Bezirkskontrollstelle vor Einflug in den MNPS-Luftraum (Minimum Navigation Performance Specifications) über dem Nordatlantik.

Die Atlantiküberquerung

Bereits eine Stunde vor Überflug des Punktes 56°N und 010°W beginnen im Cockpit die Vorbereitungen für die anschließende Atlantiküberquerung. Aufgrund der hohen Verkehrsdichte in diesem Luftraum (der gesamte Flugverkehr zwischen Europa und Nordamerika überquert hier den Atlantik) gelten besondere Ein- und Überflugregeln. Eine Einflugerlaubnis erhalten nur Flugzeuge mit besonderer Navigationsausrüstung; daher auch der Name: Im MNPS-Luftraum („Minimum Navigation Performance Specifications") werden Mindestanforderungen an die Navigationsfähigkeiten der Flugzeuge gestellt. Insbesondere gehört dazu die Ausrüstung mit mindestens zwei unabhängig voneinander funktionierenden Trägheitsnavigationssystemen, also Anlagen, die ohne Referenz nach außen vollkommen autark arbeiten. Nur auf speziell veröffentlichten Routen sind Abweichungen von der Ausrüstungspflicht erlaubt (beispielsweise auf der Strecke von England nach Island). Sollten während der Atlantiküberquerung wichtige Teile der Navigationssysteme ausfallen, so muß auf besondere Notfallstrecken ausgewichen werden. Das MNPS-Gebiet erstreckt sich in etwa zwischen den Kontinenten Europa und Amerika, wird im Norden durch den Nordpol und im Süden durch den 27°N-Breitenparallel begrenzt; es

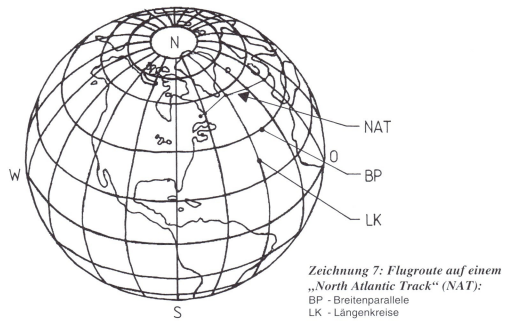

Zeichnung 7: Flugroute auf einem „North Atlantic Track" (NAT):
BP - Breitenparallele
LK - Längenkreise

beginnt in FL 275 und reicht hoch bis FL 400. Die Flugstrecken zwischen Europa und Nordamerika werden jeden Tag entsprechend der vorherrschenden Windsituation neu festgelegt. Tagsüber (1230 MEZ bis 2000 MEZ) verlaufen diese Strecken als „Einbahnstraßen" westwärts; nachts (0200 MEZ bis 0900 MEZ) umgekehrt in östliche Richtung. Die auch „North Atlantic Tracks" (kurz „NAT") genannten Flugrouten sind durch die Schnittpunkte der Breitenparallele mit den Zehner-Längengraden definiert. Nach einem Funkfeuer oder Meldepunkt in Küstennähe folgen fünf oder sechs dieser Längen-/Breitengrad-Schnittpunkte (als Pflichtmeldepunkte) sowie ein weiterer Meldepunkt an der gegenüberliegenden Küste. (Siehe dazu Zeichnung 7)

Die einzelnen North Atlantic Tracks werden mit Buchstaben benannt; bei den Weststrecken beginnt man von Norden nach Süden am Anfang des Alphabetes, bei den Oststrecken von Süden nach Norden am Ende des Alphabetes. Die Flugstrecken spiegeln in etwa die zeitgünstigsten - nicht unbedingt die kürzesten - Verbindungen wieder. North Atlantic Tracks werden als sogenannte „Track Message" innerhalb des festen Flugfernmeldenetzes AFTN übertragen. Zwei Beispiele für „NAT Track Messages":

1. Westbound NAT Track Message (Westrouten):

NAT TRACKS FLS 310/370 INCLUSIVE
APRIL 13/1130Z TO APRIL 13/1900Z

A 57/10 59/20 60/30 60/40 59/50 PRAWN YDP
EAST LVLS NIL
WEST LVLS 310 330 350 370
EUR RTS EAST NIL
EUR RTS WEST 2
NAR N298 N302 N304 N314

B 56/10 58/20 59/30 59/40 58/50 PORGY HO
EAST LVLS NIL
WEST LVLS 310 330 350 370
EUR RTS EAST NIL
EUR RTS WEST 2
NAR N250 N258 N276

C 55/10 57/20 58/30 58/40 57/50 LOACH FOXXE
EAST LVLS NIL
WEST LVLS 310 330 350 370
EUR RTS EAST NIL
EUR RTS WEST 2
NAR N230 N234 N238

D MASIT 56/20 57/30 57/40 55/50 OYSTR STEAM
EAST LVLS NIL
WEST LVLS 310 330 350 370
EUR RTS EAST NIL
EUR RTS WEST 2 VIA DEVOL
NAR N200 N204 N208

E 54/15 54/20 55/30 56/40 54/40 CARPE REDBY
EAST LVLS NIL
WEST LVLS 310 330 350 370
EUR RTS EAST NIL
EUR RTS WEST 2 VIA BURAK
NAR N186 N190 N194

F 53/15 53/20 54/30 55/40 53/50 YAY
EAST LVLS NIL
WEST LVLS 310 330 350 370
EUR RTS EAST NIL
EUR RTS WEST 2 VIA DOLIP
NAR N164 N170 N174

G 52/15 52/20 53/30 54/40 52/50 DOTTY
EAST LVLS NIL
WEST LVLS 310 330 350 370
EUR RTS EAST NIL
EUR RTS WEST 2 VIA GIPER
NAR N144 N150

H 51/15 51/20 52/30 53/40 51/50 CYMON
EAST LVLS NIL
WEST LVLS 310 330 350

EUR RTS EAST NIL
EUR RTS WEST 2 VIA KENUK
NAR N120 N128
REMARKS:
OPERATORS ARE REMINDED THAT SPECIFIC MNPS CERTIFICATION TO FLY WITHIN MNPS AIRSPACE FL280 TO FL390 IS REQUIRED.

2. Eastbound NAT Track Message (Ostrouten):

NAT TRACKS FLS 310/390 INCLUSIVE APRIL 15/0100Z TO APRIL 15/0800Z

U YAY 53/50 55/40 56/30 57/20 57/10 TIR
EAST LVLS 330 350 370 390
WEST LVLS NIL
EUR RTS EAST NIL
EUR RTS WEST NIL
NAR N95 N99

V DOTTY 52/50 54/40 55/30 56/20 56/10 MAC
EAST LVLS 310 330 350 370 390
WEST LVLS NIL
EUR RTS EAST NIL
EUR RTS WEST NIL
NAR N85 N89

W CYMON 51/50 53/40 54/30 55/20 55/10 BEL
EAST LVLS 310 330 350 370 390
WEST LVLS NIL
EUR RTS EAST NIL
EUR RTS WEST NIL
NAR N73 N75

X YQX 50/50 52/40 53/30 54/20 54/15 BABAN
EAST LVLS 310 330 350 370 390
WEST LVLS NIL
EUR RTS EAST NIL
EUR RTS WEST NIL
NAR N61 N65

Y VIXUN 59/50 51/40 52/30 53/20 53/15 BURAK
EAST LVLS 330 350 370 390
WEST LVLS NIL
EUR RTS EAST NIL
EUR RTS WEST NIL
NAR N49 N53

Z YYT 48/50 50/40 51/30 52/20 52/15 DOLIP
EAST LVLS 330 350 370 390
WEST LVLS NIL
EUR RTS EAST NIL
EUR RTS WEST NIL
NAR N43 N45

NOTES:
1/TRACK MESSAGE IDENT 105.
2/SPEC MNPS CERTIF IS REQ TO OPS WITHIN MNPS AIRSPACE FL275/400.

Natürlich kann im Flugplan auch eine Flugstrecke außerhalb des NAT-Systemes beantragt werden. Gibt es keine Überschneidungen mit den veröffentlichten Tracks, wird diese in der Regel genehmigt. Wie die festgelegten Luftstraßen führen die „selbstgestrickten" Routen ebenfalls über die Schnittpunkte der Breitengrade mit den Zehner-Längengraden. So steht es den Besatzungen durchaus frei, die NAT-Struktur „querfeldein" zu unterfliegen - etwa in Flugfläche 280 oder 290.

Das NAT-System (auch „OTS" - Organized Track System) ist über bestimmte Luftstraßen mit den internationalen Verkehrsflughäfen verbunden. Die vorgeschriebene Streckenführung ist zu Planungszwecken ebenfalls in der Track Message enthalten: „EUR RTS" (Europe Routes) sind die europäischen Inlandstrecken, „NAR" steht für North American Routes und beschreibt entsprechend die Inlandstrecken im nordamerikanischen Luftraum. Festgelegte Flugrouten gibt es sowohl in Ost- als auch in Westrichtung; den exakten Streckenverlauf können die Piloten ihren Unterlagen an Bord entnehmen. Wie aus den aufgeführten Track Messages hervorgeht, gehört zu jeder Nordatlantik-Strecke auch eine ganz bestimmte Inlandroute.

Vor Einflug in den OTS-/MNPS-Luftraum ist unbedingt eine Freigabe einzuholen; dieses gilt auch dann, wenn am Startflughafen die Streckenfreigabe gemäß Flugplan bereits bis zum Zielflughafen erteilt wurde.

Die Besatzung von LH 400 hat bereits in Frankfurt eine Kopie der gültigen „Westbound NAT Track Message" erhalten. Zusätzlich kann sie die aktuelle Track Message als Klartextaussendung auf der Frequenz 133.800 MHz abhören - so werden Irrtümer von vornherein ausgeschaltet. Nach Überprüfung der geplanten Flugstrecke und der vom tatsächlichen Gewicht des Jumbos abhängigen optimalen Flughöhe kann die Freigabe zum Einflug in den MNPS-Luftraum bei Shanwick OCC („Oceanic Control Center" - OCC) beantragt werden. Dieses geschieht parallel zum Sprechfunkverkehr mit „Scottish Radar" auf den folgenden Frequenzen:

1) 127.650 MHz für Luftfahrzeuge, die in Ländern östlich des Längengrades 30°W registriert sind (Australien eingeschlossen)

2) 123.950 MHz für Luftfahrzeuge, die in Ländern westlich des Längengrades 30°W registriert sind

3) 135.525 MHz als Zusatzfrequenz (beispielsweise für Lufthansa-Flüge zwischen 1200 und 1700 Uhr deutsche Zeit)

Die Piloten beantragen die Einflugfreigabe auf 127.650 MHz:

„Shanwick, Lufthansa 400, estimating 56 North 10 West at 0955, requesting oceanic clearance Track Bravo, Flight Level 330, Mach .84"
(Lufthansa 400 wird den Punkt 56°N/010°W um 0955Z überfliegen und beantragt die Freigabe für die Westroute „B" in der Flugfläche 330 mit einer Geschwindigkeit von M 0.84)

„Lufthansa 400, Shanwick, stand by"
(Lufthansa 400, bitte warten)

In der frühen transkontinentalen Fliegerei war es üblich, vor der eigentlichen Atlantiküberquerung das Flugzeug an den Flughäfen Shannon (Irland) oder Prestwick (England) nochmals aufzutanken.

Bei der Einführung des NAT-Systemes herrschte daher große Uneinigkeit darüber, welche dieser beiden Kontrollzentren denn nun die Überwachung des europäischen Teiles des nordatlantischen Luftraumes übernehmen soll - man entschied sich für eine Kompromißlösung:

Die Funkstellen (hier sitzen professionelle Funker) befinden sich in Shannon/Irland; die Fluglotsen arbeiten im Kontrollzentrum in Prestwick/England. Konsequenterweise erhielt diese Funk-/Kontrollstelle das fiktive Rufzeichen „Shanwick OCC" und kontrolliert entsprechend die „Shanwick OCA" („Oceanic Control Area" - OCA).

Während die Besatzung von LH 400 auf die Einflugfreigabe wartet, übermittelt der Funker in Shannon die Anforderung nach Prestwick. Dort wird sie bearbeitet und zur Weitergabe an die Flugzeugbesatzung wieder nach Shannon zurückgesendet. Der ganze Vorgang dauert im Normalfall etwa drei bis vier Minuten:

„Lufthansa 400, Shanwick, we have your clearance, advise when ready to copy"
(Die Freigabe für LH 400 ist angekommen und wird auf Anforderung vom Funker vorgelesen)

Einer der Piloten greift zum Kugelschreiber, um die entsprechende Freigabe mitzuschreiben - Änderungen und Abweichungen sind heute angesichts des überfüllten Luftraumes keine Seltenheit.

„Shanwick, Lufthansa 400, go ahead"
(Shanwick kann die Freigabe vorlesen)

„Lufthansa 400, Shanwick, you are cleared to JFK via Track Bravo, after 56 North and 10 West maintain Flight Level 290, Mach .84"
(Lufthansa 400 erhält die Überflugfreigabe auf der NAT-Strecke „B" in der Flugfläche 290 mit einer Geschwindigkeit von Mach 0.84)

Obwohl in der Track Message als niedrigste Höhe für Track „B" FL 310 angegeben wurde, hat Shanwick OCA zur Kapazitätssteigerung des OTS („Organized Track System") auch FL 290 vergeben. Nur: Flugfläche 290 ist für LH 400 deutlich zu tief! So weit unterhalb der optimalen Flughöhe wächst der Spritverbrauch enorm an; zur Anpassung will die Besatzung die Fluggeschwindigkeit - ebenfalls nach vorheriger Freigabe - reduzieren:

„Shanwick, Lufthansa 400, request"
(Lufthansa 400 erbittet eine Freigabe)

„Lufthansa 400, Shanwick, go ahead"
(Shanwick kann die Anfrage von Lufthansa 400 bearbeiten)

„Shanwick, Lufthansa 400, request speed Mach .82"
(Lufthansa 400 möchte die Fluggeschwindigkeit auf M 0.82, also 82% der Schallgeschwindigkeit, verlangsamen)

Wieder folgt ein obligatorisches „stand by" von der Funkstelle in Shannon; sobald die Fluglotsen in Prestwick ihr Einverständnis zur neuen Reisegeschwindigkeit gegeben haben, meldet sich Shanwick erneut bei LH 400:

„Lufthansa 400, Shanwick, cleared Mach .82 for the crossing"
(Lufthansa 400 kann mit der Geschwindigkeit M 0.82 den Nordatlantik überfliegen)

Nachdem die Besatzung auch diese Freigabe wiederholt hat, darf sie die Frequenz verlassen - die zuständige Luftverkehrskontrollstelle ist vor Einflug in den Nordatlantik-Luftraum schließlich immer noch „Scottish Radar":

„Lufthansa 400, Shanwick, return to your last assigned frequency"
(Lufthansa 400 soll auf die Frequenz der zuletzt zugeteilten Kontrollstelle zurückkehren)

Der Jumbo-Jet fliegt immer noch in Flugfläche 310, wogegen die NAT-Freigabe eine Höhe von Flugfläche 290 spätestens am Einflugpunkt 56°N/10°W vorsieht. Um den Sinkflug rechtzeitig beginnen zu können, informieren die Piloten Scottish Radar:

„Scottish Radar, Lufthansa 400, we obtained our clearance, crossing level will be 290"
(Lufthansa 400 hat die Nordatlantikfreigabe in Flugfläche 290 erhalten)

„Lufthansa 400, Scottish Radar, roger, when ready start your descent to Flight Level 290"
(Lufthansa 400 darf nach eigenem Ermessen auf Flugfläche 290 sinken)

„Scottish Radar, Lufthansa 400, cleared to Flight Level 290, we start our descent so as to cross 56N/10W at level"
(Lufthansa 400 verläßt Flugfläche 310 erst kurz vor 56°N/010°W und wird Flugfläche 290 genau über dem Einflugpunkt erreichen)

Damit das Flugzeug solange wie möglich in einer halbwegs wirtschaftlichen Flughöhe bleibt, wird der Sinkflug erst sehr spät begonnen.

Noch ungefähr 30 Minuten trennen die Boeing 747 vom MNPS-Luftraum; hier beginnt die eigentliche Ozeanüberquerung. Zeit genug, die Wettersituation an den einzelne Flughäfen in Küstennähe zu überprüfen. Mögliche Ausweichflughäfen bei technischen Schwierigkeiten wären Shannon und Prestwick an der europäischen Westküste, Kevlavik (Island) und Søndre Strømfjord (Grönland) im Norden sowie Goose Bay, Gander und St. Johns an der kanadischen Ostküste. Sowohl die Wettervorhersagen als auch die aktuellen Wetterberichte können über Kurzwelle auf den Frequenzen von Shannon und Gander VOLMET („Volmet": automatische Wettersender) empfangen werden - genaue Angaben und Zeitpläne sind dem Frequenzteil innerhalb dieses Abschnittes zu entnehmen (Karte 6).

Pünktlich um 0955 erreicht LH 400 den Einflugspunkt 56°N/010°W in der zugewiesenen Flughöhe FL 290; unaufgefordert meldet sich auch schon Scottish Radar:

„*Lufthansa 400, Scottish Radar, observe you overhead 56 North 10 West, radar service terminated, contact Shanwick Radio on HF, primary frequency 5649, secondary 8879"*

(Lufthansa 400 verläßt jetzt den Kontrollbezirk von Scottish Radar; damit ist die Radarüberwachung beendet, die Arbeitsfrequenzen der zuständigen Funkstelle Shanwick liegen im Kurzwellenbereich bei 5649 kHz und - als Ausweichfrequenz - 8879 kHz)

Der Jumbo entfernt sich nun immer weiter vom Festland; bei etwa 17° West wird er die Reichweite der Bodenradaranlagen verlassen, UKW-Sprechfunk ist nur noch bis 15° West möglich. Daher erfolgt der Flugfunkverkehr mit den zuständigen Kontrollstellen von jetzt an auf Kurzwelle. Die Frequenzwahl ist von den vorherrschenden Ausbreitungsbedingungen abhängig, richtet sich also primär nach der Uhrzeit am Standort der Bodenfunkstelle. Gewöhnlich befinden sich die genutzten Frequenzpaare im Bereich von 2.8 MHz (morgens) bis etwa 13 MHz (abends). Die Besatzung nimmt nun Kontakt mit Shanwick Radio auf; da eine Funkstelle mehrere HF-Frequenzen überwacht, ist es zweckmäßig, bei Erstanruf die aktuelle Sendefrequenz zu nennen:

„*Shanwick, Shanwick, Lufthansa 400 calling Shanwick Radio on 5649"*

(Lufthansa 400 versucht, Shanwick Radio auf 5649 kHz zu erreichen)

„*Lufthansa 400, Shanwick Radio, go ahead"*

(Lufthansa 400 kann mit der Übertragung der Meldung beginnen)

„*Shanwick, Lufthansa 400, Position 56 North 10 West at 0955, maintaining Flightlevel 290, estimating 58 North 20 West at 1038, next 59 North 30 West, Selcal AF-CG"*

Ohne Radarüberwachung sind wieder vollständige Positionsmeldungen erforderlich; dabei werden die folgenden Daten übermittelt:

1. das Funkrufzeichen („Lufthansa 400")
2. die augenblickliche Position („56 North 10 West")
3. und Überflugzeit UTC („0955")
4. die Flughöhe („FL 290")
5. der nächste Meldepunkt („58 North 20 West")
6. und erwartete Überflugzeit UTC („1038")
7. der nächste Meldepunkt danach („59 North 30 West")

Auf Kurzwelle wird zusätzlich bei jedem Erstkontakt mit einer Funkstelle die Funktion der SELCAL-Anlage überprüft. Hierzu werden auf Anforderung zwei aufeinanderfolgende Doppeltöne ausgesendet, die ähnlich einem Selektivruf im Cockpit ein akustisches und optisches Signal auslösen. Jeder Ton ist durch einen Buchstaben des Alphabetes codiert; die SELCAL-Anlage des hier beschriebenen Jumbos reagiert auf die Tonfolge „AF" (1. Doppelton: 312.6 Hz + 524.8 Hz) und „CG" (2. Doppelton: 384.6 Hz + 582.1 Hz).

Eine genaue Beschreibung des SELCAL-Systemes ist im Abschnitt „Die Technik" in diesem Buch zu finden.

NOT FOR NAVIGATIONAL PURPOSES - INFORMATION ONLY

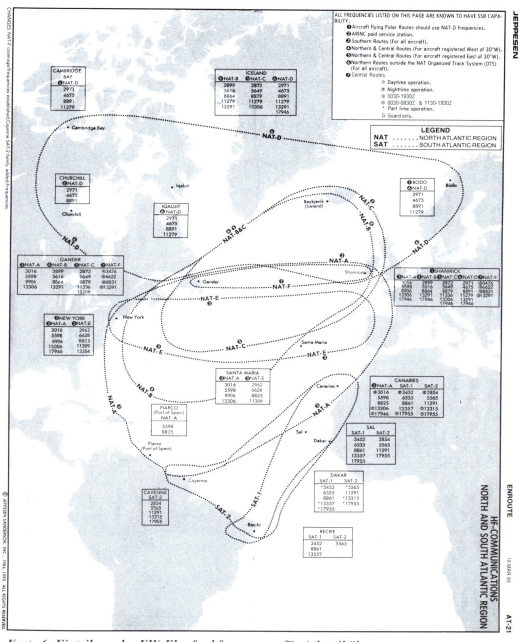

Karte 6: Einteilung der KW-Flugfunkfrequenzen für Atlantiküberquerungen

(Copyright 1984, 1993 JEPPESEN SANDERSON, INC.)

Nach Absetzen dieser Positionsmeldung sowie dem „Selcal-Check" hat die Besatzung erst einmal etwas Ruhe. Parallel zum Funkverkehr führt einer der Piloten noch das „Airep", ein Formblatt, auf dem neben den Daten der Positionsmeldungen auch noch Temperatur, Wind und Wettererscheinungen eingetragen werden. Auf Strecken außerhalb des NAT-Systemes gehört dieser Wetterbericht ebenfalls zur Standard-Positionsmeldung.

Eine gute halbe Stunde später ist der wieder ein Pflichtmeldepunkt erreicht. Der darauf folgende Meldepunkt liegt bereits im nächsten Ozean-Kontrollbezirk („Oceanic Control Area" - OCA); darum muß die aktuelle Positionsmeldung auch an dieses Kontrollstelle („Gander OCC" über die Funkstelle „Gander Radio") adressiert werden:

„Shanwick, Shanwick, Lufthansa 400, position"
(Lufthansa 400 versucht Shanwick Radio zur Übertragung einer Positionsmeldung zu erreichen)

„Lufthansa 400, Shanwick, go ahead"
(Shanwick Radio ist zur Entgegennahme der Meldung bereit)

„Shanwick, copy Gander, Lufthansa 400, Position 58 North 20 West at 1038, maintaining Flight Level 290, estimating 59 North 30 West at 1118, next 59 North 40 West"
(Lufthansa 400 war pünktlich um 1038 UTC über 58°N/020°W, Höhe Flugfläche 290, erwartete Überflugzeit für 59°N/030°W 1118 UTC, nächster Meldepunkt 59°N/040°W)

Der Funker von Shanwick Radio wiederholt die Meldung und fordert die Piloten von LH 400 auf, bei 30°W Gander Radio auf derselben Frequenz zu rufen:

„Contact Gander Radio on this frequency"

Ein kurzes „Gander checked" läßt sowohl Shanwick als auch die Besatzung wissen, das Gander Radio die Positionsmeldung mitgehört hat und den nächsten Funkkontakt bei Überfliegen von 30° West erwartet.

Eine Luftraumkontrolle mittels Rundumsichtradar ist so weit abseits der Kontinente natürlich nicht mehr möglich. Daher findet über dem Atlantik die zeitliche Staffelung Anwendung: Der Mindestabstand zweier aufeinanderfolgender Flugzeuge muß mindestens - je nach Geschwindigkeitsdifferenz - 5 bis 15 Minuten betragen. Die Staffelung wird durch Auswertung der einzelnen Positionsmeldungen überwacht; falls notwendig, können die Kontrollzentren bestimmte Besatzungen auffordern, zur Einhaltung der erforderlichen Abstände schneller oder langsamer zu fliegen. Durch die Struktur der Atlantik-Routen (Pflichtmeldepunkte sind stets die Schnittpunkte der Zehner-Längengrade mit den vollen Breitengraden) sind parallel fliegende Maschinen (auf benachbarte Tracks, wie etwa „B" und „C" in den vorangegangenen Track Messages) mindestens einen Breitengrad voneinander entfernt. Dieser Abstand von 60 Bogenminuten entspricht auf der Erdkugel einer Distanz von 60 Nautischen Meilen oder 111 Kilometer.

Neben dem „Organized Track System" (OTS) existiert innerhalb des MNPS-Luftraumes noch das „Polar Track System" (PTS), welches jedoch eine starre Struktur mit festgelegten Luftstraßen aufweist. Die Polar-Routen sind auf europäischer Seite (Reykjavik und Bodo FIR/"Flight Information Region") durchnumeriert (zum Beispiel PTS 3, PTS 6, PTS 15) und gehen auf amerikanischer Seite (Edmonton FIR) in die „Arctic Control Area" (ACA) über - hier werden die Strecken mit Buchstaben benannt (wie ACA OSCAR, ACA QUEBEC und ACA ROMEO). Der Polar Track 15 (PTS 15) führt als nördlichste Luftstraße über den geographischen Nordpol.

LH 400 erreicht 30° westlicher Länge; hier stoßen die Kontrollgebiete (OCA/"Oceanic Control Area") von Shanwick (Europa) und

Gander (Amerika) aneinander. Die Positionsmeldung wird an beide Kontrollstellen abgesetzt:

„Gander Radio, Gander Radio, Lufthansa 400, position"
(Lufthansa 400 will eine Positionsmeldung an die Funkstelle Gander abgeben)

„Lufthansa 400, Gander Radio, go ahead"
(Gander Radio ist zur Aufnahme der Positionsmeldung bereit)

„Gander, copy Shanwick, Lufthansa 400, Position 59 North 30 West at 1118, maintaining Flight Level 290, estimating 59 North 40 West at 1153, next 58 North 50 West"
(Standard-Positionsmeldung: LH400 ist um 1118 UTC über 59°N/030°W in Flugfläche 290 und erwartet den Überflug von 59°/040°W um 1153 UTC, der nächste Meldepunkt ist 58°N/050°W)

Gander Radio wiederholt die Meldung, Shanwick Radio antwortet mit einem „Shanwick checked", LH 400 befindet sich von nun an unter der Kontrolle der kanadischen Fluglotsen in Gander/Neufundland. Die Positionsmeldungen bei 040° West und 050° West gehen ebenfalls an Gander Radio; dabei kann es durchaus vorkommen, daß aufgrund sich ändernder Ausbreitungsbedingungen die Arbeitsfrequenzen gewechselt werden. Auf jeder neuen Kurzwellenfrequenz findet dann auch ein weiterer SELCAL-Check statt.

Führt die Flugroute über Südgrönland, können Positionsmeldungen schon ab 040° West über eine Relaisstation auf der Frequenz 127.900 MHz an Gander Radio erfolgen; üblicherweise nimmt die Besatzung westlich von 050° West wieder UKW-Sprechfunkverkehr mit einer Kontrollstelle auf. Die jeweilige Frequenz erhält sie von Gander Radio bei der letzten Positionsmeldung auf Kurzwelle:

„Lufthansa 400, Gander Radio, at PORGY contact Moncton Center on 135.4"
(Bei Überfliegen des Pflichtmeldepunktes „PORGY" soll LH 400 die Kontrollstelle Moncton Center auf der Frequenz 135.400 MHz rufen)

Über Nordamerika

Über PORGY erhalten die Piloten von Moncton Center einen neuen Sqawk, der anstelle des einheitlichen Nordatlantik-Codes „2000" in den Transponder eingegeben wird. Sobald der Fluglotse LH 400 auf dem Radarschirm identifiziert hat, bietet er der Besatzung einen Steigflug auf Flugfläche 350 an - da die Staffelungsabstände aufgrund der Radarkontrolle wieder niedriger sein dürfen, ist nun genügend Platz am Himmel freigeworden. Wie aufgrund der Track Message erwartet, erhält LH 400 die Inlandflugstrecke („NAR" - North American Route) N250, die den letzten Punkt der NAT-Route „B" (Funkfeuer „HO", Hopdale, Frequenz 378 kHz) mit dem ersten Punkt der Anflugstrecke auf New York („TAFFY", 47°22.4´N und 67°18.2´W) verbindet. In Flugfläche 350 angekommen, nehmen die Piloten nun Kurs auf „TAFFY". Es wird Zeit, die Anflugkarten für New York/JFK herauszusuchen.

Zu diesem Zeitpunkt gewinnt der aktuelle Wetterbericht von New York für die Besatzung an besonderer Bedeutung - denn im Gegensatz zu den Wettervorhersagen bietet er ein recht zuverlässiges Bild der zu erwartenden Anflugverfahren und erlaubt daher schon ein Abschätzen der Verkehrslage. Außerhalb der Reichweite der ATIS-Stationen gibt es für die Piloten drei Möglichkeiten, an Wetterberichte zu kommen:

1. Über Kurzwelle können die Wettersendungen von New York VOLMET abgehört werden; die Wetterberichte sind zwar aktuell, werden für einen bestimmten Flughafen jedoch nur zweimal pro Stunde abgestrahlt.

2. Zur Ausübung des Fluginformationsdienstes stehen innerhalb Canadas und der Vereinigten Staaten sämtlichen Flügen sogenannte „Flight Service Stations" (FSS) zur Verfügung. Auf Anfrage können den Besatzungen mit Hilfe eines Computersystemes unverzüglich sämtliche den Flug betreffende Informationen übermittelt werden. Die jeweiligen UKW-Frequenzen entnehmen die Piloten ihren Streckenunterlagen.

3. Die kontinentale USA ist mit einem dichten Netz von ARINC-Relaisstationen überzogen, die jederzeit die Kontaktaufnahme mit eine der ARINC-Zentralen in New York und San Francisco erlauben. Über die reine Informationsbeschaffung hinaus bietet ARINC („Aeronautical Radio Inc.") auch die Nachrichtenübermittlung sowie die Vermittlung von Telefongesprächen an; sämtliche Dienstleistungen werden dem Nutzer (also der Fluggesellschaft) jedoch in Rechnung gestellt.

Gewöhnlich bieten bei normaler Wetterlage die VOLMET-Sendungen und - kurz vor Erreichen des Zielflughafens - die ATIS-Übertragung eine ausreichende Informationsgrundlage. Bei angespannter Wetter- und Verkehrssituation wird zusätzlich auf die Flight Service Stations zurückgegriffen, die Kommunikation mit den Dienststellen der Luftverkehrsgesellschaft findet entweder über die Langstrecken-Operationsfrequenzen (LDOC) auf Kurzwelle oder aber über ARINC statt.

Wirbelschleppenkategorien

Ab einer gewissen Flugzeugmasse sind die hinter dem Luftfahrzeug auftretenden Verwirbelungen derart stark, daß eine Gefährdung des dicht nachfolgenden Luftverkehrs nicht mehr ausgeschlossen werden kann. Deshalb müssen zwei aufeinanderfolgende Luftfahrzeuge für Start, Landung und Reiseflug von den jeweiligen Gewichtsklassen abhängige Mindestabstände einhalten. Die nach dem maximalen Startgewicht eingeteilten Wirbelschleppenkategorien sowie die dadurch geforderten Staffelungsabstände sind in Tabelle 1 dargestellt.

In einigen Ländern - beispielsweise auch in den USA - müssen die Piloten von Luftfahrzeugen der Gewichtsklasse „schwer" (HEAVY) bei der erstmaligen Kontaktaufnahme mit einer Kontrollstelle das Wort „heavy" ihrem Funkrufzeichen anfügen. Damit wird jede Verwechslung ausgeschlossen und einer versehentlichen Unterschreitung der Mindestabstände durch nachfolgende Flugzeuge vorgebeugt. Gerade bei den heutigen Großraumflugzeugen mit Abfluggewichten von annähernd 400 to

Tabelle 1

maximales Startgewicht	Wirbelschleppenkategorie
7 to und weniger	LIGHT (leicht)
mehr als 7 to, weniger als 136 to	MEDIUM (mittel)
136 to und mehr	HEAVY (schwer)

Wirbelschleppenkategorie des vorausfliegenden Flugzeuges	Wirbelschleppenkategorie des nachfolgenden Flugzeuges	Staffelungsabstände
HEAVY	HEAVY	4 NM (7,4 km)
HEAVY	MEDIUM	5 NM (9,3 km)
HEAVY	LIGHT	6 NM (11,1 km)
MEDIUM	LIGHT	4 NM (7,4 km)

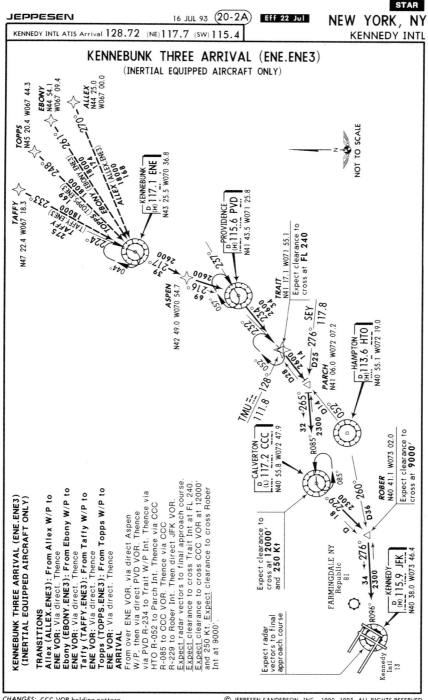

Karte 7: Streckenführung der Standardanflugstrecke „KENNEBUNK THREE ARRIVAL" zum New Yorker Flughafen John F. Kennedy; die zu benutzende Landebahn wird oftmals erst im letzten Augenblick festgelegt

sollte die von den Wirbelschleppen ausgehende Gefahr nicht unterschätzt werden.

Anflug auf New York

Über „TAFFY" verläßt LH 400 den kanadischen Luftraum; innerhalb der USA wird der Flug nun zunächst von der Gebietskontrollstelle in Boston, später dann von New York kontrolliert. Die Piloten folgen der bereits im Flugplan beantragten Standard-Anflugstrecke „KENNEBUNK THREE ARRIVAL", wie sie auf der entsprechenden Jeppesen-Karte (Karte 7) verzeichnet ist („Standard Arrival Route", STAR).

Von „TAFFY" aus über das Funkfeuer Kennebunk („ENE", 117.100 MHz) kommend kann kurz vor dem Providence-VOR („PVD", 115.600 MHz) die Anflug-ATIS des New Yorker Flughafens John F. Kennedy auf der Frequenz 128.720 MHz abgehört werden. Wie erwartet zeigt sich das Wetter von seiner guten Seite:

> *„This is JFK International Arrival Information Hotel, time 1400 zulu. Clouds 2000 scattered, measured ceiling 4000 broken; visibility more than 6. Temperature 58, dewpoint 46, wind 320 degrees with 10, altimeter 30.02. Arriving aircrafts expect ILS-approaches to runways 31 left and right, departures on same runways. Caution for bird activities in the vicinity of the airport. On initial contact with approach control, please state you have Arrival Information Hotel."*

(JFK International Anfluginformation „H". Wetterbericht um 1400 UTC. Vereinzelte Wolken in 2000 Fuß (600 m) über dem Boden, Hauptwolkenuntergrenze mit einer aufgelockerten Bewölkung in 4000 Fuß (1200 m) über dem Boden. Sichtweite größer als 6 Landmeilen (10 Kilometer), Temperatur 58° Fahrenheit (14° Celsius) bei einem Taupunkt von 46° Fahrenheit (8° Celsius). Der Wind kommt aus 320 Grad (Nordwest) mit einer Geschwindigkeit von 10 Knoten (18 Kilometer pro Stunde), die Höhenmessereinstellung unterhalb des Transition Levels beträgt 30.02 inHg (umgerechnet 1017 haPa). Zum Start und zur Landung werden die Bahnen 31L und 31R benutzt, ankommende Flugzeuge können mit Anflügen unter Zuhilfenahme des Instrumenten-Lande-Systemes (ILS) rechnen. Vor Vogelschwärmen auf dem Flughafen wird gewarnt; bei erstmaliger Kontaktaufnahme mit der Anflugkontrollstelle sollen die Piloten darauf hinweisen, daß sie die Anfluginformation „H" bereits empfangen haben)

Die Piloten bereiten sich auf den bald folgenden Sinkflug vor. Dazu gehört auch das Errechnen der vom Landegewicht abhängigen Anfluggeschwindigkeit. Bei einem erwarteten Landegewicht von 247 to ergibt sich eine Endanfluggeschwindigkeit von 144 Knoten (267 km/h). Von dieser Geschwindigkeit hängen auch die Mindestgeschwindigkeiten zum Ausfahren der Landeklappen ab - als kleine „Merkzettel" werden farbige Markierungen auf die entsprechenden Werte am Fahrtmesser geschoben. Zur Kontrolle wird die Checkliste für den Sinkflug (Descent-Checklist) gelesen.

Darüber hinaus werden - ähnlich der Besprechung vor dem Start - Anflugverfahren und Maßnahmen beim Durchstarten erörtert. Bahnlängen, Mindestsichtweiten und Wolkenuntergrenzen spielen entscheidende Rollen. Der gesamte Anflug wird im Cockpit theoretisch erörtert; bei der tatsächlichen Landung sind die Piloten dann genauestens vorbereitet und ersparen sich Blicke in die Karten und Diskussionen über Unklarheiten. Sämtliche wichtigen Daten für Anflug, Landung und eventuelles Durchstarten hat so jeder der Piloten auswendig im Kopf.

Bereits vor Überfliegen des UKW-Funkfeuers Providence („PVD") fordert der Fluglotse der New Yorker Gebietskontrolle die Piloten von LH 400 auf, den Punkt „TRAIT" gemäß der Standardanflugstrecke in der Flugfläche 240 zu überfliegen; der Jumbo-Jet muß

Foto 6: Boeing B747-200 der Lufthansa bei der Landung auf dem Flughafen Frankfurt.
(Foto: Deutsche Lufthansa, Köln)

daraufhin seine bisherige Flughöhe (Flugfläche 350) verlassen, denn die Distanz zwischen „PVD" und „TRAIT" (34 Nautische Meilen oder 63 Kilometer) reicht gerade dazu aus, um in Leerlaufleistung der Triebwerke von Flugfläche 350 auf Flugfläche 240 zu sinken (11000 Fuß oder 3300 m Höhendifferenz). Auch über dem Funkfeuer Calverton („CCC", 117.200 MHz) und dem Punkt „ROBER" sind Höhen- wie auch Geschwindigkeitsbeschränkungen zu erwarten. Doch aufgrund der Verkehrslage erlaubt die New Yorker Gebietskontrolle eine Abkürzung:

> *„Lufthansa 400 heavy, proceed direct to „ROBER", cross „ROBER" at 9000 and speed 250, New York altimeter 30.01, contact New York Approach Control on 127.4"*
> (LH 400 kann direkt zum Punkt „ROBER" fliegen und soll dort eine Flughöhe von 9000 Fuß (2700m) sowie eine Geschwindigkeit von 250 Knoten (463 km/h) einhalten. Die Höhenmessereinstellung beträgt 30.01 inHg, außerdem soll die Besatzung die New Yorker Anflugkontrolle auf der Frequenz 127.400 MHz rufen)

Die Transition Altitude liegt in den USA bei 18000 Fuß. Daher gibt der Fluglotse bei Erteilung einer Sinkflugfreigabe auf die Flughöhe 9000 Fuß zusätzlich die aktuelle Höhenmessereinstellung an. Dieser Wert ist vergleichbar mit dem europäischen QNH (Höhenmesser zeigt nach der Landung die Höhe des Flughafens über dem Meeresspiegel an), wird in den USA jedoch statt in Hektopascal (haPa) in Zoll Quecksilbersäule (Inches of Mercury, inHg) gemessen. Dem Standarddruck 1013.25 haPa entspricht dabei 29.92 inHg, 30.01 inHg sind 1016 haPa.

> *„New York Approach, Lufthansa 400 heavy, leaving Flight Level 240 descending*

9000 feet on 30.01, proceeding direct to „ROBER", Information Hotel"
(LH 400 hat Flugfläche 240 verlassen und befindet sich im Sinkflug auf 9000 Fuß bei einer Höhenmessereinstellung von 30.01 inHg, Kurs direkt zum Punkt „ROBER", ATIS-Information „H" empfangen)

„Lufthansa 400 heavy, New York Approach, Information Hotel correct, start reducing speed to 250 right now, expect radar vectors for an ILS-approach to runway 31R"
(Die Anflugkontrollstelle bestätigt die ATIS-Aussendung „H" und fordert LH 400 auf, bereits jetzt die Geschwindigkeit auf 250 Knoten zu reduzieren; die Besatzung kann einen radarunterstützten Anflug auf die Landebahn 31R erwarten)

Unterhalb des Transition Levels kann die Anflug-Checkliste gelesen werden, denn neben Anflug- und Landevorbereitungen enthält die „Approach-Checklist" auch die Kontrolle der Höhenmessereinstellung. Die Verringerung der Anfluggeschwindigkeit auf 250 Knoten (463 km/h) bedeutet natürlich eine Verzögerung im Flugablauf gegenüber der ursprünglich geplanten Sinkfluggeschwindigkeit von 290 Knoten (540 km/h). Im Vergleich zu eventuell möglichen Warteschleifen, die bereits 100 oder gar 200 Kilometer vor dem Zielflughafen geflogen werden, erscheint dieser Zeitverlust von wenigen Minuten jedoch minimal. Eine Standardwarteschleife (Holding Pattern) besteht aus zwei 180°-Kurven (Umkehrkurven), die durch jeweils eine Minute Geradeausflug voneinander getrennt sind. Begonnen wird die Warteschleife gewöhnlich über einem Funkfeuer oder anderweitig genau definierten Punkt, dem sogenannten „Holding Fix". (Siehe Zeichnung 8)

Da in der Instrumentenfliegerei die Standardkurve mit einer Drehgeschwindigkeit von 3° pro Sekunde definiert ist (entsprechend eine Minute für die Umkehrkurve sowie zwei Minuten für den Vollkreis), dauert das einmalige Durchfliegen einer Warteschleife genau vier Minuten. In der Standardanflugstrecke „KENNEBUNK THREE ARRIVAL" sind Warteschleifen über dem Kennebunk VOR („ENE", Rechtskurven, Outbound Course 044°, Inbound Course 224°), über dem Providence VOR („PVD", Rechtskurven, Outbound Course 057°, Inbound Course 237°), über „TRAIT" (Rechtskurven, Outbound Course 052°, Inbound Course 232°) und über dem Calverton VOR („CCC", Linkskurven, Outbound Course 085°, Inbound Course 265°) möglich. Um die fiktiven Punkte, die nicht durch ein Funkfeuer definiert sind, finden zu können, muß das Flugzeug mit speziellen Navigationscomputern ausgestattet sein (Area- oder Trägheitsnavigation). Besonders wichtig und hilfreich wird diese Ausrüstung bei Direktfreigaben und Abkürzungen („proceed direct to ROBER") sowie natürlich bei Warteschleifen (Holding Pattern über „TRAIT").

LH 400 hat inzwischen „ROBER" erreicht und fliegt - wie angewiesen - in einer Höhe von 9000 Fuß mit einer Geschwindigkeit von 250 Knoten. Maßgeblich ist dabei die am Fahrtmesser des Flugzeuges angezeigte Fluggeschwindigkeit; die Geschwindigkeit über dem Boden, die beispielsweise bedeutend von dem vorherrschenden Wind abhängig ist, spielt flugsicherungstechnisch keine Rolle.

„Lufthansa 400 heavy, New York Approach, turn left heading 230 and maintain 5000"
(LH 400 soll eine Linkskurve auf Steuerkurs 230° fliegen und von 9000 Fuß auf 5000 Fuß sinken)

Die Piloten bestätigen die Anweisung:

„Roger, Lufthansa 400 heavy is maintaining heading 230 and out of 9000 descending 5000"
(LH 400 steuert Kurs 230° und hat 9000 Fuß verlassen, um auf 5000 Fuß zu sinken)

Der Fluglotse der New Yorker Anflugkontrollstelle gibt den Jumbo-Piloten nun laufend

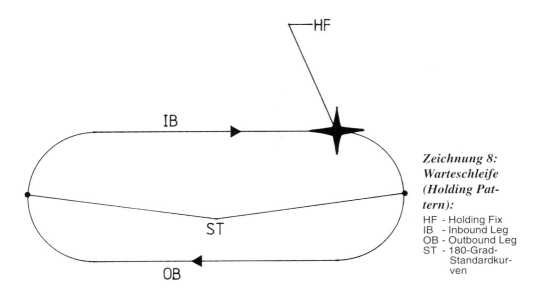

Zeichnung 8:
Warteschleife
(Holding Pattern):

HF - Holding Fix
IB - Inbound Leg
OB - Outbound Leg
ST - 180-Grad-Standardkurven

Foto 8: Blick in die Anflugkontrollstelle (Approach) am Flughafen Hamburg. Hier werden die ankommmenden Flugzeuge in den Endanflug auf eine der Landebahnen eingewiesen; erst in der letzten Phase des Anfluges übernimmt der Kontrollturm (Tower) das Flugzeug zum Aufsetzen und Aus- und Abrollen an das Terminal.

(Foto: Deutsche Flugsicherung GmbH, Offenbach)

Steuerkursänderungen und weitere Sinkflugfreigaben, um das Flugzeug um den anderen Luftverkehr herum an den Flughafen heranzuführen. Diese sogenannten Radarvektoren werden so gewählt, daß das anfliegende Flugzeug in einer Entfernung von rund zehn Nautischen Meilen (18 Kilometer) den Endanflugkurs der Landebahn 31R unter einem Winkel von 30° anschneidet. Im Normalfall soll erst danach der Sinkflug auf die Platzhöhe begonnen werden.

LH 400 befindet sich nun noch etwa 15 NM (28 km) vom Flughafen entfernt. Die Besatzung entschließt sich, die Anfluggeschwindigkeit weiter zu reduzieren und die Landeklappen teilweise auszufahren. Die Landeklappen haben unterschiedliche Stellungen; je weiter sie ausgefahren werden, desto langsamer kann das Flugzeug fliegen - desto größer ist auch der Luftwiderstand, es wird also mehr Triebwerksleistung gebraucht, um eine bestimmte Fluggeschwindigkeit beizubehalten. Was im Reiseflug durch aerodynamische Feinheiten vermieden wird, ist im Landeanflug erwünscht: Eine niedrige Fluggeschwindigkeit zusammen mit einem hohen Luftwiderstand verschaffen selbst dem riesigen Jumbo die Möglichkeit, auf einer 2000-m-Piste landen zu können.

Kaum ist die Geschwindigkeit auf 210 Knoten (390 km/h) reduziert - die Landeklappen stehen jetzt auf der 5°-Stellung - meldet sich auch schon der Anfluglotse:

„Lufthansa 400 heavy, turn now right heading 285, descent not below 2000 until established on the localizer 31R, cleared for the approach, speed not below 170 till „GRIMM", at „GRIMM" contact Kennedy Tower 119.1"

(LH 400 soll zum Anschneiden des Landekurses der Bahn 31R eine Rechtskurve auf Steuerkurs 285° fliegen, kann 5000 Fuß zwar verlassen, muß aber in einer Mindesthöhe von 2000 Fuß in den Endanflugkurs eingedreht haben; die Besatzung erhält die Freigabe zum Anflug auf die Bahn 31R. Mindestgeschwindigkeit bis zum Punkt „GRIMM" 170 Knoten/315 km/h, bei Überfliegen von „GRIMM" kann die Besatzung selbstständig auf die Towerfrequenz 119.100 MHz überwechseln)

Die Besatzung navigiert während der Endanflugphase nach dem Instrumenten-Lande-System; die Einzelheiten hierzu entnimmt sie dem Jeppesen-Anflugblatt (Karte 8).

Die Navigationsempfänger sind auf die Frequenzen 115.900 MHz („JFK"-VOR/DME, erlaubt die Entfernungsmessung zum Flughafen) und 111.500 MHz gerastet („IRTH", ILS der Landebahn 31R). Auf dem Steuerkurs 285° wird der Landekurs der Bahn 31R (laut Karte 313°) unter einem Winkel von 28° angeschnitten. Im ILS-Anzeigegerät („Cross Pointer") kann das Erreichen des Endanflugkurses durch die Bewegung der Landekursnadel vom linken Rand zur Mitte des Instrumentes beobachtet werden. Steuern die Piloten das Flugzeug exakt entlang Landekurses, bleibt die Nadel in der Mitte zentriert. Weicht das Flugzeug vom Landekurs ab, zeigt die Nadel in die Richtung, in die der Steuerkurs korrigiert werden muß. Ähnliches Prinzip gilt für das Anschneiden des Gleitweges, der einen kontinuierlichen Sinkflug bis zur Landebahn ermöglicht. Bei Annäherung an den Gleitpfad wandert die Anzeigenadel von der Instrumentenoberkante ebenfalls zur Mitte; fliegt das Flugzeug zu tief, zeigt die Nadel die notwendige Korrektur nach oben an - fliegt das Flugzeug zu hoch, weist sie entsprechend nach unten. Im Idealfall, wenn sich das Flugzeug also exakt auf Landekurs und Gleitpfad befindet, kreuzen sich beide Anzeigenadeln in der Instrumentenmitte - daher auch der Name „Cross Pointer", Kreuzzeiger-Instrument.

Hat die Besatzung die Anflugfreigabe erhalten („Lufthansa 400 heavy cleared for the approach"), so darf sie bei Annäherung an Landekurs und Gleitpfad selbständig den Steuerkurs ändern und die Flughöhe verlassen, um

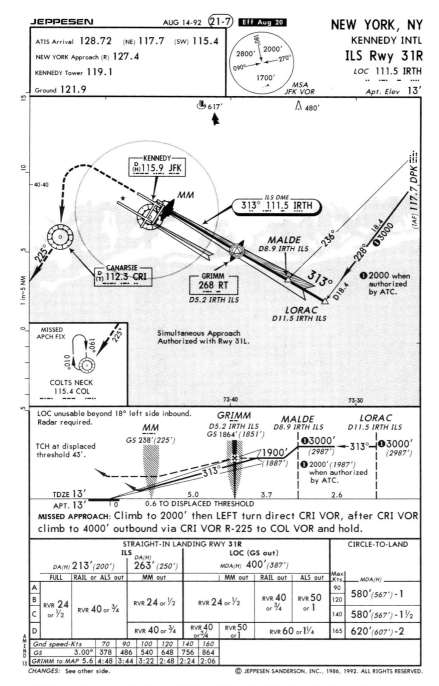

Karte 8: ILS-Anflug auf die Bahn 31R in New York/John F. Kennedy; horizontaler wie auch vertikaler Streckenverlauf des Instrumentenanfluges werden zusammen mit den Wettermindestwerten exakt vorgeschrieben (Copyright 1986, 1992 JEPPESEN SANDERSON, INC.)

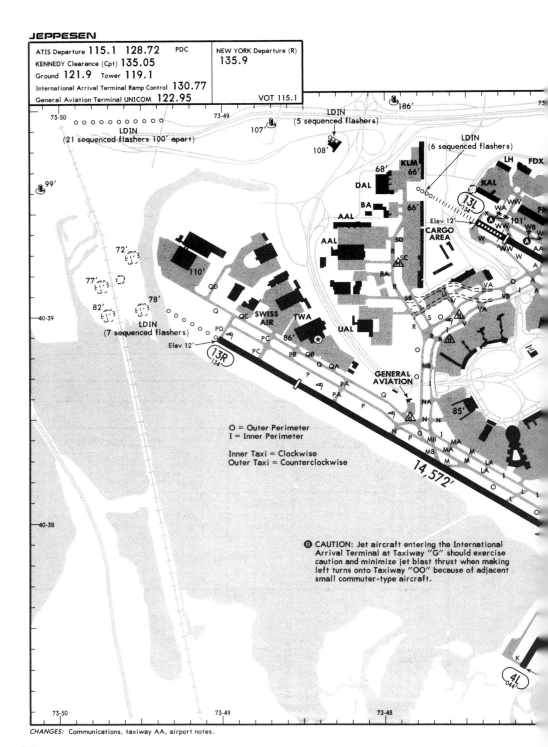

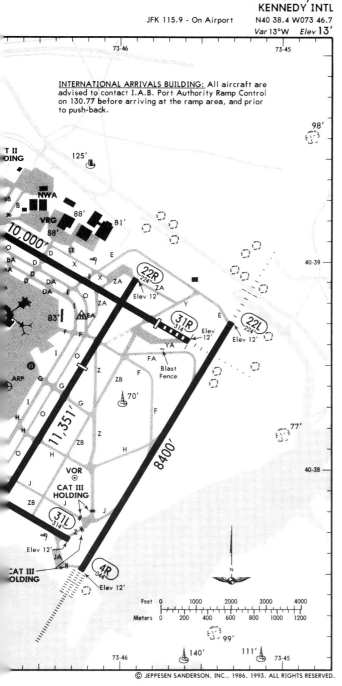

Karte 9:
Startbahnen und Rollwege auf dem New Yorker Flughafen; das internationale Passagierterminal befindet sich rechts unterhalb der Kartenmitte („INTL ARRIVAL TERMINAL")

(Copyright 1986, 1993 JEPPESEN SANDERSON, INC.)

auf dem ILS zur Landebahn zu gelangen. Gewöhnlich geben die Fluglotsen die Anweisungen derart, daß zuerst der Landekurs („Localizer"), dann der Gleitpfad („Glidepath") angeschnitten wird - was den entscheidenden Nachteil der hohen Lärmentwicklung hat. Nach dieser Methode müssen die Jets mit teilweise ausgefahrenen Landeklappen oftmals viele Kilometer in niedriger Flughöhe horizontal fliegen, bis sie den Gleitpfad von unten her anschneiden. Eleganter wirken hier die Verfahren der amerikanischen Fluglotsen: Die Anflugfreigaben werden aus einer relativ großen Flughöhe heraus erteilt (vielfach schon oberhalb von 2000 m) mit dem Hinweis, Landekurs und Gleitpfad nicht unterhalb einer bestimmten Mindesthöhe anzuschneiden. Durch geschicktes Einteilen des Landeanfluges können die Piloten so in einem gleichmäßigen Sinkflug auf das ILS einkurven.

Auch LH 400 hat die ursprünglich zugeteilte Flughöhe von 5000 Fuß verlassen und befindet sich in einer flachen Rechtskurve, um auf den Landekurs einzudrehen. Dabei wird auch die Gleitweganzeige durch Überprüfung der aktuellen Flughöhe in Relation zur Entfernung zum Flughafen ständig kontrolliert. Besteht kein Zweifel mehr, dem korrekten ILS zu folgen, rasten die Piloten die Frequenz des Instrumenten-Lande-Systems auf beiden Navigationsempfängern. Die Mittelwellen-Navigationsgeräte („Automatic Direction Finder", ADF) sind bereits vorher auf die Frequenz des Funkfeuers „RT" (ungerichtetes Funkfeuer/NDB „GRIMM", 268 kHz) abgestimmt worden.

In einer Flughöhe von 2500 Fuß fährt die Besatzung das Fahrwerk aus, die Landeklappen werden entsprechend der Fluggeschwindigkeit auf Landestellung (30°) gebracht. Fünf Nautische Meilen (10 km) vor der Landebahn wird das NDB „RT" („GRIMM") in exakt 1864 Fuß Höhe überflogen - die Nadel im ADF-Anzeigegerät dreht sich zügig um 180° und zeigt nun nach hinten. Auf gleicher Position befindet sich ein zum ILS gehörendes Markierungsfunkfeuer, der „Outer Marker". Auf der Frequenz von 75 MHz sendet dieser eine 400-Hz-Tonfolge mit der Geschwindigkeit von zwei Tönen pro Sekunde aus. Parallel zu den tiefen Tönen leuchtet im selben Rhythmus im Instrumentenbrett vor den Piloten die blaue Lampe des Marker-Receivers (Markierungsfunkfeuer-Empfänger) auf. Noch etwa zwei Minuten Flugzeit von der Landung entfernt, wird jetzt die „Final-Checklist" gelesen. Hier erfolgt eine letzte Kontrolle, ob sich das Flugzeug in einer sicheren Landekonfiguration befindet - dazu gehört beispielsweise die Überprüfung von Fahrwerk- und Landeklappenstellung.

LH 400 meldet sich auf der Tower-Frequenz:

„Kennedy Tower, Lufthansa 400 heavy, ILS 31R, Outer Marker inbound"
(LH 400 befindet sich auf dem ILS 31R und hat den Outer Marker bereits überflogen)

„Lufthansa 400 heavy, Kennedy Tower, wind 330 with 9, cleared to land 31R"
(LH 400 erhält die Landefreigabe für die Bahn 31R, Windangabe aus 330° mit 9 Knoten)

Die Besatzung bestätigt die Landefreigabe; der Jumbo-Jet schwebt mit seinem Gewicht von 247 Tonnen der drei Kilometer langen Landebahn entgegen. Beide Piloten sagen das Durchfliegen der 500-Fuß-Höhe an - ein festgelegtes Ritual, welches die Handlungsfähigkeit der einzelnen Besatzungsmitglieder bestätigt. Gibt jemand bei dem „500-Fuß-Check" keine Antwort, so weiß der andere Pilot sofort, daß er sich nicht auf seinen Kollegen verlassen kann - und muß die Maschine alleine landen.

150 m über dem Erdboden beginnt der Flugingenieur, die Werte des Radarhöhenmessers auszurufen. Zuerst die vollen Hunderter (500, 400, 300, 200 und 100), ab 50 Fuß dann die vollen Zehner (50, 40, 30, 20 und 10). In Flugzeugen der modernsten Generation geschieht

dieses natürlich vollelektronisch - diese haben in der Regel auch nur noch eine Zwei-Personen-Cockpitbesatzung.

Ein weiteres ILS-Markierungsfunkfeuer, der „Inner Marker", wird in 238 Fuß überflogen. Wie auch schon der „Outer Marker" sendet dieses auf der Festfrequenz von 75 MHz, als „Inner Marker" allerdings eine 1300-Hz-Tonfolge aus abwechselnd kurzen und langen Tönen mit einer Geschwindigkeit von 95 Tonkombinationen pro Minute. Am Marker-Receiver leuchtet jetzt parallel zum Rhythmus der mittelhohen Töne eine gelbe Lampe auf.

Die 18 Räder des Jumbos nähern sich der Landebahn. „200 Fuß" - jetzt muß spätestens die Bahn in Sicht kommen, ansonsten wird ein Durchstartmanöver durchgeführt. „100 Fuß, 50 Fuß" - das Flugzeug überfliegt die Landebahnschwelle. In 40 Fuß nimmt der Pilot langsam den Schub weg und zieht die Leistungshebel auf Leerlauf; ein leichter, aber energischer Zug am Steuerknüppel - die Nase hebt sich in den Himmel, trotz der Geschwindigkeit von 270 Kilometer pro Stunde berührt das Hauptfahrwerk sanft die Landebahn.

Willkommen in New York!

Am Zielflughafen

Nach der Landung steuern die Piloten den Jumbo so schnell wie möglich von der Bahn auf den nächsten erreichbaren Rollweg, denn im Endanflug wartet schon ein weiterer Flieger auf die Landefreigabe. LH 400 wird von der Rollkontrolle (GROUND 121.900 MHz) zum internationalen Terminal gelotst, dort weist die Vorfeldkontrolle (RAMP CONTROL 130.775 MHz) den ankommenden Flugzeugen eine Parkposition zu. Während des Rollens fahren die Piloten die Landeklappen wieder ein und lesen die entsprechenden Checklisten. Die Flugzeugsysteme werden so geschaltet, daß ein längeres Parken gefahrlos möglich ist; bei scharfen Abbremsmanövern ist eventuell ein Abkühlen der Radbremsen erforderlich. Innerhalb der nächsten Stunde trifft dann die zurückfliegende Besatzung am Flughafen ein - gut zwei Stunden nach der Landung setzt sich der Jumbo wieder zu seinem Heimflug nach Frankfurt in Bewegung. Für die Besatzung geht mit dem Abstellen der Triebwerke ein Arbeitstag zuende, für viele der Passagiere fängt der Urlaub jetzt erst richtig an.

Präzisionsanflüge

Anflüge unter Zuhilfenahme des Instrumenten-Lande-Systems zählen zu den sogenannten Präzisionsanflügen. Hier ist eine sehr genaue Plazierung des Flugzeuges entlang der Anfluggrundlinie möglich, zudem ermöglicht die Gleitpfadanzeige einen genauen Sinkflug exakt zum Aufsetzpunkt. Bei modernen Systemen ist selbst bei der Landung der Sichtkontakt nach außen allenfalls im letzten Moment erforderlich: Die Anzeigen von Localizer (Landekurs) und Glidepath (Gleitpfad) bringen das Flugzeug metergenau zur Landebahn, zur Landung sind keine weiteren Richtungs- oder Höhenkorrekturen mehr notwendig. Nach diesem Verfahren sind daher auch Blindlandungen, also Landungen ohne Außensicht, möglich - eine genaue Beschreibung der Landekategorien sowie der ILS-Funktionsweise sind im Technik-Abschnitt dieses Buches zu finden.

GCA-Anflüge

Ebenfalls zu den Präzisionsanflügen - wenn auch nicht mit der Möglichkeit der Null-Sicht-Landung - zählen die radarüberwachten Anflüge („Ground Controlled Approach", bodenkontrollierter Anflug). Sehr häufig im militärischen Bereich angewendet, werden hierbei die anfliegenden Flugzeuge mittels einer Präzisionsradaranlage vom Boden aus überwacht. Ein Fluglotse beobachtet den Anflug auf seinem Radarschirm und übermittelt dem Piloten per Funk die Abweichungen vom Landekurs und Gleitpfad. Die Besatzung hört dem Fluglotsen kontinuierlich zu und antwortet nicht. Es sind so auch Anflüge ohne Kompaßunterstützung möglich (etwa bei Ausfall sämtlicher Kompaßanlagen), indem der Fluglotse gemäß seiner Radaranzeige Anweisungen zum Ein- oder Ausleiten von Kurven gibt.

Nichtpräzisionsanflüge

Anflugverfahren, die aufgrund der verwendeten Navigationsanlagen oder -verfahren keine exakte Anzeige von Flugwegabweichungen zulassen, werden Nichtpräzisionsanflüge (Non-Precision-Approach) genannt. Sicht- und Wolkenuntergrenze müssen deutlich besser als bei den Präzisionsanflügen sein, denn in der Regel sind nach dem Sichtkontakt mit der Landebahn noch deutliche Richtungs- und Höhenkorrekturen notwendig. Im Gegensatz zu den Präzisionsanflügen führt der Non-Precision-Approach also nicht zum Aufsetzpunkt auf der Landebahn, sondern nur zu einem Punkt vor der Bahn, von dem aus ein gefahrloser Sichtanflug zum Flughafen möglich ist. Die Anflugrichtung muß deshalb auch nicht zwingend mit der Landebahnrichtung übereinstimmen - in einigen Fällen ist sogar noch das Durchfliegen einer Platzrunde notwendig.

Localizer-Anflüge

Steht bei einem Instrumenten-Lande-System keine Gleitpfadanzeige zur Verfügung, spricht man von einem Localizer-Approach: Die Besatzung erhält über das Anzeigegerät lediglich Informationen über seitliche Abweichungen vom Landekurs. Die Kontrolle des Gleitpfades geschieht mittels einer Entfernungsanzeige zur Landebahn; für bestimmte Entfernungen zum Flughafen sind auch bestimmte Mindestflughöhen vorgeschrieben, die in der jeweiligen Anflugkarte verzeichnet sind. Die Piloten hangeln sich sozusagen entlang dem Landekurs von Mindesthöhe zu Mindesthöhe bis zur Landebahn herunter.

Steht keine Entfernungsmeßeinrichtung („Distance Measureing Equipment", DME) zur Verfügung, werden die Mindesthöhen häufig mittels anderer Navigationsanlagen (wie etwa das Überfliegen oder seitliches Passieren von Funkfeuern) definiert. Da der Landekurssender eine genaue Kursführung zuläßt, können die Mindesthöhen auch entprechend niedrig gewählt werden. Bei einem „Non-Precision-Approach" mit ungenauer Kursführung müssen höhere Mindesthöhen auch die von der Anfluggrundlinie weiter entfernten Hindernisse berücksichtigen. Die Anflugkarte der Bahn 31R in New York/JFK stellt über die Information „G/S out" (ohne Gleitpfad) auch einen Localizer-Approach dar. (Karte 8)

Der VOR-Anflug

Wird der Kurs zur Landebahn durch das Radial eines gerichteten Funkfeuers definiert, handelt es sich um einen VOR-Approach. Da die Funkfeuer nicht unbedingt direkt am Flughafen stehen müssen, oftmals auch kein Radial in Richtung des Landekurses an der Bahn vorbeiführt, kommt es häufig vor, daß der Anflugkurs nicht mit der Landebahnrichtung übereinstimmt. Richtungsänderungen auch kurz vor der Landung sind daher keine Seltenheit. Die Einteilung des Sinkfluges geschieht auch hier mittels Entfernungsmeßeinrichtung (DME) oder anderer Funkfeuer (VOR, NDB). Ein Beispiel für einen VOR/DME-Approach ist in der Anflugkarte (Karte 10) für die Bahn 31L in New York/JFK zu finden.

Der NDB-Anflug

Ein verbreitetes Verfahren für Nichtpräzisionsanflüge ist die Festlegung des Anflugkurses über ein ungerichtetes Funkfeuer (NDB) zur Landebahn. Da die Kursinformation relativ ungenau ist, sind die Mindesthöhen bei NDB-Anflügen in der Regel am höchsten. Ähnlich den Localizer- und VOR-Anflügen können Mindesthöhen über Entfernungen oder Peilungen zu anderen Funknavigationsanlagen (DME, VOR und NDB) festgelegt werden. Ungerichtete Funkfeuer befinden sich oftmals in einem Abstand von 3 NM bis 7 NM (5 km bis 13 km) vor der entsprechenden Landebahn; Anflugverfahren wie beispielsweise auf die

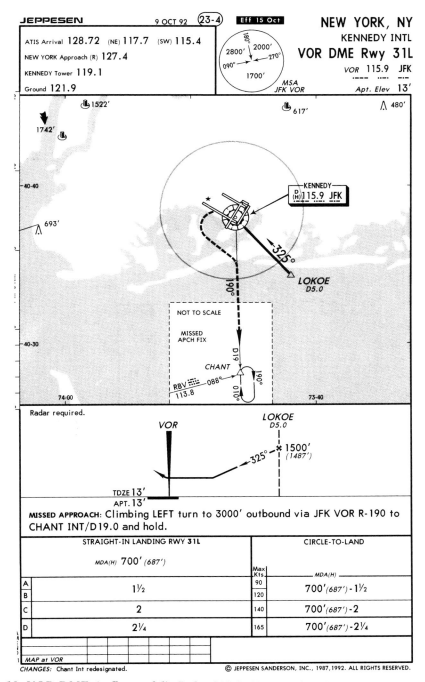

Karte 10: VOR-DME-Anflug auf die Bahn 31L in New York/John F. Kennedy; bei diesem Instrumentenanflug stimmt die Anflugrichtung (325°) nicht mit der Landebahnrichtung (314°) überein

(Copyright 1987, 1992 JEPPESEN SANDERSON, INC.)

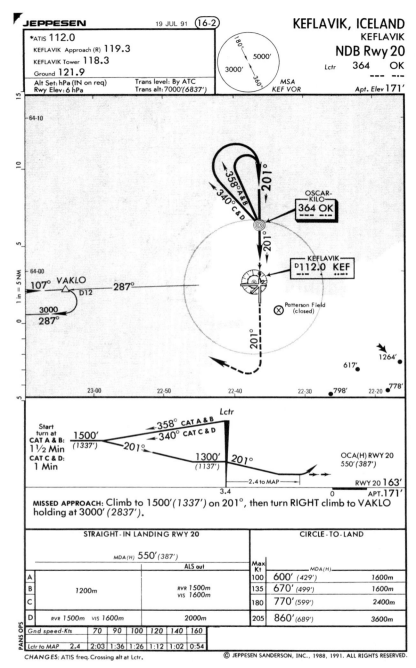

Karte 11: NDB-Anflug auf die Bahn 20 in Keflavik auf Island; das Anflugverfahren beruht alleine auf das „OK"-NDB (364 KHz) und kann daher auch bei Ausfall des Funkfeuers „KEFLAVIK" („KEF"-VOR, 112.000 MHz) geflogen werden

(Copyright 1988, 1991 JEPPESEN SANDERSON, INC.)

Bahn 20 in Keflavik/Island sind keine Seltenheit. (Siehe Karte 11)

Nach Überfliegen des Funkfeuers „OK" 364.0 kHz wird eine Umkehrkurve sowie ein Sinkflug auf 1500 Fuß (450 m) eingeleitet. Befindet sich das Flugzeug auf einem Kurs von 201° zum NDB, kann der Sinkflug auf 1300 Fuß (390 m) fortgesetzt werden. Erneut überquert die Maschine das Funkfeuer, nun darf sie auf die Mindesthöhe („Minimum Descent Altitude", MDA) von 550 Fuß (165 m) sinken. Entsprechend der Fluggeschwindigkeit über dem Boden (der Windeinfluß wird hier berücksichtigt) muß die Landebahn nach maximal zwei Minuten in Sicht kommen. Besteht auch nach Ablauf der Zeit kein Sichtkontakt zur Bahn oder Anflugbefeuerung, wird ein Durchstartmanöver eingeleitet.

Das Durchstartmanöver

Bei einem Durchstartmanöver wird das Flugzeug zügig in eine Startkonfiguration gebracht: Vollgas, Startstellung der Landeklappen sowie Einziehen des Fahrwerkes geschehen in schneller Abfolge. Um aus der Bodennähe in einen hindernisfreien Bereich zu gelangen, folgt die Besatzung dem Fehlanflugverfahren („Missed Approach"). Für den VOR/DME-Anflug auf die Bahn 31L in New York/JFK schreibt das entsprechende Fehlanflugverfahren eine sofortige Linkskurve auf das Radial 190 des gerichteten Funkfeuers „JFK" (Kennedy VOR) zusammen mit einem Steigflug auf 3000 Fuß (900 m) vor. Auf diesem Radial soll nach einer Distanz von 19 NM (19 NM zum Kennedy VOR/DME) in eine Warteschleife eingeflogen werden (Holding Fix ist der Punkt „CHANT"). Der „Missed Approach" nach einem ILS-Anflug auf die Bahn 31R in New York sieht etwas komplizierter aus: Die Besatzung hat zunächst einen geraden Steigflug auf 2000 Fuß (600 m) einzuleiten, soll bei Erreichen der Höhe nach links zum Canarsie VOR („CRI", 112.300 MHz) fliegen und darf erst hinter dem Funkfeuer auf dem Radial 225° weiter auf 4000 Fuß klettern. Über dem Colts Neck VOR („COL", 115.400 MHz) müssen die Piloten in die veröffentlichte Warteschleife einfliegen. Die Anflugsysteme der Landebahn, wie beispielsweise Landekurs/Localizer des Instrumenten-Lande-Systems, werden im Fehlanflugverfahren gewöhnlich nicht benutzt. An verkehrsreichen Flughäfen berücksichtigt der Verlauf des „Missed Approach" nicht alleine die Bodenhindernisse, sondern auch besondere Verkehrssituationen (wie etwa gleichzeitiger Betrieb auf mehreren Bahnen).

Sichtanflüge

Was an kleinen Flugplätzen der Normalfall ist, kann bei gutem Wetter durchaus auch an großen Verkehrsflughäfen stattfinden: Sichtanflüge ohne Unterstützung von Funknavigationssystemen. Sichtanflüge werden gerne zur Kapazitätssteigerung bei hohem Verkehrsaufkommen - besonders in den USA - genutzt, denn die Staffelungsabstände dürfen bei diesen Anflügen deutlich geringer sein als etwa bei Instrumentenanflügen. Gelegentlich kann man sogar Verkehrsflugzeuge bei dem Abfliegen einer normalen Platzrunde beobachten - das ganze Manöver geht immer noch schneller als ein kompletter, gut 20 km langer ILS-Anflug. Darüber hinaus gibt es auch eine ganze Reihe von Flughäfen, die ein Instrumentenanflugverfahren lediglich in eine Landebahnrichtung zulassen. Hier spielt neben Kostengründen auch die besondere geographische Lage eine bedeutende Rolle. Als Beispiel sei hier der Flughafen Salzburg genannt, der in einem nur aus einer Richtung zugänglichen Talkessel liegt. Bei ungünstigen Windverhältnissen wird zwar der Instrumentenanflug mit Rückenwind durchgeführt, bei Sichtkontakt mit der Landebahn fliegen die Piloten unterhalb der Wolkendecke dann aber eine besonders enge Platzrunde auf die gegenüberliegende Bahnrichtung. In Salzburg können solche imposanten Anflüge

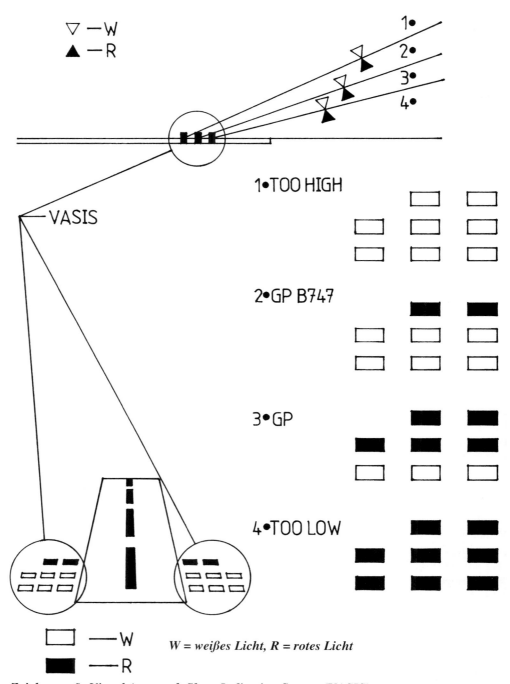

Zeichnung 9: Visual Approach Slope Indication System (VASIS); sogenanntes „3-Bar-VASIS" mit Gleitweganzeige für Flugzeuge mit hoch angeordnetem Cockpit (wie etwa B747)

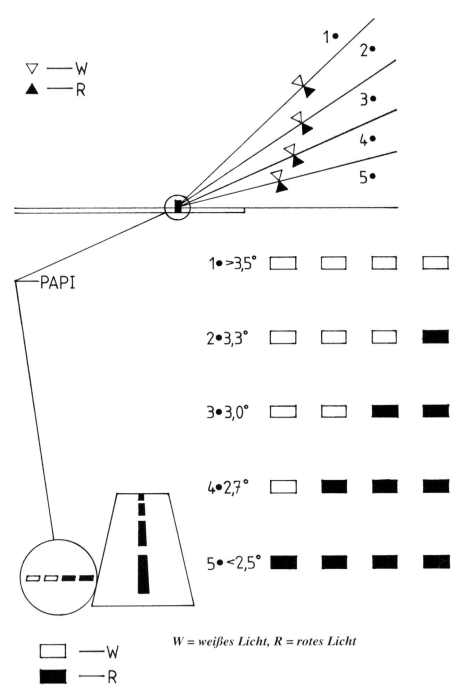

Zeichnung 10: Precision Approach Path Indicator (PAPI); im Gegensatz zum VASIS liefert das PAPI-System eine ungefähre Angabe des Gleitwinkels

sogar von Großraumflugzeugen wie der Boeing 747 durchgeführt werden.

Sichtanflughilfen

Zur Unterstützung der Piloten bei einem Sichtanflug sind viele Landebahnen mit Sichtanflughilfen ausgerüstet. Aus dem Cockpit eines Verkehrsflugzeuges heraus ist es häufig nicht einfach, bei wechselnden Geländeerhebungen oder Nachtanflügen einen exakten Anflugwinkel von drei Grad abzuschätzen. In der Praxis kommen zwei Systeme zur Anwendung, die sich in der Genauigkeit der Ablageanzeige (zu hoher oder zu tiefer Anflug) unterscheiden.

Visual Approach Slope Indicator System (VASIS)

VASI-Systeme sind auf beiden Seiten der Landebahn in Höhe der Aufsetzzone installiert. Sie bestehen aus zwei oder drei Scheinwerfereinheiten, die einen auf drei Grad über dem Horizont justierten Richtstrahl abgeben; dieser leuchtet in der oberen Hälfte weiß, in der unteren Hälfte rot. Da die Scheinwerfer hintereinander angeordnet sind, ergibt sich aus dem Cockpit des anfliegenden Flugzeuges ein Bild wie in Zeichnung 9 gezeigt.

Sind drei hintereinander angeordnete Scheinwerfereinheiten installiert, wird die Anzeige der unteren beiden Einheiten von kleineren Flugzeugen bis Boeing 737, Boeing 727 und Airbus A320 genutzt. Boeing 747/757/767, DC10 und Airbus A300/A310/A340 richten sich nach den oberen beiden Anzeigesystemen.

Das PAPI-System

PAPI-Systeme („Precision Approach Path Indicator") sind gewöhnlich auf der linken Seite der Landebahn, ebenfalls in Höhe der Aufsetzzone, installiert - können aber auch auf beiden Seiten der Bahn vorhanden sein. Im Gegensatz zum VASIS zeigt dieses Sichtanflugsystem auch die Größe der Abweichung vom idealen 3°-Anflugwinkel an. Dazu sind vier Scheinwerfer nebeneinander angeordnet, deren Lichtstrahl ebenfalls in der oberen Hälfte weiß, nach unten hin rot leuchtet. Allerdings sind die Richtstrahlen jedes Scheinwerfers in einem jeweils anderen Winkel über dem Horizont ausgerichtet: 2.5°, 2.7°, 3.3° und 3.5°. Für die Besatzung stellt sich aus dem Cockpitfenster das in Zeichnung 10 skizzierte Bild dar.

Das PAPI-System wird in der Zukunft nach und nach das veraltete und ungenaue VASIS ersetzen; zur Zeit sind beide Systeme in etwa gleich häufig installiert. Eine dem VASIS vergleichbare PAPI-Anlage für größere Flugzeuge gibt es nicht - in der Praxis benutzen diese Maschinen einfach den 3.3°-Gleitpfad.

Die Frequenztabelle

Die im vorangegangenen Abschnitt vermittelten Informationen geben einen kleinen Einblick in den alltäglichen Flugbetrieb; es wird nun kein Problem mehr darstellen, Flugbetriebsmeldungen zu entschlüsseln und ihre Bedeutung für die jeweilige Flugphase zu verstehen.

Um den Bezug zur Praxis nicht zu verlieren, sind in der nachfolgenden Tabelle ausschließlich aktive Frequenzen aufgeführt - Frequenzen also, die tagtäglich zur Kommunikation und Funknavigation benutzt werden. Wie auch bei den übrigen Angaben sind alle Änderungen bis einschließlich Januar 1995 berücksichtigt worden; vorübergehende Abweichungen sind zusammen mit ihrer voraussichtlichen Dauer besonders gekennzeichnet.

Tabelle der Flughäfen und Landeplätze

In dieser Tabelle sind die Verkehrsflughäfen, Verkehrslandeplätze und öffentlich anfliegbaren Sonderlandeplätze in der Bundesrepublik Deutschland aufgeführt. Nicht enthalten sind vereinsinterne Flugplätze sowie Segelfluggelände. Zusätzlich erscheinen in der Liste die Verkehrsflughäfen in Österreich und der Schweiz.
Die folgenden Informationen sind der Tabelle zu entnehmen:
1. Name des Flugplatzes sowie Lage bezüglich einer näheren Ortschaft
2. Landebahnen mit Länge, Ausrichtung und Belag
3. Rufzeichen der vorhandenen Bodenfunkstellen
4. Frequenzen der Bodenfunkstellen
5. Sonstige Angaben
   - ICAO-Ortskennung
   - Zivilflugplatz
(CIV) oder Zivil-/Militärflugplatz (CIV/MIL)

1. Flugplatz	2. Landebahnen	3. Bodenfunkstellen	4. Arbeitsfrequenzen	5. Sonstige Angaben
AACHEN-Merzbrück (NO Aachen)	Bahn 08/26 520 m Asphalt	Tower/Turm/Info Tower/Turm/Info	122.875 MHz 122.500 MHz	EDKA CIV/MIL
AALEN-Heidenheim/Elchingen (SO Aalen)	Bahn 09L/27R 950 m Asphalt Bahn 09R/27L 800 m Gras	Info	123.650 MHz	EDPA CIV
ACHMER (SW Bramsche)	Bahn 07/25 940 m Gras	Info	123.050 MHz	EDXA CIV
AHRENLOHE (O Tornesch)	Bahn 05/23 500 m Asphalt	Info	122.600 MHz	EDHO CIV
AILERTCHEN (NW Westerburg)	Bahn 04/22 550 m Gras	Info	123.050 MHz	EDGA CIV
ALBSTADT-Degerfeld (O Albstadt)	Bahn 09/27 960 m Gras	Info	123.050 MHz	EDSA CIV
ALKERSLEBEN/ Wülfershausen (OSO Alkersleben)	Bahn 09/27 890 m Gras	Info	122.000 MHz	EDBA CIV
ALLENDORF-Eder (N Allendorf)	Bahn 11/2910 97 m Asphalt	Info	122.850 MHz	EDFQ CIV
ALTDORF-Wallburg (NE Ettenheim)	Bahn 07/25 495 m Gras	Info Lahr Tower	120.375 MHz 122.100 MHz	EDSW CIV
ALTENA-Hegenscheid (NO Altena)	Bahn 06/24 600 m Gras	Info	122.200 MHz	EDKD CIV

1. Flugplatz	2. Landebahnen	3. Bodenfunkstellen	4. Arbeitsfrequenzen	5. Sonstige Angaben
ALTENBURG-Nobitz (O Altenburg)	Bahn 04/22 2000 m Beton Bahn 04/22 2000 m Gras	Info	123.650 MHz	EDAC CIV
AMPFING-Waldkraiburg (NW Ampfing)	Bahn 09/27 735 m Gras	Info	123.600 MHz	EDNA CIV
ANKLAM (S Anklam)	Bahn 09/27 1000 m Gras	Info	122.300 MHz	EDCA CIV
ANSBACH-Petersdorf (E Petersdorf)	Bahn 09/27 780 m Gras	Info	123.650 MHz	EDQF CIV
ANSPACH/Taunus (O Anspach)	Bahn 06/24 580 m Gras	Info	121.025 MHz	EDFA CIV
ARNBRUCK (W Arnbruck)	Bahn 17/35 425 m Asphalt	Info	118.550 MHz	EDNB CIV
ARNSBERG (NW Neheim-Hüsten)	Bahn 05/23 920 m Asphalt	Info	123.025 MHz	EDLA CIV
ASCHAFFENBURG-Großostheim (SW Aschaffenburg)	Bahn 08/26 653 m Asphalt	Info	122.675 MHz	EDFC CIV
ASCHERSLEBEN (ONO Aschersleben)	Bahn 09/27 1050 m Gras Bahn 13/31 1000 m Gras	Info	122.000 MHz	EDCQ CIV
ATTENDORN-Finnentrop (NO Attendorn)	Bahn 04/22 450 m Gras	Info	121.400 MHz	EDKU CIV
AUGSBURG (NO Augsburg)	Bahn 07/25 1280 m Asphalt	Tower/Turm	118.225 MHz	EDMA CIV
BACKNANG-Heiningen (SO Backnang)	Bahn 11/29 600 m Gras	Info	122.600 MHz	EDSH CIV
BAD BERKA (SO Bad Berka)	Bahn 07/25 1000 m Gras	Info	123.650 MHz	EDOB CIV
BAD DITZENBACH (SO Bad Ditzenbach)	Bahn 16/34 400 m Gras	Info	122.350 MHz	EDPB CIV
BAD DÜRKHEIM (NO Bad Dürkheim)	Bahn 08/26 480 m Asphalt	Info	122.400 MHz	EDRF CIV
BAD GANDERSHEIM (S Bad Gandersheim)	Bahn 18/36 725 m Gras	Info	123.000 MHz	EDVA CIV

1. Flugplatz	2. Landebahnen	3. Bodenfunkstellen	4. Arbeitsfrequenzen	5. Sonstige Angaben
BAD KISSINGEN (N Bad Kissingen)	Bahn 17/35 620 m Gras	Info	122.000 MHz	EDFK CIV
BAD LANGENSALZA (NW Bad Langensalza)	Bahn 09/27 1000 m Gras	Start Segelflug	123.500 MHz 122.200 MHz	EDBL CIV
BAD NEUENAHR-Ahrweiler (N Bad Neuenahr)	Bahn 11/29 477 m Asphalt	Info	122.350 MHz	EDRA CIV
BAD NEUSTADT/ Saale-Grasberg (SSO Bad Neustadt/Saale)	Bahn 14/32 600 m Gras	Info	123.650 MHz	EDFD CIV
BAD PYRMONT (SO Bad Pyrmont)	Bahn 04/22 600 m Asphalt Bahn 04S/22S 600 m Gras	Info	132.375 MHz	EDVW CIV
BAD WINDSHEIM (NW Bad Windsheim)	Bahn 08/26 640 m Gras	Info	118.275 MHz	EDQB CIV
BAD WÖRRISHOFEN-Nord (NO Bad Wörrishofen)	Bahn 08/26 580 m Gras	Info	122.600 MHz	EDNH CIV
BADEN-BADEN/Oos (NW Baden-Baden)	Bahn 04/22 1050 m Asphalt Bahn 04/22 1000 m Gras	Info Info	121.000 MHz 122.500 MHz	EDTB CIV
BALLENSTEDT (N Ballenstedt)	Bahn 08/26 670 m Gras Bahn 11/29 640 m Gras	Info	122.700 MHz	EDCB CIV
BALTRUM (Südrand der Insel)	Bahn 10/28 425 m Gras	Info	123.050 MHz	EDWZ CIV
BARSSEL (O Barssel)	Bahn 12/30 600 m Gras	Info	122.000 MHz	EDXL CIV
BARTH (SSW Barth)	Bahn 09/27 1200 m Asphalt Bahn 09/27 900 m Gras	Info	126.350 MHz	EDBH CIV
BAUTZEN (O Bautzen)	Bahn 07/25 1000 m Gras	Info	123.050 MHz	EDAB CIV

1. Flugplatz	2. Landebahnen	3. Bodenfunkstellen	4. Arbeitsfrequenzen	5. Sonstige Angaben
BAYREUTH (NO Bayreuth)	Bahn 06/24 834 m Asphalt	Tower/Turm/Info	118.450 MHz	EDQD CIV
BEILNGRIES (SSO Beilngries)	Bahn 10/28 600 m Gras	Info	118.350 MHz	EDNC CIV
BERGNEUSTADT/ Auf dem Dümpel (NO Bergneustadt)	Bahn 04/22 600 m Gras	Info	123.650 MHz	EDKF CIV
BERLIN-Tempelhof (Berlin/Stadt)	Bahn 09R/27L 2116 m Asphalt/Beton Bahn 09L/27R 2093 m Asphalt/Beton	Tower/Turm Tower/Turm Ground/Rollktr. Radar Radar ATIS	118.100 MHz 122.100 MHz 121.900 MHz 125.800 MHz 119.300 MHz 114.100 MHz	EDDI CIV
BERLIN-Schönefeld (SO Berlin)	Bahn 07R/25L 3000 m Beton Bahn 07L/25R 2700 m Beton	Tower/Turm Tower/Turm Ground/Rollktr. Ground/Rollktr. Radar Radar VOLMET ATIS	118.300 MHz 119.700 MHz 121.600 MHz 119.700 MHz 119.500 MHz 121.300 MHz 128.400 MHz 125.900 MHz	EDDB CIV
BERLIN-Tegel (NW Berlin)	Bahn 08L/26R 3023 m Asphalt Bahn 08R/26L 2424 m Asphalt	Tower/Turm Tower/Turm Ground/Rollktr. Radar Radar ATIS ATIS	118.700 MHz 119.700 MHz 121.750 MHz 125.800 MHz 119.300 MHz 124.950 MHz 112.300 MHz	EDDT CIV
BETZDORF/Kirchen (NW Betzdorf)	Bahn 08/26 500 m Gras	Info	122.750 MHz	EDKI CIV
BIBERACH an der Riss (NW Biberach)	Bahn 04/22 700 m Gras	Info	122.750 MHz	EDMB CIV
BIELEFELD-Windelsbleiche (SO Bielefeld)	Bahn 11/29 650 m Asphalt	Info InfoGütersloh APP	118.350 MHz 122.500 MHz 130.800 MHz	EDLI CIV
BIENENFARM (NW Nauen)	Bahn 12/30 850 m Gras	Info	122.850 MHz	EDOI CIV
BINNINGEN (NNW Binningen)	Bahn 07/25 707 m Gras	Info	130.600 MHz	EDSI CIV
BLAUBEUREN (NO Blaubeuren)	Bahn 10/28 686 m Gras	Info	130.600 MHz	EDMC CIV

1. Flugplatz	2. Landebahnen	3. Bodenfunkstellen	4. Arbeitsfrequenzen	5. Sonstige Angaben
BLOMBERG-Borkhausen (SO Blomberg)	Bahn 07/25 480 m Gras	Info	123.000 MHz	EDVF CIV
BLUMBERG (O Blumberg)	Bahn 07/25 605 m Gras	Info	123.050 MHz	EDSL CIV
BÖHLEN (NW Böhlen)	Bahn 10/28 900 m Gras	---	---	EDOE CIV
BOHMTE-Bad Essen (SO Bohmte)	Bahn 11/29 540 m Gras	Info	122.500 MHz	EDXD CIV
BONN-Hangelar (NO Bonn)	Bahn 11/29 800 m Asphalt	Info Info	119.250 MHz 122.500 MHz	EDKB CIV
BOPFINGEN (SW Bopfingen)	Bahn 07/25 620 m Gras/Asphalt	Info	122.850 MHz	EDNQ CIV
BORDELUM (NW Bredstedt)	Bahn 04/22 550 m Gras	---	---	EDWA CIV
BORKEN-Hoxfeld (NW Borken)	Bahn 12/30 740 m Gras	Hoxfeld Info	122.925 MHz	EDLY CIV
BORKENBERGE (S Dülmen)	Bahn 08/26 468 m Asphalt	Info Info	123.575 MHz 122.500 MHz	EDLB CIV
BORKUM (O Borkum)	Bahn 13/31 1000 m Asphalt Bahn 12/30 700 m Gras Bahn 05/23 810 m Gras	Info	123.000 MHz	EDWR CIV
BOTTENHORN (W Bottenhorn)	Bahn 11/29 525 m Gras	Info	123.825 MHz	EDGT CIV
BRAUNSCHWEIG (N Braunschweig)	Bahn 09/27 1200 m Asphalt Bahn 09S/27S 900 m Gras	Tower/Turm/Info Tower	119.350 MHz 231.500 MHz	EDVE CIV/MIL
BREITSCHEID (SW Breitscheid)	Bahn 08/26 840 m Gras/Asphalt	Info	122.600 MHz	EDGB CIV

1. Flugplatz	2. Lande-bahnen	3. Boden-funkstellen	4. Arbeits-frequenzen	5. Sonstige Angaben
BREMEN (S Bremen)	Bahn 09/27 2034 m Beton	Tower/Turm Tower/Turm Ground/Rollktr. Radar Radar VOLMET ATISHLW Bremen	118.500 MHz 118.575 MHz 121.750 MHz 125.650 MHz 119.450 MHz 127.400 MHz 117.450 MHz 130.750 Mhz	EDDW CIV
BREMERHAVEN/ Am Luneort (SW Bremerhaven)	Bahn 16/34 800 m Asphalt	Luneort Info Luneort Info	122.375 MHz 122.500 MHz	EDWB CIV
BRILON/Hochsauer-land (O Brilon)	Bahn 07/25 600 m Asphalt	Info	120.375 MHz	EDKO CIV
BRUCHSAL (NNW Bruchsal)	Bahn 12/30 500 m Gras	Info	128.375 MHz	EDTC CIV
BURG FEUERSTEIN (NW Ebermannstadt)	Bahn 09/27 863 m Asphalt Bahn 09/27 610 m Gras	Info	130.775 MHz	EDQE CIV
CELLE-Arloh (N Celle)	Bahn 05/23 800 m Gras	Arloh Info	123.650 MHz	EDVC CIV
CHEMNITZ-Jahnsdorf (SSW Chemnitz, NW Jahnsdorf)	Bahn 07/25 800 m Gras Bahn 11/29 700 m Gras	Info Info	122.000 MHz 124.100 MHz	EDCJ CIV
COBURG-Steinrücken (SSO Coburg)	Bahn 07/25 700 m Gras	Info	129.800 MHz	EDQY CIV
COBURG-Brandensteinsebene (NO Coburg)	Bahn 12/30 860 m Asphalt	Info	134.900 MHz	EDQC CIV
DACHAU-Gröbenried (NO Fürstenfeldbruck)	Bahn 10/28 420 m Gras	Info	118.425 MHz	EDMD CIV
DAHLEMER BINZ (SW Schmidtheim, NNW Dahlem)	Bahn 06/24 800 m Asphalt	Info Info	122.375 MHz 122.500 MHz	EDKV CIV
DAMME (SW Damme)	Bahn 11/29 700 m Asphalt	Info	120.375 MHz	EDWC CIV
DEDELOW (SW Dedelow)	Bahn 10/28 600 m Gras und 300 m Beton	Info	122.600 MHz	EDBD CIV

1. Flugplatz	2. Landebahnen	3. Bodenfunkstellen	4. Arbeitsfrequenzen	5. Sonstige Angaben
DEGGENDORF (W Deggendorf)	Bahn 09/27 550 m Asphalt	Info	122.025 MHz	EDMW CIV
DESSAU (W Dessau)	Bahn 09/27 2200 m Beton Bahn 09/27 1000 m Gras	Info	122.900 MHz	EDAD CIV
DIEPHOLZ (SW Diepholz)	Bahn 08/26 1283 m Asphalt	Tower Info	122.100 MHz 122.300 MHz	EDXQ CIV/MIL
DIERDORF-Wienau (N Dierdorf)	Bahn 07/25 520 m Asphalt	Info	118.525 MHz	EDRW CIV
DINGOLFING (N Dingolfing)	Bahn 08/26 556 m Gras	Info	123.600 MHz	EDPD CIV
DINKELSBÜHL-Sinbronn (O Dinkelsbühl)	Bahn 09/27 700 m Gras	Info	118.425 MHz	EDND CIV
DINSLAKEN "Schwarze Heide" (NW Kirchhellen)	Bahn 09/27 780 m Gras	InfoInfo	122.600 MHz 122.500 MHz	EDLD CIV
DONAU-ESCHINGEN-Villingen (NO Donaueschingen)	Bahn 18/36 1200 m Asphalt	Info Info	124.250 MHz 122.500 MHz	EDTD CIV
DONAUWÖRTH-Genderkingen (SO Donauwörth)	Bahn 09/27 530 m Asphalt	Info	123.050 MHz	EDMQ CIV
DONZDORF-Messelberg (OSO Donzdorf)	Bahn 09/27 600 m Gras	Info	122.600 MHz	EDPM CIV
DORTMUND-Wickede (O Dortmund)	Bahn 06/24 1050 m Asphalt	Tower/Turm/Info Tower/Turm/Info Tower Düsseldorf Radar	118.950 MHz 122.500 MHz 369.750 MHz 125.225 MHz	EDLW CIV/MIL
DRESDEN (N Dresden)	Bahn 04/22 2500 m Beton	Tower/Turm Apron/Vorfeld Radar Radar Radar ATIS	122.925 MHz 121.750 MHz 127.700 MHz 119.700 MHz 125.625 MHz 118.875 MHz	EDDC CIV

1. Flugplatz	2. Lande-bahnen	3. Boden-funkstellen	4. Arbeits-frequenzen	5. Sonstige Angaben
DÜSSELDORF (N Düsseldorf)	Bahn 05/23 3000 m Asphalt/Beton Bahn 15/33 1630 m Asphalt/Beton	Tower/Turm Ground/Rollktr. Radar Radar Radar Radar Radar ATIS ATIS	118.300 MHz 121.900 MHz 120.050 MHz 128.550 MHz 119.400 MHz 128.850 MHz 118.650 MHz 115.150 MHz 123.775 MHz	EDDL CIV
EBERN-Sendelbach (SSO Ebern)	Bahn 14/32 522 m Gras	Info	122.500 MHz	EDQR CIV
EGELSBACH (SW Egelsbach)	Bahn 09/27 840 m Asphalt Bahn 09/27 410m Gras	Tower/Turm Apron/Vorfeld Frankfurt Radar	118.775 MHz 121.750 MHz 119.150 MHz	EDFE CIV
EGGENFELDEN (WSW Eggenfelden)	Bahn 09/27 890 m Bitumen	Info	118.425 MHz	EDME CIV
EGGERSDORF-Müncheberg (SW Müncheberg)	Bahn 06/24 1700 m Gras	Info	122.000 MHz	EDCE CIV
EICHSTÄTT (S Eichstätt)	Bahn 09/27 750 m Gras	Info	123.000 MHz	EDPE CIV
EISENHÜTTEN-STADT (NW Eisenhüttenstadt)	Bahn 12/30 920 m Gras	Info	122.000 MHz	EDAE CIV
ELZ (NW Limburg)	Bahn 08/26 650 m Gras/Asphalt (584 m Asphalt)	Info	123.600 MHz	EDFY CIV
EMDEN (NNO Emden)	Bahn 08/26 1000 m Asphalt	Info	122.500 MHz	EDWE CIV
ERBACH (NO Erbach)	Bahn 03/21 650 m Gras	Info	118.275 MHz	EDNE CIV
ERFURT (W Erfurt)	Bahn 10/28 2000 m Asphalt	Tower/Turm Ground Radar Radar ATIS	118.350 MHz 121.750 MHz 121.200 MHz 119.700 MHz 121.950 MHz	EDDE CIV

1. Flugplatz	2. Landebahnen	3. Bodenfunkstellen	4. Arbeitsfrequenzen	5. Sonstige Angaben
ESSEN/Mühlheim (SW Essen, SO Mülheim/Ruhr)	Bahn 07/25 1200 m Asphalt	Info Info	119.750 MHz 122.500 MHz	EDLE CIV
FEHRBELLIN (SSW Fehrbellin)	Bahn 11/29 420 m Gras und 400 m Beton	Info	122.500 MHz	EDBF CIV
FLENSBURG-Schäferhaus (SW Flensburg)	Bahn 11/29 1040 m Bitumen Bahn 11/29 900 m Gras Bahn 04/22 615 m Gras	Info Info	122.850 MHz 122.500 MHz	EDXF CIV
FRANKFURT/Main (SW Frankfurt)	Bahn 07L/25R 4000 m Beton Bahn 07R/25L 4000 m Beton Bahn 18 4000 m Beton	Tower/Turm Tower/Turm Ground/Rollktr. Ground/Rollktr. Apron/Vorfeld Apron/Vorfeld Radar Radar Radar Radar Radar VOLMET 1 VOLMET 2 ATIS ATIS	119.900 MHz 124.850 MHz 121.900 MHz 121.800 MHz 121.700 MHz 122.050 MHz 120.800 MHz 118.500 MHz 119.150 MHz 120.150 MHz 124.200 MHz 127.600 MHz 135.775 MHz 118.025 MHz 114.200 MHz	EDDF CIV/MIL
FREIBURG im Breisgau (NW Freiburg)	Bahn 16/34 990 m Asphalt	Info	118.250 MHz	EDTF CIV
FRIEDERSDORF (SO Friedersdorf)	Bahn 09/27 1000 m Gras Bahn 11/29 900 m Gras	Info	122.850 MHz	EDCF CIV
FRIEDRICHSHAFEN (NO Friedrichshafen)	Bahn 06/24 1816 m Asphalt	Tower/Turm Tower/Turm Zürich Arrival ATIS	118.200 MHz 122.500 MHz 119.920 MHz 129.025 MHz	EDNY CIV/MIL

1. Flugplatz	2. Lande-bahnen	3. Boden-funkstellen	4. Arbeits-frequenzen	5. Sonstige Angaben
FULDA-Jossa (SW Fulda)	Bahn 08/26 588 m Gras	Info	122.400 MHz	EDGF CIV
FÜRSTENWALDE (NO Fürstenwalde)	Bahn 08/26 1200 m Bitumen Bahn 12/30 800 m Gras	Info	122.000 MHz	EDAL CIV
FÜRSTENZELL (O Fürstenzell)	Bahn 16/34 485 m Asphalt	Info	122.000 MHz	EDMF CIV
GANDERKESEE Atlas Airfield (W Ganderkesee)	Bahn 08/26 799 m Asphalt	Info	118.625 MHz	EDWQ CIV
GELNHAUSEN (SW Gelnhausen)	Bahn 08/26 740 m Gras	Info	123.050 MHz	EDFG CIV
GENEVA (NW Genf)	Bahn 05/23 3900 m Beton	Tower Tower Tower Radar Radar Radar Ground Apron Apron ATIS	118.700 MHz 119.700 MHz 119.900 MHz 131.325 MHz 120.300 MHz 121.300 MHz 121.900 MHz 121.750 MHz 121.975 MHz 125.725 MHz	LSGG CIV
GERA-Leumnitz (O Gera)	Bahn 07/25 750 m Asphalt	Info	122.700 MHz	EDAJ CIV
GERSTETTEN (O Gerstetten)	Bahn 08/26 530 m Gras	Info	123.600 MHz	EDPT CIV
GIENGEN/Brenz (NW Giengen)	Bahn 17/35 480 m Asphalt	Info	122.350 MHz	EDNG CIV
GIESSEN-Lützellinden (NW Gießen)	Bahn 07/25 690 m Asphalt	Info	122.500 MHz	EDFL CIV
GIESSEN-Reiskirchen (SO Reiskirchen)	Bahn 04/22 440 m Gras	Info	123.650 MHz	EDGR CIV
GÖRLITZ (NW Görlitz)	Bahn 07/25 800 m Gras	Info	122.000 MHz	EDBX CIV
GOTHA-Ost (NO Gotha)	Bahn 08/26 470 m Gras	Info	122.200 MHz	EDBG CIV

1. Flugplatz	2. Landebahnen	3. Bodenfunkstellen	4. Arbeitsfrequenzen	5. Sonstige Angaben
GRANSEE (O Gransee)	Bahn 11/29 750 m Gras	Info	126.725 MHz	EDOG CIV
GRAZ (S Graz)	Bahn 17/35 2760 m Beton	Tower Radar Radar ATIS	118.200 MHz 119.300 MHz 125.650 MHz 126.125 MHz	LOWG CIV
GREFRATH-Niershorst (OSO Grefrath)	Bahn 07/25 575 m Gras	Info	123.625 MHz	EDLF CIV
GRIESAU (OSO Pfatter)	Bahn 15/33 445 m Gras	Info	122.600 MHz	EDPG CIV
GRUBE (NNW Grube)	Bahn 09/27 500 m Gras	Info	122.600 MHz	EDHB CIV
GÜNZBURG-Donauried (NO Günzburg)	Bahn 06/24 580 m Gras	Leipheim Tower/ Turm Günzburg Info	122.100 MHz 118.125 MHz	EDMG CIV/MIL
GUNZENHAUSEN-Reutberg (OSO Gunzenhausen)	Bahn 06/24 530 m Asphalt	Info	118.500 MHz	EDMH CIV
GÜSTROW (ONO Güstrow)	Bahn 09/27 1200 m Gras Bahn 18/36 800 m Gras	Info	122.000 MHz	EDCU CIV
GÜTTIN (SW Bergen/Rügen)	Bahn 09/27 750 m Gras	Info	122.200 MHz	EDCG CIV
HAHN (NNW Büchenbeuren, W Kirchberg)	Bahn 03/21 2440 m Bitumen	Tower/Turm Info Info Eifel Radar	119.650 MHz 123.650 MHz 122.100 MHz 123.300 MHz	EDFH CIV
HALLE-Oppin (O Oppin, NO Halle)	Bahn 11/29 1000 m Beton	Info	123.600 MHz	EDAQ CIV
HAMBURG (N Hamburg)	Bahn 05/23 3250 m Beton/Bitumen Bahn 15/33 3666 m Bitumen	Tower/Turm Tower/Turm Ground/Rollktr. Radar Radar Radar Radar ATIS ATIS	126.850 MHz 121.275 MHz 121.800 MHz 124.225 MHz 120.600 MHz 118.200 MHz 124.625 MHz 123.125 MHz 108.000 MHz	EDDH CIV
HAMBURG-Finkenwerder (WSW Hamburg)	Bahn 05/23 1824 m Beton/Asphalt	Tower/Turm	130.350 MHz	EDHI CIV
HAMM-Lippewiesen (N Hamm)	Bahn 06/24 730 m Gras	Info Info	122.625 MHz 122.500 MHz	EDLH CIV

1. Flugplatz	2. Landebahnen	3. Bodenfunkstellen	4. Arbeitsfrequenzen	5. Sonstige Angaben
HANNOVER (N Hannover)	Bahn 09L/27R 3200 m Beton Bahn 09R/27L 2340 m Beton Bahn 09C/27C 720 m Asphalt	Tower/Turm Tower/Turm Ground/Rollktr. Radar Radar Radar Radar Radar ATIS ATIS	120.175 MHz 123.550 MHz 121.950 MHz 118.050 MHz 118.150 MHz 119.600 MHz 119.225 MHz 124.350 MHz 121.850 MHz 115.200 MHz	EDDV CIV
HARLE (O Harlesiel)	Bahn 09/27 510 m Asphalt	Info	122.400 MHz	EDXP CIV
HARTENHOLM (O Bad Bramstedt)	Bahn 05/23 506 m Asphalt	Info	127.100 MHz	EDHM CIV
HASSFURT (SO Hassfurt)	Bahn 11/29 1000 m Asphalt	Info	119.800 MHz	EDQT CIV
HEIDE-Büsum (NO Büsum)	Bahn 11/29 720 m Asphalt	Info	122.600 MHz	EDXB CIV
HELGOLAND-Düne (NO Insel Helgoland)	Bahn 15/33 400 m Beton Bahn 03/21 371 m Beton Bahn 06/24 258 m Beton	Info	122.450 MHz	EDXH CIV
HERINGSDORF (S Heringsdorf, Insel Usedom)	Bahn 10/28 2300 m Bitumen	Info Info	121.100 MHz 119.700 MHz	EDAH CIV
HERRENTEICH (NW Hockenheim)	Bahn 04/22 535 m Gras	Info	120.375 MHz	EDEH CIV
HERTEN-Rheinfelden (W Rheinfelden)	Bahn 06/24 405 m Gras	Info	123.250 MHz	EDTR CIV
HERZOGEN-AURACH (N Herzogenaurach)	Bahn 08/26 690 m Asphalt	Info	122.850 MHz	EDQH CIV
HETTSTADT (NW Würzburg, O Hettstadt)	Bahn 09/27 470 m Gras	Info	122.425 MHz	EDGH CIV
HETZLESERBERG (NO Neunkirchen a. B.)	Bahn 08/26 558 m Gras/Asphalt	Info	123.600 MHz	EDQX CIV
HEUBACH (N Heubach)	Bahn 07/25 750 m Asphalt	Info	123.025 MHz	EDTH CIV
HILDESHEIM (N Hildesheim)	Bahn 09/27 715 m Gras	Info	118.300 MHz	EDVM CIV/MIL

1. Flugplatz	2. Landebahnen	3. Bodenfunkstellen	4. Arbeitsfrequenzen	5. Sonstige Angaben
HIRZENHAIN (W Hirzenhain)	Bahn 11/29 650 m Gras	Info	118.325 MHz	EDFI CIV
HOCKENHEIM (NW Hockenheim)	Bahn 14/32 820 m Gras	Info	123.650 MHz	EDFX CIV
HODENHAGEN (O Hodenhagen)	Bahn 03/21 650 m Gras	Info	123.025 MHz	EDVH CIV
HOF (SW Hof)	Bahn 09/27 1180 m Gras	Tower/Turm Tower/Turm	118.900 MHz 122.500 MHz	EDQM CIV
HÖLLEBERG (NW Trendelburg)	Bahn 08/26 520 m Gras	Info	122.000 MHz	EDVL CIV
HOPPSTÄDTEN-Weiersbach (SW Hoppstädten/Weiersbach)	Bahn 06/24 670 m Asphalt	Info	123.625 MHz	EDRH CIV/MIL
HÖXTER-Holzminden (N Höxter/Weser)	Bahn 14/32 569 m Asphalt	Info Info	123.625 MHz 122.500 MHz	EDVI CIV
HÜNSBORN (NNO Freudenberg)	Bahn 09/27 700 m Gras	Info	130.125 MHz	EDKH CIV
HÜTTENBUSCH (N Hüttenbusch)	Bahn 09/27 450 m Gras	Info	122.850 MHz	EDXU CIV
IDAR-OBERSTEIN/ Göttschied (N Idar-Oberstein)	Bahn 07/25 650 m Gras	Info	122.850 MHz	EDRG CIV
ILLERTISSEN (NO Illertissen)	Bahn 08/26 540 m Gras	Info	119.375 MHz	EDMI CIV
INGELFINGEN-Bühlhof (NNO Ingelfingen)	Bahn 07/25 480 m Asphalt	Info	130.600 MHz	EDGI CIV
INGOLSTADT (O Manching)	Bahn 07R/25L 2940 m Beton Bahn 07L/25R 2439 m Beton	Ingo Tower Ingo Tower Ingo GCA Ingo GCA MBB Flight Ops	122.100 MHz 129.850 MHz 123.300 MHz 120.600 MHz 129.950 MHz	EDPI CIV/MIL
ITZEHOE" Hungriger Wolf" (NNO Itzehoe)	Bahn 03/21 500 m Asphalt Bahn 09/27 708 m Gras	Tower Info GCA	122.100 MHz 122.500 MHz 123.300 MHz	EDHJ CIV/MIL
JENA-Schöngleina (NW Schöngleina, O Jena)	Bahn 02/30 790 m Asphalt	Info	122.000 MHz	EDBJ CIV
JESENWANG (SW Fürstenfeldbruck)	Bahn 07/25 445 m Asphalt	Info Fürsty Tower	122.425 MHz 122.100 MHz	EDMJ CIV

1. Flugplatz	2. Landebahnen	3. Bodenfunkstellen	4. Arbeitsfrequenzen	5. Sonstige Angaben
JUIST (O Juist)	Bahn 08/26 700 m Beton Bahn 08/26 428 m Gras Bahn 06/24 500 m Gras Bahn 12/30 475 m Gras	Info	120.500 MHz	EDWJ CIV
KAMENZ (NO Kamenz)	Bahn 03/21 1100 m Beton Bahn 03/21 1100 m Gras	Info	122.000 MHz	EDCM CIV
KAMP-Lintfort (WSW Rheinberg)	Bahn 07/25 600 m Gras	Info	123.000 MHz	EDLC CIV
KARLSHÖFEN (S Karlshöfen)	Bahn 12/30 700 m Asphalt	Info	118.925 MHz	EDWK CIV
KARLSRUHE-Forchheim (SW Karlsruhe)	Bahn 03/21 950 m Asphalt Bahn 03/21 800 m Gras	Info Info	125.700 MHz 122.500 MHz	EDTK CIV
KASSEL-Calden (W Calden)	Bahn 04/22 1500 m Asphalt Bahn 04/22 500 m Gras	Tower/Turm/Info Tower	118.100 MHz 336.000 MHz	EDVK CIV/MIL
KEHL-Sundheim (SO Kehl/Rhein)	Bahn 04/22 475 m Gras	Info	122.750 MHz	EDSK CIV
KEMPTEN-Durach (SSO Kempten)	Bahn 07/25 600 m Gras Bahn 17/35 610 m Gras	Info	122.000 MHz	EDMK CIV
KIEL-Holtenau (N Stadtrand Kiel)	Bahn 08/26 1255 m Asphalt Bahn 08/26 450 m Gras	Tower/Turm Info GCA	125.600 MHz 122.400 MHz 123.300 MHz	EDHK CIV/MIL
KIRCHDORF/Inn (SW Simbach/Inn)	Bahn 04/22 667 m Gras	Info	118.625 MHz	EDNK CIV
KLIX (NO Bautzen)	Bahn 10/28 760 m Gras	Info	122.200 MHz	EDCI CIV
KOBLENZ-Winningen (SW Koblenz)	Bahn 06/24 995 m Asphalt	Info	122.650 MHz	EDRK CIV

1. Flugplatz	2. Landebahnen	3. Bodenfunkstellen	4. Arbeitsfrequenzen	5. Sonstige Angaben
KÖLN/BONN (SO Köln)	Bahn 07/25 2459 m Beton Bahn 14L/32R 3800 m Beton Bahn 14R/32L 1866 m Beton/Asphalt	Tower/Turm Tower/Turm Tower (MIL) Tower (MIL) Ground/Rollktr. Düsseldorf Radar Düsseldorf Radar Düsseldorf Radar Radar Radar ATIS ATIS	124.975 MHz 120.500 MHz 384.350 MHz 122.100 MHz 121.850 MHz 118.750 MHz 128.650 MHz 120.250 MHz 126.325 MHz 120.900 MHz 119.025 MHz 112.150 MHz	EDDK CIV/MIL
KONSTANZ (NW Konstanz)	Bahn 12/30 615 m Gras	Info	119.900 MHz	EDTZ CIV
KORBACH (S Korbach)	Bahn 03/21 600 m Gras	Info	119.975 MHz	EDGK CIV
KÖTHEN (SW Köthen)	Bahn 07/25 800 m Beton	Info	123.650 MHz	EDCK CIV
KREFELD-Egelsberg (NNO Krefeld)	Bahn 06/24 640 m Gras	Info	122.850 MHz	EDLK CIV
KÜHRSTETT-Bederkesa (SW Kührstett)	Bahn 12/30 410 m Gras	Info	122.625 MHz	EDXZ CIV
KULMBACH (N Kulmbach)	Bahn 09/27 719 m Asphalt	Info	118.525 MHz	EDQK CIV
KYRITZ (SO Kyritz)	Bahn 14/32 1000 m Gras	Info	122.900 MHz	EDBK CIV
LACHEN-Speyerdorf (SO Neustadt)	Bahn 12/30 1000 m Gras	Info	118.175 MHz	EDRL CIV
LAGER HAMMELBURG (SW Hammelburg)	Bahn 10/28 550 m Gras	Info	118.425 MHz	EDFJ CIV
LAICHINGEN (W Laichingen)	Bahn 07/25 522 m Asphalt Bahn 07/25 730 m Gras	Info	123.625 MHz	EDPJ CIV
LANDSHUT (SW Landshut)	Bahn 07/25 900 m Bitumen	Info	122.850 MHz	EDML CIV
LANGENLONS-HEIM (NO Langenlonsheim)	Bahn 01/19 450 m Gras	Info	122.875 MHz	EDEL CIV

1. Flugplatz	2. Landebahnen	3. Bodenfunkstellen	4. Arbeitsfrequenzen	5. Sonstige Angaben
LANGEOOG (O Langeoog)	Bahn 06/24 645 m Gras	Info	122.025 MHz	EDWL CIV
LÄRZ (N Lärz)	Bahn 08/26 2080 m Beton	Info	123.050 MHz	EDAX CIV
LAUENBRÜCK (NO Lauenbrück)	Bahn 11/29 550 m Gras	Info	123.650 MHz	EDHU CIV
LAUF-Lillinghof (SO Gräfenberg)	Bahn 07L/25R 450 m Gras Bahn 07R/25L 450 m Gras	Info	122.000 MHz	EDQI CIV
LAUTERBACH (NW Lauterbach-Wernges)	Bahn 07/25 480 m Gras	Info	122.175 MHz	EDFT CIV
LEER-Papenburg (N Leer)	Bahn 08/26 800 m Asphalt	Info Info	130.775 MHz 122.500 MHz	EDWF CIV
LEIPZIG (WNW Leipzig)	Bahn 11/29 2500 m Beton	Tower/Turm Ground/Rollktr. Radar ATIS	121.100 MHz 121.600 MHz 124.175 MHz 120.525 MHz	EDDP CIV
LEMWERDER (NW Bremen)	Bahn 16/34 1900 m Asphalt	Lemwerder Tower/Turm Bremen Tower/Turm Bremen Radar Bremen Radar	122.350 MHz 362.950 MHz 118.500 MHz 118.575 MHz 125.650 MHz 119.450 MHz	EDWD CIV/MIL
LEUTKIRCH-Unterzeil (NW Leutkirch)	Bahn 06/24 810 m Asphalt	Info	122.875 MHz	EDNL CIV
LEVERKUSEN (S Leverkusen, NNO Köln)	Bahn 15/33 700 m Gras	Info	122.425 MHz	EDKL CIV
LICHTENFELS (NW Lichtenfels)	Bahn 04/22 700 m Gras	Info	123.000 MHz	EDQL CIV
LINKENHEIM (NW Linkenheim)	Bahn 05/23 630 m Gras	Info	122.600 MHz	EDRI CIV
LINZ (SW Linz)	Bahn 09/27 2810 m Beton	Tower Radar Radar ATIS	118.800 MHz 129.625 MHz 119.750 MHz 128.125 MHz	LOWL CIV/MIL

1. Flugplatz	2. Landebahnen	3. Bodenfunkstellen	4. Arbeitsfrequenzen	5. Sonstige Angaben
LÜBECK-Blankensee (S Lübeck)	Bahn 07/25 1800 m Asphalt	Tower/Turm/Info Tower/Turm/Info Hamburg Radar	118.600 MHz 122.500 MHz 124.225 MHz	EDHL CIV
LÜCHOW-Rehbeck (N Lüchow)	Bahn 16/34 575 m Asphalt/Gras (400 m Asphalt)	Info	122.500 MHz	EDHC CIV
LÜSSE (O Belzig)	Bahn 08/26 1100 m Gras	Info	129.975 MHz	EDOJ CIV
MAGDEBURG (S Magdeburg)	Bahn 09/27 540 m Gras	Info	122.300 MHz	EDBM CIV
MAINBULLAU (W Miltenberg)	Bahn 05/23 703 m Asphalt	Info	122.375 MHz	EDFU CIV
MAINZ/Finthen (SW Mainz)	Bahn 08/26 1000 m Beton Bahn 08/26 1000 m Gras	Finthen Info	122.925 MHz	EDFZ CIV
MANNHEIM-Neuostheim (NO Mannheim)	Bahn 09/27 740 m Asphalt Bahn 09/27 625 m Gras	Info Info	122.150 MHz 122.500 MHz	EDFM CIV
MARBURG-Schönstadt (SW Schönstadt)	Bahn 04/22 750 m Gras	Info	123.000 MHz	EDFN CIV
MARL-Loemühle (NNW Recklinghausen, OSO Marl)	Bahn 07/25 702 m Asphalt	Info Info	122.000 MHz 122.500 MHz	EDLM CIV
MEINERZHAGEN (W Meinerzhagen)	Bahn 08/26 820 m Asphalt	Info	130.600 MHz	EDKZ CIV
MELLE-Grönegau (O Melle)	Bahn 09/27 585 m Asphalt	Info	123.650 MHz	EDXG CIV
MENGEN (O Mengen)	Bahn 08/26 1120 m Asphalt	Info	122.375 MHz	EDTM CIV
MENGERINGHAUSEN (N Mengeringhausen)	Bahn 12/30 540 m Gras	Info	121.025 MHz	EDVG CIV
MESCHEDE-Schüren (SSW Meschede)	Bahn 04/22 700 m Asphalt	Info	123.000 MHz	EDKM CIV
MICHELSTADT/Odenwald (W Michelstadt)	Bahn 08/26 475 m Asphalt	Info	123.650 MHz	EDFO CIV

1. Flugplatz	2. Landebahnen	3. Bodenfunkstellen	4. Arbeitsfrequenzen	5. Sonstige Angaben
MINDELHEIM-Mattsies (NO Mindelheim)	Bahn 15/33 720 m Asphalt	Info	122.975 MHz	EDMN CIV
MÖNCHEN-GLADBACH (NO Mönchengladbach)	Bahn 13/31 1200 m Asphalt	Info Info	123.800 MHz 122.500 MHz	EDLN CIV
MOSBACH-Lohrbach (NNW Mosbach)	Bahn 15/33 540 m Asphalt	Info	122.850 MHz	EDGM CIV
MOSENBERG (NO Homberg/ Schwalm-Eder-Kreis)	Bahn 07/25 511 m Gras	Info	122.600 MHz	EDEM CIV
MÜHLDORF (N Mühldorf)	Bahn 08/26 600 m Bitumen	Info	119.775 MHz	EDMY CIV
MÜHLHAUSEN (ONO Mühlhausen)	Bahn 08/26 930 m Gras	Info	122.300 MHz	EDAM CIV
MÜNCHEN (NO München)	Bahn 08R/26L 4000 m Beton Bahn 08L/26R 4000 m Beton	Tower/Turm (Nordbahn) Tower/Turm (Südbahn) Ground/Rollktr. Ground/Rollktr. Ground/Rollktr. Apron/Vorfeld Apron/Vorfeld Radar Radar Radar Radar Radar Radar ATIS	118.700 MHz 120.200 MHz 120.500 MHz 119.400 MHz 121.725 MHz 121.975 MHz 121.825 MHz 121.775 MHz 121.925 MHz 123.900 MHz 128.025 MHz 127.950 MHz 120.775 MHz 119.050 MHz 123.950 MHz 123.125 MHz	EDDM CIV
MÜNSTER-Telgte (O Münster)	Bahn 10/28 620 m Asphalt	Telgte Info	122.850 MHz	EDLT CIV

1. Flugplatz	2. Landebahnen	3. Bodenfunkstellen	4. Arbeitsfrequenzen	5. Sonstige Angaben
MÜNSTER-OSNABRÜCK (NO Greven, N Münster, SW Osnabrück)	Bahn 07/25 2170 m Asphalt	Tower/Turm Tower (MIL) Düsseldorf Radar Düsseldorf Radar ATIS	129.800 MHz 257.800 MHz 136.700 MHz 129.175 MHz 127.175 MHz	EDDG CIV/MIL
NABERN/Teck (SSO Kirchheim/Teck)	Bahn 14/32 570 m Gras	Info	120.375 MHz	EDTN CIV
NANNHAUSEN (W Simmern)	Bahn 06/24 560 m Gras	Info	130.600 MHz	EDRN CIV
NARDT (WNW Hoyerswerda)	Bahn 08/26 750 m Gras	Info	123.000 MHz	EDAT CIV
NAUEN (NO Nauen)	Bahn 11/29 850 m Gras	Info	123.000 MHz	EDCN CIV
NEUBIBERG (SO München)	Bahn 07/25 870 m Asphalt/Beton	Info	118.500 MHz	EDPN CIV/MIL
NEUBRANDENBURG (NNO Neubrandenburg)	Bahn 09/27 2292 m Beton	Tower/Turm Tower/Turm Info	124.000 MHz 122.100 MHz 123.300 MHz	EDBN CIV/MIL
NEUBURG-Egweil (NO Neuburg)	Bahn 08/26 690 m Gras	Info	122.500 MHz	EDNJ CIV
NEUHAUSEN (O Neuhausen, SO Cottbus)	Bahn 09/27 800 m Gras	Info	122.900 MHz	EDAP CIV
NEUMAGEN-Dhron (SO Neumagen/Mosel)	Bahn 09/27 750 m Gras	Info	118.175 MHz	EDRD CIV
NEUMARKT/Oberpfalz (NW Neumarkt)	Bahn 09/27 544 m Gras/Asphalt	Info	119.975 MHz	EDPO CIV
NEUMÜNSTER (W Stadtrand Neu-münster)	Bahn 08/26 550 m Asphalt Bahn 04/22 600 m Gras	Info	123.000 MHz	EDHN CIV
NEUSTADT-Glewe (SO Neustadt-Glewe)	Bahn 07/25 800 m Gras	Info	122.900 MHz	EDAN CIV
NEUSTADT/Aisch (NW Neustadt/Aisch)	Bahn 09/27 600 m Asphalt	Info	118.925 MHz	EDQN CIV
NIENBURG-Holzbalge (NNW Nienburg)	Bahn 09/27 630 m Gras	Info	122.000 MHz	EDXI CIV
NITTENAU-Bruck (SW Bruck/Oberpfalz)	Bahn 01/19 553 m Asphalt	Bruck Info	118.925 MHz	EDNM CIV
NORDEN-Norddeich (NO Norddeich)	Bahn 16/34 492 m Asphalt	Info	118.125 MHz	EDWS CIV

1. Flugplatz	2. Landebahnen	3. Bodenfunkstellen	4. Arbeitsfrequenzen	5. Sonstige Angaben
NORDENBECK (SW Nordenbeck)	Bahn 08/26 600 m Gras	Info	122.500 MHz	EDGN CIV
NORDERNEY (O Norderney)	Bahn 09/27 1000 m Asphalt	Info	122.600 MHz	EDWY CIV
NORDHAUSEN (O Nordhausen)	Bahn 09/27 950 m Gras Bahn 10/28 950 m Gras	Info	122.000 MHz	EDAO CIV
NORDHOLZ-Spieka (SSW Cuxhaven)	Bahn 08/26 625 m Gras	Spieka Info Nordholz Tower/Turm	121.025 MHz 122.100 MHz	EDXN CIV
NORDHORN-Lingen (ONO Nordhorn)	Bahn 06/24 680 m Asphalt	Info Info	122.650 MHz 123.400 MHz	EDWN CIV
NÖRDLINGEN (NO Nördlingen)	Bahn 04/22 500 m Asphalt	Info	120.375 MHz	EDNO CIV
NORTHEIM (O Northeim)	Bahn 12/30 580 m Gras	Info	118.700 MHz	EDVN CIV
NÜRNBERG (N Nürnberg)	Bahn 10/28 2700 m Asphalt/Beton	Tower/Turm Ground/Rollktr. Radar Radar Radar ATIS	118.300 MHz 118.100 MHz 118.975 MHz 119.525 MHz 119.475 MHz 123.075 MHz	EDDN CIV
OBER-MÖRLEN (SO Ober-Mörlen)	Bahn 05/23 550 m Gras	Info	122.850 MHz	EDFP CIV
OBERPFAFFENHOFEN (WSW München)	Bahn 04/22 2286 m Beton	Tower/Turm Tower Tower Tower München Radar München Radar	119.550 MHz 122.100 MHz 255.850 MHz 257.800 MHz 127.950 MHz 119.050 MHz	EDMO CIV/MIL
OCHSENFURT (NNO Ochsenfurt)	Bahn 10/28 516 m Gras	GiebelstadtTower /TurmOchsenfurt Info	122.100 MHz 123.000 MHz	EDGJ CIV
OEHNA (S Jüterbog)	Bahn 08/26 786 m Gras	InfoInfo	122.300 MHz 122.500 MHz	EDBO CIV
OERLINGHAUSEN (S Oerlinghausen)	Bahn 04/22 520 m Asphalt	Info Info	122.175 MHz 122.500 MHz	EDLO CIV
OFFENBURG (SW Offenburg)	Bahn 02/20 910 m Asphalt	Info Info Lahr Tower Lahr Radar	124.750 MHz 122.500 MHz 119.750 MHz 123.825 MHz	EDTO CIV

1. Flugplatz	2. Landebahnen	3. Bodenfunkstellen	4. Arbeitsfrequenzen	5. Sonstige Angaben
OLDENBURG-Hatten (SO Oldenburg)	Bahn 06/24 650 m Gras Bahn 15/33 400 m Gras	Info	123.050 MHz	EDWH CIV
OPPENHEIM (SO Oppenheim)	Bahn 02/20 800 m Gras	Info	122.000 MHz	EDGP CIV
OSCHATZ (W Oschatz)	Bahn 09/27 800 m Gras	Info	122.200 MHz	EDOQ CIV
OSCHERSLEBEN (WNW Oschersleben)	Bahn 11/29 900 m Gras	Info	122.000 MHz	EDOL CIV
OSNABRÜCK-Atterheide (W Osnabrück)	Bahn 09/27 800 m Asphalt	Info	118.675 MHz	EDWO CIV
OTTENGRÜNER-HEIDE (SO Helmbrechts)	Bahn 11/29 650 m Gras/Asphalt	Info	123.000 MHz	EDQO CIV
PADERBORN-Lippstadt (SW Paderborn)	Bahn 06/24 2180 m Asphalt	Tower/Turm Tower Düsseldorf Radar Düsseldorf Radar	118.275 MHz 257.800 MHz 125.225 MHz 126.150 MHz	EDLP CIV/MIL
PADERBORN-Haxterberg (S Paderborn)	Bahn 06/24 750 m Gras	Haxterberg Info Haxterberg Info	123.050 MHz 122.500 MHz	EDLR CIV
PARCHIM-Mecklenburg (WSW Parchim)	Bahn 07/25 3000 m Beton	Info	120.000 MHz	EDOP CIV
PEGNITZ-Zipser Berg (ONO Pegnitz)	Bahn 09/27 940 m Gras	Info	132.025 MHz	EDQZ CIV
PEINE-Eddesee (N Peine)	Bahn 08/26 900 m Asphalt Bahn 08/26 150 m Gras	Eddesee Info	122.600 MHz	EDVP CIV
PELLWORM (Ostseite der Insel)	Bahn 02/20 530 m Gras	---	---	EDWP CIV
PFARRKIRCHEN (W Pfarrkirchen)	Bahn 07/25 700 m Gras	Info	119.975 MHz	EDNP CIV
PFULLENDORF (S Pfullendorf)	Bahn 02/20 579 m Gras	Info	123.250 MHz	EDTP CIV
PIRMASENS-Zweibrücken (NW Pirmasens)	Bahn 05/23 750 m Asphalt	Info	122.350 MHz	EDRP CIV
PIRNA-Pratzschwitz (NW Pirna, SO Dresden)	Bahn 08/26 900 m Gras Bahn 11/29 1000 m Gras	Info	122.200 MHz	EDAR CIV

1. Flugplatz	2. Landebahnen	3. Bodenfunkstellen	4. Arbeitsfrequenzen	5. Sonstige Angaben
PLETTENBERG-Hüinghausen (SW Plettenberg)	Bahn 10/28 450 m Gras	Info	122.925 MHz	EDKP CIV
PORTA WESTFALICA (NO Bad Oeynhausen)	Bahn 06/24 482 m Asphalt	InfoInfo	122.375 MHz 122.500 MHz	EDVY CIV
PURKSHOF (NO Rostock)	Bahn 05/23 1100 m Gras Bahn 09/27 750 m Gras Bahn 14/32 800 m Gras	Info	122.200 MHz	EDCX CIV
REGENSBURG-Oberhub (NW Regenstauf)	Bahn 10/28 611 m Asphalt	Info	118.625 MHz	EDNR CIV
REICHELSHEIM (S Reichelsheim)	Bahn 18/36 668 m Asphal tBahn 09/27 460 m Gras	Info	122.450 MHz	EDFB CIV
REINSDORF (SO Jüterbog)	Bahn 10/28 1280 m Gras	Info	122.300 MHz	EDOD CIV
RENDSBURG-Schachtholm (SSW Rendsburg)	Bahn 03/21 960 m Asphalt Bahn 12/30 510 m Gras	Info	123.650 MHz	EDXR CIV
RERIK-Zweedorf (SW Rerik)	Bahn 08/26 900 m Gras	Info	122.300 MHz	EDCR CIV
RHEINE-Eschendorf (O Rheine)	Bahn 11/29 638 m Gras	Info InfoHopsten Tower/Turm	122.050 MHz 122.500 MHz 122.100 MHz	EDXE CIV
RIESA-Göhlis (O Riesa, NW Meißen)	Bahn 09/27 1000 m Gras Bahn 12/30 2100 m Gras	Info	122.700 MHz	EDAU CIV
RINTELN (SW Rinteln)	Bahn11/29 600 m Gras	Info	122.925 MHz	EDVR CIV
ROITZSCHJORA (S Roitzschjora, WSW Bad Düben)	Bahn 10/28 2400 m Gras Bahn 01/19 1000 m Gras	Info	122.000 MHz	EDAW CIV

1. Flugplatz	2. Landebahnen	3. Bodenfunkstellen	4. Arbeitsfrequenzen	5. Sonstige Angaben
ROSENTHAL-FIELD/Plössen (S Speichersdorf)	Bahn 09/27 650 m Asphalt	Rosenthal Info	127.450 MHz	EDQP CIV
ROSTOCK-Laage (SSO Rostock)	Bahn 10/28 2500 m Beton	Tower/Turm GCA Berlin Radar	124.000 MHz 129.500 MHz 132.000 MHz	EDOR CIV/MIL
ROTHENBURG ob der Tauber (NO Rothenburg)	Bahn 03/21 800 m Asphalt	Info	118.175 MHz	EDFR CIV
ROTHENBURG/ Oberlausitz (NNW Rothenburg/ Oberlausitz)	Bahn 18/36 2500 m Asphalt Bahn 18/36 2500 m Gras	Info	122.700 MHz	EDBR CIV
ROTTWEIL-Zepfenhahn (N Rottweil)	Bahn 09/27 803 m Asphalt	Info	123.625 MHz	EDSZ CIV
SAARBRÜCKEN-Ensheim (O Saarbrücken)	Bahn 09/27 2000 m Asphalt Bahn 09/27 545 m Gras	Tower/Turm Tower/Turm Lauter Radar Lauter Approach ATIS	118.350 MHz 118.550 MHz 129.475 MHz 129.050 MHz 113.850 MHz	EDDR CIV
SAARLOUIS-Düren (W Saarlouis)	Bahn 08/26 700 m Asphalt	Info	122.600 MHz	EDRJ CIV
SAARMUND (SW Saarmund)	Bahn 10/28 1000 m Gras	Info	122.200 MHz	EDCS CIV
SALZBURG (SW Salzburg)	Bahn 16/34 2550 m Beton	Tower Radar Radar ATIS	118.100 MHz 123.725 MHz 124.125 MHz 125.725 MHz	LOWS CIV
SALZGITTER-Drütte (O Hüttenwerke Salzgitter)	Bahn 12/30 705 m Gras	Info Info	122.850 MHz 122.050 MHz	EDVS CIV
SAULGAU (NO Saulgau)	Bahn 13/31 450 m Asphalt	Info	123.600 MHz	EDTU CIV
SCHAMEDER (ONO Schameder)	Bahn 09/27 750 m Gras	Info	122.025 MHz	EDGQ CIV
SCHLESWIG-Kropp (S Schleswig)	Bahn 09/27 800 m Gras	Kropp Info Schleswig Tower/Turm	118.650 MHz 122.100 MHz	EDXC CIV
SCHMALLENBERG-Rennefeld (NW Schmallenberg)	Bahn 10/28 620 m Gras	Info	122.425 MHz	EDKR CIV

1. Flugplatz	2. Landebahnen	3. Bodenfunkstellen	4. Arbeitsfrequenzen	5. Sonstige Angaben
SCHMIDGADEN/ Oberpfalz (NO Schmidgaden)	Bahn 12/30 520 m Asphalt	Info	123.000 MHz	EDPQ CIV
SCHÖNHAGEN (SO Schönhagen, WSW Trebbin)	Bahn 07/25 1200 m Gras Bahn 12/30 1100 m Gras	Info	122.700 MHz	EDAZ CIV
SCHWAB-MÜNCHEN (W Schwabmünchen)	Bahn 09/27 850 m Gras	Info	122.500 MHz	EDNS CIV
SCHWABACH-Heidenberg (S Schwabach)	Bahn 11/29 482 m Asphalt	Info	123.225 MHz	EDPH CIV
SCHWÄBISCHHALL-Weckrieden (NO Schwäbisch Hall)	Bahn 08/26 550 m Gras	Tower/Turm Info	122.100 MHz 123.050 MHz	EDTX CIV
SCHWÄBISCH HALL-Hessental (O Schwäbisch Hall)	Bahn 08/26 900 m Asphalt	Tower/Turm Info GCA	122.100 MHz 123.050 MHz 123.300 MHz	EDTY CIV/MIL
SCHWANDORF (ONO Schwandorf)	Bahn 12/30 630 m Gras	Info	119.900 MHz	EDPF CIV
SCHWEIGHOFEN (SW Schweighofen)	Bahn 08/26 620 m Gras	Info	123.000 MHz	EDRO CIV
SCHWEINFURT-Süd (SSO Schweinfurt)	Bahn 10/28 780 m Gras	Info	119.975 MHz	EDFS CIV
SCHWENNINGEN am Neckar (O Schwenningen)	Bahn 05/23 631 m Asphalt	Info	122.850 MHz	EDTS CIV
SCHWERIN-Pinnow (OSO Schwerin, NO Pinnow)	Bahn 12/30 800 m Gras	Pinnow Info	122.200 MHz	EDBP CIV
SEEDORF (SO Seedorf)	Bahn 07/25 450 m Gras	Info	119.650 MHz	EDXS CIV
SIEGERLAND (S Siegen)	Bahn 13/31 1150 m Asph. Bahn 13/31 600 m Gras Bahn 04/22 500 m Gras	Info Info	118.200 MHz 122.500 MHz	EDGS CIV
SOBERNHEIM-Domberg (NO Sobernheim)	Bahn 04/21 600 m Gras	Info	118.925 MHz	EDRS CIV

1. Flugplatz	2. Landebahnen	3. Bodenfunkstellen	4. Arbeitsfrequenzen	5. Sonstige Angaben
SOEST/Bad Sassendorf (O Soest, SO Bad Sassendorf)	Bahn 07/25 700 m Gras	Info	123.350 MHz	EDLZ CIV
SÖMMERDA-Dermsdorf (NO Sömmerda)	Bahn 07/25 450 m Gras	Info	122.000 MHz	EDBS CIV
SONNEN (SO Waldkirchen)	Bahn 02/20 400 m Gras	---	---	EDPS CIV
SPEYER (SO Speyer)	Bahn 17/35 889 m Asphalt Bahn 17/35 1000 m Gras	Info Info	118.075 MHz 130.750 MHz	EDRY CIV
ST. MICHAELISDONN (SO St. Michaelisdonn)	Bahn 08/26 700 m Asphalt	Info	122.500 MHz	EDXM CIV
ST. PETER-ORDING (O St. Peter-Ording)	Bahn 07/25 670 m Asphalt	Info	119.150 MHz	EDXO CIV
STADE (SO Stade)	Bahn 11/29 650 m Beton	Info	123.000 MHz	EDHS CIV
STADTLOHN-Wenningfeld	Bahn 11/29 643 m Asphalt	Info Info	119.200 MHz 122.500 MHz	EDLS CIV
STRAUBING-Wallmühle (NW Straubing)	Bahn 10/28 940 m Asphalt	Info	124.650 MHz	EDMS CIV
STRAUSBERG (NO Strausberg)	Bahn 05/23 1100 m Beton/Asphalt Bahn 05/23 1200 m Gras	Info	123.050 MHz	EDAY CIV
STUTTGART (S Stuttgart)	Bahn 08/26 2550 m Beton	Tower/Turm Tower/Turm Ground/Rollktr. Radar Radar Radar Radar ATIS	118.800 MHz 119.050 MHz 121.900 MHz 119.200 MHz 125.050 MHz 118.600 MHz 119.850 MHz 126.125 MHz	EDDS CIV/MIL
SUHL-Goldlauter (NO Suhl)	Bahn 10/28 570 m Gras	Info	122.900 MHz	EDAK CIV

1. Flugplatz	2. Lande-bahnen	3. Boden-funkstellen	4. Arbeits-frequenzen	5. Sonstige Angaben
TANNHEIM (NO Tannheim)	Bahn 09/27 600 m Gras	Info	122.825 MHz	EDMT CIV
THANNHAUSEN (NW Thannhausen)	Bahn 08/26 500 m Gras	Info	118.175 MHz	EDNU CIV
TRABEN-TRARBACH/ Mont Royal (N Traben-Trarbach)	Bahn 18/36 750 m Gras	Info	123.000 MHz	EDRM CIV
TREUCHTLINGEN-Bubenheim (NNW Treuchtlingen)	Bahn 15/33 425 m Gras	Info	122.600 MHz	EDNT CIV
TRIER-Föhren (NO Trier)	Bahn 05/23 1040 m Beton	Info Info	122.000 MHz 122.500 MHz	EDRT CIV/MIL
UELZEN (NW Uelzen)	Bahn 09/27 600 m Asphalt	Info	122.850 MHz	EDVU CIV
UETERSEN (SO Uetersen)	Bahn 09/27 900 m Gras	Info	123.050 MHz	EDHE CIV
UNTERSCHÜPF (W Boxberg-Unterschüpf)	Bahn 09/27 670 m Gras	Info	122.600 MHz	EDGU CIV
VARRELBUSCH (N Cloppenburg)	Bahn 09/27 930 m Gras	InfoAhlhorn Tower/Turm	123.000 MHz 122.100 MHz	EDWU CIV
VERDEN-Scharnhorst (NNO Verden)	Bahn 13/31 510 m Gras	Info	122.400 MHz	EDWV CIV
VILSBIBURG (S Vilsbiburg)	Bahn 03/21 450 m Gras	Info	123.000 MHz	EDMP CIV
VILSHOFEN (N Vilshofen)	Bahn 12/30 750 m Asphalt	Info	119.175 MHz	EDMV CIV
VOGTAREUTH (O Vogtareuth)	Bahn 06/24 400 m Asphalt	Info	121.025 MHz	EDNV CIV
WAHLSTEDT (N Wahlstedt)	Bahn 11/29 600 m Gras	Info	121.025 MHz	EDHW CIV
WALLDORF (O Walldorf)	Bahn 18/36 425 m Gras	Info	118.275 MHz	EDGX CIV
WALLDÜRN (O Walldürn)	Bahn 06/24 730 m Asphalt	Info	122.750 MHz	EDEW CIV
WANGEROOGE (SO Wangerooge)	Bahn 10/28 850 m Asphalt Bahn 02/20 500 m Gras	Info	122.400 MHz	EDWG CIV

1. Flugplatz	2. Landebahnen	3. Bodenfunkstellen	4. Arbeitsfrequenzen	5. Sonstige Angaben
WAREN-Vielist (NO Vielist, NNW Waren)	Bahn 04/22 950 m Gras Bahn 14/32 850 m Gras	Info	122.200 MHz	EDOW CIV
WEIDEN (W Weiden/Oberpfalz)	Bahn 14/32 570 m Beton	Info	118.200 MHz	EDQW CIV
WEINHEIM-Bergstraße (NW Weinheim)	Bahn 17/35 775 m Gras	Info	123.600 MHz	EDGZ CIV
WEISSENHORN (SW Weissenhorn)	Bahn 08/26 650 m Gras	Info	119.975 MHz	EDNW CIV
WERDOHL-Küntrop (NO Werdohl)	Bahn 07/25 600 m Gras	Info	122.675 MHz	EDKW CIV
WESEL-Römerwardt (NW Stadtrand)	Bahn 09/27 400 m Gras	Info	122.025 MHz	EDLX CIV
WESER-Wümme (WSW Rotenburg/Hannover)	Bahn 18/36 700 m Gras	Info	122.600 MHz	EDWM CIV
WESTERLAND/Sylt (NO Westerland)	Bahn 15/33 2113 m Beton Bahn 06/24 1696 m Beton	Tower/Turm/Info Info Bremen Radar	119.750 MHz 122.000 MHz 123.600 MHz	EDXW CIV
WESTERSTEDE-Felde (N Westerstede)	Bahn 07/25 600 m Gras	Info	123.650 MHz	EDWX CIV

1. Flugplatz	2. Landebahnen	3. Bodenfunkstellen	4. Arbeitsfrequenzen	5. Sonstige Angaben
WIEN (SO Wien)	Bahn 11/29 3000 m Beton Bahn 16/34 3600 m Beton	Tower Tower Ground Delivery Radar Radar Radar ATIS ATIS ATIS ATIS	118.725 MHz 121.200 MHz 121.600 MHz 122.125 MHz 119.800 MHz 128.200 MHz 124.550 MHz 122.950 MHz 115.500 MHz 113.000 MHz 112.200 Mhz	LOWW CIV
WILHELMSHAVEN-Mariensiel (SW Wilhelmshaven)	Bahn 03/21 981 m Asphalt Bahn 16/34 592 m Asphalt	Info Jever Tower	122.850 MHz 122.100 MHz	EDWI CIV
WINZELN-Schramberg (NO Schramberg)	Bahn 15/33 640 m Asphalt	Info	123.650 MHz	EDTW CIV
WIPPERFÜRTH-Neye (W Wipperfürth)	Bahn 11/29 600 m Gras	Info Info	122.400 MHz 122.500 MHz	EDKN CIV
WISMAR-Müggenburg (NO Wismar)	Bahn 08/26 700 m Gras	Info	122.300 MHz	EDCW CIV
WOLFHAGEN-Granerberg (S Wolfhagen)	Bahn 15/33 485 m Gras	Info	127.450 MHz	EDGW CIV
WORMS (S Worms)	Bahn 06/24 800 m Beton Bahn 06/24 950 m Gras	Info	124.600 MHz	EDFV CIV
WÜRZBURG-Schenkenturm	Bahn 11/29 550 m Asphalt	Info	122.175 MHz	EDFW CIV
WYK auf Föhr (W Wyk)	Bahn 03/21 530 m Gras Bahn 10/28 480 m Gras	Info	118.250 MHz	EDXY CIV

1. Flugplatz	2. Lande-bahnen	3. Boden-funkstellen	4. Arbeits-frequenzen	5. Sonstige Angaben
ZÜRICH-Kloten (N Zürich)	Bahn 10/28 2500 m Beton Bahn 14/32 3300 m Beton Bahn 16/34 3700 m Beton	Tower Tower Tower Ground Apron Apron Radar Radar Radar Radar ATIS	118.100 MHz 119.700 MHz 127.750 MHz 121.900 MHz 121.750 MHz 121.850 MHz 118.000 MHz 120.750 MHz 125.950 MHz 125.325 MHz 128.525 MHz	LSZH CIV
ZWEIBRÜCKEN (SO Zweibrücken)	Bahn 03/21 2430 m Asphalt	Info	122.000 MHz	EDRZ CIV
ZWICKAU (WSW Zwickau)	Bahn 06/24 800 m Gras	Info	122.200 MHz	EDBI CIV

Zürich

Kurzwellen-Frequenztabelle

Die Tabelle enthält die HF-Frequenzen der Bodenstationen des beweglichen Flugfunkdienstes. In den jeweiligen Spalten erscheinen die folgenden Angaben:
1. Arbeitsfrequenzen der Bodenfunkstellen mit Betriebszeiten
    "C" - 24 Stunden
    "D" - während der Tageszeit am Standort der Bodenfunkstelle
    "N" - während der Nachtzeit am Standort der Bodenfunkstelle
    "R" - nach Aufforderung durch die Bodenfunkstelle
    "S" - zu den Dienstszeiten der Bodenfunkstelle
2. Name der Bodenfunkstelle
3. Abdeckungsbereich der Kurzwellenfrequenz
4. wenn zutreffend: Zuordnung der Arbeitsfrequenz zu einer MWARA-Frequenzgruppe (Major World Air Route Area, Hauptweltflugstrecken)

1. Frequenz	2. Station	3. Abdeckungsbereich	4. MWARA-Frequenzzuteilung
2545.5 kHz C	Montevideo	östl. Südamerika	
2851 kHz D	Kitona	Afrika	
2854 kHz N	Canary Islands	Afrika	MWARA SAT-2
2854 kHz C	Sal	Südatlantik	MWARA SAT-2
2868 kHz N	Khabarovsk Radio	Sibirien	
2868 kHz N	Nikolaevsk	Sibirien	
2869 kHz C	San Francisco ARINC	Ostpazifik	MWARA CEP
2869 kHz C	Sydney	Australien	
2872 kHz C	Bombay	Indien	
2872 kHz C	Calcutta	Fernost	
2872 kHz C	Delhi	Indien	
2872 kHz C	Gander	Nordatlantik	MWARA NAT-C
2872 kHz C	Iceland (Reykjavik)	Nordatlantik/Europa	MWARA NAT-C
2872 kHz C	Madras	Indien	
2872 kHz C	Shanwick (Shannon)	Nordatlantik/Europa	MWARA NAT-C
2872 kHz C	Trivandrum	Indien	
2878 kHz C	Brazzaville	Afrika	MWARA AFI-4
2878 kHz C	Kinshasa	Afrika	MWARA AFI-4
2878 kHz C	Kisangani	Afrika	MWARA AFI-4
2878 kHz D	Kitona	Afrika	MWARA AFI-4
2878 kHz C	Lagos	Afrika	
2878 kHz C	Lumbumbashi	Afrika	MWARA AFI-4
2878 kHz N	Maiduguri	Afrika	MWARA AFI-4
2878 kHz N	N'Djamena	Afrika	MWARA AFI-4
2878 kHz N	Niamey	Afrika	MWARA AFI-4
2884 kHz N	Anadyr	Sibirien	
2884 kHz N	Chaybukha	Sibirien	
2884 kHz N	Magadan	Sibirien	
2884 kHz N	Markovo	Sibirien	

1. Frequenz	2. Station	3. Abdeckungsbereich	4. MWARA-Frequenzzuteilung
2887 kHz C	Barranquilla	Karibik	MWARA CAR-A
2887 kHz C	Boyeros	Karibik	MWARA CAR-A
2887 kHz C	Cenamer	Karibik	MWARA CAR-A
2887 kHz C	Merida	Karibik	MWARA CAR-A
2887 kHz C	New York (ARINC)	Karibik	MWARA CAR-A
2887 kHz C	San Andres	Karibik	MWARA CAR-A
2899 kHz C	Gander	Nordatlantik	MWARA NAT-B
2899 kHz C	Iceland (Reykjavik)	Nordatlantik	MWARA NAT-B
2899 kHz C	Shanwick (Shannon)	Nordatlantik	MWARA NAT-B
2902 kHz N	Brest	GUS/Europa	
2902 kHz N	Minsk	GUS/Europa	
2910 kHz R	Kathmandu	Nepal	
2914 kHz C	Santa Cruz	westl. Südamerika	
2923 kHz C	Calcutta	Fernost	
2923 kHz C	Karachi	Pakistan	
2923 kHz C	Kathmandu	Nepal	
2926 kHz N	Baku Radio	SW-GUS	
2926 kHz N	Erevan Radio	SW-GUS	
2926 kHz N	Makhachkala	Sibirien	
2926 kHz N	Rostov Radio	SW-GUS	
2926 kHz N	Sukhumi Radio	SW-GUS	
2931 kHz C	Bombay	Indien	
2931 kHz C	Delhi	Indien	
2932 kHz C	Honolulu (ARINC)	Pazifik	MWARA NP
2932 kHz N	Khabarovsk Radio	Sibirien	
2932 kHz C	Tokyo Control	Japan/Pazifik	MWARA NP-3
2944 kHz C	Asuncion	westl. Südamerika	MWARA SAM-W
2944 kHz C	Cordoba	westl. Südamerika	MWARA SAM-W
2944 kHz C	Ezeiza	westl. Südamerika	MWARA SAM-W
2944 kHz C	Mendoza	westl. Südamerika	MWARA SAM-W
2944 kHz C	Panama	nördl. Südamerika	MWARA SAM-W
2944 kHz C	Resistencia	westl. Südamerika	MWARA SAM-W
2944 kHz D	Salta	westl. Südamerika	MWARA SAM-W
2944 kHz C	Santa Cruz	westl. Südamerika	MWARA SAM-W
2945 kHz C	Yangon	Myanmar	
2947 kHz C	Calcutta	Fernost	
2950 kHz C	Söndrestrom Info	Grönland	unterhalb FL 195
2952 kHz C	Georgetown	östl. Südamerika	
2956 kHz N	Biak	Fernost	
2956 kHz C	Ujung Padang	Indonesien	
2962 kHz C	New York (ARINC)	Nordatlantik	MWARA NAT-E
2962 kHz C	Santa Maria	Nordatlantik	MWARA NAT-E
2964 kHz N	Petropavlovsk	Sibirien	
2965 kHz C	Ezeiza	östl. Südamerika	
2971 kHz C	Bodo	Nordatlantik/Polgeb.	MWARA NAT-D
2971 kHz C	Cambridge Bay	Nordpolargebiet	MWARA NAT-D
2971 kHz C	Churchill	Nordpolargebiet	MWARA NAT-D

1. Frequenz	2. Station	3. Abdeckungsbereich	4. MWARA-Frequenzzuteilung
2971 kHz C	Iceland (Reykjavik)	Nordatlantik/EU/Pol	MWARA NAT-D
2971 kHz C	Iqualuit	Nordatlantik/Polgeb.	MWARA NAT-D
2971 kHz C	Resolute Bay	Nordpolargebiet	MWARA NAT-D
2971 kHz C	Shanwick (Shannon)	Nordatlantik/Europa	MWARA NAT-D
2986 kHz N	Aldan Radio	Sibirien	Yakutsk ACC
2986 kHz N	Chulman Radio	Sibirien	
2986 kHz N	Mirniy Radio	Sibirien	
2986 kHz N	Olekma Radio (Olekminsk)	Sibirien	Yakutsk ACC
2986 kHz N	Vitim Radio	Sibirien	
2992 kHz C	Baghdad	Mittlerer Osten	MWARA MID-1
2992 kHz C	Kuwait	Mittlerer Osten	MWARA MID-1
2996 kHz C	Kabul	Afghanistan	
2998 kHz C	Manila	S.-O.-Asien, W.-Paz.	MWARA CWP-1/2
2998 kHz C	Naha	Fernost, W.-Pazifik	MWARA CWP-1/2
2998 kHz C	Port Moresby	Westpazifik	MWARA CWP-1/2
2998 kHz C	Seoul	Westpazifik	MWARA CWP-1/2
2998 kHz C	Tokyo Control	Japan	MWARA CWP-1/2
3007 kHz C	Hong Kong Dragon	weltweit	
3010 kHz R	Berna Radio	weltweit	
3010 kHz C	Maiquetia	Karibik	
3013 kHz C	Honolulu (ARINC)	Pazifik	
3013 kHz C	San Francisco ARINC	Ostpazifik	
3016 kHz N	Beijing	Ostasien	MWARA EA-1
3016 kHz C	Cambridge Bay	Nordpolargebiet	MWARA NAT-A
3016 kHz N	Canary Islands	Nordatlantik	MWARA NAT-A
3016 kHz N	Changsha	Ostasien	MWARA EA-1
3016 kHz N	Chengdu	Ostasien	MWARA EA-1
3016 kHz C	Cordoba	westl. Südamerika	
3016 kHz N	Dalian	Ostasien	MWARA EA-1
3016 kHz C	Ezeiza	östl. Südamerika	
3016 kHz C	Gander	Nordatlantik	MWARA NAT-A
3016 kHz N	Hailar	Ostasien	MWARA EA-1
3016 kHz N	Hefei	Ostasien	MWARA EA-1
3016 kHz N	Jinan	Ostasien	MWARA EA-1
3016 kHz N	Lanzhou	Ostasien	MWARA EA-1
3016 kHz C	Mendoza	westl. Südamerika	
3016 kHz C	New York (ARINC)	Nordatlantik	MWARA NAT-A
3016 kHz C	Paramaribo	Südatlantik	MWARA NAT-A
3016 kHz N	Qindao	Ostasien	MWARA EA-1
3016 kHz C	Resistencia	westl. Südamerika	
3016 kHz C	Salta	westl. Südamerika	
3016 kHz C	Santa Maria	Nordatlantik	MWARA NAT-A
3016 kHz N	Shanghai	Ostasien	MWARA EA-1
3016 kHz C	Shanwick (Shannon)	Nordatlantik	MWARA NAT-A
3016 kHz N	Shenyang	Ostasien	MWARA EA-1
3016 kHz N	Wuhan	Ostasien	MWARA EA-1

1. Frequenz	2. Station	3. Abdeckungsbereich	4. MWARA-Frequenzzuteilung
3016 kHz N	Zhengzhou	Ostasien	MWARA EA-1
3023 kHz C	int. Notfrequenz	weltweit	
3046 kHz N	Barnaul Radio	Sibirien	
3046 kHz N	Bratsk Radio	Sibirien	
3046 kHz N	Yeniseysk Radio	Sibirien	
3102 kHz N	Khabarovsk Radio	Sibirien	
3102 kHz N	Magadan	Sibirien	
3102 kHz N	Nikolaevsk	Sibirien	
3102 kHz N	Okha	Sibirien	
3102 kHz N	Petropavlovsk	Sibirien	
3102 kHz N	Turukha Radioi (Turukhansk)	Sibirien	
3102 kHz N	Yuzhno Sakhalinsk Radio	Sibirien	
3404 kHz C	Beirut	Mittlerer Osten	
3407 kHz C	Boyeros	Karibik	
3411 kHz C	Luanda	Afrika	
3413 kHz C	Honolulu (ARINC)	Pazifik	MWARA CEP
3413 kHz C	San Francisco ARINC	Ostpazifik	MWARA CEP
3419 kHz N	Niamey	Afrika	MWARA AFI-2
3419 kHz C	Tamanrasset	Afrika	MWARA AFI-2
3419 kHz C	Tripoli	Afrika	MWARA AFI-2
3422 kHz N	Pechora Radio	Sibirien	
3422 kHz N	Sivkar Radio (Syktyvkar)	Sibirien	
3422 kHz N	Ukhta Radio	Sibirien	Syktyvkar ACC
3425 kHz N	Bodaybo Radio	Sibirien	
3425 kHz N	Chita Radio	Sibirien	
3425 kHz N	Irkutsk Radio	Sibirien	
3425 kHz N	Kirensk Radio	Sibirien	
3425 kHz S	Lilongwe	Afrika	
3425 kHz C	Santa Cruz	westl. Südamerika	
3425 kHz C	Seychelles	Indischer Ozean	
3425 kHz N	Ulan Ude Radio	Sibirien	Irkutsk ACC
3432 kHz S	Bissau	Afrika	
3440 kHz N	Aktyubinsk Radio	SW-GUS	
3440 kHz N	Kotlas Radio	Sibirien	
3440 kHz N	Penza Radio	SW-GUS	
3440 kHz N	Uralsk Radio	SW-GUS	
3446 kHz N	Gander Flight Support	Nordatlantik	
3452 kHz N	Canary Islands	Afrika	MWARA AFI-1
3452 kHz N	Casablanca	Afrika	MWARA AFI-1
3452 kHz N	Dakar	Afrika	MWARA AFI-1
3452 kHz C	Darwin	S.-O.-Asien, Austral.	
3452 kHz C	Recife	Südatlantik	MWARA SAT-1
3452 kHz C	Roberts	Afrika	MWARA AFI-1
3452 kHz C	Sal	Afrika, Südatlantik	MWARA AFI-1

1. Frequenz	2. Station	3. Abdeckungsbereich	4. MWARA-Frequenzzuteilung
3455 kHz C	New York (ARINC)	Bermuda/Bahamas	NY/Miami OCA
3455 kHz C	San Andres	Karibik	
3455 kHz C	Seoul	Korea	
3455 kHz C	Tokyo Control	Japan	
3461 kHz N	Chulman Radio	Sibirien	
3461 kHz C	Darwin	S.-O.-Asien, Austral.	
3461 kHz N	Ekimchan Radio	Sibirien	Khabarovsk ACC
3461 kHz N	Khabarovsk Radio	Sibirien	
3461 kHz C	Melbourne	Australien	
3461 kHz C	Perth	Australien	
3461 kHz N	Vladivostok Radio	Sibirien	
3461 kHz N	Yedinka Radio	Sibirien	Khabarovsk ACC
3467 kHz C	Addis	Afrika	MWARA AFI-3
3467 kHz C	Aden	Afrika	MWARA AFI-3
3467 kHz N	Alma Ata Radio	SW-GUS	1400 bis 0200 MEZ
3467 kHz N	Ashkhabad Radio	SW-GUS	
3467 kHz C	Benghazi	Afrika	MWARA AFI-3
3467 kHz R	Bishkek Radio	SW-GUS	
3467 kHz C	Bombay	M./F. Osten	MWARA MID-2
3467 kHz N	Cairo	Afrika	MWARA AFI-3
3467 kHz C	Delhi	M./F. Osten	MWARA MID-2
3467 kHz C	Dushanbe Radio	SW-GUS	
3467 kHz D	Hargeisa	Afrika	MWARA AFI-3
3467 kHz C	Kabul Control	Afghanistan	
3467 kHz C	Karachi	M./F. Osten	MWARA MID-2
3467 kHz C	Khartoum	Afrika	MWARA AFI-3
3467 kHz C	Lahore	M./F. Osten	MWARA MID-2
3467 kHz C	Male	M./F. Osten	MWARA MID-2
3467 kHz C	Mogadiscio	Afrika	MWARA AFI-3
3467 kHz C	Nairobi	Afrika	MWARA AFI-3
3467 kHz C	Sydney	Südpazifik, Austral.	MWARA SP 6/7
3467 kHz N	Tashkent Radio	SW-GUS	
3467 kHz N	Urumqi	China	
3470 kHz C	Bali	Südostasien	MWARA SEA-1/3
3470 kHz C	Cocos Islands	I. Ozean, Fernost	MWARA SEA-1/3
3470 kHz C	Colombo	I. Ozean, Fernost	MWARA SEA-1/3
3470 kHz C	Dhaka	Fernost	MWARA SEA-1/3
3470 kHz N	Guangzhou	China	
3470 kHz N	Guilin	China	
3470 kHz C	Jakarta	Südostasien	MWARA SEA-1/3
3470 kHz C	Kuala Lumpur	Südostasien	MWARA SEA-1/3
3470 kHz N	Kunming	China	
3470 kHz C	Madras	Fernost	MWARA SEA-1/3
3470 kHz C	Male	Fernost	MWARA SEA-1/3
3470 kHz C	Melbourne	S.-O.-Asien, Austral.	MWARA SEA-1/3
3470 kHz C	Perth	Süd-Ost-Asien	MWARA SEA-1/3
3470 kHz C	Ujung Pandang	Südostasien	MWARA SEA-1/3

1. Frequenz	2. Station	3. Abdeckungsbereich	4. MWARA-Frequenzzuteilung
3470 kHz C	Yangon	Südostasien	MWARA SEA-1/3
3476 kHz S	Antananarivo	Afrika, Ind. Ozean	MWARA INO-1
3476 kHz N	Beira	Afrika, Ind. Ozean	MWARA INO-1
3476 kHz C	Cocos Islands	Indischer Ozean	MWARA INO-1
3476 kHz S	Gander	Nordatlantik	0130-0930/1230-2030
3476 kHz C	Mauritius	Afrika, Ind. Ozean	MWARA INO-1
3476 kHz C	Melbourne	I. Ozean, Australien	MWARA INO-1
3476 kHz C	Perth	I. Ozean, S.-O.-Asien	MWARA INO-1
3476 kHz C	Seychelles	Indischer Ozean	MWARA INO-1
3476 kHz S	Shanwick (Shannon)	Nordatlantik	0130 bis 2030 MEZ
3476 kHz N	St. Denis Gillot	Indischer Ozean	MWARA INO-1
3479 kHz C	Asuncion	östl. Südamerika	MWARA SAM-E
3479 kHz C	Beirut	Europa	MWARA EUR-A
3479 kHz C	Belem	östl. Südamerika	MWARA SAM-E
3479 kHz C	Berlin	Europa	MWARA EUR-A
3479 kHz C	Brasilia	östl. Südamerika	MWARA SAM-E
3479 kHz C	Campo Grande	östl. Südamerika	MWARA SAM-E
3479 kHz C	Curitiba	östl. Südamerika	
3479 kHz C	Ezeiza	östl. Südamerika	MWARA SAM-E
3479 kHz C	La Paz	östl. Südamerika	MWARA SAM-E
3479 kHz C	Manaus	östl. Südamerika	MWARA SAM-E
3479 kHz C	Montevideo	östl. Südamerika	MWARA SAM-E
3479 kHz C	Palegre	östl. Südamerika	MWARA SAM-E
3479 kHz C	Porto Velho	östl. Südamerika	MWARA SAM-E
3479 kHz C	Santa Cruz	östl. Südamerika	MWARA SAM-E
3485 kHz C	Bangkok	Fernost, S.-O.-Asien	MWARA SEA-2
3485 kHz C	Hong Kong	Fernost, S.-O.-Asien	MWARA SEA-2
3485 kHz C	Manila	Südostasien	MWARA SEA-2
3488 kHz N	Barranquilla	Karibik	
3488 kHz N	Bogota	nördl. Südamerika	
3488 kHz N	Cali	N.-O.-Südamerika	
3488 kHz C	Villavicencio	westl. Südamerika	
3491 kHz C	Calcutta	Fernost	
3494 kHz C	New York (ARINC)	Nordamerika	
3682 kHz C	Harare	Afrika	
3884 kHz N	Air Mad Radio	weltweit	
3906 kHz R	Vladivostok Radio	Sibirien	
3906 kHz C	Yedinka Radio	Sibirien	Khabarovsk ACC
3950 kHz C	Air Gabon Libreville	weltweit	
4095 kHz N	Dushanbe Radio	SW-GUS	
4654 kHz C	Berna Radio	weltweit	
4657 kHz D	Antananarivo	Afrika	
4657 kHz C	Beira	Afrika	
4657 kHz S	Lilongwe	Afrika	
4657 kHz D	Mahajanga	Afrika	
4657 kHz S	Moroni	Afrika	
4657 kHz C	Seychelles	Indischer Ozean	

1. Frequenz	2. Station	3. Abdeckungsbereich	4. MWARA-Frequenzzuteilung
4657 kHz D	Toamasina	Indischer Ozean	vor 1000 MEZ
4666 kHz C	Naha	Fernost, W.-Pazifik	MWARA CWP-1/2
4666 kHz C	Tokyo Control	Japan	MWARA CWP-1/2
4669 kHz N	Aktyubinsk Radio	SW-GUS	
4669 kHz N	Alma Ata Radio	SW-GUS	
4669 kHz C	Antofagasta	westl. Südamerika	MWARA SAM-W
4669 kHz N	Aralsk	SW-GUS	
4669 kHz N	Aralsk Radio	SW-GUS	
4669 kHz N	Ashkhabad Radio	SW-GUS	
4669 kHz C	Asuncion	westl. Südamerika	MWARA SAM-W
4669 kHz D	Guayaquil	westl. Südamerika	MWARA SAM-W
4669 kHz N	Kzyl-Orda Radio	SW-GUS	
4669 kHz D	Pascua	westl. Südamerika	MWARA SAM-W
4669 kHz C	Puerto Montt	westl. Südamerika	MWARA SAM-W
4669 kHz C	Punta Arenas	westl. Südamerika	MWARA SAM-W
4669 kHz C	Santa Cruz	westl. Südamerika	MWARA SAM-W
4669 kHz C	Santiago	westl. Südamerika	MWARA SAM-W
4669 kHz N	Tashkent Radio	SW-GUS	
4669 kHz N	Uralsk Radio	SW-GUS	
4672 kHz C	Kotlas Radio	Sibirien	
4672 kHz C	St. Peterburg Radio	Sibirien	
4672 kHz C	Vologda Radio	Sibirien	
4675 kHz C	Bodo	Nordatlantik/Polgeb.	MWARA NAT-D
4675 kHz C	Cambridge Bay	Nordpolargebiet	MWARA NAT-D
4675 kHz C	Churchill	Nordpolargebiet	MWARA NAT-D
4675 kHz C	Iceland (Reykjavik)	Nordatlantik/EU/Pol	MWARA NAT-D
4675 kHz C	Iqualuit	Nordatlantik/Polgeb.	MWARA NAT-D
4675 kHz C	Resolute Bay	Nordpolargebiet	MWARA NAT-D
4675 kHz C	Shanwick (Shannon)	Nordatlantk/Europa	MWARA NAT-D
4678 kHz C	Sydney	Australien	
4684 kHz C	Melbourne	Australien	
4684 kHz C	Perth	Australien	
4687 kHz N	Lufthansa Frankfurt	weltweit	
4688 kHz C	Bishkek Radio	SW-GUS	
4688 kHz D	Olekma Radio (Olekminsk)	Sibirien	
4688 kHz D	Osh Radio	SW-GUS	
4712 kHz C	Ashkhabad Radio	SW-GUS	
4712 kHz C	Baku Radio	Mittlerer Osten	
4712 kHz C	Erevan Radio	SW-GUS	
4712 kHz N	Kiev	GUS/Europa	
4712 kHz C	Kolpashevo Radio	Sibirien	
4712 kHz C	Krasnovodsk Radio	SW-GUS	
4712 kHz C	Lvov	GUS/Europa	
4712 kHz C	Magadan	Sibirien	
4712 kHz C	Makhachkala	Sibirien	
4712 kHz C	Minsk	GUS/Europa	

1. Frequenz	2. Station	3. Abdeckungsbereich	4. MWARA-Frequenzzuteilung
4712 kHz C	Novosibirsk Radio	Sibirien	
4712 kHz C	Novy Vasyugan Radio	Sibirien	Kolpashevo ACC
4712 kHz C	Odessa Radio	SW-GUS	
4712 kHz C	Pechora Radio	Sibirien	
4712 kHz C	Penza Radio	SW-GUS	
4712 kHz C	Rostov Radio	SW-GUS	
4712 kHz C	Severouralsk Radio	Sibirien	Sverdlovsk ACC
4712 kHz C	Simferopol Radio	SW-GUS	
4712 kHz C	Sivkar Radio (Syktyvkar)	Sibirien	
4712 kHz C	Sverdlovsk Radio	Sibirien	
4712 kHz C	Tbilisi Radio	SW-GUS	
4712 kHz C	Ukhta Radio	Sibirien	Syktyvkar ACC
4712 kHz C	Uralsk Radio	SW-GUS	
4712 kHz C	Vinitsa	GUS/Europa	
4712 kHz C	Yakutsk Radio	Sibirien	
4725 kHz C	Thule	Nordpolargebiet	
4728 kHz C	Aktyubinsk Radio	SW-GUS	
4728 kHz C	Aldan Radio	Sibirien	Yakutsk ACC
4728 kHz C	Alma Ata Radio	SW-GUS	
4728 kHz C	Bodaybo Radio	Sibirien	
4728 kHz C	Chita Radio	Sibirien	
4728 kHz C	Chulman Radio	Sibirien	
4728 kHz D	Dushanbe Radio	SW-GUS	
4728 kHz C	Irkutsk Radio	Sibirien	
4728 kHz C	Kirensk Radio	Sibirien	
4728 kHz C	Krasnovodsk Radio	SW-GUS	
4728 kHz C	Mirniy Radio	Sibirien	
4728 kHz C	Olekma Radio (Olekminsk)	Sibirien	Yakutsk ACC
4728 kHz C	Samarkand Radio	SW-GUS	
4728 kHz C	St. Peterburg	GUS/Europa	
4728 kHz C	Tashkent Radio	SW-GUS	
4728 kHz C	Termez Radio	SW-GUS	
4728 kHz C	Ulan Ude Radio	Sibirien	Irkutsk ACC
4728 kHz C	Vitim Radio	Sibirien	
4815 kHz C	Ouagadougou	Afrika	
4856 kHz C	Paris Radio	weltweit	
4856 kHz C	Saint Lys Radio	weltweit	
5226 kHz C	Yangon	Myanmar	
5454 kHz C	Lima	westl. Südamerika	
5454 kHz C	Puerto Montt	westl. Südamerika	
5484 kHz C	Calcutta	Fernost	
5484 kHz C	Georgetown	östl. Südamerika	
5484 kHz S	Toliara	Afrika	
5487 kHz D	Baku Radio	SW-GUS	
5487 kHz D	Erevan Radio	SW-GUS	

1. Frequenz	2. Station	3. Abdeckungsbereich	4. MWARA-Frequenzzuteilung
5487 kHz D	Rostov Radio	SW-GUS	
5487 kHz D	Sukhumi Radio	SW-GUS	
5493 kHz C	Accra	Afrika	MWARA AFI-4
5493 kHz C	Brazzaville	Afrika	MWARA AFI-4
5493 kHz C	Gaborone	Afrika	MWARA AFI-4
5493 kHz N	Kinshasa	Afrika	MWARA AFI-4
5493 kHz N	Kisangani	Afrika	MWARA AFI-4
5493 kHz D	Kitona	Afrika	MWARA AFI-4
5493 kHz C	Lagos	Afrika	MWARA AFI-4
5493 kHz N	Lumbumbashi	Afrika	MWARA AFI-4
5493 kHz C	Maiduguri	Afrika	MWARA AFI-4
5493 kHz C	N'Djamena	Afrika	MWARA AFI-4
5493 kHz C	Niamey	Afrika	MWARA AFI-4
5493 kHz N	Yeniseysk	Sibirien	
5498 kHz D	Kisangani	Afrika	
5505 kHz C	Djibouti	Afrika	
5505 kHz C	Perth	I. Ozean, S.-O.-Asien	
5505 kHz C	Sanishand Control	Mongolei	
5505 kHz C	Ulan Bator Control	Mongolei	
5508 kHz D	Bogota	nördl. Südamerika	
5512 kHz R	Katmandu	Nepal	
5519 kHz C	Luanda	Afrika	
5519 kHz C	Sao Tome	Afrika	
5520 kHz C	New York (ARINC)	Bermuda/Bahamas	NY/Miami OCA
5520 kHz C	Panama	Mittelamerika	
5526 kHz C	Asuncion	östl. Südamerika	MWARA SAM-E
5526 kHz C	Belem	östl. Südamerika	MWARA SAM-E
5526 kHz C	Brasilia	östl. Südamerika	MWARA SAM-E
5526 kHz C	Campo Grande	östl. Südamerika	MWARA SAM-E
5526 kHz C	Cayenne	Karibik, Südamerika	MWARA SAM
5526 kHz C	Curitiba	östl. Südamerika	
5526 kHz C	Ezeiza	östl. Südamerika	MWARA SAM-E
5526 kHz C	La Paz	östl. Südamerika	MWARA SAM-E
5526 kHz D	Leticia	östl. Südamerika	MWARA SAM-E
5526 kHz C	Maiquetia	Karibik, Südamerika	MWARA SAM
5526 kHz C	Manaus	östl. Südamerika	MWARA SAM-E
5526 kHz C	Montevideo	östl. Südamerika	MWARA SAM-E
5526 kHz C	Palegre	östl. Südamerika	MWARA SAM-E
5526 kHz C	Paramaribo	östl. Südamerika	MWARA SAM-E
5526 kHz C	Piarco	Karibik, Südamerika	MWARA SAM
5526 kHz C	Porto Velho	östl. Südamerika	MWARA SAM-E
5526 kHz C	Santa Cruz	östl. Südamerika	MWARA SAM-E
5526 kHz C	Söndrestrom Info	Grönland	unterhalb FL 195
5526 kHz C	Sydney	Australien	
5526 kHz D	Turukha Radio (Turukhansk)	Sibirien	
5529 kHz C	Houston (ARINC)	Nordamerika	

1. Frequenz	2. Station	3. Abdeckungsbereich	4. MWARA-Frequenzzuteilung
5529 kHz N	Iberia Ops Madrid	weltweit	
5529 kHz N	Iberia Sto. Domingo	weltweit	2300 bis 1300 MEZ
5529 kHz C	Ostend Radio	weltweit	
5532 kHz C	Springbok Johannesb.	weltweit	
5541 kHz C	Stockholm Radio	weltweit	
5547 kHz C	Bombay	Indien	
5547 kHz C	Delhi	Indien	
5547 kHz C	Ezeiza	östl. Südamerika	
5547 kHz C	Honolulu (ARINC)	Pazifik	MWARA CEP
5547 kHz C	San Francisco ARINC	Ostpazifik	MWARA CEP
5550 kHz D	Anadyr	Sibirien	
5550 kHz C	Boyeros	Karibik	MWARA CAR-A
5550 kHz C	Cayenne	Karibik, Südamerika	MWARA CAR-A
5550 kHz C	Cenamer	Karibik	MWARA CAR-A
5550 kHz D	Chaybukha	Sibirien	
5550 kHz D	Magadan	Sibirien	
5550 kHz C	Maiquetia	Karibik, Südamerika	MWARA CAR-A
5550 kHz D	Markovo	Sibirien	
5550 kHz C	Merida	Karibik	MWARA CAR-A
5550 kHz C	New York (ARINC)	Karibik	MWARA CAR-A
5550 kHz C	Paramaribo	Karibik	MWARA CAR-A
5550 kHz C	Piarco	Karibik, Südamerika	MWARA CAR-A
5550 kHz C	Ujung Padang	Indonesien	
5554 kHz C	Casablanca	Europa/Mittelmeer	
5556 kHz D	Bogota	nördl. Südamerika	
5556 kHz D	Cali	N.-O.-Südamerika	
5557 kHz D	Khabarovsk Radio	Sibirien	
5557 kHz D	Nikolaevsk	Sibirien	
5562 kHz C	Boyeros	Karibik	
5562 kHz C	Santa Cruz	westl. Südamerika	
5565 kHz C	Canary Islands	Afrika	MWARA SAT-2
5565 kHz N	Dakar	Afrika	MWARA SAT-2
5565 kHz C	Johannesburg	Afrika	MWARA SAT-2
5565 kHz C	Recife	Südatlantik	MWARA SAT-2
5565 kHz C	Sal	Südatlantik	MWARA SAT-2
5568 kHz D	Aldan Radio	Sibirien	Yakutsk ACC
5568 kHz D	Chulman Radio	Sibirien	
5568 kHz D	Mirniy Radio	Sibirien	
5568 kHz D	Olekma Radio (Olekminsk)	Sibirien	Yakutsk ACC
5568 kHz D	Vitim Radio	Sibirien	
5574 kHz C	Ezeiza	östl. Südamerika	
5574 kHz C	Honolulu (ARINC)	Pazifik	MWARA CEP
5574 kHz C	San Francisco ARINC	Ostpazifik	MWARA CEP
5580 kHz N	Biak	Fernost	
5580 kHz C	Calcutta	Fernost	
5580 kHz C	Kathmandu	Nepal	

1. Frequenz	2. Station	3. Abdeckungsbereich	4. MWARA-Frequenzzuteilung
5583 kHz C	Punta Arenas	westl. Südamerika	
5583 kHz C	Santiago	westl. Südamerika	
5586 kHz D	Aktyubinsk Radio	SW-GUS	
5586 kHz D	Kotlas Radio	Sibirien	
5586 kHz D	Penza Radio	SW-GUS	
5586 kHz D	Uralsk Radio	SW-GUS	
5595 kHz D	Guayaquil	westl. Südamerika	
5596 kHz D	Pechora Radio	Sibirien	
5596 kHz D	Sivkar Radio (Syktyvkar)	Sibirien	
5596 kHz D	Ukhta Radio	Sibirien	Syktyvkar ACC
5598 kHz C	Cambridge Bay	Nordpolargebiet	MWARA NAT-A
5598 kHz C	Canary Islands	Nordatlantik	MWARA NAT-A
5598 kHz C	Gander	Nordatlantik	MWARA NAT-A
5598 kHz C	New York (ARINC)	Nordatlantik	MWARA NAT-A
5598 kHz C	Piarco	Nordatlantik/Karibik	MWARA NAT-A
5598 kHz C	Santa Maria	Nordatlantik	MWARA NAT-A
5598 kHz C	Shanwick (Shannon)	Nordatlantik	MWARA NAT-A
5601 kHz C	Bombay	Indien	
5601 kHz C	Delhi	Indien	
5601 kHz C	Karachi	Pakistan	
5601 kHz C	Lahore	Pakistan	
5603 kHz C	Beirut	Mittlerer Osten	
5604 kHz C	Antofagasta	westl. Südamerika	MWARA SAM-W
5604 kHz N	Gander Flight Support	Nordatlantik	
5616 kHz C	Gander	Nordatlantik	MWARA NAT-B
5616 kHz C	Iceland (Reykjavik)	Nordatlantik	MWARA NAT-B
5616 kHz C	Shanwick (Shannon)	Nordatlantik	MWARA NAT-B
5622 kHz C	Beirut	Europa	MWARA EUR-A
5622 kHz N	Sofia	Europa	MWARA EUR-A
5628 kHz C	Honolulu (ARINC)	Pazifik	MWARA NP
5628 kHz C	Tokyo Control	Japan/Pazifik	MWARA NP-3
5631 kHz C	Jakarta	Südostasien	
5632 kHz D	Petropavlovsk	Sibirien	
5634 kHz S	Antananarivo	Afrika, Ind. Ozean	MWARA INO-1
5634 kHz C	Beira	Afrika, Ind. Ozean	MWARA INO-1
5634 kHz C	Bombay	Indischer Ozean	MWARA INO-1
5634 kHz C	Cocos Islands	Indischer Ozean	MWARA INO-1
5634 kHz C	Mauritius	Afrika, Ind. Ozean	MWARA INO-1
5634 kHz C	Melbourne	I. Ozean, Australien	MWARA INO-1
5634 kHz C	Nairobi	Afrika, Ind. Ozean	MWARA INO-1
5634 kHz C	Perth	I. Ozean, S.-O.-Asien	MWARA INO-1
5634 kHz C	Seychelles	Indischer Ozean	MWARA INO-1
5634 kHz C	St. Denis Gillot	Indischer Ozean	MWARA INO-1
5643 kHz D	Pascua	westl. Südamerika	
5643 kHz C	Sydney	Südpazifik, Austral.	MWARA SP 6/7
5649 kHz C	Gander	Nordatlantik	MWARA NAT-C

1. Frequenz	2. Station	3. Abdeckungsbereich	4. MWARA-Frequenzzuteilung
5649 kHz C	Iceland (Reykjavik)	Nordatlantik	MWARA NAT-C
5649 kHz C	Shanwick (Shannon)	Nordatlantik/Europa	MWARA NAT-C
5652 kHz C	Algiers	Europa/Afrika	MWARA AFI-2
5652 kHz C	Ghardaia	Afrika	MWARA AFI-2
5652 kHz C	Kano	Afrika	MWARA AFI-2
5652 kHz C	Maiduguri	Afrika	MWARA AFI-2
5652 kHz C	N'Djamena	Afrika	MWARA AFI-2
5652 kHz C	Niamey	Afrika	MWARA AFI-2
5652 kHz C	Tamanrasset	Afrika	MWARA AFI-2
5652 kHz C	Tripoli	Afrika	MWARA AFI-2
5655 kHz C	Bangkok	Fernost, S.-O.-Asien	MWARA SEA-2
5655 kHz N	Hanoi	Südostasien	MWARA SEA-2
5655 kHz N	Hochiminh	Südostasien	MWARA SEA-2
5655 kHz C	Hong Kong	Fernost, S.-O.-Asien	MWARA SEA-2
5655 kHz C	Kuala Lumpur	Südostasien	MWARA SEA-2
5655 kHz C	Manila	Südostasien	MWARA SEA-2
5655 kHz C	Singapore	Südostasien	MWARA SEA-2
5655 kHz C	Vientiane	Südostasien	MWARA SEA-2
5658 kHz C	Addis	Afrika	MWARA AFI-3
5658 kHz C	Aden	Afrika	MWARA AFI-3
5658 kHz C	Ashkhabad Radio	SW-GUS	
5658 kHz C	Benghazi	Afrika	MWARA AFI-3
5658 kHz C	Bombay	Ind. Ozean, M. Osten	MW. AFI-3, MID-2
5658 kHz C	Cairo	Afrika	MWARA AFI-3
5658 kHz C	Dar Es Salaam	Afrika	MWARA AFI-3
5658 kHz C	Delhi	M./F. Osten	MWARA MID-2
5658 kHz C	Dushanbe Radio	SW-GUS	
5658 kHz D	Hargeisa	Afrika	MWARA AFI-3
5658 kHz S	Jeddah	Afrika	MWARA AFI-3
5658 kHz C	Kabul Control	Afghanistan	
5658 kHz C	Karachi	M./F. Osten	MWARA MID-2
5658 kHz R	Kathmandu	M./F. Osten	MWARA MID-2
5658 kHz C	Khartoum	Afrika	MWARA AFI-3
5658 kHz C	Kuwait	M./F. Osten	MWARA MID-2
5658 kHz C	Lahore	M./F. Osten	MWARA MID-2
5658 kHz C	Male	M./F. Osten	MWARA MID-2
5658 kHz C	Mogadiscio	Afrika	MWARA AFI-3
5658 kHz S	Moroni	Afrika	MWARA AFI-3
5658 kHz S	Muscat	Mittlerer Osten	MWARA MID-2
5658 kHz C	Nairobi	Afrika	MWARA AFI-3
5658 kHz C	Seychelles	Afrika	MWARA AFI-3
5658 kHz S	Shiraz	Mittlerer Osten	MWARA MID-2
5658 kHz C	Tashkent Radio	SW-GUS	
5658 kHz N	Tehran	Mittlerer Osten	MWARA MID-2
5658 kHz C	Tripoli	Afrika	MWARA AFI-3
5658 kHz C	Urumqi	China	
5659 kHz C	Djibouti	Afrika	

1. Frequenz	2. Station	3. Abdeckungsbereich	4. MWARA-Frequenzzuteilung
5661 kHz C	Beirut	Europa	MWARA EUR-A
5661 kHz C	Berlin	Europa	MWARA EUR-A
5661 kHz D	Brest	GUS/Europa	
5661 kHz C	Malta	Europa	MWARA EUR-A
5661 kHz D	Minsk	GUS/Europa	
5664 kHz D	Khabarovsk Radio	Sibirien	
5667 kHz C	Aden	Mittlerer Osten	MWARA MID-1
5667 kHz C	Baghdad	Mittlerer Osten	MWARA MID-1
5667 kHz C	Honolulu (ARINC)	Pazifik	MWARA NP
5667 kHz C	Jeddah	Mittlerer Osten	MWARA MID-1
5667 kHz C	Kuwait	Mittlerer Osten	MWARA MID-1
5667 kHz N	Tehran	Mittlerer Osten	MWARA MID-1
5680 kHz C	int. Notfrequenz	weltweit	
5680 kHz C	Abidjan	Afrika	
5680 kHz C	Bamako	Afrika	
5680 kHz C	Banjul	Afrika	
5680 kHz D	Cap Skiring	Afrika	
5680 kHz C	Dakar	Afrika	MWARA SAT-2
5680 kHz C	Freetown	Afrika	
5680 kHz S	Gao	Afrika	vor 1700 MEZ
5710 kHz N	Rio de Janeiro	weltweit	
5715 kHz C	Muren Control	Mongolei	
5715 kHz C	Ulan Bator Control	Mongolei	
5847 kHz D	Makhachkali	Sibirien	
5873 kHz C	Douala	Afrika	
5920 kHz C	Montevideo	östl. Südamerika	
6414 kHz C	Ujung Padang	Indonesien	
6514 kHz C	Ujung Padang	Indonesien	
6526 kHz C	Quantas Sydney	weltweit	
6532 kHz D	Barranquilla	Karibik	
6532 kHz C	Hong Kong	Fernost	
6532 kHz C	Manila	Philippinen	
6532 kHz C	Naha	Westpazifik	
6532 kHz C	Port Moresby	Neuguinea	
6532 kHz C	Seoul	Korea	
6532 kHz C	Taipei	Taiwan	
6532 kHz C	Tokyo Control	Japan	MWARA CWP-1/2
6533 kHz C	Bombay	Indien	
6533 kHz D	Douala Reg Centrale	weltweit	0600 bis 0800 MEZ
6533 kHz C	Paramaribo	östl. Südamerika	
6535 kHz C	Abidjan	Afrika	MWARA AFI-1
6535 kHz S	Bissau	Afrika	MWARA AFI-1
6535 kHz C	Canary Islands	Afrika	MWARA AFI-1
6535 kHz R	Casablanca	Afrika	MWARA AFI-1
6535 kHz C	Dakar	Afrika	MWARA AFI-1
6535 kHz D	Guayaquil	westl. Südamerika	
6535 kHz C	Sal	Afrika, Südatlantik	MWARA AFI-1

1. Frequenz	2. Station	3. Abdeckungsbereich	4. MWARA-Frequenzzuteilung
6535 kHz C	Sao Tome	Afrika	MWARA AFI-1
6541 kHz C	Darwin	S.-O.-Asien, Austral.	
6547 kHz C	Kabul	Afghanistan	
6553 kHz D	Bogota	nördl. Südamerika	
6553 kHz D	Leticia	östl. Südamerika	
6553 kHz C	Villavicencio	westl. Südamerika	
6556 kHz C	Bali	Südostasien	MWARA SEA-1/3
6556 kHz C	Calcutta	Fernost, S.-O.-Asien	MWARA SEA-1/3
6556 kHz C	Cocos Islands	I. Ozean, Fernost	MWARA SEA-1/3
6556 kHz C	Colombo	I. Ozean, Fernost	MWARA SEA-1/3
6556 kHz C	Dhaka	Fernost	MWARA SEA-1/3
6556 kHz C	Guangzhou	China	
6556 kHz C	Guijang	China	
6556 kHz C	Guilin	China	
6556 kHz C	Jakarta	Südostasien	MWARA SEA-1/3
6556 kHz R	Kathmandu	Fernost	MWARA SEA-1/3
6556 kHz C	Kuala Lumpur	Südostasien	MWARA SEA-1/3
6556 kHz C	Kunming	China	
6556 kHz C	Madras	Fernost	MWARA SEA-1/3
6556 kHz C	Male	Fernost	MWARA SEA-1/3
6556 kHz C	Melbourne	S.-O.-Asien, Austral.	MWARA SEA-1/3
6556 kHz C	Nanning	China	
6556 kHz C	Perth	Süd-Ost-Asien	MWARA SEA-1/3
6556 kHz C	Singapore	Südostasien	MWARA SEA-1/3
6556 kHz D	Trivandrum	Indischer Ozean	MWARA SEA-1/3
6556 kHz C	Ujung Pandang	Südostasien	MWARA SEA-1/3
6556 kHz C	Yangon	Südostasien	MWARA SEA-1/3
6559 kHz C	Bangui	Afrika	
6559 kHz C	Brazzaville	Afrika	
6559 kHz C	Douala	Afrika	
6559 kHz S	Franceville	Afrika	vor 1700 MEZ
6559 kHz S	Garoua	Afrika	vor 1300 MEZ
6559 kHz C	Johannesburg	Afrika	
6559 kHz D	Kitona	Afrika	
6559 kHz C	Libreville	Afrika	
6559 kHz D	Malabo	Afrika	
6559 kHz S	Maroua	Afrika	vor 1300 MEZ
6559 kHz C	Nairobi	Afrika	
6559 kHz S	Port Gentil	Afrika	
6562 kHz C	Manila	S.-O.-Asien, W.-Paz.	MWARA CWP-1/2
6565 kHz C	Melbourne	Australien	
6565 kHz C	Perth	Australien	
6571 kHz D	Chengdu	China	
6571 kHz D	Dalian	China	
6571 kHz D	Hefei	China	
6571 kHz D	Qindao	China	
6571 kHz C	Shanghai	China	

1. Frequenz	2. Station	3. Abdeckungsbereich	4. MWARA-Frequenzzuteilung
6574 kHz C	Addis	Afrika	
6574 kHz C	Cairo	Nordafrika	
6574 kHz C	Hargeisa	Afrika	
6574 kHz C	Khartoum	Afrika	
6577 kHz C	Barranquilla	Karibik, Südamerika	MWARA CAR-A
6577 kHz C	Boyeros	Karibik	MWARA CAR-A
6577 kHz C	Cenamer	Karibik	MWARA CAR-A
6577 kHz C	Maiquetia	Karibik, Südamerika	MWARA CAR-A
6577 kHz C	Merida	Karibik	MWARA CAR-A
6577 kHz C	New York (ARINC)	Karibik	MWARA CAR-A
6577 kHz C	Panama	Karibik, M.-Amerika	MWARA CAR-A
6577 kHz C	Paramaribo	Karibik	MWARA CAR-A
6577 kHz C	Piarco	Karibik, Südamerika	MWARA CAR-A
6577 kHz C	San Andres	Karibik	MWARA CAR-A
6580 kHz C	Belem	östl. Südamerika	
6580 kHz C	Brasilia	östl. Südamerika	
6580 kHz C	Campo Grande	östl. Südamerika	
6580 kHz C	Manaus	östl. Südamerika	
6580 kHz C	Palegre	östl. Südamerika	
6580 kHz C	Porto Velho	östl. Südamerika	
6580 kHz C	Recife	östl. Südamerika	
6583 kHz C	Calcutta	Fernost	
6583 kHz C	Madras	Indien	
6586 kHz C	Abidjan	Afrika	
6586 kHz C	Accra	Afrika	
6586 kHz C	Cordoba	westl. Südamerika	
6586 kHz C	Cotonou	Afrika	
6586 kHz C	Douala	Afrika	
6586 kHz C	Gaborone	Afrika	
6586 kHz C	Lagos	Afrika	
6586 kHz C	Lilongwe	Afrika	
6586 kHz C	Lome	Afrika	
6586 kHz C	Lusaka	Afrika	
6586 kHz C	Mendoza	westl. Südamerika	
6586 kHz C	New York (ARINC)	Bermuda/Bahamas	NY/Miami OCA
6586 kHz C	Niamey	Afrika	
6586 kHz C	Ouagadougou	Afrika	
6586 kHz C	Salta	westl. Südamerika	
6586 kHz C	San Andres	Karibik	
6589 kHz D	Chulman Radio	Sibirien	
6589 kHz C	Conakry	Afrika	
6589 kHz D	Ekimchan Radio	Sibirien	Khabarovsk ACC
6589 kHz C	Freetown	Afrika	
6589 kHz D	Khabarovsk Radio	Sibirien	
6589 kHz R	Kota Kinabalu	Fernost	
6589 kHz D	Vladivostok Radio	Sibirien	
6589 kHz C	Yangon	Myanmar	

1. Frequenz	2. Station	3. Abdeckungsbereich	4. MWARA-Frequenzzuteilung
6589 kHz D	Yedinka Radio	Sibirien	Khabarovsk ACC
6595 kHz C	Jakarta	Südostasien	
6598 kHz C	Beirut	Europa	MWARA EUR-A
6598 kHz C	Berlin	Europa	MWARA EUR-A
6604 kHz C	Darwin	S.-O.-Asien, Austral.	
6604 kHz C	Melbourne	Australien	
6604 kHz C	Perth	Australien	
6610 kHz C	Banjul	Afrika	
6610 kHz N	Freetown	Afrika	
6610 kHz C	Perth	I. Ozean, S.-O.-Asien	
6616 kHz C	Beijing	China	
6616 kHz C	Chengdu	China	
6616 kHz C	Jinan	China	
6616 kHz C	Shanghai	China	
6622 kHz S	Gander	Nordatlantik	0130-0930/1230-2030
6622 kHz S	Shanwick (Shannon)	Nordatlantik	0130 bis 2030 MEZ
6624 kHz C	Abadan	Mittlerer Osten	
6628 kHz C	New York (ARINC)	Nordatlantik	MWARA NAT-E
6628 kHz C	Santa Maria	Nordatlantik	MWARA NAT-E
6631 kHz N	Biak	Fernost	
6637 kHz C	Hong Kong Dragon	weltweit	
6637 kHz C	Lufthansa Frankfurt	weltweit	Lufthansa Fm.
6637 kHz C	Paris Radio	weltweit	
6637 kHz C	Saint Lys Radio	weltweit	
6638 kHz S	Agades	Afrika	
6638 kHz S	El Golea	Afrika	
6638 kHz S	Freetown	Afrika	
6638 kHz C	Hassi Messaoud	Afrika	
6638 kHz C	In Amenas	Afrika	
6638 kHz C	La Paz	westl. Südamerika	
6638 kHz C	Santa Cruz	westl. Südamerika	
6638 kHz C	Zarzaitine	Afrika	
6638 kHz S	Zinder	Afrika	
6640 kHz C	Honolulu (ARINC)	Pazifik	
6640 kHz C	New York (ARINC)	Nordamerika	
6640 kHz C	San Francisco ARINC	Ostpazifik	
6643 kHz C	Berna Radio	weltweit	
6643 kHz C	Maiquetia	Karibik	
6649 kHz C	Antofagasta	westl. Südamerika	MWARA SAM-W
6649 kHz C	Asuncion	westl. Südamerika	MWARA SAM-W
6649 kHz C	Bogota	westl. Südamerika	MWARA SAM-W
6649 kHz C	Cordoba	westl. Südamerika	MWARA SAM-W
6649 kHz C	Ezeiza	westl. Südamerika	MWARA SAM-W
6649 kHz D	Guayaquil	westl. Südamerika	MWARA SAM-W
6649 kHz C	Iquitos	westl. Südamerika	MWARA SAM-W
6649 kHz C	La Paz	westl. Südamerika	MWARA SAM-W
6649 kHz C	Lima	westl. Südamerika	MWARA SAM-W

1. Frequenz	2. Station	3. Abdeckungsbereich	4. MWARA-Frequenzzuteilung
6649 kHz C	Mendoza	westl. Südamerika	MWARA SAM-W
6649 kHz C	Montevideo	westl. Südamerika	MWARA SAM-W
6649 kHz C	Panama	nördl. Südamerika	MWARA SAM-W
6649 kHz D	Pascua	westl. Südamerika	MWARA SAM-W
6649 kHz C	Puerto Montt	westl. Südamerika	MWARA SAM-W
6649 kHz C	Punta Arenas	westl. Südamerika	MWARA SAM-W
6649 kHz C	Resistencia	westl. Südamerika	MWARA SAM-W
6649 kHz D	Salta	westl. Südamerika	MWARA SAM-W
6649 kHz C	Santa Cruz	westl. Südamerika	MWARA SAM-W
6649 kHz C	Santiago	westl. Südamerika	MWARA SAM-W
6649 kHz C	Talara	westl. Südamerika	MWARA SAM-W
6655 kHz C	Bombay	Indien	
6655 kHz C	Honolulu (ARINC)	Pazifik	MWARA NP
6655 kHz C	Madras	Indien	
6655 kHz C	Tokyo Control	Japan/Pazifik	MWARA NP-3
6655 kHz C	Trivandrum	Indien	
6659 kHz S	Yaounde	Afrika	vor 1700 MEZ
6670 kHz D	Bodaybo Radio	Sibirien	
6670 kHz D	Chita Radio	Sibirien	
6670 kHz D	Irkutsk Radio	Sibirien	
6670 kHz D	Ulan Ude Radio	Sibirien	Irkutsk ACC
6673 kHz C	Abidjan	Afrika	
6673 kHz C	Bamako	Afrika	
6673 kHz S	Bobo Dioulasso	Afrika	
6673 kHz C	Bouake	Afrika	
6673 kHz C	Dakar	Afrika	MWARA SAT-2
6673 kHz C	Freetown	Afrika	
6673 kHz C	Nouadhibou	Afrika	
6673 kHz C	Nouakchott	Afrika	
6673 kHz C	Ouagadougou	Afrika	
6673 kHz C	Roberts	Afrika	
6673 kHz C	San Francisco ARINC	Ostpazifik	MWARA CEP
6673 kHz S	Yamoussoukro	Afrika	vor 2300 MEZ
6674 kHz C	Mogadiscio	Afrika	MWARA AFI-3
6676 kHz C	Conakry	Afrika	
6692 kHz D	Khabarovsk Radio	Sibirien	
6692 kHz D	Magadan	Sibirien	
6692 kHz D	Nikolaevsk	Sibirien	
6692 kHz D	Okha	Sibirien	
6692 kHz D	Petropavlovsk	Sibirien	
6692 kHz D	Yuzhno Sakhalinsk Radio	Sibirien	
6704 kHz D	Barnaul Radio	Sibirien	
6704 kHz D	Bratsk Radio	Sibirien	
6704 kHz D	Yeniseysk Radio	Sibirien	
6730.5 kHz C	Georgetown	östl. Südamerika	

1. Frequenz	2. Station	3. Abdeckungsbereich	4. MWARA-Frequenzzuteilung
6738 kHz C	Thule	Nordpolargebiet	
6838 kHz C	Banjul	Afrika	
6879 kHz C	Kano	Afrika	
6915 kHz C	Harare	Afrika	
6925 kHz C	Tehran	Mittlerer Osten/Iran	
7230 kHz C	Ouagadougou	Afrika	
7527 kHz C	Air Gabon Libreville	weltweit	
8091 kHz C	Tehran	Mittlerer Osten/Iran	
8145 kHz D	Dushanbe Radio	SW-GUS	
8800 kHz C	Saint Lys Radio	weltweit	
8819 kHz C	Gander Flight Support	Nordatlantik	
8822 kHz C	Melbourne	Australien	
8822 kHz C	Perth	Australien	
8825 kHz C	New York (ARINC)	Nordatlantik	MWARA NAT-E
8825 kHz C	Paramaribo	Südatlantik	MWARA NAT-A
8825 kHz C	Piarco	Karibik	MWARA NAT-E
8825 kHz C	Santa Maria	Nordatlantik	MWARA NAT-E
8825 kHz C	Shanwick (Shannon)	Atlantik	MWARA NAT-A
8826 kHz C	Kinshasa	Afrika	Antwort auf 8913 kHz
8826 kHz C	Kisangani	Afrika	Antwort auf 8913 kHz
8826 kHz C	Lumbumbashi	Afrika	Antwort auf 8913 kHz
8826 kHz C	Sao Tome	Afrika	
8831 kHz S	Gander	Nordatlantik	0130-0930/1230-2030
8831 kHz S	Shanwick (Shannon)	Nordatlantik	0130 bis 2030 MEZ
8834 kHz N	Biak	Fernost	
8840 kHz D	Kisangani	Afrika	
8843 kHz C	Darwin	S.-O.-Asien, Austral.	
8843 kHz C	Honolulu (ARINC)	Pazifik	MWARA CEP
8843 kHz C	San Francisco ARINC	Ostpazifik	MWARA CEP
8846 kHz C	New York (ARINC)	Bermuda/Bahamas	NY/Miami OCA
8846 kHz C	San Andres	Karibik	
8847 kHz C	Beirut	Mittlerer Osten	
8849 kHz C	Harare	Afrika	
8855 kHz C	Asuncion	östl. Südamerika	MWARA SAM-E
8855 kHz C	Belem	östl. Südamerika	MWARA SAM-E
8855 kHz C	Bogota	östl. Südamerika	MWARA SAM-E
8855 kHz C	Brasilia	östl. Südamerika	MWARA SAM-E
8855 kHz C	Campo Grande	östl. Südamerika	MWARA SAM-E
8855 kHz C	Cayenne	Karibik, Südamerika	MWARA SAM
8855 kHz C	Curitiba	östl. Südamerika	
8855 kHz C	Ezeiza	östl. Südamerika	MWARA SAM-E
8855 kHz C	Georgetown	Südamerika	MWARA SAM
8855 kHz C	La Paz	östl. Südamerika	MWARA SAM-E
8855 kHz D	Leticia	östl. Südamerika	MWARA SAM-E
8855 kHz C	Maiquetia	Karibik, Südamerika	MWARA SAM
8855 kHz C	Manaus	östl. Südamerika	MWARA SAM-E
8855 kHz C	Montevideo	östl. Südamerika	MWARA SAM-E

1. Frequenz	2. Station	3. Abdeckungsbereich	4. MWARA-Frequenzzuteilung
8855 kHz C	Palegre	östl. Südamerika	MWARA SAM-E
8855 kHz C	Paramaribo	Südamerika	MWARA SAM
8855 kHz C	Piarco	Karibik, Südamerika	MWARA SAM
8855 kHz C	Porto Velho	östl. Südamerika	MWARA SAM-E
8855 kHz C	Recife	östl. Südamerika	MWARA SAM-E
8855 kHz C	Santa Cruz	östl. Südamerika	MWARA SAM-E
8861 kHz C	Abidjan	Afrika	MWARA AFI-1
8861 kHz C	Bamako	Afrika	MWARA AFI-1
8861 kHz S	Bissau	Afrika	MWARA AFI-1
8861 kHz C	Calcutta	Fernost	
8861 kHz C	Canary Islands	Afrika	MWARA AFI-1
8861 kHz R	Casablanca	Afrika	MWARA AFI-1
8861 kHz C	Conakry	Afrika	MWARA AFI-1
8861 kHz C	Dakar	Afrika	MWARA AFI-1
8861 kHz C	Freetown	Afrika	MWARA AFI-1
8861 kHz C	Harare	Afrika	MWARA AFI-1
8861 kHz C	Johannesburg	Afrika	MWARA AFI-1
8861 kHz C	Madras	Indien	
8861 kHz C	Nouadhibou	Afrika	MWARA AFI-1
8861 kHz C	Nouakchott	Afrika	MWARA AFI-1
8861 kHz C	Paramaribo	Südatlantik	MWARA SAT-1
8861 kHz C	Recife	Südatlantik	MWARA SAT-1
8861 kHz C	Roberts	Afrika	MWARA AFI-1
8861 kHz C	Sal	Afrika, Südatlantik	MWARA AFI-1
8861 kHz S	Windhoek	Afrika	MWARA AFI-1
8862 kHz C	Banjul	Afrika	
8864 kHz C	Gander	Nordatlantik	MWARA NAT-B
8864 kHz C	Iceland (Reykjavik)	Nordatlantik	MWARA NAT-B
8864 kHz C	Shanwick (Shannon)	Nordatlantik	MWARA NAT-B
8867 kHz D	Pascua	westl. Südamerika	
8867 kHz C	Sydney	Südpazifik, Austral.	MWARA SP 6/7
8870 kHz C	Addis	Afrika	
8870 kHz C	Dar Es Salaam	Afrika	
8873 kHz C	Brazzaville	Afrika	
8873 kHz C	Douala	Afrika	
8873 kHz S	Franceville	Afrika	vor 1700 MEZ
8873 kHz S	Garoua	Afrika	vor 1300 MEZ
8873 kHz C	Libreville	Afrika	
8873 kHz S	Lilongwe	Afrika	
8873 kHz C	Lusaka	Afrika	
8873 kHz D	Malabo	Afrika	
8873 kHz C	N'Djamena	Afrika	
8873 kHz C	Sao Tome	Afrika	
8876 kHz C	Boyeros	Karibik	
8876 kHz C	Sydney	Australien	
8879 kHz C	Antananarivo	Afrika, Ind. Ozean	MWARA INO-1
8879 kHz C	Beira	Afrika, Ind. Ozean	MWARA INO-1

1. Frequenz	2. Station	3. Abdeckungsbereich	4. MWARA-Frequenzzuteilung
8879 kHz C	Bombay	Indischer Ozean	MWARA INO-1
8879 kHz C	Bujumbura	Afrika	MWARA INO-1
8879 kHz C	Cocos Islands	Indischer Ozean	MWARA INO-1
8879 kHz C	Colombo	Indischer Ozean	MWARA INO-1
8879 kHz C	Dar Es Salaam	Afrika	MWARA INO-1
8879 kHz C	Gander	Nordatlantik	MWARA NAT-C
8879 kHz C	Harare	Afrika	MWARA INO-1
8879 kHz C	Iceland (Reykjavik)	Nordatlantik/Europa	MWARA NAT-C
8879 kHz C	Lusaka	Afrika	MWARA INO-1
8879 kHz D	Mahajanga	Afrika	MWARA INO-1
8879 kHz C	Male	Indischer Ozean	
8879 kHz C	Mauritius	Afrika, Ind. Ozean	MWARA INO-1
8879 kHz C	Melbourne	I. Ozean, Australien	MWARA INO-1
8879 kHz S	Moroni	Afrika	MWARA INO-1
8879 kHz C	Nairobi	Afrika, Ind. Ozean	MWARA INO-1
8879 kHz C	Perth	I. Ozean, S.-O.-Asien	MWARA INO-1
8879 kHz R	Seychelles	Indischer Ozean	MWARA INO-1
8879 kHz C	Shanwick (Shannon)	Nordatlantik/Europa	MWARA NAT-C
8879 kHz C	St. Denis Gillot	Indischer Ozean	MWARA INO-1
8879 kHz D	Toamasina	Indischer Ozean	MWARA INO-1
8882 kHz C	Bali	Südostasien	
8882 kHz S	Freetown	Afrika	
8888 kHz C	Gaborone	Afrika	
8888 kHz D	Kitona	Afrika	
8888 kHz S	Lilongwe	Afrika	
8888 kHz C	Lusaka	Afrika	
8888 kHz C	Nairobi	Afrika	
8889 kHz C	Bombay	Indien	
8891 kHz C	Bodo	Nordatlantik/Polgeb.	MWARA NAT-D
8891 kHz C	Bombay	Indien	
8891 kHz C	Cambridge Bay	Nordpolargebiet	MWARA NAT-D
8891 kHz C	Churchill	Nordpolargebiet	MWARA NAT-D
8891 kHz C	Delhi	Indien	
8891 kHz C	Iceland (Reykjavik)	Nordatlantik/EU/Pol	MWARA NAT-D
8891 kHz C	Iqualuit	Nordatlantik/Polgeb.	MWARA NAT-D
8891 kHz C	Resolute Bay	Nordpolargebiet	MWARA NAT-D
8891 kHz C	Shanwick (Shannon)	Nordatlantik/Europa	MWARA NAT-D
8894 kHz C	Adrar	Afrika	MWARA AFI-2
8894 kHz C	Algiers	Europa/Afrika	MWARA AFI-2
8894 kHz S	Borj Mokhtar	Afrika	MWARA AFI-2
8894 kHz C	Djanet	Afrika	MWARA AFI-2
8894 kHz S	El Golea	Afrika	MWARA AFI-2
8894 kHz S	Gao	Afrika	MWARA AFI-2
8894 kHz C	Ghardaia	Afrika	MWARA AFI-2
8894 kHz C	Hassi Messaoud	Afrika	MWARA AFI-2
8894 kHz C	In Amenas	Afrika	MWARA AFI-2
8894 kHz C	In Salah	Afrika	MWARA AFI-2

1. Frequenz	2. Station	3. Abdeckungsbereich	4. MWARA-Frequenzzuteilung
8894 kHz D	Leticia	östl. Südamerika	
8894 kHz C	N´Djamena	Afrika	MWARA AFI-2
8894 kHz C	Niamey	Afrika	MWARA AFI-2
8894 kHz S	Oued	Afrika	
8894 kHz C	Tamanrasset	Afrika	MWARA AFI-2
8894 kHz C	Timimoun	Afrika	MWARA AFI-2
8894 kHz S	Touggourt	Afrika	
8894 kHz C	Tripoli	Afrika	MWARA AFI-2
8894 kHz C	Villavicencio	westl. Südamerika	
8894 kHz C	Zarzaitine	Afrika	MWARA AFI-2
8897 kHz D	Beijing	Ostasien	MWARA EA-1
8897 kHz D	Changsha	Ostasien	MWARA EA-1
8897 kHz D	Chengdu	Ostasien	MWARA EA-1
8897 kHz D	Dalian	Ostasien	MWARA EA-1
8897 kHz D	Hailar	Ostasien	MWARA EA-1
8897 kHz D	Hefei	Ostasien	MWARA EA-1
8897 kHz D	Jinan	Ostasien	MWARA EA-1
8897 kHz D	Lanzhou	Ostasien	MWARA EA-1
8897 kHz D	Qindao	Ostasien	MWARA EA-1
8897 kHz D	Shanghai	Ostasien	MWARA EA-1
8897 kHz D	Shenyang	Ostasien	MWARA EA-1
8897 kHz D	Wuhan	Ostasien	MWARA EA-1
8897 kHz D	Zhengzhou	Ostasien	MWARA EA-1
8900 kHz C	Darwin	S.-O.-Asien, Austral.	
8900 kHz C	Melbourne	Australien	
8900 kHz C	Perth	Australien	
8903 kHz C	Accra	Afrika	MWARA AFI-4
8903 kHz C	Bangui	Afrika	MWARA AFI-4
8903 kHz C	Brazzaville	Afrika	MWARA AFI-4
8903 kHz C	Bujumbura	Afrika	MWARA AFI-4
8903 kHz C	Hong Kong	Fernost, W.-Pazifik	MWARA CWP-1/2
8903 kHz C	Kano	Afrika	MWARA AFI-4
8903 kHz C	Kinshasa	Afrika	MWARA AFI-4
8903 kHz C	Kisangani	Afrika	MWARA AFI-4
8903 kHz D	Kitona	Afrika	MWARA AFI-4
8903 kHz C	Lagos	Afrika	MWARA AFI-4
8903 kHz C	Libreville	Afrika	MWARA AFI-4
8903 kHz C	Luanda	Afrika	MWARA AFI-4
8903 kHz C	Lumbumbashi	Afrika	MWARA AFI-4
8903 kHz C	Maiduguri	Afrika	MWARA AFI-4
8903 kHz D	Malabo	Afrika	MWARA AFI-4
8903 kHz C	Manila	S.-O.-Asien, W.-Paz.	MWARA CWP-1/2
8903 kHz C	N´Djamena	Afrika	MWARA AFI-4
8903 kHz C	Naha	Fernost, W.-Pazifik	MWARA CWP-1/2
8903 kHz C	Niamey	Afrika	MWARA AFI-4
8903 kHz C	Port Moresby	Westpazifik	MWARA CWP-1/2
8903 kHz C	Seoul	Westpazifik	MWARA CWP-1/2

1. Frequenz	2. Station	3. Abdeckungsbereich	4. MWARA-Frequenzzuteilung
8903 kHz C	Seychelles	Afrika	MWARA AFI-4
8903 kHz C	Taipei	Westpazifik	MWARA CWP-1/2
8903 kHz C	Tokyo Control	Japan	MWARA CWP-1/2
8906 kHz C	Calcutta	Fernost	
8906 kHz C	Cambridge Bay	Nordpolargebiet	MWARA NAT-A
8906 kHz C	Canary Islands	Nordatlantik	MWARA NAT-A
8906 kHz C	Gander	Nordatlantik	MWARA NAT-A
8906 kHz C	Kinshasa	Afrika	
8906 kHz C	New York (ARINC)	Nordatlantik	MWARA NAT-A
8906 kHz C	Santa Maria	Nordatlantik	MWARA NAT-A
8906 kHz C	Shanwick (Shannon)	Nordatlantik	MWARA NAT-A
8909 kHz C	Bombay	Indien	
8909 kHz C	Madras	Indien	
8909 kHz C	Trivandrum	Indien	
8910 kHz C	Piarco	Karibik	
8912 kHz C	Santa Cruz	westl. Südamerika	
8913 kHz C	Kinshasa	Afrika	
8913 kHz C	Kisangani	Afrika	
8913 kHz C	Lumbumbashi	Afrika	
8915 kHz C	Honolulu (ARINC)	Pazifik	MWARA NP
8917 kHz C	Bombay	Indien	
8918 kHz C	Aden	Mittlerer Osten	MWARA MID-1
8918 kHz C	Baghdad	Mittlerer Osten	MWARA MID-1
8918 kHz C	Baku Radio	SW-GUS	
8918 kHz C	Barranquilla	Karibik, Südamerika	
8918 kHz C	Boyeros	Karibik	MWARA CAR-A
8918 kHz C	Cayenne	Karibik, Südamerika	MWARA CAR-A
8918 kHz C	Cenamer	Karibik	MWARA CAR-A
8918 kHz N	Erevan Radio	SW-GUS	
8918 kHz C	Jeddah	Mittlerer Osten	MWARA MID-1
8918 kHz C	Kuwait	Mittlerer Osten	MWARA MID-1
8918 kHz C	Maiquetia	Karibik, Südamerika	MWARA CAR-A
8918 kHz C	Merida	Karibik	MWARA CAR-A
8918 kHz C	New York (ARINC)	Karibik	MWARA CAR-A
8918 kHz C	Panama	Karibik, M.-amerika	MWARA CAR-A
8918 kHz C	Paramaribo	Karibik	MWARA CAR-A
8918 kHz C	San Andres	Karibik	MWARA CAR-A
8918 kHz C	Sanaa	Mittlerer Osten	MWARA MID-1
8918 kHz C	Tehran	Mittlerer Osten	MWARA MID-1
8918 kHz C	Ujung Pandang	Indonesien	
8921 kHz C	Hong Kong Dragon	weltweit	
8924 kHz C	Maiquetia	Karibik	
8930 kHz C	Stockholm Radio	weltweit	
8933 kHz C	New York (ARINC)	Nordamerika	
8933 kHz C	Springbok Johannesb.	weltweit	
8936 kHz C	Berna Radio	weltweit	
8936 kHz N	Iberia Ops Madrid	weltweit	

1. Frequenz	2. Station	3. Abdeckungsbereich	4. MWARA-Frequenzzuteilung
8936 kHz N	Iberia Sto. Domingo	weltweit	2300 bis 1300 MEZ
8938 kHz C	Bombay	Indien	
8938 kHz C	Delhi	Indien	
8942 kHz C	Bangkok	Fernost, S.-O.-Asien	MWARA SEA-2
8942 kHz C	Hanoi	Südostasien	MWARA SEA-2
8942 kHz C	Hochiminh	Südostasien	MWARA SEA-2
8942 kHz C	Hong Kong	Fernost, S.-O.-Asien	MWARA SEA-2
8942 kHz C	Kuala Lumpur	Südostasien	MWARA SEA-2
8942 kHz C	Manila	Südostasien	MWARA SEA-2
8942 kHz C	Singapore	Südostasien	MWARA SEA-2
8942 kHz C	Vientiane	Südostasien	MWARA SEA-2
8945 kHz C	Söndrestrom Info	Grönland	unterhalb FL 195
8948 kHz C	Calcutta	Fernost	
8948 kHz C	Delhi	Indien	
8951 kHz D	Aktyubinsk Radio	SW-GUS	
8951 kHz D	Alma Ata Radio	SW-GUS	
8951 kHz D	Aralsk Radio	SW-GUS	
8951 kHz D	Ashkhabad Radio	SW-GUS	
8951 kHz C	Honolulu (ARINC)	Pazifik	MWARA NP
8951 kHz D	Kzyl-Orda Radio	SW-GUS	
8951 kHz D	Tashkent Radio	SW-GUS	
8951 kHz C	Tokyo Control	Japan/Pazifik	MWARA NP-3
8951 kHz D	Uralsk Radio	SW-GUS	
8957 kHz C	Jakarta	Südostasien	
8959 kHz C	Cocos Islands	Indischer Ozean	
8959 kHz C	Djibouti	Afrika	
8959 kHz D	Juba	Afrika	
8959 kHz C	Khartoum	Afrika	
8959 kHz S	Port Sudan	Afrika	
8963 kHz C	Nigerian Awys Lagos	weltweit	
8967 kHz D	Douala Reg Centrale	weltweit	0800 bis 2200 MEZ
8967 kHz D	Rio de Janeiro	weltweit	
8967 kHz C	Thule	Nordpolargebiet	
9024 kHz C	St. Peterburg Radio	Sibirien	
9030 kHz D	Air Mad Radio	weltweit	
9495 kHz C	Kano	Afrika	
9495 kHz C	Lagos	Afrika	
9885 kHz C	Montevideo	östl. Südamerika	
10006 kHz C	Cordoba	westl. Südamerika	
10006 kHz C	Ezeiza	östl. Südamerika	
10006 kHz C	Mendoza	westl. Südamerika	
10006 kHz C	Salta	westl. Südamerika	
10018 kHz D	Alma Ata Radio	SW-GUS	0200 bis 1400 MEZ
10018 kHz D	Ashkhabad Radio	SW-GUS	
10018 kHz R	Bishkek Radio	SW-GUS	
10018 kHz C	Bombay	M./F. Osten	MWARA MID-2
10018 kHz C	Delhi	M./F. Osten	MWARA MID-2

1. Frequenz		2. Station	3. Abdeckungsbereich	4. MWARA-Frequenzzuteilung
10018 kHz	C	Dushanbe Radio	SW-GUS	
10018 kHz	C	Kabul Control	Afghanistan	
10018 kHz	C	Karachi	M./F. Osten	MWARA MID-2
10018 kHz	R	Kathmandu	M./F. Osten	MWARA MID-2
10018 kHz	C	Kuwait	M./F. Osten	MWARA MID-2
10018 kHz	C	Lahore	M./F. Osten	MWARA MID-2
10018 kHz	C	Male	M./F. Osten	MWARA MID-2
10018 kHz	S	Muscat	Mittlerer Osten	MWARA MID-2
10018 kHz	C	Seychelles	Afrika, Ind. Ozean	MWARA AFI-5
10018 kHz	S	Shiraz	Mittlerer Osten	MWARA MID-2
10018 kHz	D	Tashkent Radio	SW-GUS	
10018 kHz	D	Tehran	Mittlerer Osten	MWARA MID-2
10018 kHz	D	Urumqi	China	
10024 kHz	C	Antofagasta	westl. Südamerika	MWARA SAM-W
10024 kHz	C	Asuncion	westl. Südamerika	MWARA SAM-W
10024 kHz	C	Bogota	westl. Südamerika	MWARA SAM-W
10024 kHz	C	Cordoba	westl. Südamerika	MWARA SAM-W
10024 kHz	C	Ezeiza	westl. Südamerika	MWARA SAM-W
10024 kHz	D	Guayaquil	westl. Südamerika	MWARA SAM-W
10024 kHz	C	Iquitos	westl. Südamerika	MWARA SAM-W
10024 kHz	C	La Paz	westl. Südamerika	MWARA SAM-W
10024 kHz	C	Lima	westl. Südamerika	MWARA SAM-W
10024 kHz	C	Mendoza	westl. Südamerika	MWARA SAM-W
10024 kHz	C	Montevideo	westl. Südamerika	MWARA SAM-W
10024 kHz	D	Pascua	westl. Südamerika	MWARA SAM-W
10024 kHz	C	Puerto Montt	westl. Südamerika	MWARA SAM-W
10024 kHz	C	Resistencia	westl. Südamerika	MWARA SAM-W
10024 kHz	D	Salta	westl. Südamerika	MWARA SAM-W
10024 kHz	C	Santa Cruz	westl. Südamerika	MWARA SAM-W
10024 kHz	C	Santiago	westl. Südamerika	MWARA SAM-W
10024 kHz	C	Talara	westl. Südamerika	MWARA SAM-W
10024 kHz	D	Yeniseysk	Sibirien	
10027 kHz	C	Iberia Ops Madrid	weltweit	
10027 kHz	N	Iberia Sto. Domingo	weltweit	2300 bis 1300 MEZ
10042 kHz	C	Belem	östl. Südamerika	
10042 kHz	C	Brasilia	östl. Südamerika	
10042 kHz	C	Campo Grande	östl. Südamerika	
10042 kHz	C	Manaus	östl. Südamerika	
10042 kHz	C	Palegre	östl. Südamerika	
10042 kHz	C	Porto Velho	östl. Südamerika	
10042 kHz	C	Recife	östl. Südamerika	
10042 kHz	C	Söndrestrom Info	Grönland	unterhalb FL 195
10048 kHz	C	Honolulu (ARINC)	Pazifik	MWARA NP
10048 kHz	D	Khabarovsk Radio	Sibirien	
10048 kHz	C	Tokyo Control	Japan/Pazifik	MWARA NP-3
10057 kHz	C	San Francisco ARINC	Ostpazifik	MWARA CEP
10066 kHz	C	Calcutta	Fernost, S.-O.-Asien	MWARA SEA-1/3

1. Frequenz	2. Station	3. Abdeckungsbereich	4. MWARA-Frequenzzuteilung
10066 kHz C	Cocos Islands	I. Ozean, Fernost	MWARA SEA-1/3
10066 kHz C	Colombo	I. Ozean, Fernost	MWARA SEA-1/3
10066 kHz C	Dhaka	Fernost	MWARA SEA-1/3
10066 kHz D	Guangzhou	China	
10066 kHz D	Guijang	China	
10066 kHz D	Guilin	China	
10066 kHz C	Iquitos	westl. Südamerika	
10066 kHz C	Jakarta	Südostasien	MWARA SEA-1/3
10066 kHz R	Kathmandu	Fernost	MWARA SEA-1/3
10066 kHz D	Kunming	China	
10066 kHz C	Lima	westl. Südamerika	
10066 kHz C	Melbourne	S.-O.-Asien, Austral.	MWARA SEA-1/3
10066 kHz D	Nanning	China	
10066 kHz C	Perth	Süd-Ost-Asien	MWARA SEA-1/3
10066 kHz C	Yangon	Südostasien	MWARA SEA-1/3
10069 kHz C	Berna Radio	weltweit	
10075 kHz C	Houston (ARINC)	Nordamerika	
10078 kHz C	Lufthansa Frankfurt	weltweit	
10081 kHz C	Seoul	Korea	
10084 kHz C	Beirut	Europa	MWARA EUR-A
10084 kHz C	Berlin	Europa	MWARA EUR-A
10084 kHz C	Malta	Europa	MWARA EUR-A
10084 kHz C	Santa Cruz	westl. Südamerika	
10089 kHz C	Sverdlovsk Radio	Sibirien	
10093 kHz C	Quantas Sydney	weltweit	
10096 kHz C	Asuncion	östl. Südamerika	MWARA SAM-E
10096 kHz C	Belem	östl. Südamerika	MWARA SAM-E
10096 kHz C	Bogota	östl. Südamerika	MWARA SAM-E
10096 kHz C	Brasilia	östl. Südamerika	MWARA SAM-E
10096 kHz C	Campo Grande	östl. Südamerika	MWARA SAM-E
10096 kHz C	Curitiba	östl. Südamerika	
10096 kHz C	Ezeiza	östl. Südamerika	MWARA SAM-E
10096 kHz C	Georgetown	Südamerika	MWARA SAM
10096 kHz C	La Paz	östl. Südamerika	MWARA SAM-E
10096 kHz D	Leticia	östl. Südamerika	MWARA SAM-E
10096 kHz C	Maiquetia	Karibik, Südamerika	MWARA SAM
10096 kHz C	Manaus	östl. Südamerika	MWARA SAM-E
10096 kHz C	Montevideo	östl. Südamerika	MWARA SAM-E
10096 kHz C	Palegre	östl. Südamerika	MWARA SAM-E
10096 kHz C	Paramaribo	östl. Südamerika	MWARA SAM-E
10096 kHz C	Piarco	Karibik, Südamerika	MWARA SAM
10096 kHz C	Porto Velho	östl. Südamerika	MWARA SAM-E
10096 kHz C	Recife	östl. Südamerika	MWARA SAM-E
10096 kHz C	Santa Cruz	östl. Südamerika	MWARA SAM-E
11160 kHz D	Guayaquil	westl. Südamerika	
11165 kHz D	Kiev	GUS/Europa	
11213 kHz C	Air Mad Radio	weltweit	

1. Frequenz	2. Station	3. Abdeckungsbereich	4. MWARA-Frequenzzuteilung
11279 kHz C	Bodo	Nordatlantik/Polgeb.	MWARA NAT-D
11279 kHz C	Cambridge Bay	Nordpolargebiet	MWARA NAT-D
11279 kHz C	Iceland (Reykjavik)	Nordatlantik/EU/Pol	MWARA NAT-D
11279 kHz C	Iqualuit	Nordatlantik/Polgeb.	MWARA NAT-D
11279 kHz C	Shanwick (Shannon)	Nordatlantik	MWARA NAT-D
11282 kHz C	Ezeiza	östl. Südamerika	
11282 kHz C	Honolulu (ARINC)	Pazifik	MWARA CEP
11282 kHz C	San Francisco ARINC	Ostpazifik	MWARA CEP
11285 kHz C	Kuala Lumpur	Südostasien	
11285 kHz C	Madras	Indien	
11285 kHz C	Male	Indischer Ozean	
11285 kHz C	Singapore	Südostasien	
11291 kHz S	Bissau	Afrika	
11291 kHz C	Canary Islands	Afrika	MWARA SAT-2
11291 kHz C	Dakar	Afrika	MWARA SAT-2
11291 kHz C	Paramaribo	Südatlantik	MWARA SAT-2
11291 kHz C	Sal	Südatlantik	MWARA SAT-2
11297 kHz C	Barranquilla	Karibik	
11297 kHz C	Bogota	nördl. Südamerika	
11297 kHz C	Villavicencio	westl. Südamerika	
11300 kHz C	Addis	Afrika	MWARA AFI-3
11300 kHz C	Aden	Afrika	MWARA AFI-3
11300 kHz C	Benghazi	Afrika	MWARA AFI-3
11300 kHz C	Bombay	Indischer Ozean	MWARA AFI-3
11300 kHz C	Bujumbura	Afrika	MWARA AFI-3
11300 kHz C	Cairo	Afrika	MWARA AFI-3
11300 kHz C	Cocos Islands	Afrika, Ind. Ozean	MWARA AFI-3
11300 kHz C	Dar Es Salaam	Afrika	MWARA AFI-3
11300 kHz C	Djibouti	Afrika	MWARA AFI-3
11300 kHz C	Entebbe	Afrika	MWARA AFI-3
11300 kHz D	Hargeisa	Afrika	MWARA AFI-3
11300 kHz C	Jeddah	Afrika	MWARA AFI-3
11300 kHz C	Khartoum	Afrika	MWARA AFI-3
11300 kHz C	Mogadiscio	Afrika	MWARA AFI-3
11300 kHz S	Moroni	Afrika	MWARA AFI-3
11300 kHz C	Nairobi	Afrika	MWARA AFI-3
11300 kHz C	Sanaa	Afrika, Mitt. Osten	MWARA AFI-3
11300 kHz C	Seychelles	Afrika	MWARA AFI-3
11300 kHz C	Tokyo Control	Japan	
11300 kHz C	Tripoli	Afrika	MWARA AFI-3
11309 kHz N	Biak	Fernost	
11309 kHz C	New York (ARINC)	Nordatlantik	MWARA NAT-E
11309 kHz C	Santa Maria	Nordatlantik	MWARA NAT-E
11309 kHz C	Ujung Pandang	Indonesien	
11330 kHz C	Honolulu (ARINC)	Pazifik	MWARA NP
11330 kHz C	Tokyo Control	Japan/Pazifik	MWARA NP-3
11333 kHz C	Baku Radio	SW-GUS	

1. Frequenz	2. Station	3. Abdeckungsbereich	4. MWARA-Frequenzzuteilung
11333 kHz D	Erevan Radio	SW-GUS	
11336 kHz C	Gander	Nordatlantik	MWARA NAT-C
11336 kHz C	Iceland (Reykjavik)	Europa	MWARA NAT-C
11336 kHz D	Petropavlovsk	Sibirien	
11336 kHz C	Shanwick (Shannon)	Nordatlantik/Europa	MWARA NAT-C
11342 kHz C	Honolulu (ARINC)	Pazifik	
11342 kHz C	New York (ARINC)	Nordamerika	
11342 kHz C	San Francisco ARINC	Ostpazifik	
11345 kHz C	Maiquetia	Karibik	
11345 kHz C	Stockholm Radio	weltweit	
11351 kHz C	Paris Radio	weltweit	
11351 kHz C	Saint Lys Radio	weltweit	
11354 kHz C	Springbok Johannesb.	weltweit	
11360 kHz C	Asuncion	westl. Südamerika	MWARA SAM-W
11360 kHz C	Ezeiza	westl. Südamerika	MWARA SAM-W
11360 kHz C	Santa Cruz	westl. Südamerika	MWARA SAM-W
11366 kHz C	Jakarta	Südostasien	
11367 kHz C	Georgetown	östl. Südamerika	
11384 kHz C	Beirut	Europa	MWARA EUR-A
11384 kHz C	Naha	Fernost, W.-Pazifik	MWARA CWP-1/2
11384 kHz C	Seoul	Westpazifik	MWARA CWP 1/2
11384 kHz D	Sofia	Europa	MWARA EUR-A
11384 kHz C	Tokyo Control	Japan/Pazifik	MWARA CWP-1/2
11387 kHz C	Barranquilla	Karibik	
11387 kHz C	New York (ARINC)	Bermuda/Bahamas	NY/Miami OCA
11387 kHz C	Piarco	Karibik	
11387 kHz C	San Andres	Karibik	
11390 kHz C	Moscow Radio	Sibirien/SW-GUS/Europa	
11396 kHz C	Bali	Südostasien	MWARA SEA-1/3
11396 kHz C	Boyeros	Karibik	MWARA CAR-A
11396 kHz C	Cenamer	Karibik	MWARA CAR-A
11396 kHz C	Cocos Islands	I. Ozean, Fernost	MWARA SEA-1/3
11396 kHz C	Jakarta	Südostasien	MWARA SEA-1/3
11396 kHz C	Kuala Lumpur	Südostasien	MWARA SEA-2
11396 kHz C	Maiquetia	Karibik, Südamerika	MWARA CAR-A
11396 kHz C	Manila	Südostasien	MWARA SEA-2
11396 kHz C	Melbourne	S.-O.-Asien, Austral.	MWARA SEA-1/3
11396 kHz C	Merida	Karibik	MWARA CAR-A
11396 kHz C	New York (ARINC)	Karibik, M.-Amerika	MWARA CAR-A
11396 kHz C	Panama	Karibik, M.-Amerika	MWARA CAR-A
11396 kHz C	Perth	Süd-Ost-Asien	MWARA SEA-1/3
11396 kHz C	Singapore	Südostasien	MWARA SEA-2
11396 kHz C	Ujung Pandang	Südostasien	MWARA SEA-1/2/3
12222 kHz C	Hong Kong Dragon	weltweit	
13201 kHz C	Thule	Nordpolargebiet	
13205 kHz C	Berna Radio	weltweit	
13261 kHz C	Sydney	Australien	

1. Frequenz		2. Station	3. Abdeckungsbereich	4. MWARA-Frequenzzuteilung
13264 kHz	D	Kisangani	Afrika	
13273 kHz	C	Algiers	Europa/Afrika	MWARA AFI-2
13273 kHz	C	Honolulu (ARINC)	Pazifik	MWARA NP
13273 kHz	C	Niamey	Afrika	MWARA AFI-2
13273 kHz	C	Tamanrasset	Afrika	MWARA AFI-2
13273 kHz	C	Tokyo Control	Japan/Pazifik	MWARA NP-3
13273 kHz	C	Tripoli	Afrika	MWARA AFI-2
13288 kHz	C	Addis	Afrika	MWARA AFI-3
13288 kHz	C	Aden	Afrika	MWARA AFI-3
13288 kHz	C	Beirut	Europa	MWARA EUR-A
13288 kHz	C	Berlin	Europa	MWARA EUR-A
13288 kHz	C	Bombay	M./F. Osten	MWARA MID-2
13288 kHz	C	Bujumbura	Afrika	MWARA AFI-3
13288 kHz	D	Cairo	Afrika	MWARA AFI-3
13288 kHz	C	Delhi	M./F. Osten	MWARA MID-2
13288 kHz	C	Honolulu (ARINC)	Pazifik	MWARA CEP
13288 kHz	C	Kabul Control	Afghanistan	
13288 kHz	C	Karachi	M./F. Osten	MWARA MID-2
13288 kHz	C	Khartoum	Afrika	MWARA AFI-3
13288 kHz	C	Kuwait	M./F. Osten	MWARA MID-2
13288 kHz	C	Lahore	M./F. Osten	MWARA MID-2
13288 kHz	C	Male	M./F. Osten	MWARA MID-2
13288 kHz	C	Mogadiscio	Afrika	MWARA AFI-3
13288 kHz	C	San Francisco ARINC	Ostpazifik	MWARA CEP
13288 kHz	C	Seychelles	Afrika	MWARA AFI-3
13288 kHz	D	Tehran	Mittlerer Osten	MWARA MID-2
13291 kHz	C	Bodo	Nordatlantik/Polgeb.	MWARA NAT-D
13291 kHz	C	Gander	Nordatlantik	MWARA NAT-B/D
13291 kHz	C	Iceland (Reykjavik)	Nordatlantik/EU/Pol	MWARA NAT-B/D
13291 kHz	C	Shanwick (Shannon)	Nordatlantik/Europa	MWARA NAT-B/D
13294 kHz	C	Abidjan	Afrika	MWARA AFI-4
13294 kHz	C	Accra	Afrika	MWARA AFI-4
13294 kHz	C	Brazzaville	Afrika	MWARA AFI-4
13294 kHz	C	Bujumbura	Afrika	MWARA AFI-4
13294 kHz	C	Gaborone	Afrika	MWARA AFI-4
13294 kHz	C	Kano	Afrika	MWARA AFI-4
13294 kHz	D	Kinshasa	Afrika	MWARA AFI-4
13294 kHz	D	Kisangani	Afrika	MWARA AFI-4
13294 kHz	D	Kitona	Afrika	MWARA AFI-4
13294 kHz	C	Lagos	Afrika	MWARA AFI-4
13294 kHz	D	Lumbumbashi	Afrika	MWARA AFI-4
13294 kHz	D	N'Djamena	Afrika	MWARA AFI-4
13294 kHz	C	Niamey	Afrika	MWARA AFI-4
13295 kHz	D	Gander Flight Support	Nordatlantik	
13297 kHz	C	Bogota	östl. Südamerika	MWARA SAM-E
13297 kHz	C	Boyeros	Karibik	MWARA CAR-A
13297 kHz	C	Cenamer	Karibik	MWARA CAR-A

1. Frequenz	2. Station	3. Abdeckungsbereich	4. MWARA-Frequenzzuteilung
13297 kHz C	Maiquetia	Karibik, Südamerika	MWARA SAM
13297 kHz C	Merida	Karibik	MWARA CAR-A
13297 kHz C	New York (ARINC)	Karibik	MWARA CAR-A
13297 kHz C	Piarco	Karibik, Südamerika	MW. CAR-A/SAM
13297 kHz C	Santa Cruz	östl. Südamerika	MWARA SAM-E
13300 kHz C	Hong Kong	Fernost, W.-Pazifik	MWARA CWP-1/2
13300 kHz C	Manila	S.-O.-Asien, W.-Paz.	MWARA CWP-1/2
13300 kHz C	Naha	Fernost, W.-Pazifik	MWARA CWP-1/2
13300 kHz D	Pascua	westl. Südamerika	
13300 kHz C	Port Moresby	Westpazifik	MWARA CWP-1/2
13300 kHz C	Seoul	Westpazifik	MWARA CWP-1/2
13300 kHz C	Taipei	Westpazifik	MWARA CWP-1/2
13300 kHz C	Tokyo Control	Japan/Pazifik	MWARA CWP-1/2
13304 kHz C	Luanda	Afrika	
13306 kHz S	Antananarivo	Afrika, Ind. Ozean	MWARA INO-1
13306 kHz C	Beira	Afrika, Ind. Ozean	MWARA INO-1
13306 kHz C	Bujumbura	Afrika	MWARA INO-1
13306 kHz D	Canary Islands	Nordatlantik	MWARA NAT-A
13306 kHz C	Cocos Islands	Indischer Ozean	MWARA INO-1
13306 kHz C	Colombo	Indischer Ozean	MWARA INO-1
13306 kHz C	Dar Es Salaam	Afrika	MWARA INO-1
13306 kHz C	Gander	Nordatlantik	MWARA NAT-A/C
13306 kHz C	Iceland (Reykjavik)	Nordatlantik/Europa	MWARA NAT-A/C
13306 kHz C	Male	Indischer Ozean	MWARA INO-1
13306 kHz C	Mauritius	Afrika, Ind. Ozean	MWARA INO-1
13306 kHz C	Melbourne	I. Ozean, Australien	MWARA INO-1
13306 kHz C	Nairobi	Afrika, Ind. Ozean	MWARA INO-1
13306 kHz C	New York (ARINC)	Nordatlantik	MWARA NAT-A/C
13306 kHz C	Perth	I. Ozean, S.-O.-Asien	MWARA INO-1
13306 kHz C	Santa Maria	Nordatlantik	MWARA NAT-A/C
13306 kHz C	Seychelles	Indischer Ozean	MWARA INO-1
13306 kHz C	Shanwick (Shannon)	Nordatlantik/Europa	MWARA NAT-A/C
13309 kHz C	Bangkok	Fernost, S.-O.-Asien	MWARA SEA-2
13309 kHz C	Hochiminh	Südostasien	MWARA SEA-2
13309 kHz C	Hong Kong	Fernost, S.-O.-Asien	MWARA SEA-2
13309 kHz C	Jakarta	Südostasien	MWARA SEA-2
13309 kHz C	Manila	Südostasien	MWARA SEA-2
13312 kHz D	Jeddah	Mittlerer Osten	MWARA MID-1
13312 kHz C	Kuwait	Mittlerer Osten	MWARA MID-1
13312 kHz C	Tehran	Mittlerer Osten	MWARA MID-1
13315 kHz D	Canary Islands	Afrika	MWARA SAT-2
13315 kHz D	Dakar	Afrika	MWARA SAT-2
13315 kHz C	Johannesburg	Afrika	MWARA SAT-2
13318 kHz C	Cocos Islands	I. Ozean, Fernost	MWARA SEA-1/3
13318 kHz C	Colombo	I. Ozean, Fernost	MWARA SEA-1/3
13318 kHz C	Dhaka	Fernost	MWARA SEA-1/3
13318 kHz C	Jakarta	Südostasien	MWARA SEA-1/3

1. Frequenz		2. Station	3. Abdeckungsbereich	4. MWARA-Frequenzzuteilung
13318 kHz	C	Kuala Lumpur	Südostasien	MWARA SEA-1/3
13318 kHz	C	Madras	Fernost	MWARA SEA-1/3
13318 kHz	C	Male	Fernost	MWARA SEA-1/3
13318 kHz	C	Melbourne	S.-O.-Asien, Austral.	MWARA SEA-1/3
13318 kHz	C	Perth	Süd-Ost-Asien	MWARA SEA-1/3
13318 kHz	C	Singapore	Südostasien	MWARA SEA-1/3
13318 kHz	D	Trivandrum	Indischer Ozean	MWARA SEA-1/3
13318 kHz	C	Yangon	Südostasien	MWARA SEA-1/3
13327 kHz	D	Iberia Ops Madrid	weltweit	
13327 kHz	C	Lufthansa Frankfurt	weltweit	
13330 kHz	C	Houston (ARINC)	Nordamerika	
13330 kHz	C	New York (ARINC)	Nordamerika	
13330 kHz	C	Springbok Johannesb.	weltweit	
13336 kHz	C	Beirut	Mittlerer Osten	
13336 kHz	C	Benghazi	Afrika	
13336 kHz	C	Cocos Islands	Indischer Ozean	
13339 kHz	C	Air Seychelles	weltweit	
13339 kHz	C	Boyeros	Karibik	
13339 kHz	C	Honolulu (ARINC)	Pazifik	MWARA NP
13342 kHz	C	Stockholm Radio	weltweit	
13348 kHz	C	Honolulu (ARINC)	Pazifik	
13348 kHz	D	Iberia Sto. Domingo	weltweit	1300 bis 2300 MEZ
13348 kHz	C	San Francisco ARINC	Ostpazifik	
13351 kHz	C	Ostend Radio	weltweit	
13351 kHz	C	Paris Radio	weltweit	
13351 kHz	C	Saint Lys Radio	weltweit	
13354 kHz	C	Honolulu (ARINC)	Pazifik	MWARA CEP
13354 kHz	C	New York (ARINC)	Nordatlantik	MWARA NAT-E
13354 kHz	C	San Francisco ARINC	Ostpazifik	MWARA CEP
13356 kHz	C	Nigerian Awys Lagos	weltweit	
13356 kHz	C	Quantas Sydney	weltweit	
13357 kHz	C	Abidjan	Afrika	MWARA AFI-1
13357 kHz	S	Bissau	Afrika	MWARA AFI-1
13357 kHz	C	Canary Islands	Afrika	MWARA AFI-1
13357 kHz	R	Casablanca	Afrika	MWARA AFI-1
13357 kHz	S	Dakar	Afrika	MWARA AFI-1
13357 kHz	C	Recife	Südatlantik	MWARA SAT-1
13357 kHz	C	Sal	Afrika, Südatlantik	MWARA AFI-1
14552 kHz	C	Air Gabon Libreville	weltweit	
15046 kHz	C	Berna Radio	weltweit	
17904 kHz	C	Honolulu (ARINC)	Pazifik	MWARA CEP
17904 kHz	C	Manila	S.-O.-Asien, W.-Paz.	MWARA CWP-1/2
17904 kHz	C	San Francisco ARINC	Ostpazifik	MWARA CEP
17904 kHz	C	Seoul	Westpazifik	MWARA CWP 1/2
17904 kHz	C	Sydney	Südpazifik, Austral.	MWARA SP 6/7
17904 kHz	C	Tokyo Control	Japan/Pazifik	MW. CWP-1/2, NP-3
17907 kHz	C	Asuncion	Südamerika	MWARA SAM-E/W

1. Frequenz	2. Station	3. Abdeckungsbereich	4. MWARA-Frequenzzuteilung
17907 kHz C	Cocos Islands	I. Ozean, Fernost	MWARA SEA-1/3
17907 kHz C	Ezeiza	Südamerika	MWARA SAM-E/W
17907 kHz D	Hanoi	Südostasien	MWARA SEA-2
17907 kHz C	Jakarta	Südostasien	MWARA SEA-1/3
17907 kHz C	Kuala Lumpur	Südostasien	MWARA SEA-1/3
17907 kHz C	Madras	Fernost	MWARA SEA-1/3
17907 kHz C	Male	Fernost	MWARA SEA-1/3
17907 kHz C	Melbourne	S.-O.-Asien, Austral.	MWARA SEA-1/3
17907 kHz C	Merida	Karibik	MWARA CAR-A
17907 kHz C	Montevideo	Südamerika	MWARA SAM-E/W
17907 kHz C	New York (ARINC)	Bermuda/Bahamas	NY/Miami OCA
17907 kHz C	Paramaribo	östl. Südamerika	MWARA SAM-E
17907 kHz C	Perth	Süd-Ost-Asien	MWARA SEA-1/3
17910 kHz D	Gander Flight Support	Nordatlantik	
17910 kHz C	Kinshasa	Afrika	Antwort auf 8913 kHz
17910 kHz C	Kisangani	Afrika	Antwort auf 8913 kHz
17910 kHz C	Lumbumbashi	Afrika	Antwort auf 8913 kHz
17916 kHz C	Paris Radio	weltweit	
17916 kHz C	Saint Lys Radio	weltweit	
17916 kHz C	Stockholm Radio	weltweit	
17925 kHz C	Cocos Islands	Indischer Ozean	
17925 kHz C	Honolulu (ARINC)	Pazifik	
17925 kHz C	Houston (ARINC)	Nordamerika	
17925 kHz C	New York (ARINC)	Nordamerika	
17925 kHz C	San Francisco ARINC	Ostpazifik	
17925 kHz C	Springbok Johannesb.	weltweit	
17931 kHz D	Lufthansa Frankfurt	weltweit	
17934 kHz D	Iberia Sto. Domingo	weltweit	1300 bis 2300 MEZ
17937 kHz C	Maiquetia	Karibik	
17940 kHz C	Hong Kong Dragon	weltweit	
17940 kHz D	Iberia Ops Madrid	weltweit	
17940 kHz C	Ostend Radio	weltweit	
17940 kHz C	Seoul	Korea	
17946 kHz D	Canary Islands	Nordatlantik	MWARA NAT-A
17946 kHz C	Honolulu (ARINC)	Pazifik	MWARA NP
17946 kHz C	Iceland (Reykjavik)	Nordatlantik/Polgeb.	MWARA NAT-D
17946 kHz C	New York (ARINC)	Nordatlantik	MWARA NAT-A...E
17946 kHz R	Shanwick (Shannon)	Nordatlantik/Europa	MWARA NAT-A...E
17949 kHz C	Quantas Sydney	weltweit	
17955 kHz S	Bissau	Afrika	MWARA AFI-1
17955 kHz D	Canary Islands	Afrika	MWARA AFI-1
17955 kHz S	Dakar	Afrika	MWARA AFI-1
17955 kHz C	Johannesburg	Afrika	MWARA AFI-1
17955 kHz C	Sal	Afrika, Südatlantik	MW. AFI-1, SAT-2
17961 kHz C	Addis	Afrika	MWARA AFI-3
17961 kHz C	Beirut	Europa	MWARA EUR-A
17961 kHz C	Berlin	Europa	MWARA EUR-A

1. Frequenz	2. Station	3. Abdeckungsbereich	4. MWARA-Frequenzzuteilung
17961 kHz C	Bombay	Indischer Ozean	MWARA AFI-3
17961 kHz C	Cocos Islands	Indischer Ozean	MWARA INO-1
17961 kHz C	Melbourne	I. Ozean, Australien	MWARA INO-1
17961 kHz C	Perth	I. Ozean, S.-O.-Asien	MWARA INO-1
17961 kHz C	Seychelles	Afrika, Ind. Ozean	MW. AFI-3/INO-1
17961 kHz C	Tamanrasset	Afrika	MWARA AFI-2
17975 kHz C	Thule	Nordpolargebiet	
18023 kHz C	Berna Radio	weltweit	
20950 kHz C	Air Gabon Libreville	weltweit	
21886 kHz C	Quantas Sydney	weltweit	
21925 kHz C	Honolulu (ARINC)	Pazifik	MWARA NP
21926 kHz C	Johannesburg	Afrika	
21940 kHz C	Paris Radio	weltweit	
21940 kHz C	Saint Lys Radio	weltweit	
21943 kHz C	Springbok Johannesb.	weltweit	
21964 kHz C	Honolulu (ARINC)	Pazifik	
21964 kHz C	Houston (ARINC)	Nordamerika	
21964 kHz C	San Francisco ARINC	Ostpazifik	
21967 kHz C	Douala Reg Centrale	weltweit	
21967 kHz D	Iberia Ops Madrid	weltweit	
21970 kHz C	Hong Kong Dragon	weltweit	
21976 kHz C	Maiquetia	Karibik	
21979 kHz D	Lufthansa Frankfurt	weltweit	
21985 kHz D	Iberia Sto. Domingo	weltweit	1300 bis 2300 MEZ
21988 kHz D	Berna Radio	weltweit	0500 bis 2300 MEZ
23210 kHz C	Stockholm Radio	weltweit	
23285 kHz D	Berna Radio	weltweit	0500 bis 2300 MEZ
23692 kHz C	Ostend Radio	weltweit	
25500 kHz R	Berna Radio	weltweit	

VHF-Frequenztabelle

In der Tabelle sind die VHF-Frequenzen der Gebietskontrollstellen (ACC) in Deutschland, Österreich und der Schweiz zu finden. Die Frequenzen der Flughafenkontrollstellen (TWR) sowie der Anflugkontrollstellen (APP) sind in der Tabelle der Flughäfen und Landeplätze enthalten. Neben der Arbeitsfrequenz (1. Spalte) und dem Namen der Flugverkehrsregionalstelle (2. Spalte) erscheinen in der dritten Spalte Angaben zum jeweils ausgeübten Flugverkehrsdienst:

"ACC"	- Gebietskontrolle
"FIS"	- Fluginformationsdienst
"GND"	- vom Boden bis ...
"FL"	- Flugfläche der Ober- oder Untergrenze
"N", "E", "S", "W"	- nördlicher, östlicher, südlicher oder westlicher Teil des Kontrollbezirkes

1. Arbeitsfrequenz	2. Rufzeichen der Kontrollstelle	3. Flugverkehrsdienst
118.650 MHz	Düsseldorf Radar	ACC, Terminal FIS
118.750 MHz	Düsseldorf Radar	ACC
119.075 MHz	Frankfurt Radar	ACC
119.150 MHz	Frankfurt Radar	ACC, Terminal FIS
119.825 MHz	Bremen Information	FIS
120.050 MHz	Düsseldorf Radar	ACC
120.225 MHz	Hannover Radar	ACC, Terminal FIS
120.350 MHz	Bremen Radar	ACC
120.450 MHz	Frankfurt Radar	ACC
120.575 MHz	Frankfurt Radar/Information	ACC/FIS
120.650 MHz	München Information	FIS (N)
120.750 MHz	Bremen Radar	ACC
120.900 MHz	Düsseldorf Radar	ACC, Terminal FIS
121.050 MHz	Berlin Radar	ACC, Terminal FIS
121.350 MHz	Bremen Radar	ACC
121.500 MHz	int. zivile Notfrequenz	
122.400 MHz	Zürich Information	FIS
123.225 MHz	Berlin Radar	ACC
123.525 MHz	Frankfurt Radar/Information	ACC/FIS
123.600 MHz	Bremen Radar	ACC
123.925 MHz	Bremen Radar	ACC
124.025 MHz	Frankfurt Radar	ACC
124.075 MHz	Bremen Radar	ACC
124.375 MHz	Frankfurt Radar	ACC
124.425 MHz	Frankfurt Radar	ACC
124.475 MHz	Frankfurt Radar	ACC
124.625 MHz	Hamburg Radar	ACC, Terminal FIS
124.650 MHz	Bremen Radar	ACC
124.700 MHz	Zürich Information	FIS

1. Arbeitsfrequenz	2. Rufzeichen der Kontrollstelle	3. Flugverkehrsdienst
124.725 MHz	Frankfurt Radar	ACC
124.800 MHz	Bremen Radar	ACC
124.825 MHz	München Radar	ACC
124.900 MHz	Frankfurt Radar	ACC
125.200 MHz	Frankfurt Radar	ACC
125.350 MHz	Bremen Radar	ACC
125.400 MHz	Frankfurt Radar	ACC
125.550 MHz	Geneva Radar	ACC
125.600 MHz	Frankfurt Radar	ACC
125.800 MHz	Berlin Information	FIS (S)
125.850 MHz	Bremen Radar	ACC
126.050 MHz	Zürich Radar	ACC
126.150 MHz	Düsseldorf Radar	ACC
126.275 MHz	Wien Radar	ACC (FL 300 bis FL 340, W)
126.350 MHz	Berlin Information	FIS (N)
126.350 MHz	Geneva Information	FIS
126.425 MHz	Berlin Radar	ACC
126.450 MHz	München Radar	ACC
126.650 MHz	Bremen Radar	ACC
126.900 MHz	IATA Bord-Bord-Frequenz	
126.950 MHz	IATA Bord-Bord-Frequenz	
126.950 MHz	München Information	FIS (S)
127.050 MHz	Frankfurt Radar	ACC
127.300 MHz	Geneva Radar	ACC
127.375 MHz	München Radar	ACC
127.500 MHz	Frankfurt Radar	ACC
127.725 MHz	Frankfurt Radar	ACC
127.925 MHz	Frankfurt Radar	ACC
127.975 MHz	Nürnberg Information	FIS
128.050 MHz	Zürich Radar	ACC
128.150 MHz	Geneva Radar	ACC
128.225 MHz	Rhein Radar	ACC
128.550 MHz	Düsseldorf Radar	ACC
128.650 MHz	Düsseldorf Radar	ACC
128.700 MHz	Wien Radar	ACC (GND bis FL 300, N)
128.825 MHz	Rhein Radar	ACC
128.950 MHz	Bord-Bord-Frequenz Pazifik	
128.950 MHz	Stuttgart Information	FIS
128.975 MHz	München Radar	ACC
129.100 MHz	München Radar	ACC
129.175 MHz	Düsseldorf Radar	ACC
129.200 MHz	Wien Radar	ACC (GND bis FL 300, W)
129.450 MHz	München Radar	ACC
129.525 MHz	Rhein Radar	ACC
129.675 MHz	Frankfurt Radar	ACC

1. Arbeitsfrequenz	2. Rufzeichen der Kontrollstelle	3. Flugverkehrsdienst
130.075 MHz	Frankfurt Radar	ACC
131.050 MHz	Berlin Radar	ACC
131.150 MHz	Zürich Radar	ACC
131.300 MHz	Frankfurt Radar	ACC
131.350 MHz	Wien Radar	ACC (Airway B 5)
131.375 MHz	Bremen Radar	ACC
131.800 MHz	Bord-Bord-Frequenz Atlantik	
132.150 MHz	Rhein Radar	ACC
132.325 MHz	Rhein Radar	ACC
132.400 MHz	Rhein Radar	ACC
132.600 MHz	Wien Radar	ACC (FL 245 bis FL 340, E)
132.725 MHz	München Radar	ACC
132.775 MHz	Rhein Radar	ACC
132.875 MHz	München Radar	ACC
133.050 MHz	Zürich Radar	ACC
133.150 MHz	Geneva Radar	ACC
133.250 MHz	Maastricht Radar	ACC
133.275 MHz	Rhein Radar	ACC
133.400 MHz	Zürich Radar	ACC
133.575 MHz	Berlin Radar	ACC
133.600 MHz	Wien Radar	ACC (FL 300 bis FL 340, W)
133.650 MHz	Rhein Radar	ACC
133.675 MHz	München Radar	ACC
133.725 MHz	Bremen Radar	ACC
133.750 MHz	München Radar	ACC
133.800 MHz	Wien Radar	ACC (GND bis FL 340, S)
133.850 MHz	Maastricht Radar	ACC
133.950 MHz	Maastricht Radar	ACC
134.150 MHz	München Radar	ACC
134.350 MHz	Wien Radar	ACC (FL 300 bis FL 340, N)
134.550 MHz	Rhein Radar	ACC
134.600 MHz	Zürich Radar	ACC
134.800 MHz	Rhein Radar	ACC
134.850 MHz	Geneva Radar	ACC
134.950 MHz	Rhein Radar	ACC
135.050 MHz	Wien Radar	ACC (über FL 340, N, E, S)
135.150 MHz	Maastricht Radar	ACC
135.350 MHz	Düsseldorf Information	FIS
135.450 MHz	Maastricht Radar	ACC
135.700 MHz	Bremen Information	FIS
135.725 MHz	Frankfurt Radar	ACC
135.950 MHz	Rhein Radar	ACC
136.050 MHz	Berlin Radar	ACC
136.450 MHz	Berlin Radar	ACC
243.000 MHz	int. militärische Notfrequenz	

Abschnitt II: Flugwetterfunk

Der internationale Flugwetterfunk umfaßt den weiten Bereich aller Flugwettermeldungen von der allgemeinen Wetterbeobachtung einer Flugzeugbesatzung bis hin zur Flugplatzwettervorhersage, deren Format von der Weltorganisation für Meteorologie genormt ist. Generell wird zwischen Wettermeldungen von im Flug befindlichen Luftfahrzeugen sowie Meldungen für Flugzeuge - in der Luft und am Boden - unterschieden.

Wettermeldungen von Luftfahrzeugen sind Wetterbeobachtungen, die zu einer bestimmten Zeit, an einem festgelegten Ort oder aufgrund eines besonderen Anlasses gemacht werden. Hierzu zählen der „Pilot Report" (PIREP) und der „Aeronautical Report" (AIREP).

Wettermeldungen für Luftfahrzeuge sind Wetterbeobachtungen, Vorhersagen oder auch Warnungen, die entweder auf Anforderung oder als automatische Aussendung der Flugzeugbesatzung zur Verfügung stehen.

Zu dieser Gruppe gehören ATIS (automatischer Flugplatzinformationsdienst), VOLMET (automatische Wetteraussendungen), SIGMET (signifikante Wettererscheinungen), SNOWTAM (Landebahnzustandsberichte), METAR/SPECI (Wetterberichte) und TAF (Wettervorhersagen).

Zum Teil werden die Flugwettermeldungen in Klartext innerhalb des Flugfunkbereiches gesendet, teilweise aber auch als Fernschreibaussendung verschlüsselt („Radio Teletype", RTTY) über das Fernmeldenetz des festen Flugfunkdienstes (AFTN) übertragen - nähere Informationen hierzu im entsprechenden Abschnitt dieses Buches.

Desweiteren werden Flugwetterdaten als Fernschreibmitteilungen über ein unabhängiges Fernmeldenetz („Meteorological Operational Telecommunications Network Europe"; MOTNE) zwischen den neun MOTNE-Hauptstationen (Amsterdam, Brüssel, Kopenhagen, Bracknell, Offenbach, Paris, Rom, Wien und Zürich) übertragen.

In der nachfolgenden Übersicht der Flugwettermeldungen wird besonderer Wert auf die im Flugfunkbereich arbeitenden Wetterfunksysteme gelegt.

Flugwetterberichte (METAR/SPECI)

METAR und SPECI sind durch die Weltorganisation für Meteorologie genormte Wetterbeobachtungen. Gewöhnlich wird das METAR in Europa zweimal pro Stunde ausgegeben (häufig jeweils 20 und 50 Minuten nach der vollen Stunde, in einigen Ländern - wie etwa Irland und Island - aber auch zur halben und zur vollen Stunde). Das SPECI hingegen erscheint nur als zusätzlicher aktueller Wetterbericht, sollte das letzte METAR aufgrund einer bedeutenden Wetteränderung schon frühzeitig ungültig geworden sein. Bei Bedarf können sowohl METAR als auch SPECI einen Trend, also eine kurzfristige Wettervorhersage, enthalten. Die Verbreitung der Flugwetterberichte geschieht über die Fernschreibnetze der europäischen Wetterhauptstationen (MOT-NE) und des festen Flugfunkdienstes (AFTN) zu allen Flughäfen und Dispatch-Büros der Luftverkehrsgesellschaften, die an das AFTN angeschlossen sind. So erhalten die Piloten weltweit bereits vor Antritt des Fluges über die Flugberatungsdienste oder die Dispatch-Dienste ihrer Airline die Wetterberichte der internationalen Flughäfen.

Um den Flugzeugbesatzungen auch während des Fluges stets aktuell zur Verfügung zu stehen, werden METAR sowie SPECI teilweise über UKW- und KW-Sender ausgestrahlt; diesen ATIS- und VOLMET-Sendungen sind jeweils eigene Kapitel gewidmet.

Seit dem 1. Juli 1993 erscheinen METAR und SPECI innerhalb Europas im Format wie in Tabelle 2 gezeigt.

Sind bestimmte Wetterdaten nicht meßbar oder nicht vorhanden, werden die fehlenden Meßdaten ersatzlos ausgelassen und die entsprechenden Felder übersprungen; die Wetterberichte haben daher keine definierte Länge und können sich im Format teilweise erheblich voneinander unterscheiden.

METAR/SPECI-Schlüssel

Feld 1: Art der Wettermeldung

„METAR": planmäßiger halbstündlicher oder stündlicher Wetterbericht

„SPECI": außerplanmäßiger Sonderwetterbericht. Das SPECI dient als Ergänzung zum METAR bei besonders auffälligen Wetteränderungen. Hierzu zählen:

1. Änderung der mittleren Windrichtung um mindestens 30° bei mittleren Windgeschwindigkeiten von mindestens 20 Knoten
2. Änderung der mittleren Windgeschwindigkeit um 10 Knoten oder mehr oberhalb einer mittleren Windgeschwindigkeit von mindestens 30 Knoten
3. Änderung der mittleren Böengeschwindigkeit um 10 Knoten oder mehr oberhalb einer mittleren Windgeschwindigkeit von mindestens 15 Knoten
4. Bei Änderung der horizontalen Sichtweite werden die Werte 8 km, 5000 m, 1500 m oder 800 m erreicht oder durchlaufen
5. Bei Änderung der Bodensicht entlang der

Tabelle 2:

Feld 1	Feld 2	Feld 3	Feld 4	Feld 5
Art des Wetterberichtes	ICAO-Ortskennung	Ausgabezeit	Wind	Horizontale Sichtweite
METAR	**EDDF**	**0920Z**	**23015G25KT**	**1300NE 6000S**

Feld 6	Feld 7	Feld 8	Feld 9
Bodensicht entlang der Start-/Landebahn	Aktuelles Wetter	Bewölkung	Temperatur und Taupunkt
R25L/1400	**+SHRA**	**BKN004 OVC009**	**13/08**

Feld 10	Feld 11	Feld 12	Feld 13	Feld 14
Luftdruck	Wetter seit letzter Meldung	Windscherungen	Zustand der Start-/Landebahn	Trend (Wetteraussicht)
Q1006	**RETS**	**WS TKOF 25L**	**25290294**	**NOSIG**

Start-/Landebahn werden die Werte 800 m, 400 m oder 200 m erreicht oder durchlaufen
6. Bei Änderung der Intensität von Gewitter, Hagel, Schnee, Schneeregen, gefrierenden Niederschlägen, Schneefegen, Staubsturm, Sandsturm, Böen und Großtromben; außerdem bei Anfang und Ende der oben aufgeführten Wetterphänomene sowie von starken und sehr starken Niederschlägen.
7. Bei Änderung der Hauptwolkenuntergrenze (Bedeckungsgrad mindestens die Hälfte des sichtbaren Himmels) werden die Werte 2000 Fuß, 500 Fuß, 200 Fuß oder 100 Fuß erreicht oder durchlaufen
8. Bei Änderung des Bedeckungsgrades der Bewölkung unter 1500 Fuß wird der Wert vier Achtel erreicht oder durchlaufen

Feld 2: ICAO-Ortskennung

ICAO-Ortskennung (vier Buchstaben) des betreffenden Flughafens. Eine Übersicht der internationalen ICAO-Kennungen ist im Anhang am Ende dieses Buches aufgeführt.

Feld 3: Beobachtungszeit

Beobachtungszeit in Stunden und Minuten UTC gefolgt vom Buchstaben „Z".
Mitteleuropäische Zeit (MEZ): UTC+1
Mitteleuropäische Sommerzeit (MESZ): UTC+2
Beispiel Feld 1 bis 3: METAR EDDF 0920Z
Planmäßiger Wetterbericht Flughafen Frankfurt um 1020 Uhr MEZ

Sammelaussendungen: SA (METAR) / SP (SPECI)

Im Falle einer Sammelaussendung von Wetterberichten eines oder mehrerer Flughäfen (Wetterbulletin) wird „METAR" durch „SA" sowie „SPECI" durch „SP" ersetzt. Die Abkürzung erscheint zusammen mit der laufenden Nummer des Bulletins, der ICAO-Ortskennung des Absenders und der Beobachtungszeit (Tag des Monats unmittelbar gefolgt von der Zeitangabe in UTC) am Anfang dieses Bulletins. Gelten die Orts- oder Zeitangaben für alle nachfolgenden Wettermeldungen, werden sie - wie auch die Kennungswörter „METAR" und „SPECI" - im laufenden Text nicht mehr wiederholt.

Hierdurch wird das Bulletin kürzer und übersichtlicher gestaltet.
Beispiel: SA DL21 EDZW 141720
Planmäßiges deutsches Wetterbulletin Nummer 21 („DL21") vom Deutschen Wetterdienst in Offenbach („EDZW"), gültig für den 14. des Monats um 1820 Uhr MEZ
Vor den nachfolgenden Wettermeldungen tauchen jetzt nur noch die ICAO-Kennungen der betreffenden Flughäfen auf; das Kennungswort „METAR" und die Angabe der Beobachtungszeit fallen weg, da die nötigen Informationen bereits im Kopf des Bulletins enthalten sind.

Feld 4: Wind

Die Windrichtung wird dreistellig in Grad rechtweisend (bezogen auf die geographische Nordrichtung) auf volle zehn Grad gerundet angegeben, gefolgt von der zwei- oder dreistelligen mittleren Windgeschwindigkeit der letzten zehn Minuten vor der Meldungszeit. Ohne Zwischenraum folgt eine der Abkürzungen „KT", „KMH" oder „MPS" für die jeweils verwendete Geschwindigkeitsmaßeinheit Knoten (Seemeilen pro Stunde), Kilometer pro Stunde oder Meter pro Sekunde.
Beispiel: 23015KT
Der Wind weht aus 230° rechtweisend mit einer Geschwindigkeit von 15 Knoten (28 Kilometer pro Stunde).

Werden Windböen mit einer Geschwindigkeit von 10 Knoten oder mehr über der mittleren Windgeschwindigkeit beobachtet, so wird die maximale Böengeschwindigkeit hinter der mittleren Windgeschwindigkeit und dem Buchstaben „G" („gust") angegeben.
Beispiel: 23015G25KT
Der Wind weht aus 230° mit 15 Knoten, Böen bis 25 Knoten (46 Kilometer pro Stunde)

Windstille wird mit „00000" gefolgt von einer Geschwindigkeitseinheit angegeben, wechselnde Windrichtungen mit „VRB" („variable") sowie nachfolgender Windgeschwindigkeit und Maßeinheit.
Beispiel: „00000KT" bedeutet Windstille „VRB05KT" steht für umlaufende Winde mit 5 Knoten (9 km/h)

Dreht sich innerhalb der zehnminütigen Periode vor der Meldungszeit der Wind um mindestens 60° bei einer mittleren Windgeschwindigkeit von mehr als 3 Knoten (5 km/h), so werden die beiden Eckwerte der unterschiedlichen Windrichtungen - durch den Buchstaben „V" („variable") voneinander getrennt - im Uhrzeigersinn direkt nach der Geschwindigkeitseinheit angegeben.
Beispiel: „23015G25KT190V260"
Wind aus 230° mit 15 Knoten, in Böen bis zu 25 Knoten, beobachtete Windrichtungsänderungen von 190° bis 260°

Feld 5: Horizontale Sichtweite

Angabe der horizontalen Sichtweite in Meter. Variiert die Sichtweite mit der jeweiligen Blickrichtung, wird die geringste Sichtweite mit Angabe der Kompaßrichtung übertragen.

Die Himmelsrichtungen werden wie folgt abgekürzt: N - Nord, NE - Nordost, E - Ost, SE - Südost, S - Süd, SW - Südwest, W - West, NW - Nordwest
Beispiel: „4000" - Sichtweite mindestens 4000 m, unabhängig von der Blickrichtung „4000SE" - Sichtweite am geringsten in südöstlicher Richtung, mindestens jedoch 4000 m

Beträgt die geringste Sichtweite weniger als 1500 m, die Sichtweite in eine andere Richtung aber mehr als 5000 m, wird zusätzlich die maximale Sichtweite mit der entsprechenden Kompaßrichtung angegeben.
Beispiel: „1300NE6000S" - Sichtweite mit 1300 m am geringsten in nordöstlicher Richtung, maximale Sichtweite 6000 m nach Süden.

Sichtweiten von mehr als 10 km werden mit „9999", von weniger als 50 m mit „0000" angegeben.

Feld 6: Bodensicht entlang der Start-/Landebahn

Unterschreitet die horizontale Sichtweite 1500 m, wird zusätzlich die Sicht entlang der Start-/Landebahn gemeldet - maßgeblich ist hierbei die Sicht im Bereich der Aufsetzzone der entsprechenden Landebahn. Diese Gruppe („Runway Visual Range", RVR) beginnt stets mit dem Buchstaben „R" sowie der Bezeichnung der betreffenden Landebahn; hinter einem Schrägstrich erscheint nun die Angabe der RVR (gemessen in Meter). Die RVR-Gruppe wird für jede Landebahn wiederholt; Parallelbahnen unterscheiden sich durch die Zusatzbezeichnung „L" (links), „C" (mitte), „R" (rechts) hinter dem Bahnbezeichner.
Beispiel: „R25L/0800R25R/1100"
Sichtweite 800 m entlang der Aufsetzzone der Bahn 25L, 1100 m entlang der Aufsetzzone der Bahn 25R

Steigt die RVR über den meßbaren Höchstwert hinaus, so wird dieser Maximalwert mit dem vorangestellten Buchstaben „P" in der Wettermeldung übertragen. Eine RVR über 1500 m wird immer als „P1500" gemeldet.
Beispiel: „R23/P1500"
Die Landebahnsicht entlang der Aufsetzzone der Bahn 23 ist größer als 1500 m

Entsprechend bedeutet ein dem RVR-Wert vorangestelltes „M" eine Landebahnsicht unterhalb des kleinsten meßbaren Wertes.
Beispiel: „R23/M0050"
Die Landebahnsicht entlang der Aufsetzzone der Bahn 23 ist kleiner als 50 m

Ist die Beobachtungsstation technisch in der Lage, eine mittlere Landebahnsicht über das der Meldungszeit vorausgegangene Zehn-Minuten-Intervall zu bestimmen, so wird dieser gemittelte RVR-Wert in der Wettermeldung übertragen. In diesem Falle lassen sich auch Tendenzen und signifikante Veränderungen der Landebahnsicht im Wetterbericht übermitteln:

1. Tendenzen („trends")

Ändert sich die RVR innerhalb des Zehn-Minuten-Intervalles derart, daß die mittlere RVR der letzten fünf Minuten um 100 m oder mehr von der mittleren RVR der ersten fünf Minuten abweicht, so wird diese Tendenz durch die an den RVR-Meßwert angehängten Buchstaben „U" oder „D" für „up" (besser, weiter) oder „down" (schlechter, weniger) gemeldet. Der Buchstabe „N" bezeichnet keine nennenswerte Sichtänderung innerhalb des Zehn-Minuten-Intervalles. Die Tendenz der RVR bezieht sich dabei aber stets auf die der Meldungszeit vorangegangenen Periode, ist also keine Wettervorhersage !
Beispiel: „R23/0800U"
Die Landebahnsicht entlang der Aufsetzzone der Bahn 23 hat sich im vorangegangenen Beobachtungsintervall deutlich verbessert und beträgt jetzt 800 m.

2. Signifikante Veränderungen

Ändert sich die RVR innerhalb des der Meldungszeit vorausgegangenen Zehn-Minuten-Intervalles derart, daß die über eine einminütige Periode gemessenen Einzelmittelwerte um mehr als 50 m oder um mehr als 20% vom Gesamtmittelwert des Zehn-Minuten-Intervalles abweichen (maßgeblich ist der jeweils größere Wert), so wird anstelle des Zehn-Minuten-Mittelwertes der jeweilige minimale und maximale Mittelwert der entsprechenden Ein-Minuten-Intervalle in genau dieser Reihenfolge - getrennt durch den Buchstaben „V" - in der Wettermeldung übertragen.
Beispiel: „R23/0800V1100"
Die Landebahnsicht entlang der Aufsetzzone der Bahn 23 variierte im vorangegangenen Beobachtungsintervall zwischen 800 m und 1100 m.

Die Angaben von Tendenz und signifikanten Änderungen können durchaus auch zusammen in einer RVR-Gruppe erscheinen; eine komplette Angabe der Landebahnsicht könnte dann wie folgt aussehen:
Beispiel: „R23/0800V1100D"
Die Landebahnsicht entlang der Aufsetzzone der Bahn 23 variierte im vorangegangenen Beobachtungsintervall zwischen 800 m und 1100 m und hat sich in dieser Zeit deutlich verschlechtert.

An Verkehrsflughäfen wird die Landebahnsicht gewöhnlich an zwei oder drei Stellen entlang der Bahn gemessen, wobei der erste Meßwert grundsätzlich für die Aufsetzzone (300 m hinter dem Bahnanfang) gültig ist. Während in den Wettermeldungen nur dieser eine Wert erscheint, werden im Sprechfunkverkehr stets alle verfügbaren Meßwerte genannt. Besondere Bedeutung gewinnen diese Angaben für schwere Flugzeuge, die für Start und Landung die gesamte Landebahnlänge benötigen.

Feld 7: Aktuelles Wetter

Jede einzelne Wettergruppe setzt sich aus Kürzeln für Intensität (1), Beschreiber (2) und Phänomene (3 bis 5) gemäß der nachfolgenden Tabelle zusammen; die resultierende Gruppe hat dabei eine Länge von zwei bis neun Zeichen. Die Tabelle 3 gilt sowohl für aktuelle Wetterberichte wie auch für Wettervorhersagen.

Eine eventuelle Durchmischung verschiedener Niederschlagsarten wird in der Regel als Kombination einzelner Wetterphänomene innerhalb einer Wettergruppe gemeldet, wobei die vorherrschende Niederschlagsart an erster Stelle genannt wird. Trotzdem können innerhalb einer Wettermeldung bis zu drei separate Gruppen verwendet werden, um das Vorhandensein mehrerer unabhängiger Wettererscheinungen zu beschreiben.
Beispiele:
„+TS"   - schweres Gewitter
„SHSN" - mäßige Schneeschauer
„RA"   - Regen

Tabelle 3:

1	2	3	4	5
Intensität oder Entfernung	Beschreibung	Niederschlag	Bedeckung	Andere Wetterphänomene
Leicht: "-"	MI flach, am Boden	DZ Niesel Sprühregen	BR Dunst	PO ausgeprägte Staub-/Sandwirbel
mäßig: (ohne Kürzel)	BC Schwaden	RA Regen	RG Nebel	SQ Böen
schwer: "+"	DR Fegen	SN Schnee	FU Rauch	FC Großtrombe
VC in der Umgebung, aber nicht am Flughafen (innerhalb maximal 8 km)	BL Treiben	SG Schneegriesel	VA Vulkanasche	SS Sandsturm
	SH Schauer	IC Eisnadeln	DU Staub	DS Staubsturm
	TS Gewitter	PE Eiskörner	SA Sand	
	FZ gefrierend	GF Hagel	HZ Staubtrübung	
		GS kleine Hagel- und Schneekörner (weniger als 5 mm Durchmesser)		

„FZRA" - gefrierender Regen
„MIFG„ - Bodennebel
„-SHRA" - leichte Regenschauer

Die Wetterphänomene Dunst („BR"), Rauch („FU"), Staub („DU"), Sand („SA"), Staubtrübungen („HZ") sowie Eisnadeln („IC") werden nur bei Horizontalsichten von 3000 m oder weniger gemeldet - bei darüberliegenden Sichtweiten verlieren diese Wettererscheinungen in der Praxis an Bedeutung.

Feld 8: Bewölkung

Im Standardformat besteht die Bewölkungsgruppe aus sechs Zeichen. Die ersten drei Zeichen geben den Bedeckungsgrad des sichtbaren Himmels an:

SCT („scattered") - ein bis vier Achtel des Himmels bedeckt
BKN („broken") - fünf bis sieben Achtel des Himmels bedeckt
OVC („overcast") - acht Achtel des Himmels bedeckt

Die letzten drei Zeichen geben die Höhe der jeweiligen Wolkenuntergrenze über den Boden an; die verwendete Maßeinheit ist Fuß, gezählt wird in 100-Fuß-Schritten.
Beispiel: „BKN037"
Aufgelockerte Bewölkung (fünf bis sieben Achtel des Himmels sind bedeckt) mit einer Untergrenze von 037*100 Fuß = 3700 Fuß

Normalerweise werden in der Wettermeldung keine Wolkenarten angegeben; ausgenommen hiervon ist eine signifikante konvektive Bewölkung, da diese energiereiche Wolkenart großen Einfluß auf die Luftfahrt hat. Im METAR/SPECI können folgende signifikante Wolkenarten gemeldet werden:
CB - Cumulonimbus-Bewölkung (Gewitterwolken)
TCU - Cumulus-Congestus-Bewölkung (hochaufreichende Quellbewölkung)
Beispiel: „BKN037CB"
Der Himmel wird von fünf bis sieben Achtel Cumulonimbus-Bewölkung mit einer Wolkenuntergrenze von 3700 Fuß bedeckt.

Unterschiedliche Wolkenansammlungen oder Wolkenschichten werden in einzelnen Bewölkungsgruppen nach folgendem Schema gemeldet:
Erste Gruppe: niedrigste separate Wolkenschicht jeglichen Bedeckungsgrades
Zweite Gruppe: nächsthöhere separate Wolkenschicht mit einem Bedeckungsgrad von mehr als zwei Achtel
Dritte Gruppe: nächsthöhere separate Wolkenschicht mit einem Bedeckungsgrad von mehr als vier Achtel
Zusätzliche Gruppe: signifikante konvektive Bewölkung, falls noch nicht in den ersten drei Gruppen erschienen
In der Wettermeldung erscheinen die Bewölkungsgruppen grundsätzlich in Reihenfolge der ansteigenden Höhe ihrer Wolkenuntergrenzen.
Beispiel: „SCT012 SCT025CB BKN037"
Leichte Bewölkung (ein bis vier Achtel des Himmels bedeckt) in 1200 Fuß über dem Boden; leichte Gewitterbewölkung in 2500 Fuß sowie eine Schicht aufgelockerter Bewölkung (fünf bis sieben Achtel des Himmels bedeckt) in 3700 Fuß über dem Boden

Ist keine Bewölkung vorhanden, wird die Wolkengruppe durch die Abkürzung „SKC" („Sky Clear", klarer Himmel) ersetzt; sind allerdings auch die Bedingungen für „Ceiling and Visibility OK" („CAVOK") erfüllt, entfällt unter anderem auch die Wolkenangabe - siehe dazu auch den entprechenden Abschnitt in diesem Kapitel.
Sollte der Himmel völlig bedeckt sein und ist keine Wolkenuntergrenze zu erkennen, wird anstelle eines Bedeckungsgrades die Vertikalsicht („Vertical Visibility",VV) angegeben; die Sichtweite wird analog zur Wolkenhöhe in 100-Fuß-Schritten gemeldet. Kann keine Vertikalsicht gemessen werden, erscheint „VV///" in der Wettermeldung.
Beispiel: „VV002" - Vertikalsicht 200 Fuß
Die Angabe der Vertikalsicht ist besonders für Besatzungen der anfliegenden Luftfahrzeuge interessant, um die Durchführbarkeit von Schlechtwetteranflügen einschätzen zu können.

CAVOK - Ceiling and Visibility OK
In der Wettermeldung können die Gruppen für Horizontalsicht, Start-/Landebahnsicht (RVR), Wetter und Bewölkung durch die Abkürzung „CAVOK" (Wolkenuntergrenze sowie Sicht ausreichend) ersetzt werden, wenn folgende drei Bedingungen zutreffen:

1. Horizontale Sichtweite mindestens 10 km
2. Keine Wolken unterhalb von 5000 Fuß oder unterhalb der Sektorenmindesthöhe („Minimum Sector Altitude", MSA) - maßgebend ist der jeweils höhere Wert. Darüberhinaus darf unabhängig von der Wolkenhöhe keine Cumulonimbus-Bewölkung vorhanden sein.
3. Keine Art von Niederschlag, kein Gewitter (TS), kein Bodennebel (MIFG) und kein

Schneefegen (DRSN) am Flugplatz oder in dessen Umgebung.

Feld 9: Temperatur und Taupunkt

Temperatur und Taupunkt werden - durch einen Schrägstrich voneinander getrennt - in Grad Celsius angegeben; ein vorangestelltes „M" zeigt negative Werte an.

Beispiel:
„13/08" - Temperatur 13°C, Taupunkt 8°C
„01/M03" - Temperatur 1°C, Taupunkt -3°C

Der Taupunkt ist eine errechnete Größe und gibt die Temperatur an, bei der die Luft unter den vorherrschenden atmosphärischen Bedingungen eine relative Luftfeuchtigkeit von 100% erreicht.

Die Differenz zwischen Temperatur und Taupunkt, der sogenannte „Spread", ist letztendlich eine Angabe der relativen Luftfeuchtigkeit: Ein großer Spread deutet auf relativ trockene, ein kleiner Spread auf relativ feuchte Luft hin. Diese Angabe ist besonders hilfreich, um die Wahrscheinlichkeit von Nebel und starker konvektiver Bewölkung - beispielsweise Gewitterwolken - abzuschätzen.

Anmerkung: Obwohl im international gültigen Standardformat eindeutig Grad Celsius als Temperaturmaßeinheit festgelegt worden ist, kann es in der Praxis durchaus vorkommen, daß ohne weitere Kennzeichnung die Temperatur in Grad Fahrenheit angegeben wird. Dieses gilt insbesondere für Wetterberichte aus dem nordamerikanischen Raum; teilweise sind diese Temperaturangaben nur aufgrund der für Grad Celsius unrealistisch hohen Werte zu erkennen (Sommer: 85°F = 29°C; Winter: 20°F = -7°C).

Feld 10: Luftdruck

Hinter dem Buchstaben „Q" wird der von der Beobachtungsstation gemessene, auf Meereshöhe reduzierte Luftdruck angegeben. Der Wert ist stets vierstellig auf volle Hectopascal gerundet - bei einem Luftdruck von weniger als 1000 haPa steht an der ersten Stelle eine „0".

Beispiel:
„Q1013" - Luftdruck auf Meereshöhe 1013 haPa
„Q0993" - Luftdruck auf Meereshöhe 993 haPa

In England wird anstelle von „Hectopascal" die Bezeichnung „Millibar" verwendet, die Maßeinheit bleibt jedoch dieselbe (1 haPa = 1 mb).

Wird im Einzelfall der Luftdruck in Zoll Quecksilbersäule gemessen („Inches of Mercury", inHg), erscheint dieser Wert in hundertstel Einheiten nach dem vorangestellten Buchstaben „A"; diese Maßeinheit ist beispielsweise in den USA gebräuchlich.

Beispiel:
„A2992" - Luftdruck auf Meereshöhe 29.92 inHg
„A3012" - Luftdruck auf Meereshöhe 30.12 inHg

Feld 11: Wetter seit der letzten Meldung (optional)

Wenn von Bedeutung, erscheinen an dieser Stelle Informationen über relevante Wettererscheinungen, die in der Zeit nach dem letzten Wetterbericht beobachtet wurden, inzwischen jedoch wieder abgeklungen sind. Die Abkürzungen entprechen der Tabelle von Feld 7 und werden durch ein vorangestelltes „RE" als „Recent Weather" gekennzeichnet.

Beispiel: In der Zeit zwischen der letzten und der aktuellen Wettermeldung sind:
„RETS" - Gewitter beobachtet worden
„RE+SN" - schwere Schneefälle beobachtet worden

Feld 12: Windscherungen (optional)

Sind im Höhenbereich zwischen Boden und 1600 Fuß Windscherungen (signifikante Änderung der Windgeschwindigkeit bei nur kleiner Änderung der Flughöhe) entlang der Ein- oder Abflugschneisen zu beobachten, so können diese Informationen nach dem Kürzel

"WS" für "Windshear" mit Bezug zur entsprechenden Start-/Landebahn der Wettermeldung beigefügt werden.

Beispiel:
"WS TKOF RWY 25L" - Windscherung entlang der Abflugschneise der Startbahn 25L
"WS LDG RWY 03" - Windscherung entlang der Einflugschneise der Landebahn 03

Feld 13: Zustand der Start-/Landebahn (optional)

Ist die Start-/Landebahn mit Schnee, Wasser, Eis oder anderen, das Bremsverhalten des Flugzeuges beeinflussenden Belägen bedeckt ("Runway Contamination"), kann am Ende des METAR/SPECI eine Zustandsbeschreibung der Bahn erscheinen. Dieser Zustandsbericht besteht aus einer achtstelligen Zahlengruppe ("Runway State Group") und wird wie folgt dekodiert:

Gruppe: DDECeeBB

1. DD: Start-/Landebahnbezeichner
   Bei Parallelbahnen wird die linke Bahn gemäß ihrer Ausrichtung, jedoch ohne den Zusatz „L" angegeben; für die rechte Bahn wird 50 zum Bezeichner addiert und die Summe ohne den Zusatz „R" angegeben. Gilt der Zustandsbericht für alle vorhandenen Bahnen, wird die Bahnbezeichnung mit „88" kodiert; die Bahnbezeichnung „99" weist auf einen älteren Zustandsbericht hin - siehe dazu auch „Erscheinungsweise des Zustandsberichtes" weiter hinten im Kapitel.

2. E: Belag der Start-/Landebahn
   („Runway Deposits")
   Hier geben die Ziffern 0 bis 9 die unterschiedlichen Bahnbeläge an:
   - 0 - frei und trocken („clear and dry")
   - 1 - feucht („damp")
   - 2 - naß oder Pfützen („wet or water patches")
   - 3 - Reif oder Frost („rime or frost"); Tiefe weniger als 1 mm
   - 4 - trockener Schnee („dry snow")
   - 5 - nasser Schnee („wet snow")
   - 6 - Schneematsch („slush")
   - 7 - Eis („ice")
   - 8 - fester oder festgewalzter Schnee („compacted or rolled snow")
   - 9 - gefrorene Spuren oder Rillen („frozen ruts or ridges")
   - / - Belag nicht gemeldet (beispielsweise während Räumarbeiten)

3. C: Ausmaß des Bodenbelages
   („extend of runway contamination")
   Einstellige Angabe des prozentualen Bedeckungsgrades des Bahnbelages entsprechend der nachfolgenden Einteilung:
   - 1 - weniger als 10% der Bahn bedeckt
   - 2 - 11% bis 25% der Bahn bedeckt
   - 3 - 26% bis 50% der Bahn bedeckt
   - 9 - 51% bis 100% der Bahn bedeckt
   - / - keine Angaben (Räumarbeiten)

4. ee: Tiefe des Belages
   („depth of deposit")
   Zweistellige Angabe der Belagtiefe in Schritten zu 1 mm, 0.5 cm oder 5 cm entsprechend der Gesamtdicke des Belages
   a. Belagtiefe in 1-mm-Schritten (weniger als 1 mm bis 9 mm):
      00 - weniger als 1 mm
      01 - 1 mm
      02 - 2 mm
      ...
      09 - 9 mm
   b. Belagtiefe in 0.5-cm-Schritten (1 cm bis 9 cm):
      10 - 1.0 cm
      15 - 1.5 cm

20 - 2.0 cm
...
90 - 9.0 cm
  c. Belagtiefe in 5-cm-Schritten (10 cm bis mehr als 40 cm)
   92 - 10 cm
   93 - 15 cm
   94 - 20 cm
   95 - 25 cm
   96 - 30 cm
   97 - 35 cm
   98 - 40 cm oder mehr
   99 - Bahn wegen Schnee, Schneematsch, Eis oder Schneewehen nicht benutzbar, Belagtiefe wird nicht gemessen
   // - Belagtiefe unbedeutend oder nicht meßbar

5. BB: Reibungskoeffizient oder Bremswirkung („Friction Coefficient/Braking Action")
  a. Reibungskoeffizient:
   Der Koeffizient entspricht der zweistelligen Angabe
   Beispiel:
   21 - Reibungskoeffizient 0.21
   35 - Reibungskoeffizient 0.35
   ...
   40 - Reibungskoeffizient 0.40
   Werte unter 0.25:
   schwache Bremswirkung
   Werte von 0.26 bis 0.29:
   schwache bis mittlere Bremswirkung
   Werte von 0.30 bis 0.35:
   mittlere Bremswirkung
   Werte von 0.36 bis 0.39:
   mittlere bis gute Bremswirkung
   Werte über 0.40:
   gute Bremswirkung
  b. Bremswirkung:
   Dem zweistelligen Wert entspricht eine Bremswirkung gemäß folgender Tabelle:
   95 - gut/good
   94 - mittel bis gut/medium to good
   93 - mittel/medium
   92 - mittel bis schwach/medium to poor
   91 - schwach/poor
   99 - Bahn nicht in Betrieb, Bremswirkung nicht gemessen

Erscheinungsweise des Zustandsberichtes:
   Ein Zustandsbericht von Start-/Landebahnen erscheint gewöhnlich im aufgeführten Format zusammen mit dem entsprechenden METAR/SPECI. Steht bei Neuausgabe einer Wettermeldung kein aktualisierter Zustandsbericht zur Verfügung, so wird der vorherige Zustandsbericht wiederholt und anstelle einer Bahnbezeichnung der Code „99" eingefügt; dadurch wird kenntlich gemacht, daß die angegebenen Werte schon veraltet sein können.

Sonderformen des Zustandsberichtes:

1. DD//99//
Die Start-/Landebahn „DD" (Dekodierung siehe Punkt 2) wird zur Zeit geräumt und ist deshalb nicht verfügbar

2. DD//////
Die Start-/Landebahn „DD" (Dekodierung siehe Punkt 2) ist zwar mit Belag bedeckt, da der Flughafen jedoch zur Zeit geschlossen ist oder Flugbeschränkungen unterliegt (beispielsweise Nachtflugbeschränkungen) kann kein aktueller Zustandsbericht übermittelt werden.

3. DDCLRD//
Die Start-/Landebahn „DD" (Dekodierung siehe Punkt 2) ist vollständig belagfrei und wieder ohne Einschränkungen benutzbar
   Wird die Gruppe „88CLRD//" gemeldet, sind zur Zeit alle Bahnen des entsprechenden Flughafens belagfrei; bis zum Auftreten eines erneuten Bahnbelages werden keine weiteren Zustandsberichte mehr gemeldet.

Beispiele:
„75450294" -

Die Bahn 25R ist zu 26% bis 50% mit 2 mm tiefen trockenen Schnee bedeckt; Bremswirkung „mittel bis gut"

„07//99//" -
Die Bahn 07 oder 07L ist zur Zeit wegen Räumarbeiten geschlossen

„99210095" -
Der entsprechende Flughafen meldet eine nasse, zu weniger als 10% mit Wasser bedeckte Bahn; Belagtiefe weniger als 1 mm, Bremswirkung gut. Dieses ist eine Wiederholung des letzten Zustandsberichtes, da zur Erscheinungszeit des aktuellen METAR/SPECI kein neuer Zustandsbericht zur Verfügung stand.

„23CLRD//" -
Die Bahn 23 oder 23L ist wieder vollständig belagfrei

„53499292" -
Die Bahn 03R ist zu 51% bis 100% mit 10 cm tiefen Schnee bedeckt; die Bremswirkung ist „mittel bis schwach".

Feld 14: Trend (Wetteraussicht)

An die Wettermeldung, die ja lediglich beobachtete Wettererscheinungen enthält, kann eine kurzfristige, die nächsten zwei Stunden gültige Vorhersage signifikanter Wetteränderungen angefügt werden („Trend"). Zur Anwendung kommen die Änderungssymbole „BECMG", „TEMPO" sowie die Abkürzungen „FM", „TL" und „AT".

1. Änderungssymbole:
a) BECMG, „becoming", übergehend in ...
   Das in der Wettermeldung übermittelte Wetter geht allmählich - wenn zutreffend, innerhalb der angegebenen Zeit, ansonsten im der Meldungszeit folgenden Zwei-Stunden-Intervall - in das im Trend dargestellte Wetter über (zum Beispiel sich auflösender Morgennebel). (Zeichnung 11 oben).
b) TEMPO, „temporarily", zeitweise
   Das in der Wettermeldung übermittelte Wetter ändert sich kurzfristig für eine unbestimmte Dauer in das im Trend angege-

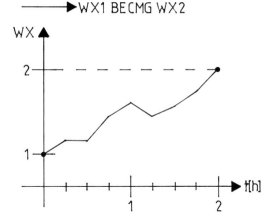

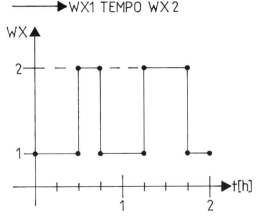

Zeichnung 11:
Grafische Darstellung der TREND-Bezeichner „BECMG" und „TEMPO" im Flugwetterbericht METAR

bene Wetter; die Wetteränderung kann mehrmals -wenn zutreffend - innerhalb eines bestimmten Zeitraumes, ansonsten im der Meldungszeit folgenden Zwei-Stunden-Intervall auftreten (beispielsweise durchziehende Regenschauer). (Zeichnung 11 unten)

c) FM, „from", Zeitangabe
   FM hhmm - um hhmm Uhr beginnend (Stunden und Minuten UTC)

d) TL, „till", Zeitangabe
TL hhmm - bis hhmm Uhr andauernd (Stunden und Minuten UTC)
e) AT, „at", Zeitangabe
AT hhmm - um hhmm Uhr (Stunden und Minuten UTC)

2. Wetterangabe:
Auch für den Trend gelten die Standard-Wettergruppen und Abkürzungen des METAR/SPECI. Werden im Gültigkeitszeitraum des Trends keine signifikanten Wetteränderungen vorhergesagt, erscheint an dieser Stelle die Abkürzung „NOSIG" - „No Significant Change", keine signifikante Änderung.

Beispiele:
BECMG FM 1300 21015G25KT
   Ab 1400 Uhr MEZ ändert sich der Wind allmählich auf 210 Grad mit 15 Knoten, in Böen 25 Knoten
TEMPO FM 1100 TL 1300 3000 SHRA
   Im Zeitraum von 1200 Uhr MEZ bis 1400 MEZ zeitweiliges Auftreten von Regenschauern mit Sichtweiten um 3000 m
TEMPO TS
   In den der Meldungszeit folgenden zwei Stunden werden einzelne Gewitter erwartet

Allgemeine Anmerkungen zum METAR/SPECI
   Falls mit dem METAR/SPECI noch andere, für die Luftfahrt wichtige Informationen über das Wettergeschehen übermittelt werden sollen, können diese als Klartext am Ende der Wettermeldung erscheinen.
   Fehlen bei bestimmten Wetterinformationen einzelne Zahlenwerte (die beispielsweise nicht gemessen werden konnten), so werden diese durch einen Schrägstrich „/" ersetzt.

Beispiele von vollständigen METAR-/SPECI-Meldungen im METAR-Bulletin:
SADL19 EDZW 130520
EDDH 20005KT 9999 SCT020 BKN 080 03/02 Q1010 NOSIG=
EDDL 18003KT 2000 -SN SCT008 OVC012 M00/M01 Q1006 NOSIG 26150095=
EDDS 22008KT 1000 R26/1400 DZ HZ SCT001 BKN004 OVC008 02/02 Q0985 BECMG 0800=
EDDN 00000KT 0100 R28/0350 FG VV/// 05/05 Q0990 TEMPO 0800=

Die dazugehörige Entschlüsselung:
   Deutsches METAR-Bulletin Nummer 19, ausgegeben vom Wetteramt Offenbach am 13. des Monates um 0620 Uhr MEZ

Hamburg - Wind aus 200 Grad mit 5 Knoten, Bodensicht mehr als 10 km, vereinzelte Bewölkung in 2000 Fuß, aufgelockerte Bewölkung in 8000 Fuß, Temperatur 3°C, Taupunkt 2°C, QNH 1010 haPA, keine bedeutende Wetteränderung erwartet

Düsseldorf - Wind aus 180 Grad mit 3 Knoten, Bodensicht 2000 m in leichten Schneefällen, vereinzelte Bewölkung in 800 Fuß, bedeckter Himmel in 1200 Fuß, Temperatur 0°C, Taupunkt -1°C, QNH 1006 haPa, keine bedeutende Wetteränderung erwartet, Zustandsbericht der Start-/Landebahn 23: Die Bahn ist feucht, sie ist zu 26% bis 50% mit einem weniger als 1 mm tiefen Wasserfilm bedeckt, dieBremswirkung ist gut

Stuttgart - Wind aus 220 Grad mit 8 Knoten, Bodensicht 1000 m, Sicht entlang der Start-/Landebahn 26 beträgt 1400 m, Nieselregen und Staubtrübungen, vereinzelte Bewölkung in 100 Fuß, aufgelockerte Bewölkung in 400 Fuß, bedeckter Himmel in 800 Fuß, Temperatur 2°C, Taupunkt 2°C, QNH 985 haPa, Wetteraussicht: allmähliche Bodensichtbesserung auf 800 m

Nürnberg - Windstille, Bodensicht 100 m, Sicht entlang der Start-/Landebahn 28 beträgt 350 m in Nebel, keine Vertikalsicht meßbar, Temperatur 5°C, Taupunkt 5°C, QNH 990 haPa, zeitweilige Verbesserung der Bodensicht auf 800 m

Flugwettervorhersagen (TAF - Terminal Aerodrome Forecast)

Die Flugwettervorhersage beschreibt die erwarteten Wettererscheinungen an einem bestimmten Flughafen über einen Zeitraum von mindestens 9 bis zu maximal 24 Stunden. Die 24-Stunden-Wettervorhersagen erscheinen oftmals erst sechs bis acht Stunden nach ihrer Erstellungszeit und liefern eine detaillierte Wettervorhersage daher nur noch für die maximal 18 verbleibenden Stunden. Die wesentlich genaueren Neun-Stunden-Vorhersagen gelten für die neun Stunden nach ihrer Erstellung und werden alle drei Stunden aktualisiert - im Gegensatz zu den 12 bis 24 Stunden gültigen Vorhersagen, bei denen eine Aktualisierung nur alle sechs Stunden erfolgt.

Ergänzungen zu den bereits bestehenden Wettervorhersagen können jederzeit veröffentlicht werden. Der Vorhersagezeitraum eines TAF kann mit der aus METAR/SPECI bekannten Abkürzung „FM hhmm" (um hhmm Uhr UTC beginnend) in zwei oder mehr eigenständige Teile untergliedert werden. Im Allgemeinen werden die Wettervorhersagen unabhängig von den Wetterbeobachtungen ausgegeben und beziehen sich daher auch nicht auf ein bestimmtes METAR/SPECI.

Viele der in den Wetterbeobachtungen verwendeten und bereits beschriebenen Gruppen finden auch in der Wettervorhersage Anwendung; in dieser Beschreibung des TAF werden daher die Unterschiede zum METAR/SPECI herausgestellt. Die Verbreitung der Wettervorhersagen geschieht ähnlich der Verbreitung der Wetterbeobachtungen; wo ein METAR/SPECI zu bekommen ist, dort erhält man in den meisten Fällen auch ein TAF. Eine Ausnahme bilden hier Wettersender mit beschränkter Reichweite (ATIS- und VOLMET-Ausstrahlungen im VHF-Bereich, siehe dazu auch die entsprechenden Kapitel), die gewöhnlich nur aktuelle Wetterberichte und Flughafeninformationen liefern. Seit dem 1. Juli 1993 erscheint das europäische TAF in dem in Tabelle 4 dargestellten Format.

Tabelle 4:

Feld 1	Feld 2	Feld 3	Feld 4
Art des Wetterberichtes	ICAO-Ortskennung	Ausgabezeit und Datum	Gültigkeitszeitraum
TAF	**EDDH**	**130300**	**0413**

Feld 5	Feld 6	Feld 7	Feld 8
Wind	Horizontale Sichtweite	Wetter	Bewölkung
21007KT	**4000**	**-SHSN**	**BKN012 OVC025**

Feld 9	Feld 10	Feld 11	Feld 12
Änderungssymbol	Gültigkeitszeitraum	Horizontale Sichtweite	Wetter
BECMG	**0708**	**2000**	**SN**

Feld 13	Feld 14	Feld 15	Feld 16
Wahrscheinlichkeitsangabe	Gültigkeitszeitraum	Wetter	Bewölkung
PROB40	**1013**	**+SHSN**	**OVC010**

Durch Aneinanderreihung und Wiederholung einzelner Segmente oder Untergliederung der Vorhersage in eigenständige Teile können die Wettervorhersagen in unterschiedlicher Länge erscheinen und sich - ähnlich den Wetterberichten - teilweise erheblich voneinander unterscheiden.

In der nachfolgenden Tabelle sind die Unterschiede zum METAR/SPECI im Einzelnen aufgeführt:

Feld 1: Art der Wettermeldung
„TAF" - „Terminal Aerodrome Forecast", Flugplatzwettervorhersage

Sammelaussendungen: FC/FT
Auch bei den Wettervorhersagen sind Sammelaussendungen für einen oder mehrere Flughäfen möglich (TAF-Bulletin).

In diesem Fall wird die Abkürzung „TAF" durch „FC" oder „FT" ersetzt und zusammen mit der laufenden Nummer des Bulletins, der ICAO-Kennung des Absenders sowie dem Tag des Monats und der Ausgabezeit (in Stunden und Minuten UTC) an den Anfang des Bulletins gesetzt; in den einzelnen nachfolgenden Wettervorhersagen entfällt dann neben der Ausgabezeit auch die Abkürzung „TAF".

Zusammen mit einem METAR-/SPECI-Bulletin können so die vielfältigsten Wetterinformationen kurz und übersichtlich dargestellt werden.

Beispiel:
FC DL22 EDZW 141700
Deutsches Wetterbulletin Nummer 22 („DL22") vom Deutschen Wetterdienst in Offenbach („EDZW") mit Vorhersagen erstellt um 1800 Uhr MEZ am 14. des laufenden Monats.
Die nachfolgenden Wettervorhersagen enthalten jetzt nur noch die ICAO-Ortskennungen der betreffenden Flughäfen sowie die entsprechenden Gültigkeitszeiträume; das Kürzel „TAF" und die Ausgabezeit aus dem Kopf des Bulletins werden nicht wiederholt.

Feld 2: ICAO-Ortskennung
ICAO-Ortskennung des betreffenden Flughafens wie im Feld 2 bei METAR/SPECI

Feld 3: Ausgabezeit und Datum
Tag des jeweiligen Monats gefolgt von der vierstelligen Ausgabezeit in Stunden und Minuten UTC; hinter der Zeitangabe steht ohne Zwischenraum der Buchstabe „Z".
Beispiel:
130800Z - Ausgabezeit der Wettervorhersage am 13. des Monats um 0900 Uhr MEZ

Feld 4: Gültigkeitszeitraum
Die ersten zwei Stellen geben den Beginn, die letzten beiden Stellen das Ende des Vorhersagezeitraumes - jeweils in vollen Stunden UTC - an.
Beispiel: „0716" - *Neun-Stunden-Wettervorhersage gültig von 0800 bis 1700 MEZ*

Feld 5: Wind
Angabe des Bodenwindes gemäß Feld 4 METAR/SPECI

Feld 6: Horizontale Sichtweite
Angabe der horizontalen Sichtweite in Meter. Im TAF wird stets nur dieser eine Wert als Mindestsichtweite - also die schlechteste mögliche Bodensicht - gemeldet. Sichtweiten von mehr als 10 km werden mit „9999", Sichtweiten von weniger als 50 m mit „0000" codiert.
Beispiel:
„8000" - Bodensicht mindestens 8 km

Feld 7: Wetter
Verwendung des unter Feld 7 METAR/SPECI aufgeführten allgemeinen Wetterschlüssels; wird in der Wettervorhersage kein signifikantes Wetter erwartet, kann diese Gruppe auch ausgelassen werden. Sollte nach einem Änderungssymbol (die entsprechenden Bezeichner „FM", „TEMPO" und „BECMG" werden unter Feld 9 TAF erläutert) das vorher angegebene Wetter bedeutungslos geworden sein, erscheint anstelle eines Wettercodes die

Abkürzung „NSW" für „No Significant Weather", keine bedeutende Wettererscheinung.

Feld 8: Bewölkung

Auch die Angabe der Bewölkung geschieht entsprechend dem Feld 8 METAR/SPECI. Werden keine Wolken vorhergesagt, erscheint hier die Abkürzung „SKC" für „Sky Clear", freier Himmel. Tritt innerhalb des Vorhersagezeitraumes keine Bewölkung unter 5000 Fuß oder der Sektorenmindesthöhe (maßgebend ist der jeweils höhere Wert) sowie keine Kumulonimbusbewölkung auf, die Bedingungen für „SKC" oder „CAVOK" sind jedoch nicht erfüllt, wird an dieser Stelle die Abkürzung „NSC" für „No Significant Clouds", keine bedeutende Bewölkung, verwendet.

Feld 9: Änderungsgruppe

Als Änderungssymbole sind in der Wettervorhersage folgende Abkürzungen zulässig:

1. FM hh - „from hh UTC", um hh Uhr UTC beginnend

Die Abkürzung „FM" gefolgt von einer zweistelligen Zeitangabe in vollen Stunden UTC markiert den Anfang eines eigenständigen Teiles innerhalb der Wettervorhersage. Sämtliche vor dieser Gruppe stehenden Angaben verlieren zur angegebenen Zeit ihre Gültigkeit und werden durch die dem Änderungssymbol folgenden Vorhersagedaten aktualisiert oder ersetzt. (Zeichnung 11a, oben)
Beispiel:
„*FM03 210/10KT 3000 +SHRA*"
Nach 0400 Uhr MEZ dreht der Wind auf 210 Grad mit 10 Knoten, es werden schwere Regenschauer bei Sichten von mindestens 3 km erwartet.

2. BECMG aaee - „becoming between aa and ee UTC", zwischen aa und ee Uhr UTC allmählich übergehend in

Die Abkürzung „BECMG" gefolgt von einer vierstelligen Zeitangabe in vollen Stunden UTC für Anfang und Ende des Änderungsin-

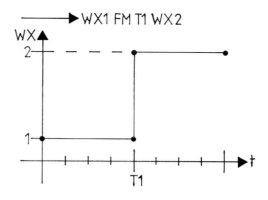

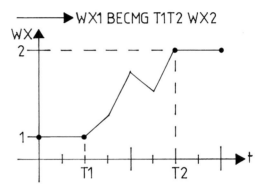

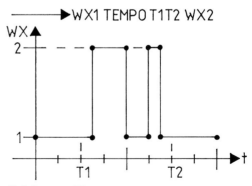

Zeichnung 11a:
Grafische Darstellung der Änderungsbezeichner „FM", „BECMG" und „TEMPO" in der Flugwettervorhersage TAF

tervalles markiert den Beginn einer dauerhaften Änderung der vorhergesagten Wettererscheinungen. Im Gegensatz zum Änderungssymbol „FM" kann die Wetteränderung bei „BECMG" allmählich oder auch in ungleichmäßigen Sprüngen zu beliebigen Zeitpunkten innerhalb des angegebenen Intervalles stattfinden. (Zeichnung 11a, mitte)
Beispiel: „BECMG 0508 1500 BR"
Zwischen 0600 und 0900 Uhr MEZ allmähliche Wetteränderung in Dunst mit Sichtweiten von mindestens 1500 m.

3. TEMPO aaee - „temporarily between aa and ee UTC", zeitweilig zwischen aa und ee Uhr UTC

Die Abkürzung „TEMPO" gefolgt von einer vierstelligen Zeitangabe in vollen Stunden UTC für Anfang und Ende des Änderungsintervalles markiert den Beginn zeitweiliger Wetterabweichungen (Fluktuationen) von den vorher angegebenen Wettererscheinungen. Die hinter dem Änderungssymbol stehenden Vorhersagedaten können zu jedem beliebigen Zeitpunkt innerhalb des entsprechenden Intervalles einmalig oder auch mehrmals auftreten. Die einzelnen Wetterfluktuationen sollen dabei kürzer als eine Stunde sein; die Gesamtdauer des nach der Änderungsgruppe angegebenen Wetters darf die halbe Zeit des Änderungsintervalles nicht überschreiten. (Zeichnung 11a, unten)
Beispiel: „TEMPO 1215 1500 SHSN"
In der Zeit zwischen 1300 und 1600 MEZ treten zeitweilig mäßige Schneeschauer mit Mindestsichtweiten von 1500 m auf.

Feld 10: Gültigkeitszeitraum
Die Angabe des jeweiligen Gültigkeitszeitraumes einer Wetteränderung erfolgt im Zusammenhang mit den Änderungssymbolen aus Feld 9 der Wettervorhersage.

Feld 11: Horizontale Sichtweite

Feld 12: Wetter
Sämtliche nach einer Änderungsgruppe stehenden Angaben von Wetterphänomenen erscheinen natürlich im allgemeinen Format wie auch in den Feldern fünf bis acht der Wettervorhersage.

Feld 13: Wahrscheinlichkeit
In der Wettervorhersage kann die Wahrscheinlichkeit einer Wetteränderung mit der Abkürzung „PROB" für „probability" und den Zahlenwerten 30% oder 40% genauer spezifiziert werden. Im Anschluß an diese Gruppe steht entweder eine vierstellige Zeitangabe in vollen Stunden UTC für Anfang und Ende des Änderungsintervalles, oder auch ein Änderungssymbol mit nachfolgendem Gültigkeitszeitraum gemäß Feld 9 der Wettervorhersage. Bei Wetteränderungen mit Wahrscheinlichkeiten größer als 40% wird von vornherein nur eine Änderungsgruppe nach Feld 9 TAF angegeben.
Beispiele:
„PROB30 0811 0900 MIFG"
Mit einer Wahrscheinlichkeit von 30% tritt in der Zeit von 0900 und 1200 Uhr MEZ flacher Nebel mit einer Mindestbodensicht von 900 m auf.
„PROB40 TEMPO 0811 1500 +TS"
Mit einer Wahrscheinlichkeit von 40% treten in der Zeit von 0900 und 1200 Uhr MEZ zeitweilig einzelne schwere Gewitter mit Sichtweiten vonmindestens 1500 m auf.

Feld 14: Gültigkeitszeitraum
Angabe eines Änderungsintervalles oder auch eines Änderungssymboles mit nachfolgendem Gültigkeitszeitraum im Zusammenhang mit der Auftrittswahrscheinlichkeit aus Feld 13 der Wettervorhersage.

Feld 15: Wetter
und
Feld 16: Bewölkung
Auch hier erfolgt die Angabe der unterschiedlichen Vorhersagedaten im selben Format wie schon aus den Feldern fünf bis acht der Wettervorhersage bekannt.

Zusätzliche Angaben im TAF

Zusätzlich zu den Standardwerten kann die Flugplatzwettervorhersage noch Angaben über Temperatur, Vereisungsbedingungen und Turbulenz innerhalb des Vorhersagezeitraumes enthalten. Diese Informationen erscheinen als Zahlen-/Buchstabenkombination in den nachfolgend dargestellten Formaten jeweils am Ende des TAF:

1. Temperaturvorhersage
Format: Ttt/ggZ

„T" steht als Kennzeichner der Temperaturvorhersage am Anfang der Gruppe

tt vorhergesagte Temperatur in Grad Celsius (negative Werte werden mit einem vorangestellten „M" übertragen)

gg Zeit in vollen Stunden UTC, zu der die angegebene Temperatur erwartet wird

„Z" steht zur Kennzeichnung der Zeitbasis UTC am Ende der Gruppe

Beispiel: „T44/10Z" - um 10 Uhr UTC wird eine Temperatur von 44°C erwartet

Anmerkung: Wie auch schon in der Beschreibung des METAR/SPECI erwähnt, kann durchaus anstelle der festgelegten Maßeinheit Grad Celsius im Einzelfall ohne weitere Kennzeichnung die Temperatur in Grad Fahrenheit angegeben werden - insbesondere dann, wenn die Wettervorhersage aus den Vereinigten Staaten stammt. Unrealistisch hohe Temperaturwerte in der Wettervorhersage lassen auf die Verwendung der Maßeinheit „Grad Fahrenheit" schließen.

2. Vorhersage der Vereisungsbedingungen
Format: 6ihhht

„6" steht als Kennzeichner zu Beginn der Gruppe

i bezeichnet die Art der Vereisung gemäß der folgenden Tabelle:
- 0 - keine Vereisung
- 1 - leichte Vereisung
- 2 - leichte Vereisung in Wolken
- 3 - leichte Vereisung in Niederschlag
- 4 - mäßige Vereisung
- 5 - mäßige Vereisung in Wolken
- 6 - mäßige Vereisung in Niederschlag
- 7 - schwere Vereisung
- 8 - schwere Vereisung in Wolken
- 9 - schwere Vereisung in Niederschlag

hhh Höhe des niedriegsten Vereisungsgebietes über dem Boden; Angabe in 100-Fuß-Einheiten („009" entspricht 900 Fuß)

t vertikale Ausdehnung („Dicke") des Vereisungsgebietes
- 0 - Höhe bis zur Wolkenobergrenze
- 1 bis 9 - Schichtdicke in 1000-Fuß-Einheiten („3" entspricht 3000 Fuß)

Beispiel: „650200" - vorhergesagte mäßige Vereisungsbedingungen in Wolken, Ausdehnung des Vereisungsgebietes von 2000 fuß über Grund bis zur Wolkenobergrenze.

3. Turbulenzvorhersage
Format: 5bhhht

„5" steht als Kennzeichner der Turbulenzvorhersage am Anfang der Gruppe

b beschreibt die Erscheinungsform der Turbulenz gemäß folgender Tabelle:
- 0 - keine Turbulenz
- 1 - leichte Turbulenz
- 2 - mäßige, unbeständige Turbulenz in klarer Luft
- 3 - mäßige, beständige Turbulenz in klarer Luft
- 4 - mäßige, unbeständige Turbulenz in Wolken
- 5 - mäßige, beständige Turbulenz in Wolken
- 6 - schwere, unbeständige Turbulenz in klarer Luft
- 7 - schwere, beständige Turbulenz in klarer Luft
- 8 - schwere, unbeständige Turbulenz in Wolken
- 9 - schwere, beständige Turbulenz in Wolken

hhh   Höhe des niedrigsten Turbulenzgebietes in 100-Fuß-Einheiten über dem Boden („030" entspricht 3000 Fuß)
t   vertikale Ausdehnung („Dicke") des Turbulenzgebietes
   0 - Höhe bis zur Wolkenobergrenze
   1 bis 9 - Schichtdicke in 1000-Fuß-Einheiten („5" entspricht 5000 Fuß)

Beispiel: „573702" - vorhergesagte schwere, beständige Turbulenz in klarer Luft („Clear Air Turbulence", CAT); Ausdehnung des Turbulenzgebietes von 37000 Fuß bis 39000 Fuß (Schichtdicke 2000 Fuß)

Häufig erscheinen die Angaben zu Temperatur, Vereisung und Turbulenz nur in Wettervorhersagen für vorwiegend militärisch genutzte Flugplätze; in den zivilen Vorhersagen tauchen diese Gruppen sehr selten auf und haben daher in der Praxis keine größere Bedeutung. Wird dennoch im TAF einmal eine solche Vorhersagegruppe verwendet, handelt es sich dabei meistens um die Temperaturvorhersage.

Ergänzung der Flugplatzwettervorhersage

Muß eine bereits ausgegebene Wettervorhersage aus gegebenen Anlaß ergänzt werden, so wird das aktualisierte TAF durch die Abkürzung „AMD" für „amendment" (Berichtigung) direkt hinter dem Bezeichner „TAF" gekennzeichnet. Die so ergänzte Wettervorhersage bleibt für den restlichen Zeitraum des ursprünglichen TAF gültig. Dieses Verfahren wird insbesondere dann angewendet, wenn die Zeit bis zur Neuausgabe der Wettervorhersage noch relativ lang ist, die tatsächlichen Wetterdaten aber bereits signifikant von den vorhergesagten Werten abweichen (beispielsweise ein mit veränderter Geschwindigkeit durchziehendes Frontensystem).

Abschließend einige Beispiele für vollständige TAF-Meldungen im TAF-Bulletin:
FCDL07 EDZW 210300
EDDH 0413 14013G25KT 6000 RASN BKN008 OVC012 TEMPO 0413 1500 SN OVC005=

EDDL 0413 07007KT 6000 -FZDZ OVC010 TEMPO 0407 2000 OVC005 BECMG 0710 9999 NSW SCT020=
EDDS 0413 14005KT 9999 SCT004 BKN018 BECMG 1013 6000 -RA BKN004=
EDDN 0413 02008KT 7000 SCT003 BKN018 TEMPO 0410 4000 DZRA BKN006 PROB30 TEMPO 0410 1500 RASH OVC002=

Die dazugehörige Entschlüsselung:

TAF-Bulletin Nummer 7, ausgegeben vom Wetteramt Offenbach am 21. des Monates um 0400 MEZ

Hamburg - Vorhersage gültig von 0400 bis 1300 Uhr UTC; Wind aus 140 Grad mit 13 Knoten, in Böen bis zu 25 Knoten, Bodensicht 6000 m in Schneeregen, aufgelockerte Bewölkung in 800 Fuß, bedeckter Himmel in 1200 Fuß, im gesamten Vorhersagebereich von 0400 bis 1300 Uhr UTC kann zeitweise die Sicht auf 1500 m in Schnee zurückgehen, dabei ist der Himmel bedeckt bei einer Wolkenuntergrenze in 500 Fuß Höhe

Düsseldorf - Vorhersage gültig von 0400 bis 1300 Uhr UTC; Wind aus 070 Grad mit 7 Knoten, Bodensicht 6000 m in leichtem gefrierenden Sprühregen, bedeckter Himmel in 1000 Fuß, in der Zeit von 0400 bis 0700 Uhr UTC ist zeitweilig ein Sichtrückgang auf 2000 m sowie ein Absenken der Bewölkung auf 500 Fuß zu erwarten, zwischen 0700 und 1000 Uhr UTC allmähliche Verbesserung der Bodensicht auf mehr als 10 km, keine bedeutenden Wettererscheinungen sowie nur noch vereinzelte Bewölkung in 2000 Fuß

Stuttgart - Vorhersage gültig von 0400 bis 1300 Uhr UTC; Wind aus 140 Grad mit 5 Knoten, Bodensicht mehr als 10 km, vereinzelte Bewölkung in 400 Fuß, aufgelockerte Bewölkung in 1800 Fuß, in der Zeit von 1000 Uhr bis 1300 Uhr UTC allmähliche Wetterverschlechterung auf Sichtweiten von 6000 m in leichtem Regen verbunden mit aufgelockerter Bewölkung in 400 Fuß

Nürnberg - Vorhersage gültig von 0400 bis 1300 Uhr UTC; Wind aus 020 Grad mit

8 Knoten, Bodensicht 7000 m, vereinzelte Bewölkung in 300 Fuß, aufgelockerte Bewölkung in 1800 Fuß, zwischen 0400 und 1000 Uhr UTC zeitweiliger Rückgang der Bodensicht auf 4000 m in Nieselregen mit aufgelockerter Bewölkung in 600 Fuß; mit einer Wahrscheinlichkeit von 30% treten im selben Zeitintervall von 0400 bis 1000 Uhr UTC zeitweilig Regenschauer auf, die Sichtweite geht dabei auf 1500 m zurück, der Himmel ist bedeckt bei einer Wolkenuntergrenze in 200 Fuß Höhe.

Der nordamerikanische Wettercode

Bis zum 30. Juni 1993 wurde in Nordamerika (USA und Kanada) anstelle von METAR/SPECI und TAF ein eigener Wetterschlüssel verwendet, der sich ähnlich den internationalen Wettermeldungen aus Ziffern- und Buchstabengruppen zusammensetzt. Im Zuge der internationalen Standardisierung wird auch dieser Wetterschlüssel durch die neuen, seit dem 1. Juli 1993 weltweit gültigen Formate für Wetterberichte und Vorhersagen ersetzt; eine vollständige Anpassung ist allerdings nicht vor Januar 1996 zu erwarten. Bis zum 31. Dezember 1995 erscheinen daher in den USA die nationalen Wetterberichte sowie sämtliche in den ATIS-Aussendungen (automatischer Flughafeninformationsdienst) enthaltenen Wetterberichte im alten Format. Die international erhältlichen Wetterberichte und alle Wettervorhersagen werden seit dem 1. Juli 1993 im neuen Format von METAR/SPECI und TAF ausgegeben. Da in USA und Kanda teilweise andere Maßeinheiten verwendet werden (so wird zum Beispiel die horizontale Sichtweite in Landmeilen angegeben), sind in Tabelle 5 alle Unterschiede zwischen den internationalen sowie den nordamerikanischen Meldungsformaten dargestellt. Im Vergleich zum internationalen Format der Wetterberichte und Vorhersagen sind METAR/SPECI sowie TAF in USA und Kanada einfacher - und daher auch übersichtlicher - gehalten; Hinweise zum Umrechnen der unterschiedlichen Maßeinheiten sind im Anhang dieses Buches zu finden.

Wie auch in den europäischen Wettermeldungen können nicht vorhandene oder nicht meßbare Daten ersatzlos ausgelassen werden.

1. METAR/SPECI (Tabelle 5)
Feld 1: Art des Wetterberichtes
    Einteilung wie im intern. Meldungsformat
„METAR" -   stündliche Routinemeldung
„SPECI" -   Sondermeldung

Tabelle 5:
1. METAR/SPECI:

Feld 1	Feld 2	Feld 3	Feld 4	Feld 5
Art des Wetterberichtes	ICAO-Ortskennung	Ausgabezeit	Wind	Horizontale Sichtweite
METAR	**KDFW**	**1000Z**	**20025G35**	**3/4SM**

Feld 6	Feld 7	Feld 8	Feld 9
Bodensicht entlang der Start-/Landebahn	Aktuelles Wetter	Bewölkung	Temperatur und Taupunkt
R17L/4000FT	**+TSRA**	**SCT009 OVC023**	**84/71**

Feld 10	Feld 11	Feld 12	Feld 13
Luftdruck	Wetter seit letzter Meldung	Windscherung	Bemerkungen
A3006	**REFC**	**WSLDGRWY17L**	**RMK/AP CLSD**

Feld 2: ICAO-Ortskennung

ICAO-Ortskennung des entsprechenden Flughafens

Feld 3: Ausgabezeit

Vierstellige Ausgabezeit in Stunden und Minuten UTC gefolgt vom Buchstaben „Z"

Feld 4: Wind

Dreistellige Angabe der Windrichtung (bezogen auf die geographische Nordrichtung), gerundet auf volle zehn Grad

Zwei- oder dreistellige Angabe der Windgeschwindigkeit gefolgt von der verwendeten Maßeinheit „KT" (Knoten), „KMH" (Kilometer pro Stunde) oder „MPS" (Meter pro Sekunde)

Böen: Buchstabe „G" für „gust" gefolgt von der zwei- oder dreistelligen Böenspitzengeschwindigkeit

Windstille: „0000"

Dreht der Wind innerhalb des Beobachtungszeitraumes um 60 Grad oder mehr, werden die beiden Eckwerte der unterschiedlichen Windrichtungen in numerischer Reihenfolge, durch den Buchstaben „V" („variable") voneinander getrennt, angegeben (beispielsweise „180V260")

Bei umlaufenden Winden mit geringeren Geschwindigkeiten als drei Knoten wird anstelle einer Richtungsangabe die Abkürzung „VRB" für „variable" gemeldet.

Feld 5: Horizontale Sichtweite

Bodensicht in Landmeilen („Statute Miles") gefolgt von der Abkürzung „SM" zur Kennzeichnung der verwendeten Maßeinheit. Unterhalb von 15 sm erfolgt die Angabe in ganzen Meilen sowie - bei Sichtweiten von weniger als 3 sm - in Bruchteilen davon; gewöhnlich werden bei schlechten Sichten halbe und auch viertel Meilen gemeldet. Oberhalb von 15 sm wird die Bodensicht in Fünf-Meilen-Schritten abgestuft.

Feld 6: Bodensicht entlang der Start-/Landebahn

Die Sicht entlang der Start-/Landebahn wird immer dann gemeldet, wenn diese geringer als 6000 Fuß ist oder die Bodensicht allgemein den Wert 1 sm unterschreitet. Die Gruppe beginnt mit der zweistelligen Angabe des Bahnbezeichners - falls notwendig, ergänzt durch „L" für links, „C" für Mitte und „R" für rechts; nach einem Schrägstrich „/" steht als vierstellige Zahlengruppe die Sicht entlang der entsprechenden Bahn gefolgt von „FT" zur Kennzeichnung der Maßeinheit Fuß. Änderungen der Sichtweiten werden nach einem weiteren Schrägstrich „/" durch den Buchstaben „V" für „variability" gemeldet, ebenso ist die Angabe einer Tendenz „D" für niedriger („down"), „U" für höher („up") und „N" für gleichbleibend („no change") möglich. Ist die Sicht größer als der maximale meßbare Wert, erscheint vor der Zahlengruppe ein „+"; umgekehrt bei Sichten unterhalb des kleinsten meßbaren Wertes ein „-".

Feld 7: Aktuelles Wetter

Die Angabe des aktuellen Wetters erfolgt nach der gleichen Tabelle, wie sie auch im internationalen Meldungsformat von METAR/SPECI zur Anwendung kommt.

Feld 8: Bewölkung

Wie auch im internationalen Format der Wetterberichte wird Bedeckungsgrad, Wolkenhöhe und - wenn relevant - Wolkenart angegeben. Falls vorhanden, können auch mehrere Wolkenschichten gemeldet werden.

Bewölkungsdichte:

SKC - sky clear, freier Himmel

CLR - clear, keine Wolken unterhalb 12000 Fuß (automatische Wetterstationen)

SCT - scattered, ein bis vier Achtel des Himmels bedeckt

BKN - broken, fünf bis sieben Achtel des Himmels bedeckt

OVC - overcast, acht Achtel des Himmels bedeckt

Wolkenhöhe:
> Dreistellige Angabe in 100-Fuß-Einheiten („023" entspricht einer Höhe von 2300 Fuß)

Wolkenart:

TCU - „Towering Cumulus", Cumulus-Congestus-Bewölkung

CB - Cumulonimbus-Bewölkung (Gewitterwolken)

Kann aufgrund eines verhangenen Himmels keine Wolkenuntergrenze gemessen werden, erfolgt nach der Abkürzung „VV" („vertical visibility") die dreistellige Angabe der Vertikalsicht; diese wird - wie auch schon bei der Wolkenuntergrenze - in 100-Fuß-Einheiten gemeldet. Eine nicht meßbare vertikale Sichtweite wird mittels „VV///" übertragen.

Feld 9: Temperatur und Taupunkt

Zweistellige Temperatur- sowie - durch einen Schrägstrich „/" voneinander getrennt - zweistellige Taupunktangabe in der Maßeinheit „Grad Celsius". Negative Werte werden durch den vorangestellten Buchstaben „M" für „minus" kenntlich gemacht. Während in Canada die Temperaturwerte grundsätzlich in Grad Celsius erscheinen, sind in den Wetterberichten der Vereinigten Staaten noch häufig Temperaturangaben in Grad Fahrenheit zu finden.

Feld 10: Luftdruck

Buchstabe „A" zur Kennzeichnung der verwendeten Maßeinheit „Inches of Mercury", Zoll Quecksilbersäule; dahinter die vierstellige Angabe des auf Meeresniveau zurückgerechneten Luftdruckes am Flughafen. In den USA und Canada wird sich zur Höhenmessereinstellung der Maßeinheit „inHg" bedient; die Standardeinstellung von 1013.25 haPa entspricht der amerikanische Einstellung („Altimeter Setting") 29.92 inHg.

Feld 11: Wetter seit der letzten Meldung

Wie auch im internationalen Format von METAR/SPECI üblich, werden an dieser Stelle hinter dem Kürzel „RE" für „Recent Weather" die seit der letzten Meldung beobachteten, aber vom aktuellen Flugplatzwetter abweichenden signifikanten Wettererscheinungen aufgeführt. Zur Anwendung kommt - wie bei jeder Beschreibung von Wetterphänomenen innerhalb der neuen METAR-/SPECI-/TAF-Formate - die bereits aus Feld 7 METAR/SPECI bekannte Wettertabelle.

Feld 12: Windscherungen

Die Angabe von Windscherungen (bis zu einer Höhe von 1600 Fuß über Grund) weicht nicht vom internationalen METAR/SPECI-Format ab.

Feld 13: Bemerkungen

Hinter der Abkürzung „RMK" für „remarks" können einige zusätzliche Angaben zum Wetterbericht erscheinen:

AO - „Automated Observation", automatische Wetterbeobachtung

AOA - „Automated Observation Augmented, nachbearbeitete automatische Wetterbeobachtung

Wind Shear - zusätzliche Angaben über Windscherungen

Recent Weather - zusätzliche Angaben über inzwischen abgeklungenes Wetter

TORNADO, FUNNEL CLOUD, WATERSPOUT - Angaben über das Auftreten einer Großtrombe

Weitere Bemerkungen können in Klartext oder in ICAO-üblichen Abkürzungen angegeben werden.

Anmerkungen:

Das nordamerikanische Format von METAR/SPECI beinhaltet keinen Trend (kurzfristige Wetteraussicht); ebenso ist die Abkürzung CAVOK als Ersatz für Sichtweite, Wetter und Wolken nicht üblich. Dafür ist die Weitergabe von zusätzlichen Wetterinformationen unter Feld 13 „Bemerkungen" wesentlich gebräuchlicher als etwa in Europa - insbesondere bei Verbreitung der Wettermeldungen über feste Fernschreibnetze.

Beispiele für Wettermeldungen im amerikanischen METAR-/SPECI-Format:

METAR
KJFK 1900Z 30015G25KT 3/4SM R31L/4000FT R31R/4000FT TSRA OVC010CB 18/16 A2992=
CYYZ 1900Z 25025G35KT 1/2SM R24L/3000FT/D R24R/2800FT/D -SN BLSN BKN008 OVC010 M03/M05 A2981 REFZRA=

Die Wetterberichte in Klartext:

New York um 1900 Uhr UTC (1500 Uhr Ortszeit im Sommer): Wind aus 300 Grad mit 15 Knoten, in Böen bis zu 25 Knoten, Bodensicht 3/4 Landmeilen (1200 m), Sichtweite entlang der Start-/Landebahnen 31L und 31R beträgt 4000 Fuß in Regen und Gewitter, in einer Höhe von 1000 Fuß ist der Himmel vollständig mit Cumulonimbus-Wolken (Gewitterwolken) bedeckt, Temperatur 18°C, Taupunkt 16°C, Höhenmessereinstellung 29.92 InHg

Toronto um 1900 Uhr UTC (1500 Uhr Ortszeit im Sommer): Wind aus 250 Grad mit 25 Knoten, in Böen bis zu 35 Knoten, Bodensicht eine halbe Landmeile (800 m), Sichtweite entlang der Start-/Landebahn 24L beträgt 3000 Fuß (abnehmend), entlang der Bahn 24R 2800 Fuß (abnehmend) in leichtem Schnee und Schneetreiben, aufgelockerte Bewölkung in 800 Fuß, bedeckter Himmel in 1000 Fuß Höhe,

Temperatur -3°C, Taupunkt -5°C, Höhenmessereinstellung 29.81 inHg, gefrierender Regen in der Zeit zwischen dieser und der vorhergegangenen Wettermeldung.

Durch weitere Aneinanderreihung zusätzlicher Wetterdaten (insbesondere hinter den Änderungsgruppen) kann die Wettervorhersage im Einzelfall deutlich länger als oben angegeben werden.

2. TAF (Tabelle 6)

Feld 1: Art der Wettervorhersage

Als Kennzeichner für Wettervorhersagen finden Verwendung:
TAF - Routine-Wetterbericht
TAF AMD - nachträglich aktualisierter Wetterbericht

Feld 2: ICAO-Ortskennung

ICAO-Ortskennung des entsprechenden Flughafens

Feld 3: Ausgabezeit und Datum

Angabe des Tages im Monat (zwei Stellen, „01" bis „31") sowie vierstellige Ausgabezeit in Stunden und Minuten UTC, gefolgt vom Buchstaben „Z"

Feld 4: Gültigkeitszeitraum

Die ersten zwei Stellen beschreiben die Anfangszeit, die letzten beiden Stellen die Endzeit des Vorhersageintervalles in jeweils vollen Stunden UTC.

Tabelle 6
2. TAF:

Feld 1	Feld 2	Feld 3	Feld 4	Feld 5
Art der Wettervorhersage	ICAO-Ortskennung	Ausgabezeit und Datum	Gültigkeitszeitraum	Wind
TAF AMD	**KJFK**	**211830**	**1918**	**30010KT**

Feld 6	Feld 7	Feld 8	Feld 9
Horizontale Sichtweite	Wetter	Bewölkung	Änderungsgruppen
5SM	**-DZ**	**BKN008 OVC017**	**TEMPO...**

Feld 5: Wind

Windrichtung, Stärke und Böigkeit werden wie im amerikanischen METAR/SPECI angegeben.

Feld 6: Horizontale Sichtweite

Bei Sichtweiten schlechter als 6 sm („statute miles") wird die Bodensicht in vollen Landmeilen und - unterhalb von 3 sm - in Bruchteilen davon angegeben (in der Regel halbe und viertel Meilen). Werden Sichtweiten besser als 6 sm erwartet, erscheint in der Wettervorhersage lediglich „P6SM".

Feld 7: Wetter

Auch hier gilt wieder die aus dem europäischen METAR-/SPECI-Format bekannte Wettertabelle

Feld 8: Bewölkung

Die Bewölkungsangabe erfolgt sowohl im METAR/SPECI als auch im TAF in der gleichen Form.

Feld 9: Änderungsgruppen

Die folgenden Änderungsgruppen sind im amerikanischen TAF-Format gebräuchlich:
FMhh - „from", beginnend um hh Uhr UTC
   PROBnn aaee - „probability", mit einer Wahrscheinlichkeit von nn% (in der Regel 30% oder 40%) treten in der Zeit zwischen aa Uhr UTC und ee Uhr UTC die nachfolgend gemeldeten Wettererscheinungen auf (Zeitangabe in vollen Stunden UTC).
TEMPOaaee - „temporarily", zeitweise (weniger als eine Stunde sowie in der Gesamtzeit weniger als das angegebene Intervall) treten in der Periode zwischen aa Uhr UTC und ee Uhr UTC die nachfolgend gemeldeten Wettererscheinungen auf (Zeitangabe in vollen Stunden UTC).
BECMGaaee - „becoming", innerhalb des Intervalles von aa Uhr UTC bis ee Uhr UTC wird ein allmählicher Übergang in das nachfolgend aufgeführte Wetter erwartet (Zeitangabe in vollen Stunden UTC).

Nach den Änderungssymbolen können beliebige Wetterdaten gemäß den Formaten der vorangegangenen Felder erscheinen.

Anmerkungen:

Im Gegensatz zum internationalen Format der Wettervorhersagen gibt es im amerikanischen TAF keine Vorhersage der Temperatur, Turbulenz und Vereisungsbedingungen. Wie auch im amerikanischen METAR/SPECI, ist die Abkürzung CAVOK als Ersatz für Sichtweite, Wetter und Bewölkung ebenfalls im TAF unüblich. NSC für „No Significant Cloud", keine bedeutende Bewölkung, ist weder in den USA noch in Canada bekannt; bei vorhergesagten Wetteränderungen findet aber durchaus das Kürzel NSW Verwendung: „No Significant Weather", keine bedeutende Wettererscheinungen.

Zur Vollständigkeit noch einige Beispiele für Wettervorhersagen im amerikanischen TAF-Format:

TAF
KJFK 211720Z 1818 21020KT 3SM -SHRA BKN022 FM20 30015G25KT 3SM SHRA OVC015 PROB40 2022 1/2SM TSRA OVC008CB FM23 25005KT 5SM -RASH BKN020 OVC040 TEMPO 0407 00000KT 1SM -RA FG FM10 22010KT 5SM -RASH OVC020 BECMG 1315 20010KT P6SM NSW SKC=
CYYZ 211720Z 1818 13015G25KT 2SM SN BKN010 OVC040 TEMPO 0108 11/2SM -SN BLSN PROB30 0305 1/2SM SN VV005 FM08 28010KT 5SM -SN BKN020 BECMG 1315 00000KT P6SM SKC=

Die Wettervorhersagen in Klartext:

Wettervorhersage für New York, ausgegeben am 21. des Monats um 1720 Uhr UTC, gültig von 1800 Uhr UTC des 21. (1400 Uhr Ortszeit im Sommer) bis 1800 Uhr UTC des Folgetages: Wind aus 210 Grad mit 20 Knoten, Bodensicht 3 Landmeilen (4800 m) in leichten Regenschauern, aufgelockerte Bewölkung in 2200 Fuß Höhe; ab 20 Uhr UTC Wind aus 300 Grad mit 15 Knoten, in Böen bis zu 25 Knoten, Sichtweite 3 Landmeilen in mäßigen Regenschauern, vollständig bedeckter Himmel in 1500 Fuß Höhe; mit einer Wahrscheinlichkeit von 40% geht in der Zeit von 20 Uhr bis 22 Uhr die Sicht auf eine halbe Landmeile (800 m) in Gewitter und Regen zurück, der Himmel wird dann in 800 Fuß Höhe vollständig mit Gewitterwolken bedeckt sein; ab 2300 Uhr UTC Wind aus 250 Grad mit 5 Knoten, Sichtweite 5 Landmeilen (8000 m) in leichten Regenschauern, aufgelockerte Bewölkung in 2000 Fuß, geschlossene Wolkendecke in 4000 Fuß Höhe, in der Periode von 0400 Uhr bis 0700 Uhr UTC kann zeitweise Windstille verbunden mit Sichtweiten von einer Landmeile (1600 m) in leichtem Regen und Nebel auftreten, ab 10 Uhr UTC Wind aus 220 Grad mit 10 Knoten, Bodensicht 5 Landmeilen (8000 m) in leichten Regenschauern, vollständig bedeckter Himmel in 2000 Fuß Höhe, in der Zeit von 1300 Uhr bis 1500 Uhr UTC dreht der Wind allmählich auf 200 Grad mit 10 Knoten, die Sichtweite verbessert sich auf mehr als 6 Landmeilen (9600 m), es werden keine besonderen Wettererscheinungen erwartet, der Himmel soll aufklaren.

Wettervorhersage für Toronto, ausgegeben am 21. des Monates um 1720 Uhr UTC, gültig von 1800 Uhr UTC des 21. (1400 Uhr Ortszeit im Sommer) bis 1800 Uhr UTC des Folgetages: Wind aus 130 Grad mit 15 Knoten, in Böen bis zu 25 Knoten, Sichtweite 2 Landmeilen (3200 m) in mäßigen Schneefällen, aufgelockerte Bewölkung in 1000 Fuß, geschlossene Wolkendecke in 4000 Fuß Höhe, zeitweise geht zwischen 0100 Uhr und 0800 Uhr UTC die Sicht auf eineinhalb Landmeilen (2400 m) in leichten Schneefällen und Schneetreiben zurück; mit einer Wahrscheinlichkeit von 30% treten in der Zeit von 0300 Uhr bis 0500 Uhr UTC mäßige Schneefälle mit Rückgang der Bodensicht auf eine halbe Landmeile (800 m) sowie einer Vertikalsicht von 500 Fuß auf; ab 0800 Uhr UTC Wind aus 280 Grad mit 10 Knoten, Sichtweite 5 Landmeilen (8000 m) in leichten Schneefällen, aufgelockerte Bewölkung in 2000 Fuß Höhe, zwischen 1300 Uhr und 1500 Uhr UTC dann allmähliche Wetterbesserung bis hin zu Windstille, Sichtweiten besser als 6 Landmeilen (9600 m) und aufgeklartem Himmel.

Militärische Wettermeldungen

Auch von militärischen Wetterstationen werden Wettermeldungen ausgegeben, die teilweise sogar über VOLMET-Sender (im Kurzwellenbereich) zu empfangen sind. Die militärischen Ausgaben von METAR/SPECI und TAF unterscheiden sich nur unwesentlich von den zivilen Versionen - es ist also problemlos möglich, auch die Wettermeldungen der Militärflugplätze mit den vorangegangenen Tabellen zu entschlüsseln. Lediglich bei der TREND-Angabe im METAR ist ein grundsätzlicher Unterschied festzustellen:

Im militärischen Wetterbericht wird die Wetteraussicht alleine als Kombination von Sichtweite und Hauptwolkenuntergrenze angegeben und abweichend vom zivilen METAR in Farbstufen („Color States") verschlüsselt. Die einzelnen Farben stehen dabei - wie in Tabelle 7 gezeigt - für die folgenden Sicht-/Wolkenkombinationen.

Im militärischen METAR-Format wird zunächst der aktuelle Color State festgelegt; maßgeblich dafür ist die jeweils schlechtere Farbstufe von Sichtweite und Bewölkung. Nach dem Änderungssymbol erscheinen dann die TREND-Angaben für die nächste und übernächste Stunde; wird hier nur eine einzige Farbe angegeben, so gilt der Trend wie im zivilen METAR für die nächsten zwei Stunden. Nachfolgend zwei Beispiele für einen TREND im Color-State-Format:

1. BLU TEMPO GRN
2. WHT BECMG GRN YLO

Tabelle 7:

FARBE	HORIZONTALSICHT	HAUPTWOLKEN-UNTERGRENZE
BLACK (black - schwarz)	Flughafen aus anderen Gründen als Wetter geschlossen	BLACK wird der aktuellen Sicht-/Wolkenangabe vorangestellt
RED (red - rot)	geringer als 800 m oder unterhalb des GCA-Minimums	tiefer als 200 Fuß oder unterhalb des GCA-Minimums
AMB (amber - bernstein)	800 m bis 1599 m	200 Fuß bis 299 Fuß
YLO (yellow - gelb)	1600 m bis 3699 m	300 Fuß bis 699 Fuß
GRN (green - grün)	3700 m bis 4999 m	700 Fuß bis 1499 Fuß
WHT (white - weiß)	5000 m bis 7999 m	1500 Fuß bis 2499 Fuß
BLU (blue - blau)	8000 m und mehr	2500 Fuß bis 19999 Fuß
BLU+ (blue - blau)	8000 m und mehr	20000 Fuß und höher

Bedeutung:
1. Aktueller Color State „blau" (Bodensicht 8 km oder mehr und Hauptwolkenuntergrenze 2500 Fuß bis < 20000 Fuß), innerhalb der nächsten zwei Stunden zeitweise Wetterverschlechterung auf die Farbstufe „grün" (Bodensicht 3.7 km bis < 5 km und/oder Hauptwolkenuntergrenze 700 Fuß bis < 1500 Fuß)
2. Aktueller Color State „weiß" (Bodensicht 5 km bis < 8 km und/oder Hauptwolkenuntergrenze 1500 Fuß bis < 2500 Fuß), innerhalb der nächsten Stunde allmählicher Übergang zur Farbstufe „grün" (Sichtweite 3.7 km bis < 5.0 km und/oder Hauptwolkenuntergrenze 700 Fuß bis < 1500 Fuß), in der darauf folgenden Stunde weitere Verschlechterung auf Color State „gelb" (Bodensicht 1.6 km bis < 3.7 km und/oder Hauptwolkenuntergrenze 300 Fuß bis < 700 Fuß)

Signifikante meteorologische Erscheinungen (SIGMET)

Warnungen vor besonders auffälligen Wettererscheinungen sind allgemein unter dem Kürzel „SIGMET" („significant meteorological phenomena") zusammengefaßt; zu den auffälligen Wettererscheinungen zählen im einzelnen aktive Gewitter, starke Böenlinien und Böigkeit, starker Hagel, starke Vereisung, ausgeprägte Wellenbildung an Gebirgszügen, Sand- und Staubstürme sowie Vulkanaschewolken. SIGMET-Meldungen werden von den nationalen Wetterdiensten herausgeben (in der Bundesrepublik Deutschland ist hierfür die Flugwetterüberwachungsstelle des Deutschen Wetterdienstes in Offenbach zuständig) und ähnlich wie METAR/SPECI und TAF über das unabhängige europäische Wetterfernmeldenetz MOTNE sowie dem Fernmeldenetz des festen Flugfunkdienstes AFTN verbreitet. Über die Flugwetterwarten oder den Dispatch-Büros der Fluggesellschaften gelangen die SIGMETs schließlich zu den Flugzeugbesatzungen. Desweiteren stehen den Piloten aktuelle Wetterwarnungen als Flugrundfunksendungen des Fluginformationsdienstes im unteren Luftraum (FIS-Stationen Bremen, Düsseldorf, Frankfurt und München) von 0600 Uhr Ortszeit - im Winter ab 0700 Uhr - bis 30 Minuten nach Sonnenuntergang zur Verfügung. Zu anderen Zeiten können die SIGMET-Meldungen vom Piloten über Funk von der zuständigen Fluginformationsstelle angefordert werden. Teilweise werden Wetterwarnungen auch als Bestandteil von VOLMET- oder ATIS-Aussendungen (bei Bedarf oder zu festen Zeiten) oder als Rundfunksendungen über gerichtete Funkfeuer (Österreich, HIWAS in den USA) ausgestrahlt. Alle SIGMETs erscheinen grundsätzlich in englischer Sprache; sie werden von 0000 Uhr UTC an fortlaufend über den Tag numeriert und haben im Regelfall eine Gültigkeit von vier bis zu maximal sechs Stunden. Soll die Wetterwarnung auch darüberhinaus noch länger gültig bleiben, so muß ein neues SIGMET herausgegeben werden; verlieren die Wetterwarnungen hingegen schon vorzeitig an Bedeutung, wird das entsprechende SIGMET annulliert. Warnungen vor bedeutenden Wettererscheinungen, die zwar keine SIGMET-Ausgabe erfordern, für kleinere Flugzeuge aber trotzdem eine Gefahr darstellen, werden als „Advice for General Aviation" („Hinweis für die allgemeine Luftfahrt") bekanntgegeben - darin wird vor Gewittern, Hagel, mäßiger Vereisung und mäßiger Turbulenz gewarnt. Diese „kleinen" SIGMETs werden auf gleiche Weise wie auch ihre „großen Brüder" verbreitet und erscheinen ebenso in VOLMET-Ausstrahlungen und FIS-Flugrundfunksendungen.

Wie schon METAR/SPECI und TAF sind auch die SIGMET-Meldungen nicht von den Formatänderungen im Bereich der Flugwettermeldungen verschont geblieben; die nachstehende Tabelle gibt einen Überblick über sämtliche Kriterien, die die Herausgabe eines SIGMETs auslösen. In den Flugrundfunksendungen werden SIGMETs in Klartext verlesen - als Fernschreibmeldung erscheinen sie in den in Tabelle 8 und 8a angegebenen Abkürzungen.

Durch die Vielzahl der unterschiedlichen Angaben zu den einzelnen Wetterphänomenen kann das Format der SIGMET-Meldungen nicht so eng definiert werden wie beispielsweise bei METAR/SPECI und TAF. Dennoch liegt auch den SIGMETs eine einheitliche Erscheinungsweise zu Grunde, so wie sie in Tabelle 9 dargestellt wird.

Erläuterung:

Feld 1: FIR, für die das SIGMET gültig ist
ICAO-Ortskennung der entsprechenden FIR oder UIR

Feld 2: Numerierung
Über den Tag durchlaufende Numerierung der einzelnen Sigmets beginnend jeweils um 0000 Uhr UTC

Feld 3: Gültigkeitszeitraum
Durch Schrägstrich voneinander getrennte Angabe von Anfang und Ende des Gültigkeitszeitraumes, jeweils mit Tag des Monats sowie vierstelliger Zeit in Stunden und Minuten UTC

Feld 4: ausgebende Stelle
ICAO-Ortskennung des entsprechenden Flughafens oder Wetteramtes

Feld 5: Ortsbeschreibung
Exakte Angabe des betroffenen Luftraumes

Feld 6: Wetterphänomen
Genaue Beschreibung des jeweiligen Wetterphänomens, wenn nötig mit Höhen- und noch weiter spezifizierter Ortsangabe (bei kleinflächigen Wetterereignissen); die üblichen Ab-

Tabelle 8:

1. SIGMET-Kriterien für Flüge im Unterschallbereich:

Gewitter, die durch andere Wolken, Dunst oder Rauch verborgen sind	obscured thunderstorms	OBSC TS
Gewitter, die in Schichtwolken eingelagert sind	embedded thunderstorms	EMBD TS
Gewitter, die durch geringe oder keine Abstände voneinander gekennzeichnet sind	frequent thunderstorms	FRQ TS
Böenlinie (linienhaft angeordnete Gewitter ohne oder mit nur geringen Abständen voneinander)	line sqall	LSQ TS
durch andere Wolken, Dunst oder Rauch verborgene Gewitter mit starkem Hagel	obscured thunderstorms with heavy hail	OBSC TS HVYGR
in Schichtwolken eingelagerte Gewitter mit starkem Hagel	embedded thunderstorms with heavy hail	EMBD TS HVYGR
Gewitter mit keinen oder nur geringen Abständen voneinander in Verbindung mit starkem Hagel	frequent thunderstorms with heavy hail	FRQ TS HVYGR
Böenlinie mit starkem Hagel	line squall with heavy hail	LSQ TS HVYGR
Tropischer Wirbelsturm (Hurrikan)	tropical cyclone	TC (und Namensangabe des Wirbelsturmes)
starke Vereisung in nicht konvektiven Wolken	severe icing	SEV ICE
starke Vereisung durch gefrierenden Regen	severe icing due freezing rain	SEV ICE (FZRA)
markante Leewellen hinter Gebirgszügen (Vertikalgeschwindigkeit mindestens 500 Fuß pro Minute)	severe Mountainwaves	SEV MTW
starke Staubstürme	heavy duststorms	HVY DS
starke Sandstürme	heavy sandstorms	HVY SS
Vulkanaschewolken	volcanic ashclouds	VA (und Namensangabe des aktiven Vulkans)

starke Turbulenz außerhalb konvektiver Bewölkung: a. in niedrigen Höhen bei starken Bodenwinden b. in Rotoren hinter Gebirgszügen c. im Bereich von Jetstreams in Wolken	severe turbulence	SEV TURB
starke Turbulenz im Bereich von Jetstreams außerhalb von Wolken	severe clear air turbulence	SEV CAT

Tabelle 8a:

2. SIGMET-Kriterien für Flüge im Schall- und Überschallbereich:

mäßige Turbulenz	moderate turbulence	MOD TURB
starke Turbulenz	severe turbulence	SEV TURB
vereinzelte Gewitterbewölkung	isolated CB	ISOL CB
Gebiet mit Gewitterwolken, die größere Abstände voneinander haben	occasional CB	OCNL CB
Gebiet mit Gewitterwolken, die nur geringe oder keine Abstände voneinander haben	frequent CB	FRQ CB
Hagel	hail	GR
Vulkanaschewolken	volcanic ash clouds	VA (und Namensangabe des aktiven Vulkanes)

Tabelle 9:

Feld 1	Feld 2	Feld 3	Feld 4
FIR, für die das SIGMET gültig ist	Numerierung	Gültigkeitszeitraum	ausgebende Stelle
EDWW	SIGMET2	VALID 290800/291200	EDDV

Feld 5	Feld 6	Feld 7	Feld 8
Ortsbeschreibung	Wetterphänomen	Bewegungsrichtung	Tendenz
EDWW ABV WESER TMA	FRQ TS HVYGR OBS W OF 008E TOPS FL350	MOV E 10KT	NC

kürzungen entsprechen den in der Tabelle der SIGMET-Kriterien verwendeten Kürzeln

Feld 7: Bewegungsrichtung

Bei nicht stationären Wettergeschehen wird hier die Zugrichtung des SIGMET-Phänomenes angegeben

Feld 8: Tendenz

Weitere Entwicklung: gleichbleibend („No Change", NC), zunehmend („Intensity Increasing", INT INC) oder abschwächend („Intensity Weakening", INT WEAK); wenn nötig, auch mit Angabe der Änderungsgeschwindigkeit („rapidly"-schnell/"slowly"-langsam)

Anmerkung:

Da das SIGMET-Format nicht genormt ist, können durchaus noch weitere Angaben, Bemerkungen und genauere Beschreibungen zu den einzelnen Wetterereignissen im SIGMET erscheinen.

Einige Beispiele für SIGMET-Meldungen:

EDUU SIGMET1 VALID 170330/170730 EDDF RHEIN UIR ABV EDFF FIR FRQ TS FCST S OF 50N AND E OF 008E, TOPS FL370, MOV E 20KT, NC=

EGGX SIGMET3 VALID 131500/131900 EINN SHANWICK OCA SEV TURB OBS IN AREA 54N/020W, 55N/030W, 52N/030W, 52N020W, BETW FL310 AND FL390, MOV E 15KT, INT WEAK=

Entschlüsselung:

SIGMET Nummer 1 in der Rhein UIR (EDUU), gültig am 17. des Monats von 0330 Uhr bis 0730 Uhr UTC, ausgebende Stelle Frankfurt (EDDF); in der Rhein UIR oberhalb der Frankfurt FIR werden im Gebiet südlich von 50°N und östlich von 8°E Gewitter mit nur geringen oder keinen Abständen voneinander vorhergesagt, Wolkenobergrenze bis zu FL370, das Gewittergebiet bewegt sich mit einer Geschwindigkeit von 20 Knoten ostwärts, die Intensität bleibt unverändert.

SIGMET Nummer 3 in der Shanwick OCA (EGGX), gültig am 13. des Monats von 1500 bis 1900 UTC, ausgebende Stelle Shannon (EINN); In der Shanwick OCA werden im durch die Punkte 54°N/020°W, 55°N/030°W, 52°N/030°W und 52°N/020°W begrenzten Gebiet starke Turbulenzen im Höhenbereich von FL310 bis FL390 beobachtet, das Turbulenzgebiet bewegt sich mit einer Geschwindigkeit von 15 Knoten ostwärts und schwächt sich in seiner Intensität langsam ab

Automatische Wettersender (VOLMET)

Die Verbreitung der Wettermeldungen über die Fernmeldenetze MOTNE und AFTN hat zwar die Verfügbarkeit von METAR/SPECI, TAF und SIGMET an nahezu allen größeren Flugplätzen zur Folge, die Flugzeugbesatzung ist im Fluge jedoch auf die Übermittlung der Wetterdaten per Funk angewiesen. Gerade auf Langstreckenflügen mit Flugzeiten von zehn Stunden und mehr wird es für die Piloten notwendig, neben den sich ständig ändernden aktuellen Wetterberichten natürlich auch die seit dem Zeitpunkt des Startes schon längst wieder aktualisierten Wettervorhersagen und SIGMETs entlang der Flugroute zu empfangen - und das obwohl die Flugstrecke vielleicht schon seit Stunden weit außerhalb der UKW-Reichweite jeglicher Flugverkehrskontrollstelle liegt. Hier bieten sich automatische Wettersender an, die entweder im VHF-Flugfunkbereich an häufig überflogenen Punkten oder gar im Kurzwellenbereich weltweit SIGMETs, Wetterberichte und Vorhersagen aussenden. Hierdurch werden in dichtbeflogenen Gebieten einerseits die ohnehin schon stark ausgelasteten Kommunikationsfrequenzen deutlich entlastet - die Besatzung muß nicht über Funk nach irgendwelchen Wettermeldungen fragen - andererseits können die Piloten sich schon lange vor der Landung - und natürlich auch schon lange vor dem ersten Kontakt mit der regionalen Kontrollstelle - ein Bild vom aktuellen Wetter am Zielflughafen machen. Sollte dort das Wetter für eine sichere Landung zu schlecht sein, könnten nötigenfalls schon frühzeitig Ausweichlandungen vorbereitet werden. Die VHF-Wettersender strahlen oftmals nur die aktuellen Wetterberichte (METAR/SPECI, eventuell SIGMET) ohne Pause hintereinander ab, manchmal sogar unterschiedliche Wettermeldungen auf mehreren Frequenzen nebeneinander (so etwa FRANKFURT VOLMET). Die Reichweite dieser VOLMET-Sender ist aufgrund des verwendeten Frequenzbereiches beschränkt - daher dauert ein kompletter Durchlauf der Wettermeldungen nur wenige Minuten und wird entsprechend häufig wiederholt. So können natürlich auch nur eine relativ kleine Anzahl von Flughäfen abgedeckt werden, diese Art der Wettersender eignet sich also hauptsächlich für den Kurz- und Mittelstreckenflugverkehr. VOLMET-Stationen für den Langstreckenverkehr müssen bei großer Reichweite in ihren Wetteraussendungen viele Flughäfen sowohl mit Wetterbericht (METAR/SPECI) als auch mit Wettervorhersage (TAF) abdecken - diesen Anforderungen werden die automatischen Wettersender im Kurzwellenbereich gerecht. In der Regel senden sie pro Flughafen zweimal in der Stunde aktuelle Wetterberichte sowie regionale Wetterwarnungen (SIGMET) aus; Wettervorhersagen werden für jeden Flughafen nur einmal pro Stunde ausgestrahlt. Die Besatzung von Langstreckenflugzeugen erhält damit die Möglichkeit, das Wettergeschehen entlang der Flugstrecke zu beobachten und auszuwerten - von besonderer Wichtigkeit gerade dann, wenn im Notfall weitab der großen Verkehrsflughäfen (beispielsweise über den Ozeanen) die nächste anfliegbare Landemöglichkeit gefunden werden muß.

VHF-VOLMET
Frequenzbereich:
 Kommunikationsfrequenzen im UKW-Flugfunkbereich 118.000 MHz bis 136.975 MHz
Inhalt:
 teilweise SIGMET
 METAR/SPECI von mehreren Flughäfen fortlaufend hintereinander

Reichweite:
 regional (je nach Flughöhe 250 km bis 350 km), daher auch nur eine kleine Anzahl von aufgeführten Flughäfen

HF-VOLMET
Frequenzbereich:
 Spezielle VOLMET-Frequenzen im KW-Flugfunkbereich

Inhalt:
 SIGMET halbstündlich (wenn gemeldet)
 METAR/SPECI pro Flughafen halbstündlich
 TAF pro Flughafen stündlich
 In der Regel werden die Wettermeldungen für bestimmte Flughäfen in einzelnen Fünf-Minuten-Blöcken gesendet, die sich stündlich wiederholen

Reichweite:
 kontinental, je nach Ausbreitungsbedingungen auch weltweit; daher eine große Anzahl von aufgeführten Flughäfen

Auch in den bei VOLMET-Stationen üblichen Klartext-Aussendungen von METAR/SPECI, TAF und SIGMET wird das allgemeine Format dieser Wettermeldungen eingehalten. Als Kennzeichner der Wetterberichte wird gewöhnlich „Met Report"/"Special Met Report" (in Europa) oder „Aviation Weather"/"Special Observation" (in Nordamerika) für METAR, „Forecast" für TAF und „Sigmet" für SIGMET verwendet. Die Abkürzungen werden im Allgemeinen auch als solche verlesen, können aber auch als ganzes Wort ausgesprochen werden - was letztendlich im Ermessen des Vorlesenden liegt. Häufig wird bei modern ausgerüsteten VOLMET-Sendern anstelle von Bandaufzeichnungen oder „Live"-Sendungen eine synthetisch erzeugte Stimme verwendet, wodurch neben der besseren Verständlichkeit auch eine Vereinheitlichung der Aussprache erreicht wird. Angaben zum Abhören der VOLMET-Sender - Sendefrequenzen, Sendezeiten und Inhalt der Aussendungen - sind im Detail in der Frequenzliste am Ende dieses Abschnittes aufgeführt.

Aerodrome Terminal Information Service (ATIS)

Eine etwas andere Form des automatischen Wettersenders stellt das automatische Flughafen-Informationssystem (ATIS) dar. Im Gegensatz zu den VOLMET-Sendern liefert es keine überregionalen Wettermeldungen, sondern strahlt nur Wetter- und Verkehrsinformationen eines bestimmten Flughafens ab; es ist folglich auch nur für die Besatzungen der an- oder abfliegenden Flugzeuge bestimmt. Die ATIS-Meldungen werden entweder auf einer oder mehrerer spezieller VHF-Frequenzen oder aber auf VOR-Frequenzen (Arbeitsfrequenzen der gerichteten UKW-Funkfeuer) ausgestrahlt. Sowohl für die noch auf dem Vorfeld stehenden abfliegenden Flugzeuge als auch für die sich bereits in der näheren Umgebung befindlichen anfliegenden Luftfahrzeuge ist die UKW-Reichweite der ATIS-Sender vollkommen ausreichend. Neben einem aktuellen Wetterbericht (METAR oder SPECI) enthalten die ATIS-Meldungen auch noch sämtliche für den Start oder die Landung wichtigen Informationen; an großen Verkehrsflughäfen arbeiten Ankunft- und Abflug-ATIS parallel auf unterschiedlichen Frequenzen. In Europa werden die ATIS-Daten zweimal in der Stunde aktualisiert und zur besseren Unterscheidung mit einem Buchstaben gekennzeichnet. Dieses geschieht in der Regel analog zu den Wettermeldungen jeweils zwanzig und fünfzig Minuten nach der vollen Stunde, in einigen Ländern aber auch zur halben und zur vollen Stunde. In Nordamerika (USA und Kanada) wird die ATIS-Meldung oftmals nur alle 60 Minuten erneuert und erscheint dann meistens zur vollen Stunde.

Die ATIS-Aussendungen halten einerseits die Piloten der an- und abfliegenden Flugzeuge immer auf dem aktuellsten Kenntnisstand, andererseits ermöglicht dieses Flugplatzinformationssystem eine wesentliche Entlastung der Flugfunkfrequenzen im Nahbereich der Großflughäfen. Bei der Kontaktaufnahme mit der regionalen Flugverkehrskontrollstelle (Anflugkontrolle) nennt der Pilot nur noch den Buchstaben der ihm bekannten ATIS-Meldung, und der Fluglotse ist sofort im Bilde, welche Informationen die Flugzeugbesatzung bereits besitzt - und spart sich zeitraubende Wiederholungen. Da das ATIS-Format nicht international genormt ist, kann eine Aussendung durchaus von dem hier angegebenen allgemeinen Schema abweichen - der Inhalt bleibt jedoch stets derselbe. (Siehe Tabelle 10)

Da im oben aufgeführten Format nur die Mindestinformationen dargestellt sind, können ATIS-Meldungen je nach Flughafen in der Praxis oft deutlich länger sein; insbesondere gilt dieses für Feld 6 (Bemerkungen und zusätzliche Informationen).

Feld 1: Name des Flughafens
Angabe in Klartext, wenn nötig mit weiteren Namenszusätzen

Feld 2: Kennung der ATIS-Meldung
Gewöhnlich ein nach ICAO-Buchstabieralphabet ausgesprochener Buchstabe, möglicherweise auch mit dem Zusatz „Arrival-" oder „Departure-" Information (An -und Abfluginformation); seltener werden hier auch richtige Namen verwendet
Beispiel Feld 1 und 2:
„*This is Hamburg Information Charlie*" - ATIS-Meldung „C" des Flughafens Hamburg-Fuhlsbüttel

Tabelle 10:

Feld 1	Feld 2	Feld 3 (nur in Europa)
Name des Flughafens	Kennung der ATIS-Meldung	Start-/Landebahn, Transition Level, teilweise Anflugverfahren
"This is John F. Kennedy	Arrival Information QUEBEC	

Feld 4	Feld 5 (nicht in Europa)	Feld 6
METAR/SPECI	Start-/Landebahn, Anflugverfahren, eventuell Transition Level	Sonstige Bemerkungen und zusätzliche Informationen
aviation weather at 1900Z:(METAR)	Runway in use for landing: 31L/R, expect ILS and visual approaches to both runways	caution birds, on initial contact report you have QUEBEC"

Feld 3: Start-/Landebahn, Transition Level, teilweise Anflugverfahren

In Europa werden an dieser Stelle in der Regel die aktiven Start- und Landebahnen, die dazugehörigen Anflugverfahren (wenn von Bedeutung) sowie der Transition Level genannt, sämtliche Zahlen jeweils ausgesprochen als zwei einzelne Ziffern.

In Ländern, in denen der Transition Level unabhängig vom Luftdruck festgelegt ist (zum Beispiel in den USA), wird dieser in der ATIS-Meldung nicht erwähnt.

Beispiel:
„Runway in use two-five, Transition Level six-zero" - aktive Start-/Landebahn ist die Bahn 25, der Transition Level liegt in Flugfläche 60

Feld 4: METAR/SPECI

Aussendung eines kompletten Wetterberichtes in englischer Sprache; aus „METAR" wird im Klartext „Met Report" oder „Aviation Weather", aus „SPECI" wird „Special Met Report" oder „Special Observation". Das im entsprechenden Kapitel beschriebene Format für METAR/SPECI bleibt auch bei einer Klartext-Sendung erhalten.

Feld 5: Start-/Landebahn, Anflugverfahren, eventuell Transition Level

In einigen Ländern außerhalb Europas - so auch in den USA - werden an dieser Stelle die aktiven Start- und Landebahnen sowie die zur Verfügung stehenden Anflugverfahren angegeben. Wenn nicht bereits woanders erwähnt oder ohnehin einheitlich festgelegt, kann hier auch der Transition Level genannt werden; sämtliche Angaben erscheinen in der gleichen Form wie schon unter Feld 3 beschrieben.

Beispiel:
„runways in use zero-three left for departure, zero-three right for landing - expect ILS and visual approach for runway zero-three right"
Für den startenden Verkehr wird die Bahn 03L, für landende Flugzeuge die Bahn 03R benutzt. Auf die Landebahn 03R werden sowohl Sichtanflüge als auch Anflüge unter Zuhilfenahme des Instrumenten-Lande-Systems (ILS) durchgeführt.

Feld 6: Sonstige Bemerkungen und zusätzliche Informationen

An dieser Stelle erscheinen alle für Start und Landung relevanten Zusatzinformationen. Hier erfährt die Besatzung die zur Zeit für den Bereich des Flughafens gültigen SIGMETs, ob Schlechtwetteranflüge gemacht werden („CAT II/CAT III low visibility procedures in progress"), ob sich Vogelschwärme am Flughafen aufhalten oder Rollwege gesperrt sind. Alles, was für die an- und abfliegenden Piloten von Bedeutung sein könnte, wird hier erwähnt.

Beispiel einer typischen ATIS-Meldung:
„This is Frankfurt Information Victor, runways in use zero-seven and one-eight, Transition Level six-zero, Met Report time one-one-five-zero, wind zero-one-zero with niner knots, wind runway one-eight zero-two-zero with eight knots, ceiling and visibility OK, temperature two-zero, dewpoint six, QNH one-zero-two-six Hectopascal or three-zero decimal three-zero Inches, Trend NOSIG, Information Victor out"

Bedeutung:
ATIS-Meldung „V" des Flughafens Frankfurt, aktive Start- und Landebahnen sind die Bahnen 07L und 07R sowie die Bahn 18 als Startbahn, der Transition Level liegt in Flugfläche 60, METAR von 1150 Uhr UTC: Wind aus 010 Grad mit 9 Knoten, Wind an der Bahn 18 aus 020 Grad mit 8 Knoten, Wetter CAVOK, Temperatur 20°C, Taupunkt 6°C, QNH 1026 haPa oder 30.30 inHg, weitere Aussichten: keine bedeutenden Veränderungen (NOSIG), Ende der Meldung „V"

Wie auch für die VOLMET-Aussendungen sind sämtliche zum Empfang der ATIS-Sender wichtigen Daten (Sendefrequenz, Standort und Inhalt der Meldungen) in der Frequenzliste am Ende dieses Abschnittes enthalten.

Meldungen über Schnee, Schneematsch und Eis auf den Start-/Landebahnen (SNOWTAM)

Wie aus der Beschreibung Von METAR/SPECI bereits bekannt, gibt es die Möglichkeit, einen Zustandsbericht der Start- und Landebahnen eines Flughafens zusammen mit den aktuellen Wettermeldungen zu übertragen. Zusätzlich können Informationen über eventuelle Bedeckungen der Bahnen und Rollwege mit Schnee, Schneematsch und Eis in Form einer eigenständigen Meldung verbreitet werden, dem sogenannten „SNOWTAM". Es erscheint stets in einem von der internationalen Zivilluftfahrtorganisation ICAO standardisierten Format und kann gemäß Tabelle 11 dekodiert werden.

Nicht zutreffende oder nicht relevante Felder können ersatzlos ausgelassen werden; grundsätzlich erfolgt die Kennzeichnung der einzelnen Felder nicht zwingend durch ihre Reihenfolge im SNOWTAM, sondern alleine über den Kennbuchstaben.

Feld 1: A
Vierstellige ICAO-Kennung des entsprechenden Flughafens
Beispiel: EDDG - Dresden

Feld 2: B
Tag des Monats/Zeit der Beobachtung; Zeitangabe nach Beendigung des Meßvorganges in Stunden und Minuten UTC
Beispiel: 13/1415 - Beobachtung abgeschlossen am 13. des Monats um 1415 Uhr UTC

Feld 3: C
Zweistelliger Start-/Landebahnbezeichner; wenn notwendig, mit angefügtem „L" für links, „R" für rechts sowie „C" für Mitte („center")
Beispiel: 04, 25R, 23

Feld 4: D
Wenn die Bahn nicht vollständig geräumt sein sollte, wird hier die Länge der geräumten Fläche in Meter angegeben
Beispiel: 1500, 2300

Feld 5: E
Ist die Bahn nicht auf vollständiger Weite geräumt worden, wird hier die Breite der ge-

Tabelle 11:

Feld 1: A	Feld 2: B	Feld 3: C	Feld 4: D	Feld 5: E
Flughafen	Datum und Uhrzeit	Start-/Landebahnbezeichner	geräumte Bahnlänge	geräumte Bahnweite
"EDDC"	"13/1415"	"04"	"1500"	"20L"

Feld 6: F	Feld 7: G	Feld 8: H	Feld 9: J
Bahnbelag	Belagtiefe	Bremswirkung	Schneeverwehungen
"556"	"050805"	"443"	"20/6L"

Feld 10: K	Feld 11: L	Feld 12: M	Feld 13: N
Bahnbefeuerung	weitere Räumung	Zeitpunkt der weiteren Räumung	Rollwege
YES L	"2000/30"	"1515"	"ACD"

Feld 14: P	Feld 15: R	Feld 16: S	Feld 17: T
Schneeverwehungen auf den Rollwegen	Vorfeld	nächste geplante Messung/Meldung	Bemerkungen
YES 25	WEST	01/13/1515	NIL

räumten Fläche in Meter angegeben; befindet sich die freie Fläche nur einseitig links oder rechts der Bahnmittellinie, erscheint zusätzlich „L" oder „R" hinter dem Zahlenwert
Beispiel: 20L, 40

Feld 6: F

Art des Belages entlang der vollen Bahnlänge; pro Bahn werden drei Meßwerte übertragen, jeder Wert beschreibt den Zustand des jeweiligen Drittels (am Bahnanfang beginnend) gemäß der unten aufgeführten Tabelle.

Sollten unter Feld 3 mehrere Start-/Landebahnen angegeben sein, erscheinen die Messungen in numerischer Reihenfolge entsprechend den einzelnen Bahnbezeichnern. Mögliche Beläge der Start-/Landebahnen sind wie folgt verschlüsselt:

NIL frei und trocken („clear and dry")
1 feucht („damp")
2 naß oder Pfützen („wet or water patches")
3 Reif oder Frost („rime or frost"); Tiefe weniger als 1 mm
4 trockener Schnee („dry snow")
5 nasser Schnee („wet snow")
6 Schneematsch („slush")
7 Eis („ice")
8 fester oder festgewalzter Schnee („compacted or rolled snow")
9 gefrorene Spuren oder Rillen („frozen ruts or ridges")

Beispiel:
556 - erstes und zweites Drittel nasser Schnee, drittes Drittel Schneematsch
777 - die gesamte Bahn ist mit Eis bedeckt

Feld 7: G

Mittlere Tiefe des Belages für jedes Drittel der Start-/Landebahn; Angaben in Millimeter

Beispiel:
050805 - Belagtiefe erstes und letztes Drittel 5 mm, mittleres Drittel 8 mm
131313 - Belagtiefe entlang der gesamten Bahn 13 mm

Feld 8: H

Bremswirkung auf jedem Drittel der Start-/Landebahn zusammen mit Angabe der verwendeten Meßeinrichtung. Die Bremswirkung kann als Bremskoeffizient (gemessener oder errechneter Wert), Ziffer oder Wort (geschätzte Werte) gemeldet werden; die benutzte Meßeinrichtung erscheint grundsätzlich als dreibuchstabige Abkürzung entsprechend der Tabelle:

Bremskoeffizient	Bremswirkung	Schlüssel
0.40 und höher	gut/good	5
0.39 bis 0.36	mittel bis gut/ medium to good	4
0.35 bis 0.30	mittel/medium	3
0.29 bis 0.26	mittel bis schlecht/ medium to poor	2
0.25 und niedriger	schlecht/poor	1
9 (keine Messung)	nicht meßbar/ unreliable	9

Abkürzungen für die gebräuchlichen Meßverfahren; kommen andere Einrichtungen zum Einsatz, so werden diese in Klartext genauer angegeben:
DBV - Diagonal Braked Vehicle
JBD - James Brake Decelerometer
MUM - Mu-Meter
SFT - Surface Friction Tester
SKH - Skiddometer (high pressure tire)
SKL - Skiddometer (low pressure tire)
TAP - Tapley-Mter
Beispiel:
4 4 3 - Bremswirkung mittel bis gut entlang der ersten beiden Bahndrittel; Bremswirkung mittel im letzten Bahndrittel
0.40 0.45 0.42 - Bremswirkung ist gut entlang der gesamten Bahn

Feld 9: J

Relevante Schneeverwehungen; es wird die Höhe der Verwehung in Zentimeter sowie ihr horizontaler Abstand von der Kante der Start-/Landebahn in Meter angegeben. Ein nachfolgendes „L", „R" oder „LR" gibt an, ob sich die Verwehung links, rechts oder beidseitig der Bahnmittellinie befindet.
Beispiel:
20/6L - Schneeverwehung 20 cm hoch, 6 m von der linken Bahnkante entfernt
15/5LR - 15 cm hohe Schneeverwehung, beidseitig jeweils 5 m von der Bahnkante entfernt

Feld 10: K

Ist die Bahnbefeuerung links, rechts oder beidseitig bedeckt, erscheint hier „YES" mit angefügtem „L", „R" oder „LR".
Beispiel:
YES L - die linke Seite der Bahnbefeuerung ist mit Schnee, Schneematsch oder Eis bedeckt

Feld 11: L

Wird beabsichtigt, die Bahn weiter zu räumen, so werden hier Länge und Breite der zu räumenden Fläche in Meter angegeben. Soll die gesamte Bahn geräumt werden, erscheint an dieser Stelle „TOTAL"
Beispiel:
2000/30 - es wird beabsichtigt, ein 2000 m langes und 30 m breites Teilstück der Start-/Landebahn zu räumen

Feld 12: M

Geschätzte Zeit in Stunden und Minuten UTC, zu der die nächste Räumung abgeschlossen sein soll
Beispiel:
1515 - die nächste Räumung wird voraussichtlich um 1515 Uhr UTC abgeschlossen sein

Feld 13: N

Angabe der zur Verfügung stehenden Rollwege; sind keine Rollwege benutzbar, erscheint hier „NO"
Beispiel:
A C D - Rollwege „A", „C" und „D" sind benutzbar

Feld 14: P

Relevante Schneeverwehungen auf den Rollwegen; sind Schneeverwehungen mit einer Höhe von mehr als 60 cm vorhanden, erscheint in diesem Feld „YES" gefolgt von der Entfernung der Schneewehen zueinander (Angabe in Meter)
Beispiel:
YES 25 - auf den Rollwegen befinden sich Schneewehen höher als 60 cm, die etwa 25 m voneinander entfernt sind

Feld 15: R

Steht kein Vorfeld zur Verfügung, erscheint hier „NO"; sind bei größeren Flughäfen nur bestimmte Vorfelder benutzbar, werden diese mit Namen angegeben
Beispiel:
WEST - das Vorfeld „WEST" kann benutzt werden

Feld 16: S

Datum und Uhrzeit der nächsten geplanten Beobachtung oder Messung. Die Angabe erscheint im Format Monat/Tag/Stunden und Minuten UTC
Beispiel:
01/13/1515 - nächste geplante Beobachtung/ Messung am 13.01. um 1515 Uhr UTC

Feld 17: T

Bemerkungen in Klartext; sämtliche wichtigen Informationen zum Zustand der Start-/ Landebahnen sowie zum Betrieb des Flughafens können hier in Klartext oder in den gebräuchlichen Abkürzungen erscheinen. An dieser Stelle werden beispielsweise Angaben zur Enteisung oder Sandbestreuung der Bahnen gemacht.

Die Verbreitung des SNOWTAM geschieht gewöhnlich im Fernmeldenetz des festen Flugfunkdienstes (AFTN). Über den Flugberatungsdienst (AIS) oder den Dispatch-Büros der Fluggesellschaften gelangen die Informationen zu den Piloten, denen so bereits vor Abflug ein detaillierter Zustandsbericht der Start- und Landebahnen des Zielflughafens zur Verfügung steht. Darüberhinaus können die relevanten Teile des SNOWTAM auch als Klartext in den ATIS-Meldungen erscheinen - gewöhnlich werden hier allerdings nur die Art der Bahnbedeckung sowie die gemessene Bremswirkung ausgesendet; diese Daten zusammen mit den aktuellen Wetterwerten reichen den Besatzungen der an- und abfliegenden Flugzeuge als Informationsgrundlage bereits aus.

Es sei an dieser Stelle noch darauf hingewiesen, daß es sich bei dem SNOWTAM nicht um eine Wettermeldung im eigentlichen Sinne, sondern um eine von der ICAO genormten Sonderform des NOTAM (Notice to Airmen, Nachrichten für Luftfahrer) handelt - es wird also nicht von einem Flugwetteramt, sondern von der nationalen Flugsicherung (in Deutschland vom Büro der Nachrichten für Luftfahrer) veröffentlicht. Als eigenständige Meldung steht das SNOWTAM in keiner Verbindung zu den optional im METAR/SPECI enthaltenen Bahnzustandsberichten; diese erscheinen in einem von der Weltorganisation für Meteorologie (WMO) genormten Format und werden grundsätzlich nur zusammen mit einem Wetterbericht gemeldet.

AIREP-Meldungen

Bei den AIREP-Meldungen handelt es sich - im Gegensatz zu allen vorher aufgeführten Wettermeldungen - um Wetterbeobachtungen von Besatzungen an Bord eines im Fluge befindlichen Luftfahrzeuges. Sämtliche AIREP-Meldungen erscheinen in einem von der internationalen Zivilluftfahrtorganisation ICAO festgelegten Format. In den Bordunterlagen der Flugzeuge befindet sich gewöhnlich auch ein AIREP-Formular, welches im Fluge von der Besatzung ausgefüllt und nachher an das zuständige Wetterbüro im Flughafen weitergeleitet wird. Dieses Formular besteht aus zwei Abschnitten:

Abschnitt I:
    Name des Meldepunktes
    Koordinaten des Meldepunktes
    Überflugzeit
    Flughöhe
    nächster Meldepunkt und voraussichtliche Überflugzeit

Abschnitt III:
    Lufttemperatur
    Wind
    Bemerkungen (wie Turbulenz, Vereisung und sonstige Informationen)
    Sendezeit und Adressat

Ein auf älteren Formularen vorhandener Abschnitt II fällt heutzutage ersatzlos weg - geblieben ist die Bezeichnung der beiden übrigen Abschnitte I und III.

An bestimmten Pflichtmeldepunkten wird die vollständige AIREP-Meldung per Funk an die zuständige Bodenkontrollstelle weitergegeben. Haben die Meldepunkte einen Namen, so werden die dazugehörigen Koordinaten nicht extra erwähnt. Als Namen kommen entweder die Bezeichnung von Funkfeuern oder eine aus fünf Buchstaben bestehende Abkürzung in Frage. Bei Nordatlantiküberquerungen werden die Schnittpunkte der vollen Breitengrade mit den Zehner- sowie einigen Fünfer-Längengraden als Pflichtmeldepunkte definiert; bei solchen AIREP-Meldungen erscheinen daher nur „runde" Positionsangaben, die allerdings auch keinen eigenen Namen tragen. Liegt die Flugroute weit südlich, können die Schnittpunkte mit den Zehner-Längengraden beachtliche Entfernungen voneinander haben; Flugzeiten von über einer Stunde zwischen den Meldepunkten sind dann keine Seltenheit. Einige Besatzungen geben in solchen Fällen unter Abschnitt III des AIREPs als sonstige Informationen auch die Wetterdaten an den Schnittpunkten der Flugstrecke mit den Fünfer-Längengraden an. Diese Informationen werden aber erst bei Erreichen des nächsten Pflichtmeldepunktes zusammen mit allen anderen Daten übermittelt.

Eine typische AIREP-Meldung über den Nordatlantik könnte dann folglich so aussehen:
„Lufthansa 430, position 50 north 15 west at 0912, maintaining Flight Level 330, estimating 51 north 20 west at 0935, next position 52 north 30 west, temperature minus 39, spotwind 230 degrees diagonal 40 knots, encountering moderate turbulence"
(Lufthansa 430 erreicht die Position 50°N/015°W um 0912 Uhr UTC, Flughöhe Flugfläche 330, der Überflug von 51°N/020°W wird um 0935 Uhr UTC erwartet, die nächste Position ist danach 52°N/030°W, Außentemperatur -39°C, Wind aus 230 Grad mit 40 Knoten).

Oder über dem Nordpazifik mit den dort üblichen „krummen" (nicht den Halbkreisflugregeln entsprechenden) Flugflächen:

„Lufthansa 7482, position ONADE at 2205, speed Mach .84, maintaining FL 340, estimating position OKKOE at 2259, next position OGGMU, temperature minus 59, spotwind 320 diagonal 75"
(Lufthansa 7482 erreicht die Position ONADE um 2205 Uhr UTC, Fluggeschwindigkeit M.84, Flughöhe Flugfläche 340, der Überflug der Position OKKOE wird um 2259 Uhr UTC erwartet, als nächstes folgt die Position OGGMU, Außentemperatur -59°C, Wind aus 320 Grad mit 75 Knoten).

Da der Abschnitt III des AIREP-Formulares nur an bestimmten Überflugpunkten mit ausgesendet werden muß, gehört zu einer Positionsmeldung nicht zwingend auch eine komplette AIREP-Meldung; trotzdem sind die meisten AIREP-Wetterbeobachtungen sicherlich bei Atlantiküberquerungen im Zusammenhang mit einer Positionsmeldung zu hören.

Wettermeldungen im AIREP-Format können außer in Positionsmeldungen im Frequenzbereich des beweglichen Flugfunkdienstes auch noch im Fernmeldenetz des festen Flugfunkdienstes (AFTN) erscheinen. Denn ist das Flugzeug am Zieflughafen angelangt, wird das während des Fluges ausgefüllte AIREP-Formular an das zuständige Wetterbüro (Beratungsstelle, wenn kein Wetterbüro am Flughafen vorhanden ist) oder an die Dispatch-Dienste der größeren Airlines weitergeleitet. Die Wetterdaten werden von dort über das AFTN an die zentralen Wetterdienste übertragen; ebenso können AIREPs von den Wetterdiensten über das AFTN an die angeschlossenen Stationen versendet werden. Bei der Übertragung der AIREP-Meldungen über das AFTN treten natürlich nur die für den Empfänger wichtigen Wetterdaten in Erscheinung, also Absender, Position, Zeit, Flughöhe, Temperatur, Wind sowie Bemerkungen, soweit sie meteorologische Phänomene betreffen. Die operationellen Daten, wie beispielsweise die erwarteten Überflugzeiten der nächsten Pflichtmeldepunkte, können hierbei wegfallen. Mehrere Wettermeldungen werden in einem AIREP-Bulletin zusammengefaßt und gemeinsam übertragen. Bei den Nordatlantik-Routen werden die AIREPs bereits von der Bodenfunkstelle an die Wetterdienste weitergeleitet; die gesammelten Wettermeldungen sehen im AFTN-Format wie folgt aus:

ARP DLH430 50N015W 0912 F330 MS39 230/40 TURBMOD=
ARP KLM653 51N020W 0915 F330 MS40 250/20=
ARP AFR477 49N020W 0922 F310 MS42 280/55 015W MS43 270/60=
ARP DLH474 53N020W 0927 F350 MS51 250/40=

Entschlüsselung der Einzelmeldung „AFR477":
Standard -Wettermeldung von Air France 477: Position 49°N/020°W um 0922 Uhr UTC, Flughöhe Flugfläche 310, Außentemperatur -42 Grad Celsius, Wind aus 280 Grad mit 55 Knoten, bei Überfliegen von 015°W wurde eine Temperatur von -43 Grad Celsius sowie ein Wind aus 270 Grad mit 60 Knoten beobachtet.

Das Kürzel „ARP" bezeichnet im AFTN-Format eine Standard-Wetterbeobachtung (etwa bei Nordatlantik-Überquerungen), „ARS" steht für Sonder-Wetterbeobachtung (beispielsweise aufgrund besonderer meteorologischer Erscheinungen). In der Praxis sind die AIREP-Meldungen zur Erstellung von Windvorhersagen sowie für die Flugplanung wichtig. Die zentralen Wetterdienste verwenden die AIREP-Wetterdaten für großräumige Flugwettervorhersagen, wie zum Beispiel über den Ozeanen. Die Fluggesellschaften stützen sich bei der Flugplanung auf diese von den Wetterdiensten bearbeiteten Wind- und Wetterdaten. Einige Wetterphänomene - dazu gehören auch verschiedene Arten von Turbulenzen - können teilweise nur durch Beobachtung und Weitergabe der Informationen in Form einer AIREP-Meldung bekanntgemacht werden.

Frequenztabelle zum Flugwetterfunk

In der Tabelle sind sämtliche Frequenzen im KW- und UKW- Bereich verzeichnet, auf denen ausschließlich Flugwettermeldungen zu hören sind. Im Einzelnen arbeiten hier folgende Wetterdienste mit Klartextaussendungen:

Automatischer Flughafeninformationsdienst (ATIS) mit Aussendungen von METAR/SPECI, SIGMET sowie teilweise SNOWTAM.

Automatische Wettersender (VOLMET) mit Aussendungen von SIGMET, METAR/SPECI und TAF.

Darüberhinaus kann der Pilot auf Anforderung alle Wettermeldungen natürlich auch von den zuständigen Flugverkehrskontrollstellen erhalten; in einigen Ländern gibt es im Kommunikationsbereich der Flugfunkbänder bestimmte Frequenzen, auf denen das Personal regionaler Flughafenwetterbüros für die Flugzeugbesatzungen erreichbar ist. In den USA besteht außerdem die Möglichkeit, sämtliche Wettermeldungen über die Frequenzen von FSS

(Flight Service Stations) und AIRINC (Aeronautical Radio, Inc.) anzufordern - im Abschnitt I dieses Buches befindet sich eine genaue Beschreibung beider Einrichtungen. Und nicht zuletzt dienen auch die operationellen Frequenzen der Luftverkehrsgesellschaften zur zügigen Verbreitung aktueller Wetterbeobachtungen. Eine Auflistung dieser Kommunikationsfrequenzen sind in der zum Abschnitt I gehörenden Frequenztabelle zu finden. Innerhalb des festen Flugfunkdienstes (AFTN) werden Wettermeldungen als Fernschreibübertragungen ausgesendet - die entsprechenden Daten und Frequenzen sind im Abschnitt IV dieses Buches aufgeführt.

Innerhalb der Frequenzliste sind die Flugwettersender nach Sendestation (zusammen mit Uhrzeit und Inhalt der Aussendungen) geordnet.

Frequenztabelle der VOLMET-Sender auf Kurzwelle

Angaben zu den auf HF-Frequenzen zu empfangenen automatischen Wettersendern:

- Name der Station

- Sendefrequenzen mit zeitlichen Einschränkungen
    "C" - Betrieb 24 Stunden am Tag
    "D" - Betrieb während der Tageszeit am Standort des Senders
    "N" - Betrieb während der Nachtzeit am Standort des Senders

- Sendezeit in Minuten nach der vollen Stunde

- Meldungen über signifikante meteorologische Erscheinungen (SIGMET), Wettermeldungen (METAR/SPECI) und Wettervorhersagen (TAF) für die aufgeführten Flughäfen.

HONOLULU:
2863 kHz C, 6679 kHz C, 8828 kHz C, 13282 kHz C

00 bis 05 und 30 bis 35	
Honolulu FIR	(SIGMET)
Honolulu	(TAF)
Hilo	(TAF)
Guam	(TAF)
Honolulu	(METAR)
Hilo	(METAR)
Guam	(METAR)
Kahului	(METAR)

05 bis 10 und 35 bis 40	
Oakland FIR	(SIGMET)
San Francisco	(TAF)
Seattle	(TAF)
Los Angeles	(TAF)
San Francisco	(METAR)
Seattle	(METAR)
Los Angeles	(METAR)
Portland	(METAR)
Ontario	(METAR)
Las Vegas	(METAR)
Sacramento	(METAR)

25 bis 30 und 55 bis 60	
Anchorage	(TAF)
Fairbanks	(TAF)
Cold Bay	(TAF)
Vancouver	(TAF)
Anchorage	(METAR)
Fairbanks	(METAR)
Cold Bay	(METAR)
King Salmon	(METAR)
Elmendorf	(METAR)
Vancouver	(METAR)

GANDER:
3485 kHz C, 6604 kHz C, 10051 kHz C, 13270 kHz C

20 bis 25	
Montreal Mirabel	(TAF)
Montreal Dorval	(TAF)

Toronto	(TAF)
Ottawa	(TAF)
Montreal Dorval	(METAR)
Montreal Mirabel	(METAR)
Toronto	(METAR)
Ottawa	(METAR)
Gander	(METAR)
Goose Bay	(METAR)
Halifax	(METAR)

25 bis 30
Gander OCA	(SIGMET)
Winnipeg	(TAF)
Edmonton	(TAF)
Calgary	(TAF)
St. John´s	(METAR)
Iqaluit	(METAR)
Winnipeg	(METAR)
Edmonton	(METAR)
Calgary	(METAR)
Söndrestromfjord	(METAR)

50 bis 55
Gander	(TAF)
Goose Bay	(TAF)
Halifax	(TAF)
Montreal Mirabel	(METAR)
Montreal Dorval	(METAR)
Toronto	(METAR)
Ottawa	(METAR)
Gander	(METAR)
Goose Bay	(METAR)
Halifax	(METAR)

55 bis 60
Gander OCA	(SIGMET)
St. John´s	(TAF)
Iqaluit	(TAF)
Söndrestromfjord	(TAF)
St. John´s	(METAR)
Iqaluit	(METAR)
Winnipeg	(METAR)
Edmonton	(METAR)
Calgary	(METAR)
Söndrestromfjord	(METAR)

SHANNON:
3413 kHz N, 5505 kHz C , 8957 kHz C, 13264 kHz D

00 bis 05
Shanwick OCA	(SIGMET)
Brüssel	(TAF)
Hamburg	(TAF)
Brüssel	(METAR)
Hamburg	(METAR)
Frankfurt	(METAR)
Köln	(METAR)
Düsseldorf	(METAR)
München	(METAR)

05 bis 10
London Heathrow	(TAF)
Shannon	(TAF)
Prestwick	(TAF)
London Heathrow	(METAR)
Shannon	(METAR)
Prestwick	(METAR)
London Gatwick	(METAR)
Amsterdam	(METAR)
Manchester	(METAR)

10 bis 15
Shanwick OCA	(SIGMET)
Kopenhagen	(METAR)
Stockholm	(METAR)
Götheborg	(METAR)
Bergen	(METAR)
Oslo	(METAR)
Helsinki	(METAR)
Dublin	(METAR)
Barcelona	(METAR)

15 bis 20
Madrid	(TAF)
Lissabon	(TAF)
Paris Orly	(TAF)
Madrid	(METAR)
Lissabon	(METAR)
Santa Maria	(METAR)
Paris Orly	(METAR)
Paris Charles de Gaulle	(METAR)
Lyon	(METAR)

20 bis 25	
Shanwick OCA	(SIGMET)
Rom Fiumicino	(TAF)
Mailand	(TAF)
Rom Fiumicino	(METAR)
Mailand	(METAR)
Zürich	(METAR)
Genf	(METAR)
Turin	(METAR)
Keflavik	(METAR)

30 bis 35	
Shanwick OCA	(SIGMET)
Frankfurt	(TAF)
Köln	(TAF)
Brüssel	(METAR)
Hamburg	(METAR)
Frankfurt	(METAR)
Köln	(METAR)
Düsseldorf	(METAR)
München	(METAR)

35 bis 40	
London Gatwick	(TAF)
Amsterdam	(TAF)
Manchester	(TAF)
London Heathrow	(METAR)
Shannon	(METAR)
Prestwick	(METAR)
London Gatwick	(METAR)
Amsterdam	(METAR)
Manchester	(METAR)

40 bis 45	
Shanwick OCA	(SIGMET)
Copenhagen	(METAR)
Stockholm	(METAR)
Göteborg	(METAR)
Bergen	(METAR)
Oslo	(METAR)
Helsinki	(METAR)
Dublin	(METAR)
Barcelona	(METAR)

45 bis 50	
Santa Maria	(TAF)
Athen	(TAF)
Paris Charles de Gaulle	(TAF)
Madrid	(METAR)
Lissabon	(METAR)
Santa Maria	(METAR)
Paris Orly	(METAR)
Paris Charles de Gaulle	(METAR)
Lyon	(METAR)

50 bis 55	
Shanwick OCA	(SIGMET)
Zürich	(TAF)
Genf	(TAF)
Rom Fiumicino	(METAR)
Mailand	(METAR)
Zürich	(METAR)
Genf	(METAR)
Turin	(METAR)
Keflavik	(METAR)

NEW YORK:

3485 kHz C, 6604 kHz C, 10051 kHz C, 13270 kHz C

00 bis 05	
Detroit	(TAF)
Chicago	(TAF)
Cleveland	(TAF)
Detroit	(METAR)
Chicago	(METAR)
Cleveland	(METAR)
Niagara Falls	(METAR)
Milwaukee	(METAR)
Indianapolis	(METAR)

05 bis 10	
New York OCEANIC FIR	(SIGMET)
Bangor	(TAF)
Charlotte	(TAF)
Pittsburgh	(TAF)
Bangor	(METAR)
Charlotte	(METAR)
Pittsburgh	(METAR)
Windsor Locks	(METAR)
St. Louis	(METAR)
Minneapolis	(METAR)

10 bis 15	
New York/John F. Kennedy	(TAF)
Newark	(TAF)
Boston	(TAF)
New York/John F. Kennedy	(METAR)
Newark	(METAR)
Boston	(METAR)
Baltimore	(METAR)
Philadelphia	(METAR)
Washington	(METAR)

15 bis 20	
Miami OCEANIC FIR	(SIGMET)
San Juan OCEANIC FIR	(SIGMET)
Atlanta	(TAF)
Bermuda	(TAF)
Miami	(TAF)
Atlanta	(METAR)
Bermuda	(METAR)
Miami	(METAR)
Nassau	(METAR)
Freeport	(METAR)
Tampa	(METAR)
West Palm Beach	(METAR)

30 bis 35	
Niagara Falls	(TAF)
Milwaukee	(TAF)
Indianapolis	(TAF)
Detroit	(METAR)
Chicago	(METAR)
Cleveland	(METAR)
Niagara Falls	(METAR)
Milwaukee	(METAR)
Indianapolis	(METAR)

35 bis 40	
New York OCEANIC FIR	(SIGMET)
Windsor Locks	(TAF)
St. Louis	(TAF)
Bangor	(METAR)
Charlotte	(METAR)
Pittsburgh	(METAR)
Windsor Locks	(METAR)
St. Louis	(METAR)
Minneapolis	(METAR)

40 bis 45	
Baltimore	(TAF)
Philadelphia	(TAF)
Washington	(TAF)
New York/John F. Kennedy	(METAR)
Newark	(METAR)
Boston	(METAR)
Baltimore	(METAR)
Philadelphia	(METAR)
Washington	(METAR)

45 bis 50	
Miami OCEANIC FIR	(SIGMET)
San Juan OCEANIC FIR	(SIGMET)
Nassau	(TAF)
Freeport	(TAF)
Atlanta	(METAR)
Bermuda	(METAR)
Miami	(METAR)
Nassau	(METAR)
Freeport	(METAR)
Tampa	(METAR)
West Palm Beach	(METAR)

ST. JOHN´S:

6753 kHz D, 15035 kHz D, Militärstation, Sendebetrieb 1200 bis 2300 UTC

40	
Chatham	(TAF)
Greenwood	(TAF)
Shearwater	(TAF)
Gander	(TAF)
Goose Bay	(TAF)
St. John´s	(METAR)
Sydney	(METAR)
Halifax	(METAR)
Yarmouth	(METAR)
Brunswick	(METAR)
Stephenville	(METAR)

ROYAL AIR FORCE:

4722 kHz C, 11200 kHz C Militärstation, Wettermeldungen auch für andere RAF-Flugplätze

Dauerbetrieb	
Belfast	(METAR)
London Gatwick	(METAR)
London Heathrow	(METAR)
London Stansted	(METAR)
Luton	(METAR)
Manchester	(METAR)
Prestwick	(METAR)
Shannon	(METAR)
Keflavik	(METAR)

TRENTON:

6753 kHz N   (2300 bis 1200 UTC)
15035 kHz D   (1000 bis 0100 UTC)
Militärstation

30	
Trenton	(TAF)
Ottawa	(TAF)
Toronto	(TAF)
Quebec	(TAF)
Bagotville	(TAF)
North Bay	(TAF)

MOSCOW METEO:

4663 kHz N, 10090 kHz C, 13279 kHz D

25 bis 30 und 55 bis 60	
Moskau/Sheremetjevo	(TAF und METAR)
Moskau/Vnukovo	(TAF und METAR)
Kiev	(TAF und METAR)
St. Petersburg	(TAF und METAR)
Kalinin/Migalovo	(TAF und METAR)

KHABAROVSK:

3116 kHz N, 5691 kHz C, 8861 kHz C,
13267 kHz D

15 bis 20 und 45 bis 50
Khabarovsk
Yuzhno
Sakhalinsk
Petropavlovsk

SAMARA:

2869 kHz N, 6693 kHz C, 8888 kHz C,
11318 kHz D

15 bis 20 und 45 bis 50
Samara
Kazan
Orenburg

MAGADAN:

3116 kHz N, 5691 kHz C, 8861 kHz C,
13267 kHz D

20 bis 25 und 50 bis 55
Magadan
Khabarovsk
Petropavlovsk

TASHKENT METEO:

4663 kHz N, 10090 kHz C, 13279 kHz D

10 bis 15 und 40 bis 45	
Tashkent/Yuzhny	(TAF und METAR)
Alma-Ata	(TAF und METAR)
Dushanbe	(TAF und METAR)
Samarkand	(TAF und METAR)
Aktyubinsk	(TAF und METAR)

NOVOSIBIRSK METEO:

4663 kHz N, 10090 kHz C, 13297 kHz D

20 bis 25 und 50 bis 55	
Novosibirsk/Talmachevo	(TAF und METAR)
Khabarovsk/Novy	(TAF und METAR)
Irkutsk	(TAF und METAR)

KHABAROVSK/NOVY METEO:

4663 kHz N, 10090 kHz C, 13279 kHz D,
Sendezeit 0000 bis 1600 UTC

05 bis 10 und 35 bis 40	
Khabarovsk/Novy	(TAF und METAR)
Novosibirsk/Tolmachevo	(TAF und METAR)
Irkutsk	(TAF und METAR)
Chita/Kadala	(TAF und METAR)

GUANGZHOU:

3458 kHz N, 5673 kHz N, 8849 kHz D

10 bis 15 und 40 bis 45	
Guangzhou	(METAR und TAF)

Guilin	(METAR)
Nanning	(METAR)
Changsha	(METAR)
Haikon	(METAR)
Shantou	(METAR)

BEIJING:

3458 kHz N
5673 kHz N
8849 kHz D
13285 kHz D
Sendezeit 0000 bis 1600 UTC

15 bis 20 und 45 bis 50	
Peking	(METAR und TAF)
Tianjin	(METAR)
Taiyuan	(METAR)
Shanghai	(METAR)
Dalian	(METAR)

TOKYO:

2863 kHz C, 6679 kHz C, 8828 kHz C,
13282 kHz C

10 bis 15 und 40 bis 45	
Tokyo/Narita	(TAF und METAR)
Tokyo Haneda	(METAR)
Chitose	(METAR)
Nagoya	(METAR)
Osaka	(METAR)
Fukuoka	(METAR)
Seoul	(METAR)

ANTANANARIVO:

5400 kHz D	(0225 bis 1930 UTC)
10057 kHz D	(0225 bis 1030 UTC)
6617 kHz D	(0200 bis 2000 UTC)
10073 kHz D	(0200 bis 2000 UTC)

25 bis 30 und 55 bis 60	
Ivato	(METAR und TAF)
Mahajanga	(METAR)
0200 bis 1900 UTC:Saint Denis	
	(METAR und TAF)
0300 bis 1500 UTC:Moroni	(METAR)

BEIRUT:
3001 kHz C, 5561 kHz C, 8819 kHz C

15 bis 20 und 45 bis 50	
Beirut	(TAF und METAR)
Damascus	(METAR)
Nicosia	(METAR)
Amman	(METAR)
Jeddah	(METAR)
Cairo	(METAR)

BRAZZAVILLE:

10057 kHz C	
5499 kHz N	(1800 bis 0500 UTC)
13261 kHz D	(0500 bis 1800 UTC)

25 bis 35 und 55 bis 05	
Brazzaville	(METAR und TAF)
N´Djamena	(METAR und TAF)
Douala	(METAR und TAF)
Bangui	(METAR und TAF)
Libreville	(METAR und TAF)
Yaounde	(METAR und TAF)
Kinshasa	(METAR und TAF)
Kano	(METAR und TAF)
Lagos	(METAR und TAF)
Luanda	(METAR und TAF)

15 bis 25 und 45 bis 55	
Brazzaville	(METAR und TAF)
N´Djamena	(METAR und TAF)
Douala	(METAR und TAF)
Bangui	(METAR und TAF)
Libreville	(METAR und TAF)
Yaounde	(METAR und TAF)
Kinshasa	(METAR und TAF)
Kano	(METAR und TAF)
Lagos	(METAR und TAF)
Luanda	(METAR und TAF)

BANGKOK:

2965 kHz N	(1210 bis 2245 UTC)
6676 kHz C,	
11387 kHz D	(2310 bis 1145 UTC)

10 bis 15 und 40 bis 45	
Bangkok	(METAR)
Yangon	(METAR)
Ho Chi Minh	(METAR)
Kuala Lumpur	(METAR)
Singapore	(METAR)
U-Tapao	(METAR)

BOMBAY:
2965 kHz C, 6676 kHz C, 11387 kHz C

25 bis 30 und 55 bis 60	
Bombay	(METAR und TAF)
Ahmedabad	(METAR und TAF)
Madras	(METAR und TAF)
Colombo	(METAR und TAF)
Karachi	(METAR und TAF)

CALCUTTA:
2965 kHz N	(1300 bis 0300 UTC)
6676 kHz C	
11387 kHz D	(0300 bis 1300 UTC)

05 bis 10 und 35 bis 40	
Calcutta	(METAR und TAF)
Delhi	(METAR und TAF)
Dhaka	(METAR und TAF)
Yangon	(METAR und TAF)
Bombay	(METAR und TAF)

HONG KONG:
6679 kHz C, 8828 kHz C, 13282 kHz C

15 bis 20 und 45 bis 50	
Guangzhou	(METAR und TAF)
Naha	(METAR und TAF)
Taipei	(METAR und TAF)
Kaohsiung	(METAR und TAF)
Manila	(METAR und TAF)
Lapu-Lapu/Mactan	(METAR und TAF)
Hong Kong	(METAR und TAF)

KARACHI:
2965 kHz N	(1500 bis 0130 UTC)
6676 kHz C	
11387 kHz D	(0130 bis 1500 UTC)

15 bis 20	
Karachi	(METAR und TAF)
Nawabshah	(METAR und TAF)
Lahore	(METAR und TAF)
Islamabad	(METAR und TAF)
Delhi	(METAR und TAF)
Bombay	(METAR und TAF)

SINGAPORE/CHANGI:
6676 kHz N	(1230 bis 2230 UTC)
11387 kHz D	(2230 bis 1230 UTC)

20 bis 25 und 50 bis 55	
Singapur/Changi	(METAR und TAF)
Kuala Lumpur	(METAR und TAF)
Jakarta	(METAR und TAF)
Brunei	(METAR und TAF)
Kota Kinabalu	(METAR und TAF)
Bali	(METAR und TAF)
Penang	(METAR und TAF)

SYDNEY:
2965 kHz C, 6676 kHz C, 11387 kHz C
    (Weather Broadcast Center C.A.F.)

00 bis 05 und 30 bis 35	
Adelaide	(METAR)
Brisbane	(METAR)
Darwin	(METAR)
Melbourne	(METAR)
Perth	(METAR)
Sydney	(METAR)
Townsville	(METAR)
Cairns	(METAR)

TAIWAN:
2880 kHz C, 5010 kHz C, 12400 kHz C

07 bis 12	
Chiayi	(METAR und TAF)
Hualien	(METAR und TAF)
Kaohsiung	(METAR und TAF)
Makung	(METAR und TAF)
Taichung	(METAR und TAF)
Tainan	(METAR und TAF)
Taipei	(METAR und TAF)
Taitung	(METAR und TAF)

ANTOFAGASTA:
3167.5 kHz D (1120 bis 2325 UTC)
7465.5 kHz D (1020 bis 2325 UTC)

20 bis 25	
Arica	(METAR)
Concepcion	(METAR)
Iquique	(METAR)
La Serena	(METAR)
Santiago/Los Cerrillos	(METAR)
Santiago/A.M. Benitez	(METAR)

ASUNCION:
8905 kHz D (1005 bis 2210)
5566 kHz D (1015 bis 2220)

05 bis 10 und 15 bis 20
Asuncion und größere Flughäfen in Paraguay
METAR: 05 bis 10
SIGMET: 15 bis 20

BARCELONA:
336 kHz D (1010 bis 0415 UTC)
10057 kHz C, 13352 kHz C

10 bis 15 und 40 bis 45	
Barcelona	(METAR)

BELEM:
6603 kHz C

auf Anforderung/wenn SIGMET beobachtet	
Jacareacanga	(METAR)
Maraba	(METAR und TAF)
Belem	(METAR und TAF)
Pelada	(METAR und TAF)
Macapa	(METAR und TAF)
Sao Luis	(METAR und TAF)
Santarem	(METAR und TAF)
Belem FIR	(SIGMET)

BRASILIA:
6603 kHz C, 10057 kHz C, 13352 kHz C

auf Anforderung/wenn SIGMET beobachtet

Anapolis	(METAR und TAF)
Brasilia	(METAR und TAF)
Cachimbo	(METAR und TAF)
Cuiba	(METAR und TAF)
Brasilia	(TAF für Landezeit)
Brasilia FIR	(SIGMET)
(Gebiet nördlich 20°S und westlich 45°W)	

COMODORO RIVADAVIA:
4675 kHz C

30 bis 35	
Aeroparque	(METAR)
Mar del Plata	(METAR)
Tandil	(METAR)
S.C. Bariloche	(METAR)
0930 bis 0030 UTC: El Palomar	(METAR)
Moron	(METAR)
ungerade Stunden: Ezeiza FIR	(AREA FCST)

CORDOBA:
5475 kHz C, 8952 kHz C, 5498 kHz C

25 bis 30	
Cordoba	(METAR)
Aeroparque	(METAR)
Ezeiza	(METAR)
Junin	(METAR)
Mendoza	(METAR)
Resistencia	(METAR)
Rio Cuarto	(METAR)
Rosario	(METAR)
Salta	(METAR)
San Juan	(METAR)
San Rafael	(METAR)
Tucuman	(METAR)
Villa Reynolds	(METAR)

25 bis 30	
0925 bis 0025 UTC: El Palomar	(METAR)
Moron	(METAR)
stündlich:	
Cordoba FIR	(AREA FCST)
ungerade Stunden:	
Mendoza FIR	(AREA FCST)

gerade Stunden: Ezeiza FIR	(AREA FCST)
stündlich:Cordoba	(TAF)
Salta	(TAF)
Rio Cuarto	(TAF)
0900 bis 2400 UTC: Tucuman	(TAF)

EZEIZA:
2881 kHz C, 5601 kHz C, 11369 kHz C

15 bis 20	
Carrasco	(Uruguay) (METAR)
A.M. Benitez	(Chile) (METAR)
Porto Alegre	(Brasilien) (METAR)
Cordoba	(METAR)
Mendoza	(METAR)
Resistencia	(METAR)
Rio Cuarto	(METAR)
S. D. Variloche	(METAR)
Salta	(METAR)
Santa Rosa	(METAR)
Tandil	(METAR)
Villa Reynolds	(METAR)
0915 bis 0015 UTC:	
Antofagasta	(Chile) (METAR)
Asuncion	(Paraguay) (METAR)
El Palomar	(METAR)
Corrientes	(METAR)
Moron	(METAR)
Reconquista	(METAR)
stündlich:	
Ezeiza FIR	(AREA FCST)
gerade Stunden:Comodoro Rivadavia FIR	(AREA FCST)
ungerade Stunden:	
Resistencia FIR	(AREA FCST)
stündlich:	
Ezeiza	(TAF)
Carrasco	(Uruguay) (TAF)
Junin	(TAF)
La Paz	(TAF)
Punta Indio	(TAF)
Rosario	(TAF)
S.C. Bariloche	(TAF)

MANAUS:
6603 kHz C
13352 kHz C

auf Anforderung/wenn SIGMET beobachtet	
Cruceira do Sul	(METAR)
Manaus/E. Gomes	(METAR und TAF)
Porto Velho/Rio Branco	(METAR und TAF)
Tabatinga	(METAR und TAF)
Manaus/Ponta Pelada	(METAR und TAF)
Manaus FIR	(SIGMET)
Porto Velho FIR	(SIGMET)
Manaus/E. Gomes	(TAF für Landezeit)

MAIQUETIA:
292 kHz C

10 bis 15 und 40 bis 45	
Maiquetia	(METAR und TAF)
Curacao	(METAR und TAF)
Trinidad	(METAR und TAF)
Bogota	(METAR und TAF)

MARACAIBO:
410 kHz C

10 bis 15 und 40 bis 45	
1010 bis 0415 UTC	(stündlich 10 bis 15):
Maracaibo	(METAR)
1130 bis 2145 UTC	(stündlich 40 bis 45):
Barquisimeto	(METAR)

MONTEVIDEO:
5445.5 kHz D   (0700 bis 2200 UTC)

10 bis 15	
Montevideo/Carrasco	(METAR und TAF)

PANAMA:
109 kHz D   (1100 bis 2300 UTC)
110 kHz D   (1100 bis 0200 UTC)

15 bis 20

Bocas del Toro	(METAR)
David	(METAR)
Balboa/Howard	(METAR)
Panama/O. Torrijos	(METAR)

1100 bis 2300 UTC:

Balboa/Howard	(SIGMET und TAF)
Panama/O. Torrijos	(SIGMET und TAF)

PORTO ALEGRE:
6603 kHz C, 10057 kHz C, 13352 kHz C

auf Anforderung/wenn SIGMET beobachtet	
Curitiba	(METAR und TAF)
Baje	(METAR und TAF)
Porto Alegre/Canoas	(METAR und TAF)
Florianapolis	(METAR und TAF)
Londrina	(METAR und TAF)
Porto Alegre/Salgado Filho	(METAR und TAF)
Pelot	(METAR und TAF)
asSanta Maria	(METAR und TAF)
Porto Alegre/Salgado Filho	(TAF für Landezeit)
Porto Alegre FIR	(SIGMET)

PORTO-OF-SPAIN:
3023.5 kHz D (1200 bis 0000 UTC)

30 bis 35 sowie auf Anforderung	
Piarco FIR	(AREA FCST)
24-Stunden-Trend und Gewitterwarnungen	

PUERTO MONTT:
5280 kHz D, 10057 kHz C, 13352 kHz C

20 bis 25

1120 bis 2325 UTC:

La Serena	(METAR)
Concepcion	(METAR)
Santiago/A.M. Benitez	(METAR)

1020 bis 2325 UTC:

Santiago/Los Cerillos	(METAR)

RECIFE:
6603 kHz C

auf Anforderung/wenn SIGMET beobachtet	
Aracaju	(METAR und TAF)
Fernando de Noronha	(METAR und TAF)
Fortaleza	(METAR und TAF)
Ilheus	(METAR und TAF)
Maceio	(METAR und TAF)
Natal	(METAR und TAF)
Petrolina	(METAR und TAF)
Recife	(METAR und TAF)
Salvador	(METAR und TAF)
Teresina	(METAR und TAF)
Caravelas	(METAR und TAF)
Recife	(TAF für Landezeit)
Recife FIR	(SIGMET)

RESISTENCIA:
4675 kHz C, 13352 kHz C

50 bis 55

Aeroparque	(METAR)
Cordoba	(METAR)
Ezeiza	(METAR)
Resistencia	(METAR)
Rosario	(METAR)
Salta	(METAR)

0920 bis 0020 UTC:Asuncion (METAR)

El Palomar	(METAR)
Moron	(METAR)
Reconquista	(METAR)

RIO DE JANEIRO:
6603 kHz C

auf Anforderung/wenn SIGMET beobachtet:	
10 bis 15 und 20 bis 25	
Belo Horizonte/Palmpulha	(METAR und TAF)
Belo Horizonte/Confins Campos	(METAR und TAF)
Rio de Janeiro/Afonsos	(METAR und TAF)
Rio de Janeiro/International	(METAR und TAF)
Rio de Janeiro/S. Cruz	(METAR und TAF)
Vitoria	(METAR und TAF)
Montes Claros	(METAR)
Uberaba	(METAR und TAF)

Rio de Janeiro/International
(TAF für Landezeit)
Brasilia FIR (SIGMET)
(Gebiet östlich 45°W)

SALTA:
5475 kHz C

15 bis 20	
Salta	(METAR)
Cordoba	(METAR)
Ezeiza	(METAR)
Aeroparque	(METAR)
Resistencia	(METAR)
Tucuman	(METAR)
Jujuy	(METAR)
0915 bis 0020 UTC:	
Antofagasta	(Chile) (METAR)
El Palomar	(METAR)
Moron	(METAR)

SANTO DOMINGO:
620 kHz, 3215 kHz	*(00 bis 05)*
1270 kHz, 1310 kHz	*(25 bis 30)*
1360 kHz, 1370 kHz	*(25 bis 30)*
1390 kHz, 5970 kHz	*(25 bis 30)*
6090 kHz, 9505 kHz	*(25 bis 30)*
1180 kHz, 4949 kHz	*(15 bis 20)*

Betriebszeit 1200 bis 0000 UTC

00 bis 05, 25 bis 30 und 15 bis 20	
gesamtes Landesgebiet	(AREA FCST)
Karibik	(AREA FCST)

SAO PAULO:
10057 kHz C, 13352 kHz C

auf Anforderung/wenn SIGMET beobachtet	
Campo Grande	(METAR und TAF)
Piracununga	(METAR und TAF)
Sao Jose dos Campos	(METAR und TAF)
Sao Paulo/Congonhas	(METAR und TAF)
Sao Paulo/Guarulhos	(METAR und TAF)
Sao Paulo/Viracopos	(METAR und TAF)

Sao Paulo/Congonhas (TAF für Landezeit)
Brasilia FIR (SIGMET)
(Gebiet südlich 20°S und westlich 45°W)
Campo Grande FIR (SIGMET)

TEGUCIGALPA:
4710 kHz D	*(1200 bis 0000 UTC)*

50 bis 55	
Guatemala	(METAR)
Managua	(METAR)
San Jose	(METAR)
San Salvador	(METAR)
Tegucigalpa	(METAR)
Karibik	(AREA FCST)

ZANDERY:
9855 kHz N	*(0050 bis 1850 UTC)*

50 bis 55	
Georgetown/Timehri	(METAR)
Cayenne/Rochambeau	(METAR)
Paramaribo/Zandery	(METAR)

VOLMET- und ATIS-Sender im VHF-Flugfunkvbereich

Die VOLMET- und ATIS-Stationen im VHF-Bereich strahlen in der Regel kontinuierlich das Wetter der angegebenen Flughäfen aus.

Während ATIS-Sender grundsätzlich an die Betriebszeiten der jeweiligen Flugplätze gebunden sind, arbeiten die VOLMET-Stationen teilweise rund um die Uhr.

Bremen VOLMET 127.400 MHz

Dauerbetrieb
Hannover
Hamburg
Bremen
Köln
Frankfurt

Berlin Tempelhof
Berlin Tegel
Amsterdam
Kopenhagen

Berlin Schönefeld VOLMET 128.400 MHz

Dauerbetrieb
Berlin Schönefeld
Berlin Tempelhof
Berlin Tegel
Dresden
Leipzig
Prag
Warschau
Kopenhagen
Wien

Frankfurt 1 VOLMET 127.600 MHz

Dauerbetrieb
Frankfurt
Brüssel
Amsterdam
Zürich
Genf
Basel
Wien
Prag
Paris/Charles de Gaulle

Frankfurt 2 VOLMET 135.775 MHz

Dauerbetrieb
Frankfurt
Köln
Düsseldorf
Stuttgart
Nürnberg
München
Hamburg
Berlin/Tempelhof
Berlin/Tegel

Genf VOLMET 126.800 MHz

Dauerbetrieb
Genf
Zürich
Basel

Nizza
Lyon/Satolas
Paris/Charles de Gaulle
Paris/Orly
Mailand/Linate
Mailand/Malpensa

Innsbruck VOLMET 130.475 MHz

0600 UTC bis 1900 UTC
Innsbruck
Salzburg
München
Friedrichshafen
Zürich
Patscherkofel
Kufstein
St. Johann - Tirol
Zell/See
Schwaz
Gerlos
Hohenems
Bozen

Wien VOLMET 126.000 MHz

Dauerbetrieb
Wien
Linz
Salzburg
Graz
Klagenfurt
Bratislava
Budapest
Zagreb
München

Zürich VOLMET 127.200 MHz

Dauerbetrieb
Zürich
Genf
Basel
Frankfurt
München
Stuttgart
Mailand/Malpensa
Mailand/Linate
Lugano

Automatic Terminal Information Service (ATIS)

1. Flughafen	2. Frequenz	3. Betriebszeiten
Basel/Mühlhausen	127.875 MHz	
Berlin/Schönefeld	125.900 MHz	0630 Uhr bis 2100 Uhr LT
Berlin/Tegel	124.950 MHz 112.300 MHz	0500 Uhr bis 2200 Uhr LT
Berlin/Tempelhof	114.100 MHz	0600 Uhr bis 2200 Uhr LT
Bremen	117.450 MHz	0600 Uhr bis 2400 Uhr LT
Düsseldorf	115.150 MHz 113.600 MHz 123.775 MHz	0600 Uhr bis 2400 Uhr LT
Erfurt	121.950 MHz	0600 Uhr bis 2200 Uhr LT
Frankfurt	118.025 MHz 114.200 MHz	0600 Uhr bis 2400 Uhr LT
Friedrichshafen	129.025 MHz	0600 Uhr bis 2300 Uhr LT
Genf	127.550 MHz 125.725 MHz	0250 Uhr bis 2250 Uhr UTC
Graz	126.125 MHz	0900 Uhr bis 2000 Uhr LT
Hamburg	124.275 MHz 108.000 MHz	0720 Uhr bis 2150 Uhr LT
Hannover	121.850 MHz 115.200 MHz	0720 Uhr bis 2150 Uhr LT
Köln	119.025 MHz 112.150 MHz	0720 Uhr bis 2150 Uhr LT
Leipzig	120.525 MHz	0700 Uhr bis 2200 Uhr LT
Linz	128.125 MHz	0530 Uhr bis 2300 Uhr LT, Sa/So ab 0600 Uhr LT
München	118.375 MHz	0600 Uhr bis 2400 Uhr LT
Münster-Osnabrück	127.175 MHz	0720 Uhr bis 2150 Uhr LT
Nürnberg	124.325 MHz	0600 Uhr bis 2400 Uhr LT
Saarbrücken	113.850 MHz	0700 Uhr bis 2200 Uhr LT, Sa bis 2100 Uhr LT
Salzburg	125.725 MHz	0800 Uhr bis 1700 Uhr LT
Stuttgart	126.125 MHz	0720 Uhr bis 2150 Uhr LT
Wien	122.950 MHz 115.500 MHz 113.000 MHz 112.200 MHz	0700 Uhr bis 2200 Uhr LT
Zürich	128.525 MHz	0420 Uhr bis 0020 Uhr LT

FIS-Rundfunksendungen

Auf den in der Tabelle angegebenen Frequenzen werden zu bestimmten Zeiten Flugrundfunksendungen als allgemeine Meldung mit folgendem Inhalt ausgesendet:

- bedeutende Wettererscheinungen (SIGMET)
- Luftnotfälle
- Treibstoffschnellablaß
- Katastrophenfälle
- SAR-Einsätze
- kurzfristig eintretende Beschränkungen des Luftverkehrs

Zu den anderen Zeiten können die Piloten auf Anfrage folgende Auskünfte und Hinweise erhalten:

- Status von Kontrollzonen
- besondere Nutzung des Luftraumes (Veranstaltungen, militärische Übungen)
- Einschränkungen bei Funknavigationsanlagen, Sprechfunkfrequenzen und Flugplätzen
- Wettermeldungen
- navigatorische Unterstützung im Bedarfsfall

Die Informationen beziehen sich dabei stets auf das Fluginformationsgebiet (FIR, unterer Luftraum) der jeweiligen Flugverkehrsregionalstelle. Während der Betriebszeit von 0800 Uhr LT bis 30 Minuten nach Sonnenuntergang werden die Rundfunkmeldungen jeweils zur vollen und zur halben Stunde ausgestrahlt.

1. Flugverkehrsregionalstelle	2. Frequenzen	3. Zeitpunkt der Aussendung einer Rundfunkmeldung
Berlin Information	126.350 MHz (N) 125.800 MHz (S)	00 und 30
Bremen Information	119.825 MHz 135.700 MHz	00 und 30
Düsseldorf Information	135.350 MHz	00 und 30
Frankfurt Information	120.575 MHz 123.525 MHz	00 und 30
München Information	120.650 MHz (N) 126.950 MHz (S)	00 und 30

Abschnitt III:
Die Technik

In diesem Abschnitt findet die Beschreibung von Technik und Funktionsweise der Bord- und Bodenanlagen für Funk und Funknavigation ihren Platz. Darüber hinaus wird hier auch auf die fliegerische Anwendung der Funknavigationsverfahren sowie auf die Bedeutung der einzelnen Navigationsanlagen für den alltäglichen Flugbetrieb eingegangen. Damit wird ein typischer Flugablauf - zusammen mit dem dazugehörigen Sprechfunkverkehr - durchschaubar gemacht.

Flugzeugantennen

Ein modernes Flugzeug ist mit einer Vielzahl von unterschiedlichen Antennenanlagen für Funk und Funknavigation ausgerüstet. Zeichnung 12 zeigt einige typische Antennenformen sowie die jeweiligen Einbauorte am Flugzeug.

Kurzwellenantennen am Flugzeug

In der Ära der Propellerflugzeuge diente ein hinterhergeschleppter Draht - der zur Landung eingezogen wurde - als Antenne, später wurde dieser durch einen zwischen vorderen Rumpf und Oberkante Seitenleitwerk gespannten Dipol ersetzt. Bei modernen und wesentlich schnelleren Düsenflugzeugen ist die Kurzwellenantenne von außen kaum mehr sichtbar.

Anfänglich wurden Konstruktionen an der Vorderkante des Seitenleitwerkes sowie an den Tragflächenenden verwendet, heutzutage verschwindet die Antennenanlage als Drahtgeflechtantenne vollständig in der Seitenflosse. Gelegentlich sind bei Propellerflugzeugen und älteren Jetflugzeugen immer noch zwischen Seitenflossenvorderkante und Rumpf gespannte Dipolantennen zu beobachten - hierbei handelt es sich jedoch meistens um ADF-Antennen, die Frequenzen des Mittelwellenbereiches empfangen („ADF sense antenna") und entsprechend zur Funknavigation dienen. In den Zeichnungen 13 bis 16 sind die Einbauorte der Kurzwellenantennenanlagen zu erkennen.

Kommunikationstechnik

Unter den weiten Begriff der Kommunikationsanlagen fallen sämtliche Geräte an Bord eines Flugzeuges, die für die Verarbeitung von Audiosignalen von Bedeutung sind. Dazu zählen sicherlich die Sprechfunkgeräte (VHF COM, HF COM) mit eventuell vorhandenen Rufsystemen (SelCal, CalSel), aber auch Funknavigationsgeräte, die teilweise zum Empfang von Wettermeldungen (ATIS, VOLMET) genutzt werden können - gelegentlich sogar als Kommunikationsempfänger dienen, wie etwa im Sprechfunkverkehr mit den amerikanischen Flight Service Stations (FSS) über gerichtete Funkfeuer (VOR).

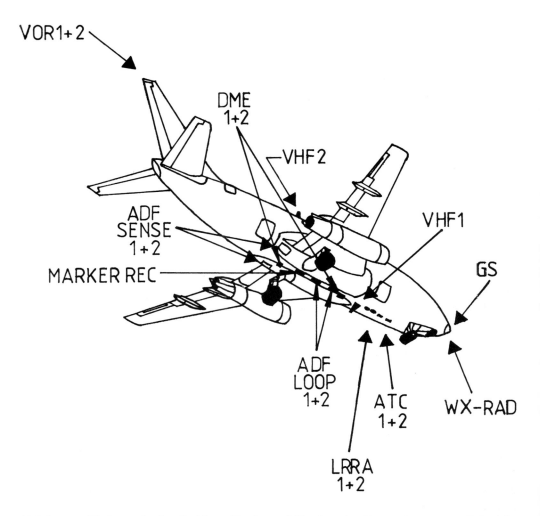

Zeichnung 12: Lage der bordseitigen Funk- und Funknavigationsantennen am Beispiel einer Boeing B737

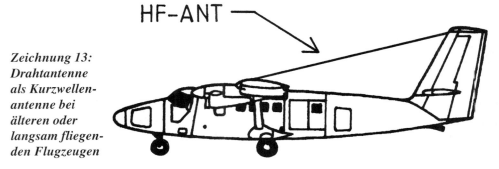

Zeichnung 13: Drahtantenne als Kurzwellenantenne bei älteren oder langsam fliegenden Flugzeugen

Zeichnung 14:
Kurzwellenantenne an der Seitenflosse (beispielsweise Boeing B707)

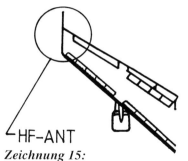

Zeichnung 15:
Kurzwellenantenne an den Tragflächenenden (zum Beispiel Boeing B747-200)

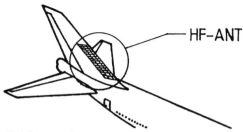

Zeichnung 16:
Kurzwellenantenne als Drahtgeflechtantenne an der Vorderkante der Seitenflosse (üblich in modernen Verkehrsflugzeugen)

Die Bordkommunikationsanlage eines modernen Verkehrsflugzeuges besteht gewöhnlich aus den folgenden Komponenten:

1. VHF-Flugfunktransceiver (VHF COM)
2. HF-Flugfunktransceiver (HF COM)
3. Marker-Empfänger
4. Entfernungsmeßgerät (DME)
5. VHF/UHF-Funknavigationsempfänger (VOR/LOC, GS)
6. Mittelwellen-Funknavigationsempfänger (ADF)
7. bordinternes Verständigungssystem (INTERCOM)
8. Passagieransagesystem (PA - Public Adress)
9. Aufzeichnungsgerät (CVR - Cockpit Voice Recorder)
10. Mikrofone: Handmikrofon, Boommikrofon, Sauerstoffmasken-Mikrofon
11. Lautsprecher und Kopfhörer
12. Audio Selector Panel (ASP), welches sämtliche Elemente des Kommunikationssystemes mit dem Lautsprecher/Kopfhörer sowie den Mikrofonen verbindet

Die einzelnen Komponenten sind gemäß dem Blockschaltbild (Zeichnung 17) miteinander verschaltet; die Unterschiede in den Kommunikationsanlagen verschiedener Flugzeugtypen beschränken sich in der Regel auf die Anzahl der angeschlossenen Geräte.

Über die Ein- und Ausgänge von VHF COM, HF COM, PA und INTERCOM sind die Piloten mit den Funkgeräten sowie den bordinternen Kommunikationsanlagen verbunden. Die Eingänge für Marker und DME ermöglichen die Identifikation der Bodenanlagen über ihre Morsekennung, über die Eingänge von VOR/LOC und ADF können zusätzlich zur Funkfeuerkennung bei Einsatz eines Sprachfilters auch Klartextaussendungen (ATIS, VOLMET) empfangen werden. Der Cockpit Voice Recorder zeichnet die im Cockpit hörbaren Geräusche sowie alle über die Bordkommunikationsanlage laufenden Signale auf.

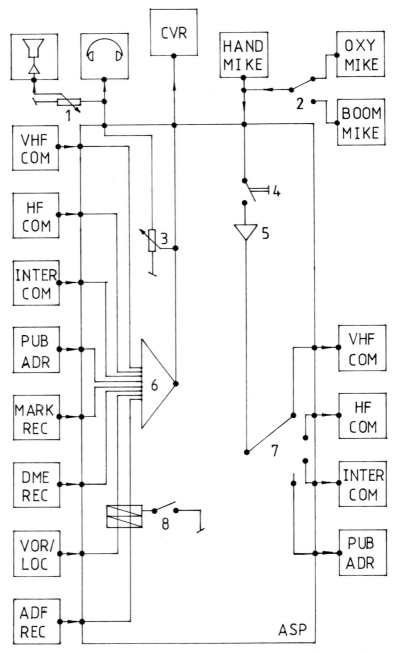

Zeichnung 17: Aufbau des Bordkommunikationssystemes eines Verkehrsflugzeuges

1 - Lautstärkeregler Lautsprecher
2 - Mikrofonwahlschalter
3 - Lautstärkeregler für den NF-Ausgang
4 - Sendeknopf (PTT)
5 - Mikrofonverstärker
6 - NF-Verstärker
7 - Sendewahlschalter
8 - Sprachfilter

Der VHF-Flugfunktransceiver

In der Praxis wird der Flugsprechfunk im Wechselsprechverfahren abgewickelt (Simplex-Verkehr), obwohl laut internationaler Zivilluftfahrtbehörde ICAO auch Duplex-Verkehr (Gegensprechverfahren) zulässig ist. Da moderne Flugzeuge in der Regel mindestens zwei Flugfunkgeräte mit getrennten Antennenanlagen an Bord haben, kann es durchaus möglich sein, eine Luftfunkstelle parallel auf zwei unterschiedlichen Frequenzen zu hören - so etwa bei der Kommunikation mit Dienststellen der eigenen Luftverkehrsgesellschaft auf „Company"- oder LDOC-Frequenzen bei gleichzeitiger Sprechfunkverbindung mit der zuständigen Flugverkehrskontrollstelle; oder auch während des Einholens einer Einfluggenehmigung bei der nächsten Kontrollstelle vor einem Grenzüberflug (beispielsweise in die GUS).

Im beweglichen Flugfunkdienst werden den Bodenfunkstellen eine oder mehrere feste Frequenzen zugewiesen; wechselt die Luftfunkstelle von einem in den nächsten Kontrollbereich über, so muß sie folglich auch ihre Sende- und Empfangsfrequenz ändern. Nach jedem Frequenzwechsel wird von der Luftfunkstelle ein Anruf an die Bodenfunkstelle erwartet, um die Hörbereitschaft auf der jeweiligen Arbeitsfrequenz zu signalisieren (im amerikanischen Sprachgebrauch oftmals als „check-in" bezeichnet). Im alltäglichen Flugbetrieb geschieht dieses gewöhnlich durch Nennung des Rufzeichens sowie - wenn die Luftfunkstelle sich im Fluge befindet - der Flughöhe.

Der VHF-Bereich für den zivilen Flugfunkdienst erstreckt sich von 118 MHz bis 137 MHz, wobei die höchste benutzbare Frequenz 136.975 MHz ist. Bei einem Kanalabstand von 25 kHz stehen so 760 VHF-Kanäle zur Verfügung. Aufgrund der verwendeten Amplitudenmodulation (A3E/AM) beträgt die Mindestbandbreite der Flugfunksignale etwa 6 kHz. Zusätzlich wird der VHF-Bereich von 30 MHz bis 74 MHz sowie von 137 MHz bis 144 MHz für den militärischen Sprechfunkverkehr genutzt; oberhalb von 100 MHz findet ebenfalls die Amplitudenmodulation Anwendung, darunter wird die Frequenzmodulation (F3E/FM) verwendet.

Ein modernes Bordfunkgerät besteht aus drei Baugruppen: Antenne, Sende-/Empfangsanlage und Kanalwähler. Bei größeren Flugzeugen befindet sich die Sende-/Empfangsanlage zusammen mit anderen elektronischen Systemen in einem separaten Raum, dem „E+E Compartment", welches meistens im vorderen Rumpfsegment direkt unterhalb des Cockpits liegt. Die Antennen sind oben und unten außerhalb des Rumpfes angebracht, die Kanalwähler bei kleinen Flugzeugen im Instrumentenbrett, bei Verkehrsflugzeugen oftmals in der Mittelkonsole zwischen den Piloten eingebaut. Die VHF-Flugfunkgeräte besitzen eine fest eingebaute Rauschsperre, deren Steuerung auf Basis einer im Demodulator erzeugten Regelspannung arbeitet; mit ihrer Hilfe können Störgeräusche außerhalb des eigentlichen Sprechfunkverkehrs weitestgehend unterdrückt werden.

Während das eigentliche Funkgerät also für die Piloten unsichtbar im Flugzeugrumpf versteckt bleibt, zeigt Zeichnung 18 einen heutzutage in der Verkehrsfliegerei üblichen Kanalwähler.

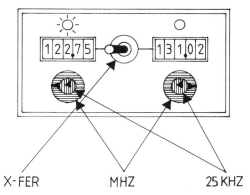

Zeichnung 18: Bediengerät eines VHF-Flugfunktransceivers (VHF-COM)

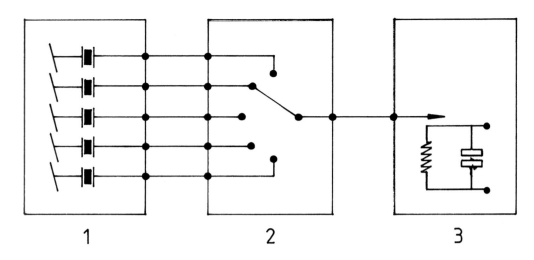

Zeichnung 19: Aufbau eines einfachen Kanalwählers; für jede Arbeitsfrequenz steht ein Quarzpaar zur Verfügung:

1 - Quarzbank   2 - Wahlschalter   3 - Oszillator

Aufgrund der entsprechenden Bauvorschriften dürfen in Luftfahrtgeräten wegen ihrer mangelnden Frequenzkonstanz keine frei abstimmbaren Schwingkreise benutzt werden; in der Praxis finden hier generell quarzgestützte Oszillatoren Verwendung.

In Funkgeräten, die nur einen kleinen Frequenzbereich abdecken (im Flugbetrieb von Segel- und Sportflugzeugen vollkommen ausreichend), steht für jede Arbeitsfrequenz ein Quarzpaar zur Verfügung, welches über einen Kanalwahlschalter mit dem Sende- und Empfangsoszillator verbunden wird (Zeichnung 19).

Soll das Funkgerät den gesamten Flugfunkfrequenzbereich abdecken, würde die Zahl der Quarze für eine kompakte Bauform der Anlage zu groß werden; Frequenzsynthesizer können in solchen Fällen helfen, Quarze und natürlich auch Platz zu sparen. Bei der direkten Frequenzsynthese sind für die Erzeugung sämtlicher Flugfunkfrequenzen nur zwölf Quarze notwendig. Der ganzzahlige Megahertz-Anteil der gewählten Sende- und Empfangsfrequenz wird durch additive Mischung der Einzelfrequenzen 118 MHz, 1 MHz, 2 MHz, 4 MHz, 8 MHz und 16 MHz geliefert (insgesamt sechs Quarzoszillatoren); der Kilohertz-Anteil durch Addition der Frequenzen 25 kHz, 50 kHz, 100 kHz, 200 kHz, 400 kHz und 800 kHz (sowie bei einigen Funkgeräten 12.5 kHz für engere Kanalabstände) erzeugt - hierzu werden sechs oder sieben weitere Quarzoszillatoren verwendet. Durch eine weitere Mischung beider Frequenzanteile wird schließlich - wie in Zeichnung 20 zu sehen - die entsprechende Arbeitsfrequenz synthetisiert.

Bei der indirekten Frequenzsynthese wird zur Abdeckung des vollständigen Flugfunkbereiches sogar nur ein einziger Quarz benötigt. Dabei wird ein elektrischer Schwingkreis über eine quarzgestützte Regeleinrichtung auf die erforderliche Frequenzkonstanz gebracht. Die Frequenzwahl variiert einerseits Induktivität und Kapazität des Schwingkreises, gleichzeitig aber auch das für die Regeleinrichtung wichtige Teilerverhältnis zur Quarzfrequenz (Frequenzteiler auf Basis einer spannungsabhängigen Kapazität, Kapazitätsdiode/"Varicap"). Bei exakt abgestimmten Schwingkreis stimmen stets die durch den Teiler generierte Ist-Fre-

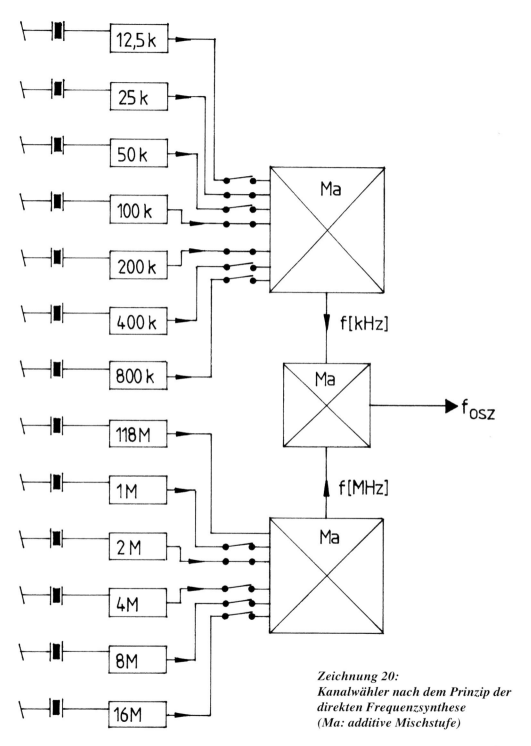

Zeichnung 20:
Kanalwähler nach dem Prinzip der direkten Frequenzsynthese
(Ma: additive Mischstufe)

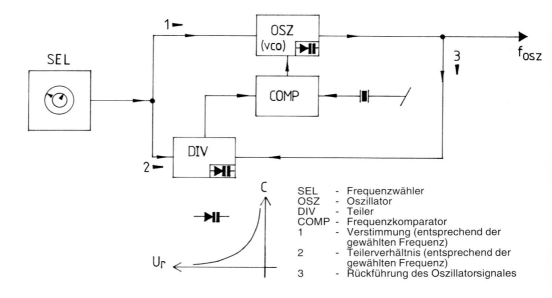

*Zeichnung 21: Kanalwähler nach dem Prinzip der indirekten Frequenzsynthese:
In der Zeichnung unterhalb des Schaltbildes wird die Funktion einer Kapazitätsdiode
dargestellt (Änderung der Kapazität in Abhängigkeit von der Sperrspannung)*

quenz und die durch den Quarz erzeugte Soll-Frequenz überein; weichen beide Frequenzen voneinander ab, wird der elektrische Schwingkreis ebenfalls mit Hilfe einer Kapazitätsdiode auf die gewählte Soll-Frequenz nachgezogen. (Siehe Zeichnung 21)

Der Sender des VHF-Flugfunktransceivers entspricht im Aufbau einem gewöhnlichen AM-Sender. Die über Kanalwähler und Sendeoszillator erzeugte Trägerfrequenz wird verstärkt und in der Amplitude moduliert; ausgesendet werden neben dem HF-Träger das obere und untere Seitenband, wodurch eine Bandbreite von mindestens sechs Kilohertz erreicht wird. Die Ausgangsleistung der Endstufe beträgt in der Regel etwa zehn Watt. (Siehe dazu die Zeichnungen 22 und 23)

In der Empfangstechnik findet auch im Flugfunkbereich das Prinzip des Überlagerungsempfängers (Superhet) oder Doppelüberlagerungsempfängers (Doppelsuper) Anwendung. Hierbei wird in einer Mischstufe das verstärkte Empfangssignal mit einer variablen Hilfsoszillatorfrequenz überlagert, um eine konstante und demodulierbare Zwischenfrequenz zu erhalten. Da im Mischer bei gleichbleibender Oszillatorfrequenz zwei unterschiedliche Eingangsfrequenzen (Empfangsfrequenzen) zu derselben Zwischenfrequenz führen, wird die unerwünschte „Spiegelfrequenz" bereits am Antenneneingang herausgefiltert:

Zwischenfrequenz (konst)
 = Oszillatorfrequenz - Empfangsfrequenz
Zwischenfrequenz (konst)
 = Empfangsfrequenz - Oszillatorfrequenz

Zu einer gewählten Oszillatorfrequenz gehören also zwei Empfangsfrequenzen:

1. Empfangsfrequenz = Oszillatorfrequenz - Zwischenfrequenz
2. Empfangsfrequenz = Zwischenfrequenz - Oszillatorfrequenz

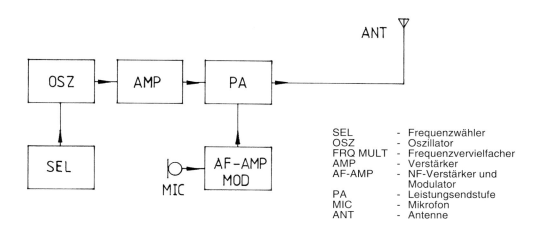

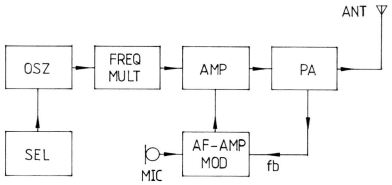

Zeichnung 22:   *Oben: Aufbau eines einfachen AM-Senders*
                     Unten: AM-Sender mit leistungsarmer Modulation

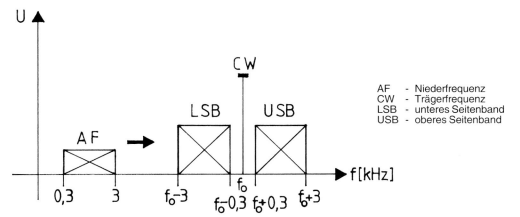

Zeichnung 23: Prinzip der Amplitudenmodulation; Frequenzangaben in Kilohertz

Die zweite unerwünschte Empfangsfrequenz (Spiegelfrequenz) wird bereits vor der Mischstufe durch eine entsprechende Filterschaltung unterdrückt.

Durch Wahl einer bestimmten Empfangsfrequenz wird im Empfänger der variable Hilfsoszillator abgestimmt. Sende- und Empfangsfrequenz werden über einen gemeinsamen Kanalwähler eingestellt. Während die Frequenz des Sendeoszillators mit der Trägerfrequenz des ausgesendeten Signals übereinstimmt, weicht die Empfangsfrequenz folglich von der Frequenz des Hilfsoszillators ab:

Oszillatorfrequenz =   Empfangsfrequenz
                     + Zwischenfrequenz

Daher sind in Transceivern mit festen Quarzschwingkreisen stets Quarzpaare für Sende- und Empfangsoszillator zu finden; die Verwendung eines Frequenzsynthesizers erlaubt je nach Betriebszustand des Funkgerätes die Erzeugung entweder der Sende- oder der für den Empfänger benötigten Hilfsfrequenz.

Bei einem Doppelüberlagerungsempfänger wird aus der Zwischenfrequenz durch Mischung mit einer zweiten, allerdings festen Hilfsoszillatorfrequenz auch eine weitere Zwischenfrequenz gewonnen; diese wird dann wie auch schon im Einfachsuperempfänger (Superhet) weiterverarbeitet.

Hierdurch wird das Empfangsverhalten zum Teil beträchtlich verbessert. Als Zwischenfrequenz (oder zweite Zwischenfrequenz im Doppelsuper) wird gewöhnlich 10.7 MHz bei FM-Empfängern (militärischer beweglicher Flugfunkdienst) sowie 455 kHz bei AM-Empfängern (ziviler beweglicher Flugfunkdienst) verwendet. Hinter der Mischstufe wird die konstante Zwischenfrequenz ausgefiltert, verstärkt und schließlich demoduliert.

Im Demodulator entsteht dann letztendlich die hörbare Niederfrequenz, die - um Störspitzen zu unterdrücken - mit Hilfe eines „Noise Limiters" in ihrer Amplitude begrenzt wird.

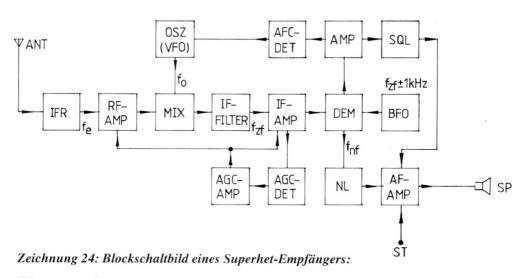

Zeichnung 24: Blockschaltbild eines Superhet-Empfängers:

IFR	-	Spiegelfrequenzfilter
RF-AMP	-	HF-Verstärker
MIX	-	Mischstufe
IF	-	ZF-Filter (FILTER) und -Verstärker (AMP)
DEM	-	Demodulator
NL	-	Noise Limiter
AF-AMP	-	NF-Verstärker
BFO	-	Beat Frequency Oscillator
AGC	-	Automatische Verstärkungskontrolle
AFC	-	Automatische Frequenzkontrolle
SQL	-	Rauschsperre
VFO	-	regelbarer Oszillator
AMP	-	Regelverstärker
SP	-	Lautsprecher
ST	-	Mithörton

Darüber hinaus kann im Demodulator zusätzlich eine Regelspannung gewonnen werden; diese dient zur Steuerung und Kontrolle einzelner Empfängerbaugruppen:

1. Bei der automatischen Verstärkungsregelung (AGC - Automatic Gain Control) werden Hoch- und Zwischenfrequenzverstärker zur Optimierung des Ausgangssignales gesteuert.
2. Bei der automatischen Frequenzkontrolle (AFC - Automatic Frequency Control) wird der Empfangsoszillator auf seine jeweilige Sollfrequenz nachgeregelt.
3. Über die Regelspannung wird die Rauschsperre geschaltet („Squelch").
4. Da die Höhe der Regelspannung proportional zur Signalstärke ist, kann sie zur Steuerung eines entsprechenden Anzeigeinstrumentes verwendet werden.

Bei einem ADF-Empfänger („Automatic Direction Finding" - Automatische Peilempfänger) sollen auch die getasteten, unmodulierten Träger der ungerichteten Funkfeuer im Mittelwellenbereich (NDB - Nondirectional Radio Beacon) hörbar gemacht werden. Dazu wird bei Bedarf im Demodulator die Zwischenfrequenz mit einer um etwa 1000 Hertz unterschiedlichen BFO-Frequenz (BFO - Beat Frequency Oscillator) überlagert; als Ergebnis dieser Mischung ist ein 1000-Hz-Ton im Takte des getasteten Trägers zu hören:

Niederfrequenz =
  BFO-Frequenz - Zwischenfrequenz

Da die Signale der ungerichteten Funkfeuer teilweise unmoduliert, teilweise amplitudenmoduliert sind (oft mit einer 1020-Hz-Morsekennung, manchmal aber auch mit Klartextaussendungen von Wetter- und ATIS-Meldungen), kann der BFO wenn nötig über einen Kippschalter separat dazugeschaltet werden.

Vielfach tragen die Piloten während des Fluges einen Kopfhörer oder sogar eine Hör-/Sprechgarnitur. Um sich beim Sprechen selbst hören zu können, wird der Mithörton („Sidetone") des Senders in den Niederfrequenzverstärker des dazugehörigen Empfängers mit eingeschleift.

Zeichnung 24 zeigt den generellen Aufbau eines Superhet-Empfängers, wie er an Bord von Flugzeugen in Flugfunktransceivern und auch Funknavigationsempfängern Anwendung findet.

Der UHF-Flugfunktransceiver

Im UHF-Flugfunk wird im Gegensatz zu den anderen Bändern die Frequenzmodulation benutzt. Neben militärischen Stationen arbeiten auf diesen Frequenzen auch mobile Bodenfunkstellen, wie etwa die Flughafenfeuerwehr, Einwinker, Baufahrzeuge und andere.

Bei der Frequenzmodulation wird die Sendefrequenz im Takt der Sprachfrequenz (Niederfrequenz) geändert, so das die übertragene Information in der Frequenzänderung pro Zeiteinheit liegt - mit unbeeinflußter und stets konstanter Ausgangsleistung der Sendeendstufe. Die notwendigen leichten Verschiebungen der Resonanzfrequenz können entweder über eine dem Quarz parallel geschaltete Kapazität oder aber über eine Kapazitätsdiode („Varicap", Kapazität abhängig von der Rückwärtsspannung) erreicht werden. Da die so erzielten Frequenzänderungen sehr klein sind, wird die Oszillatorfrequenz gewöhnlich um das 24- oder 36-fache erhöht, um die endgültige Sendefrequenz mit den proportional richtigen Frequenzverschiebungen zu erreichen. In der nachfolgenden Endstufe wird das Signal auf die Ausgangsleistung verstärkt und gelangt schließlich zur Antenne. Die Zeichnung 25 verdeutlicht das Prinzip der Frequenzmodulation sowie den generellen Aufbau eines FM-Senders.

Die Verwendung der Frequenzmodulation bietet gegenüber der Amplitudenmodulation einige bedeutende Vorteile:

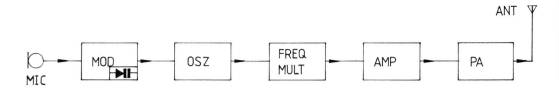

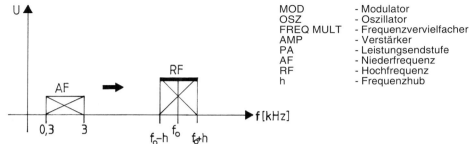

Zeichnung 25:
Oben: Blockschalbild eines FM-Senders
Unten: Prinzip der Frequenzmodulation (alle Frequenzangaben in Kilohertz)

1. FM-Sendeendstufen arbeiten stets mit konstanter Ausgangsleistung
2. Bauteile der FM-Leistungsendstufen (meistens Halbleiter, selten noch Röhren) müssen nicht mit großzügigen Leistungsreserven bemessen sein, denn während in AM-Endstufen sowohl Träger als auch zwei Seitenbänder bei teilweise stark wechselnder Ausgangsleistung kontrolliert werden müssen, können FM-Sendeendstufen mit konstanter Ausgangsleistung und damit auch dichter an den Leistungsgrenzen der einzelnen Bauteile betrieben werden.
3. Störungen im Übertragungsweg wirken sich als Änderungen in der Amplitude des Sendesignales aus; der AM-Empfänger demoduliert diese Störspitzen als Knistern und Knacken, wogegen der nach Frequenzänderungen „suchende" FM-Demodulator Amplitudenänderungen allenfalls als Änderungen in der Signalstärke interpretiert und gegebenenfalls die Hoch- und Zwischenfrequenzverstärker entsprechend nachregelt.

Sieht man einmal von der Verwendung eines FM-Demodulators (Diskriminator) anstelle des herkömmlichen AM-Demodulators ab, so unterscheidet sich der UHF/FM-Empfänger im Aufbau nicht wesentlich vom Prinzip eines VHF/AM-Empfängers. Zusätzliche Frequenzvervielfältiger hinter den einzelnen Oszillatorstufen sowie modifizierte Mischstufen erleichtern den Umgang mit den ansonsten doch wesentlich kritischer zu verarbeitenden hohen Frequenzen.

Der KW-Flugfunktransceiver

Der Kurzwellentransceiver an Bord eines Flugzeuges entspricht in Aufbau und Funktion von Kanalwähler, Sender und Empfänger im wesentlichen dem VHF-Flugfunktransceiver. Üblich sind Geräte mit mehreren festen Kanälen (kleinere Flugzeuge) sowie im Bereich von 2.5 MHz bis 30 MHz in 1-kHz-Schritten durchstimmbare Transceiver (Verkehrsflugzeuge).

Die übliche Ausgangsleistung dieser Funkgeräte liegt im Bereich von etwa 100 Watt.

Senden und Empfangen ist sowohl amplitudenmoduliert (AM, A3E) wie auch einseitenbandmoduliert („Single Side Band", SSB) möglich. Die Amplitudenmodulation ist in den letzten Jahren nahezu vollständig aus dem KW-Flugfunkdienst verschwunden - in den meisten Fällen findet heute die Einseitenbandmodulation mit unterdrücktem Träger (J3E) Anwendung, wobei im Flugfunkbereich grundsätzlich das obere Seitenband („Upper Side Band", USB) benutzt wird. Dadurch reduziert sich die benötigte Bandbreite gegenüber der reinen Amplitudenmodulation (Träger mit zwei abgestrahlten Seitenbändern) bei vollem Informationsgehalt der Aussendung auf weniger als drei Kilohertz (Zeichnung 26).

Die Einseitenbandmodulation trägt wesentlich zur Verbesserung von Qualität und Störsicherheit der Übertragung bei, denn einerseits wird im Vergleich zur Amplitudenmodulation die Sendeleistung auf eine deutlich engere Bandbreite gefächert, andererseits ist bei Übertragungsstörungen das Verhältnis von Nutz- zu Störspannung viel günstiger.

Ein Nachteil der Einseitenbandmodulation ist der komplizierte Aufbau des Demodulators; hier muß der im Sender unterdrückte Träger zur Auswertung der Sprachinformationen erst wieder künstlich zugesetzt werden. Dabei bedient man sich einer ähnlichen Schaltung, wie sie auch bei NDB-Empfängern zur Hörbarmachung getasteter Träger zum Einsatz kommt: Der fehlende Träger wird durch ein BFO-Signal (Beat Frequency Oscillator) simuliert und mit der Zwischenfrequenz vermischt. Die Differenz beider Frequenzen entspricht dem Abstand Träger- zu Seitenbandfrequenz und schwankt im Rhythmus der übertragenen Sprache. Mit Hilfe einer herkömmlichen Demodulatorschaltung können die Informationen dann hörbar gemacht werden:

Niederfrequenz
= BFO-Frequenz - Zwischenfrequenz

BFO-Frequenz sowie Zwischenfrequenz ohne Informationsgehalt sind stets konstant; sind jetzt Sender und Empfänger nicht exakt auf dieselbe Frequenz eingestellt, so stimmt auch die Differenz zwischen BFO- und Zwischenfrequenz nicht mit dem ursprünglichen Frequenzverlauf der Aussendung überein. Nach der Demodulation ist die Übertragung in der Tonhöhe verfälscht und wird bei größeren Frequenzunterschieden schließlich unleserlich. (Zeichnungen 27 und 28)

Bei größeren Flugzeugen befindet sich lediglich die Bedienungseinheit des Kurzwellengerätes im Cockpit; der eigentliche Trans-

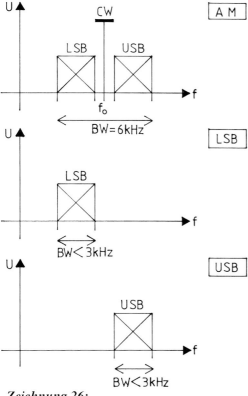

Zeichnung 26:
Prinzip der SSB-Modulation:
LSB   - unteres Seitenband
USB   - oberes Seitenband
CW   - Trägerfrequenz
BW   - Bandweite

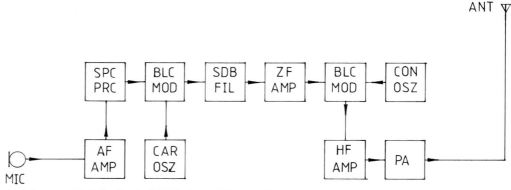

Zeichnung 27: Blockschaltbild eines SSB-Senders:

AF-AMP - NF-Verstärker
SPC PRC - Sprachprozessor
BLC MOD - Modulatorstufe
CAR OSZ - Sendeoszillator
SDB FIL - Seitenband-Filter
ZF AMP - ZF-Verstärker
CON OSZ - Hochfrequenzoszillator
HF AMP - Hochfrequenzverstärker
PA - Leistungsendstufe

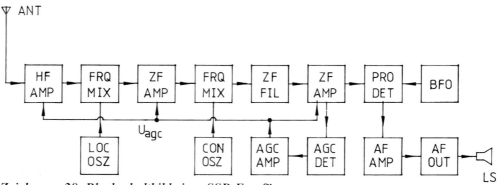

Zeichnung 28: Blockschaltbild eines SSB-Empfängers

HF AMP - Hochfrequenzverstärker
FRQ MIX - Mischstufe
OSZ - Oszillatoren
ZF - Zwischenfrequenz
/-verstärker (AMP)
/-filter (FIL)
PRO DET - Produktdetektor (Demodulator)
BFO - Beat Frequency Oscillator
AGC - automatische Verstärkungskontrolle
AF-AMP - Niederfrequenzverstärker

Zeichnung 29: Bediengerät eines Flugfunk-Kurzwellentransceivers: ▶

1 - Modulationswahlschalter
2 - Rauschsperre
3 - Frequenzwahlschalter/Megahertz-Schritte
4 - Frequenzwahlschalter/100-Kilohertz-Schritte
5 - Frequenzwahlschalter/10-Kilohertz-Schritte
6 - Frequenzwahlschalter/1-Kilohertz-Schritte

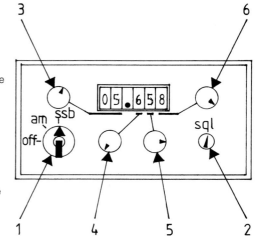

ceiver verschwindet - wie auch alle anderen Flugfunk- und Elektronikgeräte - im „E+E Compartment", meistens vor oder unterhalb des Cockpits gelegen. Ein typisches Kontroll- und Bedienteil kann wie in Zeichnung 29 dargestellt aussehen.

Das Audio Selector Panel

Über das Audio Selector Panel (ASP) wählt der Pilot die jeweiligen Hör- und Sprechkanäle. Kleinere Flugzeuge sind mit einem ASP für die gesamte Bordkommunikationsanlage ausgerüstet; in größeren Flugzeugen besitzt jeder Sitzplatz im Cockpit ein eigenes Audio Selector Panel. Zeichnung 30 zeigt ein ASP, wie es an Bord moderner Verkehrsflugzeuge zu finden ist.

Das Audio Selector Panel setzt sich aus den folgenden Bedienelementen zusammen:

1. Mit den Mikrofonwahlschaltern wird der gewünschte Sprechkanal eingeschaltet. Es ist immer nur ein Kanal zur Zeit aktiv, die anderen Sprechkanäle bleiben währenddessen abgeschaltet (Druckschalter).
2. Mit den Audiowahlschaltern können beliebig viele Hörkanäle gleichzeitig eingeschaltet (Druckknopf) sowie in ihrer Lautstärke einzeln reguliert werden (Drehknopf). Das Audiosignal wird entweder über Lautsprecher oder Kopfhörer ausgegeben.
3. Mit dem Filterschalter „Voice Only" kann die mit 1020 Hz abgestrahlte Kennung von Funkfeuern unterdrückt werden; dieses vereinfacht ganz besonders das Abhören von Klartextaussendungen (ATIS/VOLMET) über Frequenzen von Funkfeuern (Zeichnung 31).
4. Bei älteren ASPs ist häufig noch ein Emergency-Schalter vorhanden. Dieser wird bei Ausfall des im Audio Selector Panel integrierten Verstärkers auf „EMER" geschaltet, um die Vorstufe direkt abzuhören - Dämpfung und Verstärker bleiben in die-

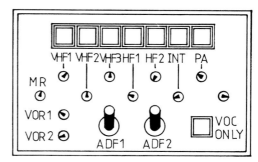

Zeichnung 30:
Audio-Selector-Panel (ASP)

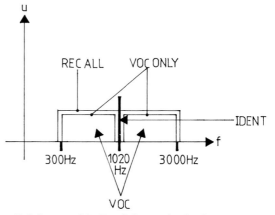

Zeichnung 31: Funktionsprinzip der „Voice Only"-Filterschaltung; Frequenzangaben in Hertz

REC ALL - NF-Ausgangssignal
VOC ONLY - NF-Ausgangssignal bei Verwendung des „Voice Only"-Filters

ser Schalterstellung unwirksam. Dabei darf wegen der fehlenden Verstärkung nur ein Hörkanal zur Zeit angewählt sein.

Über das abgebildete ASP können folgende Audiokanäle abgehört werden:

1. Drei VHF-Empfänger sowie Mithörton bei Sendung
2. Zwei HF-Empfänger sowie Mithörton bei Sendung

3. Das Intercomsystem zur Verständigung der Besatzung untereinander
4. Der Mithörton des Passagieransagesystemes („PA", Public Adress)
5. Der Marker-Empfänger
6. Zwei DME-Empfänger
7. Zwei VOR/LOC-Empfänger
8. Zwei ADF-Empfänger

Die Abhörkanäle für die VOR/LOC- und DME-Empfänger werden oftmals zusammengefaßt. Je nach Schalterstellung werden die Audiosignale über Lautsprecher oder Kopfhörer ausgegeben. Ist ein Cockpit Voice Recorder (CVR) vorgeschrieben, zeichnet dieser die Signale sämtlicher eingeschalteter Hörkanäle zusammen mit den Cockpitgeräuschen auf.

Die im Cockpit vorhandenen Mikrofone (Handmikrofon, Sauerstoffmasken-Mikrofon und Mikrofon der Hör-/Sprechgarnitur) können über das dargestellte ASP auf folgende Sprechkanäle geschaltet werden:

1. Drei VHF-Sender
2. Zwei HF-Sender
3. Das Intercom-System
4. Das Passagieransagesystem (PA)

Das Audio Selector Panel verbindet die einzelnen Bordgeräte untereinander. Der interne Aufbau eines modernen ASPs kann dem Blockschaltbild „Bordkommunikationssystem" im Kapitel „Kommunikationstechnik" innerhalb dieses Abschnittes entnommen werden.

Das SelCal-System

Bei der Anzahl der in Verkehrsflugzeugen vorhandenen Flugfunkgeräte kann nicht jede gerastete Arbeitsfrequenz kontinuierlich abgehört werden. Um dennoch jederzeit auf diesen Frequenzen erreichbar zu sein, befindet sich an Bord der größeren Flugzeuge ein Selektivrufempfänger (SelCal), der sowohl im VHF- wie auch im HF-Bereich arbeitet.

Um die Flugzeugbesatzung auf einer durch SelCal überwachten Frequenz zu rufen, sendet die Bodenfunkstelle einen bestimmten, für jedes Flugzeug festgelegten Tonruf aus. Dieser besteht aus insgesamt vier Tönen unterschiedlicher Frequenz, wobei jeweils zwei Töne durch Überlagerung zu einem Doppelton zusammengefaßt werden; das Ohr hört daher nur zwei aufeinanderfolgende Töne. Der Selektivrufempfänger wertet die empfangene Kennung aus und gibt bei Übereinstimmung mit dem eigenen SelCal-Code ein akustisches und optisches Warnsignal.

Jeder einzelne Ton ist mit einem Buchstaben aus dem Alphabet gekennzeichnet. Ein SelCal-Code besteht deshalb aus vier Buchstaben, jeweils die ersten und letzten beiden Töne werden zusammengefaßt.

Die folgenden Standard-Tonfrequenzen sind für das Selektivrufsystem festgelegt worden:

A - 312.6 Hz   J - 716.1 Hz
B - 346.7 Hz   K - 794.3 Hz
C - 384.6 Hz   L - 881.0 Hz
D - 426.6 Hz   M - 977.2 Hz
E - 473.2 Hz   P - 1083.7 Hz
F - 524.8 Hz   Q - 1201.8 Hz
G - 482.1 Hz   R - 1332.8 Hz
H - 645.7 Hz   S - 1478.1 Hz

Als Beispiel sei hier der SelCal-Code „AB-FM" dargestellt:

1. Doppelton: A - 312.6 Hz
                 B - 346.7 Hz
2. Doppelton: F - 524.8 Hz
                 M - 977.2 Hz

Der auf „AB-FM" programmierte SelCal-Empfänger teilt der Cockpitbesatzung über einen Doppelgong und ein Blinksignal den Eingang des Selektivrufes mit.

Zur flexiblen Nutzung der einzelnen Bordfunkgeräte läßt sich die Selektivrufanlage auf die einzelnen KW- und UKW-Empfänger aufschalten. Die Komponenten einer typischen SelCal-Anlage sind gemäß der Schaltungsskizze (Zeichnung 32) miteinander verbunden.

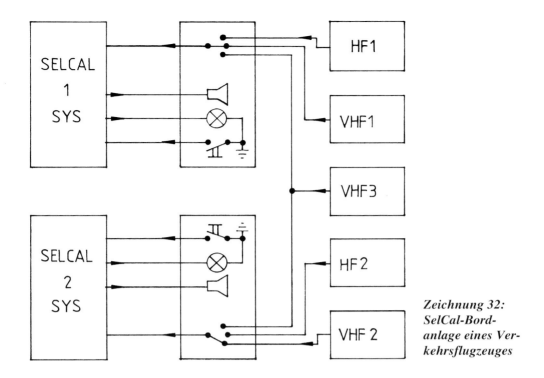

Zeichnung 32: SelCal-Bordanlage eines Verkehrsflugzeuges

SelCal-Rufsysteme werden vorwiegend im Kurzwellenflugfunk eingesetzt, da das Abhören der entsprechenden Frequenzen für einen längeren Zeitraum aufgrund des hohen Hintergrundgeräuschpegels häufig als unangenehm empfunden wird. Sowohl die Bodenfunkstellen des beweglichen Flugfunkdienstes (Flugverkehrskontrolle und Informationsdienste) als auch die Funkstellen der Luftverkehrsgesellschaften auf LDOC-Frequenzen („Company-Frequenzen") bedienen sich dieses Selektivrufsystemes. Im VHF-Flugfunkbereich wird das SelCal-System lediglich auf den jeweiligen Operationsfrequenzen der Airlines benutzt, um Flugzeuge auf dem Heimatflughafen oder im Überflug gezielt rufen zu können. So gelangen wichtige Informationen schnell zur richtigen Besatzung.

Auch die auf das Angebot von Dienstleistungen im Flugbetriebsbereich spezialisierte Einrichtung AIRINC (Aeronautical Radio, Inc. - siehe dazu auch Abschnitt I dieses Buches) verwendet zum gezielten Anrufen einzelner Flugzeugbesatzungen das SelCal-System im HF- sowie im VHF-Bereich. Die Frequenzzuordnung der einzelnen SelCal-Töne geschah ursprünglich nach einer AIRINC-Spezifikation.

Das CalSel-System

Das CalSel-System ist definitionsgemäß die Umkehrung des SelCal-Systemes; mit Hilfe dieser Anlage kann eine Flugzeugbesatzung die Bodenfunkstelle der eigenen Airline auf den entsprechenden operationellen Frequenzen (LDOC) rufen. Im Gegensatz zum SelCal-System arbeiten die CalSel-Geräte ausschließlich auf Kurzwelle. Sie übertragen eine Kennung des rufenden Flugzeuges sowie einen weiteren Informationscode, dessen Bedeutung von Fluggesellschaft zu Fluggesellschaft un-

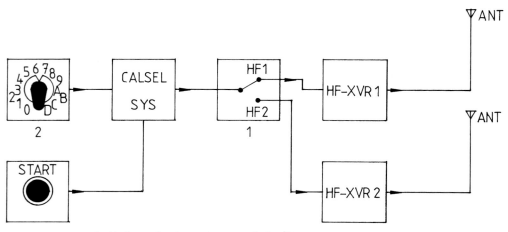

Zeichnung 33: CalSel-Bordanlage eines Verkehrsflugzeuges

terschiedlich ist. Aufgrund der Vielzahl der verwendeten Systeme können Aussehen und Bedienmöglichkeiten der einzelnen Geräte teilweise erheblich voneinander abweichen. Als Beispiel sei hier ein einfaches CalSel-Bordgerät dargestellt (Zeichnung 33), welches neben der Flugzeugregistrierung noch eine zusätzliche, frei wählbare Ziffer (0 bis 9) oder einen Buchstaben (A, B, C, D) überträgt.

Die einzelnen Wahlschalter am Bedienteil der CalSel-Anlage haben folgende Funktion:

1. Senderwahlschalter:
   Bestimmt, über welchen Kurzwellensender (1 oder 2) der CalSel-Code gesendet wird. Die Sendefrequenz wird am Bedienteil des jeweiligen Kurzwellentransceivers eingestellt.
2. Code-Wahlschalter:
   Bestimmt, welche Ziffer zusätzlich zum Flugzeugkennzeichen übertragen wird. Neben der Möglichkeit einer einfachen Informationsübermittlung kann die Funkmeldung so bereits vor der ersten Kontaktaufnahme klassifiziert und gegebenenfalls die Verbindung zur entsprechenden Dienststelle hergestellt werden.
3. Starttaste:
   Löst den Calsel-Ruf aus; die Taste aktiviert gleichzeitig das CalSel-Gerät und schaltet den Kurzwellentransceiver auf Sendung. Während der Aussendung des CalSel-Codes (Dauer etwa fünf Sekunden) leuchtet die Starttaste auf.

Gewöhnlich wird die CalSel-Anlage zum Aufbau einer Kurzwellenfunkverbindung benutzt, denn die Bodenfunkstelle sendet als Empfangsbestätigung den entsprechenden SelCal-Code des rufenden Flugzeuges zurück (Identifikation über das Flugzeugkennzeichen in der CalSel-Übertragung).

An der Anzahl der CalSel-Aussendungen sowie dem SelCal-Empfang kann die rufende Flugzeugbesatzung die Übertragungsqualität abschätzen und nötigenfalls die Arbeitsfrequenz wechseln.

Häufig wird einer bestimmten Ziffer im CalSel-Code die Information über einen Wechsel zur nächsthöheren oder niedrigeren Company-Frequenz zugeordnet, so daß auch die Bodenstation über die Absichten der Flugzeugbesatzung informiert ist - selbst bei nicht zustandegekommener Gesprächsverbindung.

Das Intercom-System

Das Intercom-System dient zur Kommunikation der Besatzungsmitglieder untereinander. Während bei Verkehrsflugzeugen nur die Cockpitplätze mit einem Intercom ausgerüstet sind, können bei kleineren Flugzeugen alle Sitzplätze an das interne Kommunikationssystem angeschlossen sein. Jeder Intercom-Platz ist hier mit Hör-/Sprechgarnitur (Kopfhörer und Mikrofon) sowie einer Sendetaste bestückt. Im Normalbetrieb hören sich alle Besatzungsmitglieder gleichzeitig, Gegensprechen ist möglich. Die Aktivierung des Mikrofons kann manuell über eine separate Taste oder automatisch über Sprachgeräusche erfolgen. Zusätzlich hört jeder Teilnehmer die zur Zeit am Audio Selector Panel eingeschalteten Audiokanäle (Flugfunkgeräte, Navigationsempfänger). Betätigt ein Besatzungsmitglied die Sendetaste, so wird die entsprechende Intercom-Station für die Dauer der Übertragung vom System getrennt - über den Mithörton des Flugfunktransceivers können aber alle Intercom-Teilnehmer die Aussendung verfolgen. Anschlüsse außerhalb des Flugzeuges ermöglichen beispielsweise die Einbindung eines Flugzeugmechanikers in das Intercom-System. Große Verkehrsflugzeuge besitzen mehrere Intercom-Anlagen (beispielsweise für Cockpit, Kabine und Frachträume), die einzeln zusammenschaltbar sind - in diesen Flugzeugen ist ohnehin jeder Platz im Cockpit mit einem eigenen ASP (Audio Selector Panel) ausgerüstet. Im Blockschaltbild (Zeichnung 34) ist das Intercom-System eines viersitzigen Reiseflugzeuges dargestellt.

Bedienung der Intercom-Anlage:
1. Über den Lautstärkeregler „VOL" wird die Verstärkung und damit die Lautstärke der Sprachgeräusche innerhalb des Intercom-Systemes gewählt.
2. Über den Empfindlichkeitsregler „SENSE" wird die Ansprechempfindlichkeit der Intercom-Mikrofone eingestellt. Wird nicht

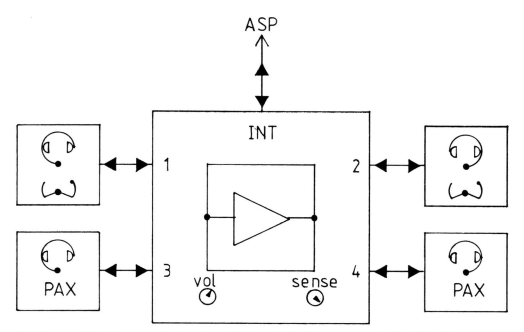

Zeichnung 34: Intercom-System eines kleinen Reiseflugzeuges mit vier Sitzplätzen

gesprochen, schaltet sich die Intercom-Anlage ab (Rauschsperre).

Sinn macht ein Intercom-System immer dort, wo aufgrund eines hohen Innengeräuschpegels lärmdämpfende Kopfhörer verwendet werden (beispielsweise in kleineren Kolbenmotorflugzeugen). In Verkehrsflugzeugen wird das Cockpit-Intercom wegen des ohnehin niedrigen Lärmpegels kaum genutzt.

Die Passenger-Adress-Anlage (PA)

Verkehrsflugzeuge müssen mit einer Passagier-Ansageanlage, dem sogenannten „Public Adress System" (PA) ausgerüstet sein. Aus dem Cockpit und auch aus der Kabine selbst können damit Ansagen an die Flugpassagiere gemacht werden. Die PA-Anlage ist für Routineaufgaben (beispielsweise das Vertrautmachen der Fluggäste mit den Sicherheitsvorkehrungen, Ansagen aus dem Cockpit) sowie für den Notfall (Vorbereiten einer Notlandung, Evakuierung) konzipiert; primär vorgeschrieben ist sie natürlich für Notsituationen.

Der Cockpit Voice Recorder (CVR)

Verkehrsflugzeuge müssen mit einem Tonaufzeichnungsgerät ausgerüstet sein, welches die Audiosignale aus dem ASP eines jeden Besatzungsmitgliedes sowie über ein externes Mikrofon sämtliche Geräusche im Cockpit aufzeichnet. Der Voice-Recorder benutzt dazu eine 30 Minuten lange Endlosbandschleife, alle aufgezeichneten Gespräche werden also nach 30 Minuten wieder überschrieben. Die Bandschleife ist in einer besonders geschützten Spezialkassette untergebracht, die Temperaturen von 1100 °C und Aufschlagsbeschleunigungen bis 100 g (100-fache Erdbeschleunigung) widerstehen kann. In Zeichnung 35 wird ein Voice-Recorder dargestellt, der für ein modernes Cockpit mit zwei Besatzungsmitgliedern (Kapitän und Kopilot) ausgelegt ist.

Die Funktion der einzelnen Elemente:
1. Cockpit-Mikrofon: Nimmt die Umgebungsgeräusche und Gespräche im Cockpit auf.
2. Löschtaste: Befindet sich das Flugzeug mit gesetzter Parkbremse am Boden, kann durch Betätigung der Löschtaste das gesamte Magnetband gelöscht werden.
3. Kopfhörer-Buchse: Über einen externen Kopfhörer können die aufgezeichneten Signale kontrolliert werden.
4. Testschalter: Durch Betätigung der Taste wird ein Systemtest ausgelöst.
5. Testmonitor: Kurz nach Auslösung des Systemtestes soll der Zeiger des Meßinstrumentes in den weißen Bereich ausschlagen. Wird kein Zeigerausschlag beobachtet, arbeitet der Voice-Recorder nicht oder nur fehlerhaft.

Bei der Auswertung des Voice-Recorders können folgende Informationen wiedergegeben werden:
SPUR 1: Sämtliche Audiosignale, die der Kapitän in den letzten 30 Minuten über sein ASP gehört hat.
SPUR 2: Sämtliche Audiosignale, die der Kopilot in den letzten 30 Minuten über sein ASP gehört hat.
SPUR 3: Sämtliche Cockpitgeräusche der letzten 30 Minuten.

Der Emergency Locator Transmitter (ELT)

Notsender dienen zur Alarmierung der Rettungsdienste und ermöglichen die Lokalisierung der Unfallstelle. Sie senden auf den internationalen Notfrequenzen 121.500 MHz (zivil) und 243.000 MHz (militärisch). Die Aussendung ist mit einem zwei- bis viermal pro Sekunde von 300 Hz bis 1600 Hz auf- und abschwellenden Tonsignal moduliert. Es gibt drei Bauformen der Notsender:

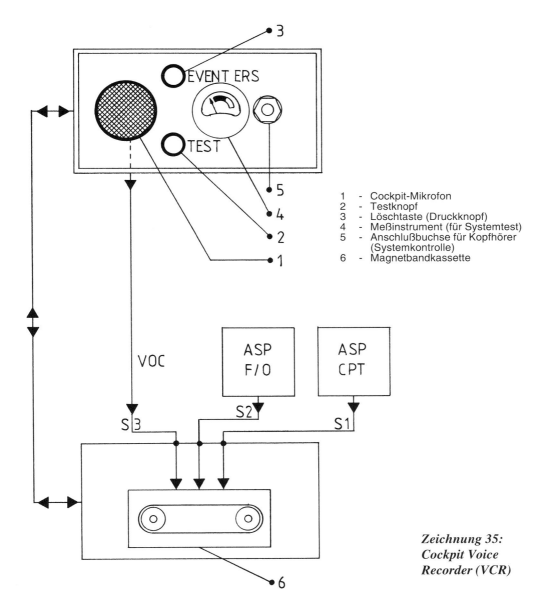

1 - Cockpit-Mikrofon
2 - Testknopf
3 - Löschtaste (Druckknopf)
4 - Meßinstrument (für Systemtest)
5 - Anschlußbuchse für Kopfhörer (Systemkontrolle)
6 - Magnetbandkassette

Zeichnung 35:
Cockpit Voice Recorder (VCR)

1. Der transportable ELT-Sender ähnelt einem Handfunkgerät und wird manuell eingeschaltet.
2. Die eingebaute ELT-Anlage ist fest mit dem Flugzeug verbunden und wird über einen Beschleunigungsschalter bei Beschleunigungen von mehr als 5 g (fünffache Erdbeschleunigung) aktiviert. Einige Geräte lassen sich leicht aus dem Flugzeug ausbauen und können mit Hilfe einer Teleskopantenne ebenfalls als transportables ELT genutzt werden.
3. Seenotsender werden durch den Kontakt mit Wasser aktiviert und arbeiten freischwimmend nur in aufrechter Lage von etwa +/- 60 Grad.

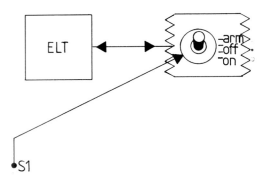

Zeichnung 36:
Emergency Locator Beacon (ELT)
S1 kann manuell geschaltet werden:
ON   -   Dauerbetrieb
OFF   -   aus
ARM -   ELT in Bereitschaft (automatischer Sendebetrieb bei Messung einer Aufschlagsbeschleunigung)

Sämtliche Notsender besitzen eigene Batterien hoher Speicherfähigkeit, die einen ununterbrochenen Betrieb von mehr als 48 Stunden gewährleisten.

In Zeichnung 36 ist als Beispiel ein im Flugzeug fest installiertes Gerät dargestellt, wie es häufig in kleineren Reiseflugzeugen Verwendung findet.

Bedeutung der Schalterstellungen am ELT-Gerät:

OFF   -   Gerät ausgeschaltet
ARM -   Gerät in Bereitschaft - es schaltet sich automatisch bei mehr als 5 g Längsbeschleunigung ein
ON   -   Gerät eingeschaltet (Dauerbetrieb)

Die ELT-Sendefrequenzen 121.500 und 243.000 MHz werden ständig von zivilen und militärischen Kontroll- und Informationsstellen überwacht. Darüber hinaus kommt ein satellitengestütztes Abhörsystem zur Anwendung, das neben dem weltweiten Notsignalempfang auch die schnelle Lokalisierung des Sendeortes ermöglicht. Im tatsächlichen Notfall können so in kürzester Zeit die Rettungsdienste alarmiert werden.

Funknavigationstechnik

Funknavigationsanlagen für den Kurz- und Langstreckenflugverkehr sind in nahezu allen Wellenbereichen zu finden. Die gebräuchlichsten Systeme arbeiten auf den in Tabelle 12 aufgeführten Frequenzen.

Bodenpeilanlagen (VDF, UDF)

Die Direction Finding Stations („DF", Bodenpeilanlagen) arbeiten im VHF- und UHF-Kommunikationsbereich. DF-Stationen im VHF-Bereich (118.000 MHz bis 136.975 MHz, zivile Nutzung) heißen „VDF-Stations", bei DF-Stationen im UHF-Bereich (225 MHz bis 400 MHz, militärische Nutzung) spricht man folglich von „UDF-Stations".

Mit Hilfe einer speziellen Peilantenne - ringförmig angeordnete Dipole - sowie dem dazugehörigen Peilempfänger kann die Einfallsrichtung eines Funkstrahles ermittelt werden. Hierzu wird der Sprechfunkverkehr eines Luftfahrzeuges mit dem Tower herangezogen - Bodenpeilanlagen werden deshalb an Flughäfen und Landeplätzen betrieben. Die Reichweite der DF-Stationen ist durch die Reichweite der Flugfunkgeräte in dem entsprechenden Frequenzbereich beschränkt (quasioptische Wellenausbreitung).

Die Peilauswertung geschieht vollautomatisch, das Ergebnis wird auf einem Sichtgerät mit 360°-Skala dargestellt: Ein Zeiger gibt die Peilrichtung von der DF-Station zum Flugzeug an (Zeichnung 37).

Auf dem Sichtgerät können Peilrichtungen bezogen auf den geographischen wie auch auf den magnetischen Nordpol dargestellt werden. Da an den meisten Orten der Welt beide Nord-

Tabelle 12: Funknavigationssysteme

Abkürzung	Navigationssystem	Frequenz	Verwendung
Omega	Omega	10 kHz bis 14 kHz	Langstrecken-navigation
VLF-Sendestationen	Very Low FrequencyNavigation System	10 kHz bis 30 kHz	Langstrecken-navigation
Loran C	Long Range Navigation System	100 kHz	Langstrecken-navigation
NDB	Nondirectional Radio Beacon	200 kHz bis 1750 kHz	Kurz- und Mittel-streckennavigation
Marker	Marker Beacon	75 MHz	Landehilfe
ILS-LOC	Instrument Landing System Localizer	108.100 MHz bis 111.975 MHz	Landehilfe
VOR	Very High Frequency Omnidirectional Radio Range	108.000 MHz bis 117.950 MHz	Kurzstrecken-navigation
VDF	Very High FrequencyDirection Finding	118.000 MHz bis 136.975 MHz	Kurzstrecken-navigation
UDF	Ultra High Frequency Direction Finding	225 MHz bis 400 MHz	Kurzstrecken-navigation
ILS-GP	Instrument Landing System Glide Path	329 MHz bis 335 MHz	Landehilfe
DME	Distance Measuring Equipment	962 MHz bis 1213 MHz	Kurzstrecken-navigation
TACAN	Tactical Air Navigation	962 MHz bis 1213 MHz	militärische Kurz-streckennavigation
Transponder	Transponder	1030 MHz/1090 MHz	Sekundärradar
SRE	Surveillance Radar Equipment	1250 MHz bis 1350 MHz	Streckenradar
GPS	Global Positioning System	1227.6 Mhz/ 1575.42 MHz	Kurz- und Lang-streckennavigation
ASR	Approach Surveillance Radar	2.7 GHz bis 2.9 GHz	Nahbereichsradar
MLS	Microwave Landing System	5 GHz bis 15 GHz	Landehilfe
Doppler	Doppler-Radar	8.8 GHz	Kurz- und Lang-streckennavigation
PAR	Precision Approach Radar	9 GHz	Anflugradar
ASDE	Airport Surface Detection Equipment	20 GHz bis 37.5 GHz	Vorfeldradar

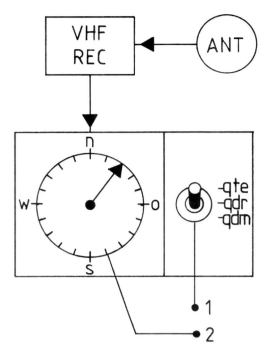

Zeichnung 37: Direction Finding Station (DF-Station)
1 - Wahlschalter für Anzeigemodi der Peilung
2 - Sichtgerät

richtungen um einige Grad voneinander abweichen, ergeben sich auch unterschiedliche Peilwerte.

Um den Piloten schnell und ohne größeren Aufwand den magnetischen Steuerkurs zum Flugplatz übermitteln zu können, kann das Sichtgerät auf Anzeige der auf magnetisch Nord bezogenen Richtung vom Flugzeug zur Peilstation umgeschaltet werden (Zeichnung 38).

Die folgenden Richtungsangaben sind in der Luftfahrt gebräuchlich (Definition nach der internationalen Zivilluftfahrtbehörde ICAO):

QDM - Richtung vom Flugzeug zur Peilstation bezogen auf den magnetischen Nordpol („mißweisender Steuerkurs")

QDR - Richtung von der Peilstation zum Flugzeug bezogen auf den magnetischen Nordpol („mißweisende Peilung")

QTE - Richtung von der Peilstation zum Flugzeug bezogen auf den geographischen Nordpol („rechtweisende Peilung")

In der Praxis wird bei einer Peilung der QDM-Wert angegeben (magnetischer Steuer-

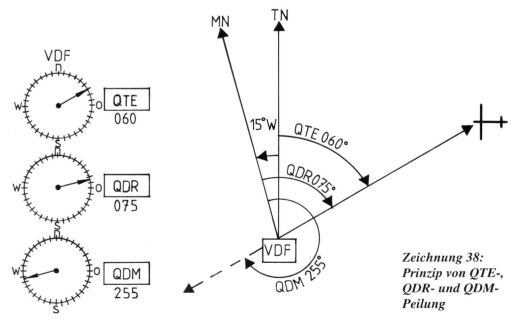

Zeichnung 38: Prinzip von QTE-, QDR- und QDM-Peilung

kurs). Muß der Pilot weder Windeinfluß noch Kompaßfehler berücksichtigen, so braucht er lediglich den übermittelten Kurs anhand seiner Kompaßanzeige zu halten, um zur Peilstation zu gelangen - denn der Flugzeugkompaß weist ohne Kompaßfehler ebenfalls zum magnetischen Nordpol.

Wünscht der Pilot eine Peilung, so nimmt er Funkkontakt mit dem Tower eines nahegelegenen Flughafens oder Landeplatzes auf und fragt nach QDM, QDR oder QTE. Die Bodenpeilstation fordert die Besatzung auf, zur Feststellung der Peilrichtung einige Sekunden lang zu senden. Zusammen mit der gewünschten Richtungsangabe wird dem Flugzeugführer die Qualität der Peilung übermittelt. Es sind drei unterschiedliche Qualitätsstufen möglich:

A - Peilung auf +/- 2 Grad genau
B - Peilung auf +/- 5 Grad genau
C - Peilung auf +/- 10 Grad genau

Peilungen der Klasse B reichen in der Praxis zur Positionsbestimmung vollkommen aus.

Bestimmung der Position: QTF

Zusätzlich zu den Peilangaben kann eine Flugzeugbesatzung von der DF-Station auch eine Positionsbestimmung (QTF) anfordern. Hierzu müssen allerdings mehrere Peilstationen, die untereinander in Verbindung stehen, verfügbar sein. Die unterschiedlichen Peilrichtungen der einzelnen Stationen werden an einem Ort gesammelt und dort anhand einer Luftfahrtkarte ausgewertet. Die so ermittelte Position wird dem Flugzeugführer wieder zusammen mit einer Qualitätsangabe übermittelt. Auch hier gibt es insgesamt drei Klassen:

A - Position auf +/- 5 NM genau
B - Position auf +/- 20 NM genau
C - Position auf +/- 50 NM genau

Die Peilung durch DF-Stationen verliert immer mehr an Bedeutung, da heutzutage auch kleinere Reiseflugzeuge mit einer Vielzahl von Funknavigationsgeräten ausgerüstet sind. Mit deren Hilfe - besonders erwähnt sei an dieser Stelle das Satellitennavigationssystem GPS - sind Richtungs- und Positionsbestimmungen einfacher, schneller und vor allen Dingen wesentlich genauer möglich. Die Identifizierung des Flugzeugechos auf dem Radarschirm, die früher häufig durch Einblendung der Peilrichtung zum Flugzeug geschehen ist, kann heute viel sicherer durch Anwendung des Sekundärradarsystemes erfolgen. Trotzdem stehen den Flugzeugbesatzungen immer noch eine große Anzahl von VDF- und UDF-Stationen zur Verfügung. Gerade in der Sport- und Reisefliegerei werden hin und wieder Peilungen von DF-Stationen angefordert.

Ungerichtete Funkfeuer - Nondirectional Radio Beacon, NDB

Das im Mittelwellenbereich arbeitende ungerichtete Funkfeuer NDB ist zusammen mit der an Bord des Luftfahrzeuges befindlichen automatischen Peilanlage (ADF, Automatic Direction Finder) die wohl verbreitetste - und aus der Sicht des Technikers auch einfachste - Funknavigationshilfe in der heutigen Luftfahrt.

Als Bodenanlagen kommen gewöhnliche Mittelwellensender zur Anwendung, die im Frequenzspektrum von 200 kHz bis 1750 kHz ein ununterbrochenes Trägersignal ausstrahlen; aufgrund der Überschneidung mit dem MW-Rundfunkband wird in Europa häufig nur der Bereich unterhalb von 490 kHz benutzt. Zur Identifikation des Funkfeuers wird der Träger mit der Kennung des NDBs im internationalen Morsecode amplitudenmoduliert.

Die Tonhöhe dieses Audiosignales liegt meistens bei 1020 Hz, manchmal auch bei 400 Hz. Ein älteres und heutzutage nur noch selten genutztes Verfahren zur Übertragung der Funkfeuerkennung ist die Tastung des Trägersignales im Takte des Morsebuchstaben; zum Abhören ist dann ein ADF-Empfänger mit aufschaltbaren BFO (Beat Frequency Oscillator) nötig.

Ungerichtete Funkfeuer sind heute häufig als Bestandteile der Instrumentenanflugsysteme (ILS, Instrument Landing System) in Flughafennähe zu finden sowie - in Mitteleuropa etwas seltener - alleine oder in Verbindung mit einem gerichteten Funkfeuer entlang der veröffentlichten Luftstraßen. Ebenso können NDBs als Grundlage einfacher Anflugverfahren dienen („NDB Non Precision Approach"), häufig zusammen mit einer am Flugplatz installierten Entfernungsmeßeinrichtung (DME, Distance Measuring Equipment).

Die Ausgangsleistung der NDB-Sendeanlagen richtet sich nach dem primären Zweck des Funkfeuers; im Einzelfall können Streckenfunkfeuer mit einer Maximalleistung von mehreren Kilowatt arbeiten. Üblich sind jedoch Sendeleistungen von 20 Watt bis 100 Watt, womit Reichweiten von etwa 50 km bis 300 km erzielt werden können. Die zum Instrumenten-Lande-System ILS gehörenden Markierungsfunkfeuer strahlen oftmals mit nur 10 Watt ab und sind in einem Umkreis von knapp 20 km zu empfangen. Wegen der im Mittelwellenbereich stark veränderlichen Ausbreitungsbedingungen kann die Reichweite der Funkfeuer unter günstigen Umständen auch erheblich größer sein.

Um in dem auch heute noch vollkommen überbelegten Mittelwellenband eine sichere Funktion zu gewährleisten, dürfen Ausgangsleistung und Sendefrequenz nur in sehr engen Grenzen schwanken.

Diese Anforderungen können mit modernen Schaltungstechniken in den Oszillator- und Verstärkerstufen problemlos erfüllt werden. Soll die Peilung auch auf größerer Entfernung noch eine ausreichende Genauigkeit aufweisen, muß die Feldstärke des NDBs selbst an den Grenzen des Abdeckungsbereiches noch einen bestimmten Mindestwert aufweisen.

Dieser Wert ist hauptsächlich vom Hintergrundrauschen abhängig und beträgt in Gebieten mit niedrigen Rauschwerten (so etwa Europa) 70 Mikrovolt/Meter. In Ländern des heißen Klimas (zwischen 30°N und 30°S) können 120 Mikrovolt/Meter oder noch höhere Werte nötig sein. Nach der internationalen Zivilluftfahrtorganisation ICAO darf die zur Erlangung dieser Grenzwerte erforderliche Ausgangsleistung um nicht mehr als 2 dB überschritten werden.

Die Verständlichkeit der Morsekennung sowie eventueller Klartextaussendungen über das Funkfeuer hängt in erster Linie von der Modulationstiefe ab. Im Idealfall sollte diese so hoch wie möglich sein, was in der Praxis jedoch nicht alleine von der Sendeanlage abhängig ist.

Besonders bei NDBs mit geringen Reichweiten sind die verwendeten Antennen im Vergleich zur Wellenlänge extrem kurz und daher auch sehr steilflankig an die Sendefrequenz angepaßt. Es besteht die Gefahr, daß die Antenne zwar exakt der Trägerfrequenz des Funkfeuers angepaßt ist, die Seitenbänder aber bereits weit genug von der Resonanzfrequenz entfernt sind, um signifikant abgeschwächt zu werden. Es sind Fälle bekannt, in denen dieser Effekt die Modulationstiefe auf 50% begrenzt hat.

Zur Erhöhung der Ausfallsicherheit besteht eine komplette NDB-Anlage aus zwei voneinander unabhängigen Sendern. Eine Monitoranlage überprüft das Hochfrequenzsignal auf Sendeleistung und Modulationstiefe. Sollte einer dieser Werte unter einen festgelegten Grenzwert abfallen (in der Regel 3 dB), so wird der aktive Sender abgeschaltet und die in Bereitschaft stehende Anlage hochgefahren.

Als Antennenanlage kommt entweder ein einfacher Sendemast von etwa 30 m Höhe oder aber eine T-Antenne von 20 m bis 25 m Höhe sowie 30 m bis 50 m Länge zum Einsatz (Zeichnung 39). Bei Funkfeuern mit nur sehr kleiner Reichweite (beispielsweise in Verbindung mit dem Instrumenten-Lande-System ILS) genügt oftmals eine extrem verkürzte Stabantenne auf einem etwa 10 m hohen Mast.

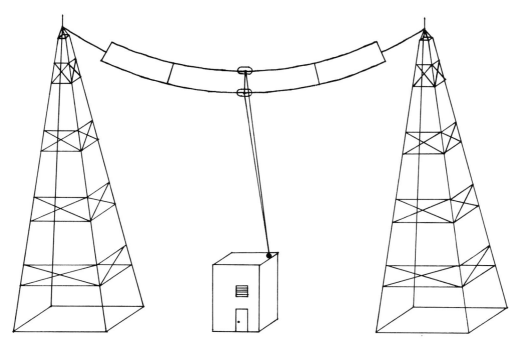

Zeichnung 39: Sendeanlage eines NDB-Streckenfunkfeuers

Automatische Peilempfänger - Automatic Direction Finder, ADF

Obwohl das Konstruktionsprinzip der ungerichteten Funkfeuer seit Einführung des Systems nahezu unverändert geblieben ist, sind die dazugehörigen Bordanlagen ständigen Änderungen und Verbesserungen unterworfen.

In den frühen Jahren der Fliegerei besaßen die Luftfahrzeuge zu Peilzwecken fest installierte Rahmenantennen. Diese waren so ausgerichtet, daß die Empfangsminima nach vorne und nach hinten wiesen. Hiermit konnten die Piloten geradlinige Kurse von und zu den NDBs fliegen. Die ersten Probleme tauchten mit diesen Anlagen allerdings schon bei Seitenwind auf: Mußte der Flugzeugführer zum Zwecke der Driftkompensation die Flugzeugnase in den Wind steuern, stimmte das Empfangsminimum nicht mehr mit dem zu fliegenden Steuerkurs überein. Die ersten Peilanlagen mit drehbaren Rahmenantennen kamen etwa zu Beginn der dreißiger Jahre auf; sie verlangten allerdings ein zusätzliches Besatzungsmitglied nur zur Bedienung der Antenne und Auswertung der Peilinformationen. Relativ schnell wurde daher ein automatisches Peilsystem entwickelt, der sogenannte Radiokompaß. Sein Prinzip beruht auf einen kleinen Elektromotor, der bei Empfang eines NDB-Signales die Rahmenantenne automatisch auf das Empfangsminimum dreht. Die Antennenbewegung wurde mechanisch ins Cockpit übertragen und dort auf einem Rundinstrument angezeigt. Die üblichen Rahmenantennen hatten immerhin einen Durchmesser von über 20 cm, so daß diese entweder 30 cm unterhalb des Flugzeugbodens in einer tropfenförmigen Verkleidung oder aber an aerodynamisch günstiger Stelle in einem domförmigen Gehäuse installiert waren. Seit Mitte der fünfziger Jahre wurden dann anstelle der großen Rahmenantennen die wesentlich kleineren, etwa 3 cm bis 5 cm dicken Ferritstabantennen benutzt. Jetzt konnten leistungsfähige Peilanlagen entwickelt werden, die lediglich wenige Zentimeter aus dem Flugzeugrumpf herausragten.

Stand der Technik heutzutage ist eine feste Antenne bestehend aus zwei über Kreuz liegenden Ferritstäben in Verbindung mit einem motorgetriebenen Goniometer. Gegenüber den Systemen mit Drehantennen besitzt diese Peilanlage den großen Vorteil, das sich alle beweglichen Teile innerhalb des eigentlichen NDB-Empfängers befinden. Die Abmessungen solcher wartungsarmen Peilantennen liegen bei einem Durchmesser von etwa 25 cm bis 30 cm sowie einer Dicke von rund 2 cm.

Die Genauigkeit der modernen Peilsysteme bewegt sich in der Größenordnung um +/- 2 Grad; dabei sind die von der Flugzeugstruktur hervorgerufenen Fehler nicht berücksichtigt. Diese Peilfehler können beachtliche Werte erreichen. Aufgrund der symmetrischen Flugzeugstruktur fallen sie entlang der Längsachse (in Flugrichtung) kaum ins Gewicht; die Maximalfehler treten jeweils bei Peilungen auf, die um 45 Grad von der Flugzeuglängsachse abweichen. Da dieser 45-Grad-Winkel bei insgesamt vier Peilrichtungen vorkommt, spricht man auch vom „Quadrantal Error". Diese Fehlanzeige kann durchaus korrigiert werden, gilt dann aber genaugenommen nur für eine Empfangsfrequenz und eine ganz bestimmte Fluglage. In der Praxis hat sich daher die Faustregel durchgesetzt, daß die ADF-Genauigkeit bei Empfang der Bodenwelle bei +/-5 Grad liegt, bei Empfang einer reflektierten Welle sogar ein Fehler von +/-30 Grad auftreten kann.

Auf einem Anzeigeinstrument im Cockpit wird der Einfallswinkel der Funkstrahlen in Relation zur Flugzeuglängsachse dargestellt. Der sogenannte „Relative Bearing Indicator" (RBI) zeigt diesen Winkel auf einer 360-Grad-Skala an, die - wenn überhaupt - nur manuell verstellbar ist. Bei dem moderneren „Radio Magnetic Indicator" (RMI) ist diese Skala mit dem Flugzeugkompaß gekoppelt und wird daher stets zum magnetischen Nordpol ausgerichtet. So kann der Pilot den magnetischen Steuerkurs zur NDB-Station direkt unter der Nadelspitze ablesen und mögliche Abweichungen wesentlich schneller korrigieren. Die RMIs der heutigen Verkehrsflugzeuge sind in der Regel Vielzeiger-Instrumente, die gleichzeitig Peilwerte zu gerichteten wie auch ungerichteten Funkfeuern (VOR und NDB) anzeigen können (Zeichnung 40).

Prinzip der automatischen Peilung

Das ADF-Gerät benutzt zur Peilung zwei Antennen, die sogenannte Rahmenantenne (in älteren Anlagen um 360° drehbar installiert) sowie die feststehende Hilfsantenne. Im einfachsten Falle kann die Hilfsantenne eine Stabantenne sein, in der die elektromagnetischen Wellen eine hochfrequente Wechselspannung (Antennenspannung) induzieren. Dabei ist es vollkommen gleichgültig, aus welcher Richtung diese Funkstrahlen eintreffen; die Hilfsantenne weist ein ungerichtetes Empfangsverhalten auf.

Anders bei der Rahmenantenne: Hier spricht man von einem gerichteten Empfang, da die induzierte Antennenspannung von der Ausrichtung der Rahmenantenne zum eintreffenden Funkstrahl abhängig ist.

Aufgrund der verwendeten NDB-Sendeantennen sind die Funkwellen der ungerichteten Funkfeuer vorwiegend vertikal polarisiert; entsprechend kann man sich die Feldstärke dieser elektromagnetischen Welle als vertikal ausgerichtete Sinusschwingung vorstellen. Ist der Antennenrahmen parallel zur eintreffenden Funkwelle ausgerichtet, so sind beide Rahmenhälften unterschiedlich weit von der Sendeanlage entfernt - in der Momentaufnahme befindet sich also ein jeweils anderes Stückchen der Sinusschwingung an der „vorderen" und der „hinteren" Rahmenhälfte. Folglich wird in beiden Rahmenhälften auch eine unterschiedliche

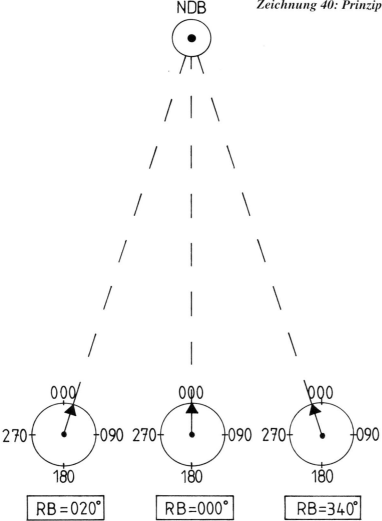

Zeichnung 40: Prinzip der ADF-Peilung

Spannung induziert, denn nach physikalischen Grundsätzen ist die Höhe der Induktionsspannung proportional zur Änderung des magnetischen Anteiles der elektromagnetischen Welle. Die Gesamtantennenspannung setzt sich aus der Differenz beider Rahmenhälftenspannungen zusammen (in der Momentaufnahme aus der Potentialdifferenz beider Rahmenhälften). Parallel zum Funkstrahl ist die Antennenspannung daher maximal. Steht die Rahmenantenne nun senkrecht zur Ebene des einfallenden Funkstrahles, so sind beide Rahmenhälften gleich weit vom Sender entfernt - die induzierte Spannung in den Rahmenhälften ist gleich groß, die Spannungsdifferenz und damit die Gesamtantennenspannung ist gleich null, der Empfang ist minimal. Im Vergleich der Antennenspannung zur Einfallsrichtung der elektromagnetischen Welle erhält man das Empfangsdiagramm einer Rahmenantenne, welches auf-

233

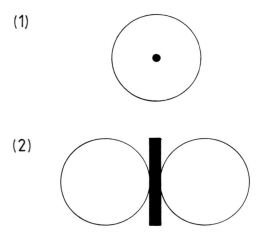

Zeichnung 41:
(1) Antennendiagramm ADF-Hilfsantenne
(2) Antennendiagramm ADF-Rahmenantenne

grund seiner Form auch „Doppelkreisdiagramm" (Zeichnung 41) genannt wird.

Dabei ist von Bedeutung, daß die Phasenlage der Antennenspannung im Vergleich zur elektromagnetischen Welle auch davon abhängig ist, von welcher Seite der Funkstrahl eintrifft: Von der einen Seite eilt die Antennenspannung der magnetischen Komponente um 90° voraus, von der anderen Seite hinkt sie dieser um 90° hinterher. Beide Empfangsmaxima unterscheiden sich in der Phasenlage also um 180° (in der Momentaufnahme betrachtet haben sie eine unterschiedliche Polarität). Durch Überlagerung der Antennenspannungen von Rahmen und Hilfsantenne erhält man eine sogenannte Kardiode (Herzkurve), denn je nach Phasenlage der Rahmenantennenspannung addieren oder subtrahieren sich beide Einzelspannungen. Das resultierende Antennendiagramm (Zeichnung 42) besitzt nur ein Minimum und eignet sich deshalb besonders zu Peilzwecken.

In der induktiv wirkenden Rahmenantenne ist die Antennenspannung proportional zur magnetischen Feldänderung - diese eilt der magnetischen Feldstärke um 90° voraus. Als Hilfsantenne wird häufig eine kapazitiv wirkende Antenne benutzt, die direkt mit der elektrischen Komponente des Funkstrahles koppelt - ihre Antennenspannung liegt dabei zwischen Antennenfußpunkt sowie Flugzeugstruktur an und befindet sich mit der elektromagnetischen Welle in Phase. Um nun Rahmen- und Hilfsantennenspannung überlagern zu können, wird die Spannung der Rahmenantenne in der Phase um 90° vorausgeschoben. Jetzt sind - je nach Phasenlage der Rahmenantennenspannung - beide Spannungen entweder genau gleich- oder gegenphasig und können sich addieren oder voneinander subtrahieren; das Ergebnis ist die dargestellte Herzkurve.

Nun sind in der Praxis die Antennenspannungen von Rahmen- und Hilfsantenne natürlich nicht unbedingt exakt gleich groß - die resultierende Kardiode verschiebt sich und erhält ein unsauberes Minimum; sie ist für Peilzwecke praktisch nicht mehr verwendbar. Um diesen Effekt auszugleichen, geht man vom Prinzip der Minimumpeilung zur Vergleichspeilung über: Im schnellen Wechsel (Frequenz etwa 40 Hz) wird die Phase der Rahmenantennenspannung um 180° verschoben (in der Polarität vertauscht). Die Überlagerung mit der Hilfsantennenspannung ergibt weiterhin eine Kardiode, die im Takte der Schaltfrequenz ihre

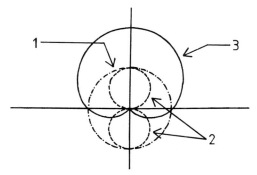

Zeichnung 42: Die Herzkurve (Kardiode, 3) entsteht aus der Überlagerung der Empfangscharakteristika von Hilfs- (1) und Rahmenantenne (2).

Ausrichtung wechselt (Minimum und Maximum werden getauscht). Jetzt müssen nur noch die jeweiligen Spannungen beider Kardiodenrichtungen miteinander verglichen werden, denn nur senkrecht zur Minimum/Maximum-Linie liefern beide Herzkurven die gleiche Antennenspannung. Ist die Spannungsdifferenz ungleich null, kann mit Hilfe eines Elektromotors die Rahmenantenne je nach Phasenlage entweder links- oder rechtsherum senkrecht zum eintreffenden Funkstrahl nachgeführt werden (Spannungsdifferenz wieder gleich null). Die Drehbewegung der Antenne wird auf ein Anzeigeinstrument im Cockpit übertragen; daran können die Piloten die Richtung zum Funkfeuer ablesen (Zeichnung 43).

Bei der Vergleichspeilung mit zwei wechselnden Kardioden gibt es wieder zwei Minima der Differenzspannung, die genau um 180° auseinanderliegen. Weist die Rahmenantenne beim Einschalten des ADF also zufälligerweise in die um 180° falsche Richtung, so liefert das Peilsystem auch eine um 180° falsche Anzeige. Da aufgrund der Phasenlage der Vergleichsmessung die Rahmenantenne vom „hinteren" (falschen) Minimum auf dem kürzesten Weg zum „vorderen" (richtigen) Minimum weggedreht wird, bleibt eine mögliche Falschanzeige auch nur solange erhalten, wie sich Richtung zwischen Sender und Antenne absolut nicht ändert. Sobald bei einer kleinen Bewegung das Empfangssignal aus dem labilen

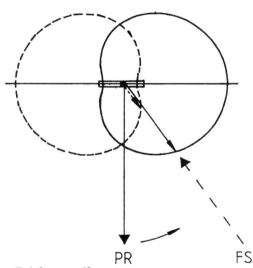

Zeichnung 43:
Peilung mit der Doppelkardiode
PR - Peilrichtung der Doppelkardiode (beide Kardiodensignale gleich groß)
FS - Richtung des einfallenden Funkstrahles

Die Peilrichtung der Doppelkardiode wird auf die Einfallrichtung des Funkstrahles nachgeführt; der Drehsinn hängt davon ab, welches der beiden Kardiodensignale überwiegt. Die Drehbewegung endet, wenn die Empfangssignale beider Kardioden wieder gleich groß sind.

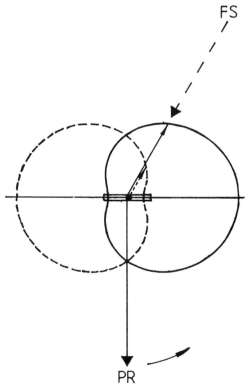

Zeichnung 44: Das Prinzip der Doppelkardiodenpeilung funktioniert auch dann, wenn der einfallende Funkstrahl „von hinten" auf die Peilantenne trifft.

Minimum herausläuft, schwenkt der Elektromotor die Rahmenantenne in die richtige Richtung - die Anzeige der Peilrichtung ist wieder korrekt (Zeichnung 44).

In modernen Flugzeugen werden natürlich keine drehbaren Rahmenantennen mehr verwendet. Hier finden zwei rechtwinklig zueinander angeordnete Ferritkernantennen Anwendung, die mit einem Goniometer innerhalb des ADF-Empfängers verbunden sind. Bei gleichem Funktionsprinzip wird anstelle einer Rahmenantenne lediglich die Suchspule des Goniometers von einem Elektromotor nachgeführt. Das RBI oder RMI im Cockpit zeigt die Ausrichtung der Suchspule und damit auch die Richtung des einfallenden Funkstrahles an (Zeichnung 58).

Gerichtete Funkfeuer - VHF Omnidirectional Radio Range (VOR)

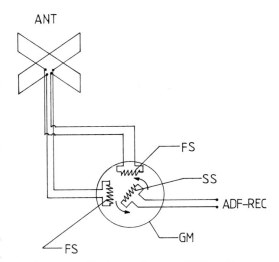

Zeichnung 58: In modernen ADF-Peilanlagen werden gewöhnlich Goniometer verwendet; hier ersetzt die Drehung der Suchspule die ursprüngliche Drehung der Rahmenantenne:

FS   - Feldspulen
SS   - Suchspule
GM   - Goniometer
ANT   - feststehende Rahmenantenne
ADF-REC - ADF-Empfänger

Das UKW-Drehfunkfeuer ist die weltweit gebräuchlichste Funknavigationshilfe. Gewöhnlich wird es zusammen mit einer Entfernungsmeßeinrichtung (DME) zur Kennzeichnung von Luftstraßen verwendet, kann in der Nähe von Verkehrsflughäfen aber auch als Anflughilfe dienen. Ursprünglich in den USA entwickelt, wurde das gerichtete UKW-Funkfeuer im Jahre 1949 standardisiert und ersetzte nach und nach die im Mittelwellenbereich arbeitenden Leitstrahlsender. VOR-Bodenanlagen arbeiten im Frequenzbereich von 108.000 MHz bis 117.950 MHz (Kanalabstand 50 kHz) mit Ausgangsleistungen zwischen 25 W und 200 W. Als Richtungsinformation liefert das Drehfunkfeuer von der Station ausgehende Funkstandlinien (Radials), die entsprechend ihres Winkels zur magnetischen Nordrichtung bezeichnet werden. Auf dem Radial 000 befindet sich das Flugzeug nördlich der Station, das Radial 180 weist nach Süden, entsprechend R090 nach Osten und R270 nach Westen; daher auch der Name „gerichtetes" Funkfeuer. Zur Bestimmung des entsprechenden Radials ist alleine die Position des Flugzeuges maßgebend, nicht aber seine Flugrichtung. Um etwa auf dem Radial 180 (Position südlich des Funkfeuers) zur VOR-Station zu gelangen, muß der Pilot den Kurs 000° (nordwärts) steuern.

Im Gegensatz zu den ungerichteten Funkfeuern ist die Azimutinformation bereits in den Sendeimpulsen der VOR-Bodenanlage enthalten; dieses Navigationsverfahren wird daher auch als Fremdpeilung bezeichnet.

Die Bodenstation sendet zwei unterschiedliche Signale aus: Das Bezugssignal („Reference Phase"), dessen Phasenlage unabhängig vom Standort des Empfängers ist (beispielsweise über eine rundstrahlende Stabantenne) sowie das Richtungssignal („Variable Phase") mit azimutabhängiger Phasenlage (im einfachsten Fall über eine sich drehende und einseitig abgeschirmte Dipolantenne). Die Phasenverschiebung zwischen Bezugs- und Azimutsignal entspricht dabei dem Radial, auf welchem sich der Empfänger gerade befindet: 000° nördlich der Station, 090° östlich, 180° südlich und 270° westlich des Funkfeuers. (Siehe Zeichnung 59) Das Prinzip des UKW-Funkfeuers entwickelte sich aus den in den zwanziger Jahren in Amerika gebräuchlichen Leuchtfeuern:

Auch hier gab es ein rotierendes richtungsabhängiges Signal (ein sich um 360° drehender Scheinwerfer mit starker Lichtbündelung) und ein Bezugssignal (rundstrahlender Scheinwerfer). Durchlief das Azimutsignal die Nordrichtung, so blitzte in diesem Moment das Bezugssignal einmal auf. Bei einer Umlaufdauer des Richtungssignales von einer Minute kann der Beobachter aus der Zeit zwischen den Lichtblitzen (entspricht der Phasenverschiebung) auf seine momentane Standlinie schließen. Im Norden des Leuchtfeuers sind beide Lichtsignale zeitgleich, im Osten liegen sie 15 Sekunden auseinander, im Süden 30 Sekunden, und im Westen der Station vergehen 45 Sekunden zwischen den Leuchtsignalen. Nun arbeitet das UKW-Drehfunkfeuer natürlich wesentlich schneller: Das richtungsabhängige Signal umläuft die Bodenstation mit einer Geschwindigkeit von 30 Umdrehungen pro Sekunde. Für den Empfänger scheint dieses unmodulierte Signal mit einer Frequenz von 30 Hz amplitudenmoduliert zu sein; entsprechend wird zum Phasenvergleich auch das Bezugssignal mit 30 Hz moduliert. Damit der VOR-Empfänger beide Signale auseinanderhalten kann, wird das Bezugssignal mit 9960 kHz amplitudenmoduliert und dann erst mit der 30-Hz-Referenzschwingung frequenzmoduliert (Hub +/- 480 Hz). Zusammen mit Kennung und eventuellen Sprachaussendungen (beispielsweise ATIS) ergibt sich für eine typische VOR-Anlage das in der Zeichnung 45 skizzierte Frequenzspektrum.

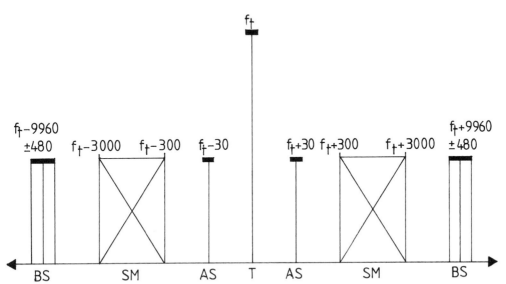

Zeichnung 45: Frequenzspektrum eines UKW-Drehfunkfeuers (VOR); alle Frequenzangaben in Hertz:
BS - FM-Bezugssignal
SM - Sprachmodulation (zum Beispiel Kennung oder Wettermeldungen)
AS - Azimutsignal
T - Trägerfrequenz (108.000 bis 118.000 MHz)

Prinzip der VOR-Navigation

(VOR = UKW-Drehfunkfeuer)

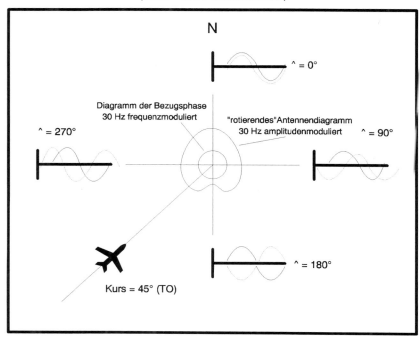

Seit fast 40 Jahren ist das **UKW-Drehfunkfeuer (VOR)** als Standard-Mittelstrecken-Navigationshilfe international in Verwendung. Es hat die früher entwickelten **Ungerichteten Funkfeuer (NDB)** ersetzt, die allerdings immer noch in Betrieb sind und vor allem als schneller, vorübergehender Ersatz, z.B. bei Umbau von VOR-Anlagen zum Einsatz kommen.

Während NDB´s lediglich einen Zielflug auf die Sendeantenne erlauben, bietet das VOR echte Kurslinien, auf denen gradlinig auf die Sendeanlage zu oder von ihr abgeflogen werden kann.

Technisch basiert das Verfahren auf der Messung der Phasenlage zweier 30Hz-Signale, die je nach Azimut (Magnetkompass-Richtung) zwischen 0° und 359° betragen kann. Dabei ist die Phasenverschiebung - entsprechend der Kompassrose - im Norden 0°, im Osten 90°, im Süden 180° und im Westen der Antenne 270°. Die **variable Phase** erzeugt eine elektrisch (früher mechanisch) "rotierende" Antenne, während die **Bezugsphase** aus einem auf 10 kHz aufmodulierten FM-Signal besteht, das rundum abgestrahlt wird.

An Bord des Flugzeugs wird an einem Bediengerät des VOR-Empfängers der zu steuernde Kurs (= Phasenverschiebung der beiden Navigationssignale) eingestellt; ein Kurszeiger informiert über die etwa vorhandene Abweichung von der Sollfluglinie.

In Zukunft wird die VOR-Navigation wohl durch das bordeigene Trägheits-Navigationssystem oder durch Satellitennavigation abgelöst werden.

Zeichnung 59   (Quelle: Deutsche Flugsicherung GmbH, Offenbach)

Die Identifikation einer VOR-Bodenanlage geschieht über eine aus bis zu drei Morsebuchstaben bestehende Kennung in der einheitlichen Tonhöhe von 1020 Hz. Streckenfunkfeuer großer Leistung werden gewöhnlich mit drei Buchstaben gekennzeichnet, Nahbereichsfunkfeuer (Terminal VOR, „TVOR") mit geringerer Sendeleistung strahlen in der Regel nur zwei Buchstaben aus.

Eine Überwachungsanlage (Monitor) überprüft in einem Abstand von etwa 10 m zum Drehfunkfeuer Sendeleistung und Kursabweichung. Bei größeren Abweichungen von den Sollwerten erfolgt die Aktivierung des Ersatzsenders; treten auch hier fehlerhafte Aussendungen auf, so wird die Anlage abgeschaltet.

Der VOR-Empfänger

Der VOR-Empfänger ist ein gewöhnlicher Superhet-Empfänger für den Frequenzbereich 108.000 MHz bis 117.950 MHz. Gewöhnlich ist die Empfangsfrequenz über einen Kanalwähler in 50-kHz-Schritten einstellbar. Zur Auswertung der Phasendifferenz wird das mit 30 Hz frequenzmodulierte Bezugssignal (9960 Hz +/- 480 Hz) in ein amplitudenmoduliertes Signal umgesetzt und mit dem richtungsabhängigen (scheinbar amplitudenmodulierten) Signal verglichen. Die Phasenverschiebung beider Signale entspricht der aktuellen Richtung von der Station zum Empfänger, bezogen auf magnetisch Nord. Dieses IST-Signal kann - ähnlich wie bei den Empfängern der ungerichteten Funkfeuer NDB - auf einem RMI (Radio Magnetic Indicator) angezeigt werden, so daß der Pilot unter der Nadelspitze den magnetischen Kurs zur VOR-Station ablesen kann. Darüber hinaus kann der VOR-Empfänger die IST-Phasenverschiebung mit einer SOLL-Phasenverschiebung (entspricht einem vorgewählten Radial) vergleichen und die Differenz (Abweichung vom SOLL-Radial) auf einem CDI (Course Deviation Indicator) ausgeben. Hierzu wird direkt am CDI ein SOLL-Kurs eingestellt; der Zeiger zeigt die Lage des entsprechenden Radiales bezüglich der Flugzeugposition an. Bei Vollauschlag am CDI sind IST- und SOLL-Radial mindestens 10 Grad voneinander entfernt; der halbe Zeigerausschlag entspricht einer Abweichung von 5 Grad. Zusätzlich zur Radial-Ablage wird durch Vergleich zwischen dem eingestellten SOLL-Kurs und dem IST-Radial eine TO/FROM-Anzeige angesteuert. Daran kann der Pilot lediglich ablesen, ob sich das Flugzeug auf dem

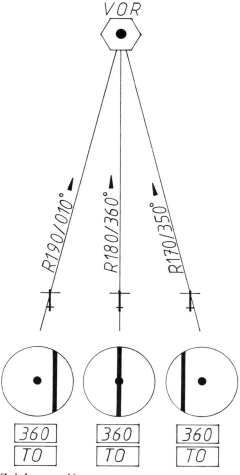

Zeichnung 46:
Anwendung der VOR-Navigation

239

SOLL-Kurs dem Funkfeuer nähert oder sich von ihm entfernt. Die tatsächliche Flugrichtung hängt alleine vom Steuerkurs ab - und dieser geht in die Radialbestimmung nicht mit ein. (Siehe Zeichnung 46)

Gebräuchliche Navigationsverfahren in Zusammenhang mit den UKW-Drehfunkfeuern sind VOR An- und Abflüge auf einem vorgewählten Kurs (Radial). Nach diesem Prinzip sind sogar einfache Schlechtwetteranflugverfahren an entsprechend ausgerüsteten Flughäfen möglich („VOR Non Precision Approach"). Nicht zuletzt auch wegen des verwendeten Frequenzbereiches ist die Genauigkeit der VOR-Navigation in der Praxis besser als +/-2 Grad.

Doppler-VOR-Anlagen

Um die Genauigkeit des VOR-Systemes noch weiter zu erhöhen, werden moderne VOR-Bodenstationen unter Ausnutzung des Doppler-Effektes als sogenannte Doppler-VORs (DVOR) konstruiert. Das Prinzip einer DVOR beruht auf der scheinbaren Frequenzverschiebung einer elektromagnetischen Welle, wenn sich Sender und Empfänger auf einer Achse relativ zueinander bewegen. Im Vergleich der DVOR zu einer herkömmlich arbeitenden Station fällt auf, daß die Modulationsarten von Azimut- und Bezugssignal miteinander vertauscht sind. Da aber bei VOR wie auch bei DVOR die Phasenverschiebung zwischen FM- und AM-Signal auf den gleichen Radials die gleiche Größe hat (ungeachtet dessen, welches der Signale nun die Reference und die Variable Phase trägt), spielt es für den Empfänger keine Rolle, ob die Bodenstation nun nach dem konventionellen Prinzip arbeitet oder eine DVOR-Station ist.

Bei einer Doppler-VOR wird die azimutabhängige Phase (Variable Phase) über 52 Einzelantennen ausgestrahlt; diese sind auf einer Kreisbahn mit einem Durchmesser von 13.20 m installiert. Das gesamte Antennensystem befindet sich auf einem runden, etwa 50 m durchmessenden Metallgitter. Eine typische DVOR-Anlage ist auf Foto 9 zu erkennen. Über eine elektronische Vorrichtung wird ein um 9960 Hz von der ursprünglichen Trägerfrequenz abweichendes Signal nacheinander so auf die einzelnen Antennen geschaltet, daß das Azimutsignal mit einer Geschwindigkeit von 30 Umdrehungen pro Sekunde um die DVOR-Station läuft. Da Azimut- und Bezugsphase gegenüber der herkömmlichen VOR-Station vertauscht sind, muß zur Aufrechterhaltung der korrekten Phasendifferenz auch die Rotationsrichtung des richtungsabhängigen Signales geändert werden - also Linksdrehungen anstelle der gewohnten Rechtsdrehungen.

Für den Beobachter in einiger Entfernung zur DVOR-Station scheint sich das Azimutsignal genau 30 mal in der Sekunde zu nähern und auch wieder zu entfernen; die Rotationsgeschwindigkeit von 1245 Meter pro Sekunde resultiert aufgrund des Doppler-Effektes in einer scheinbaren Frequenzverschiebung von maximal 480 Hz. Das richtungsabhängige Signal scheint also aus einem mit 30 Hz frequenzmodulierten Hilfsträger von 9960 Hz zu bestehen, wobei der Frequenzhub +/- 480 Hz beträgt. Die Bezugsphase wird entsprechend durch Amplitudenmodulation der Trägerwelle mit einem 30-Hz-Signal erzeugt und über eine rundstrahlende Mittelantenne ausgesendet.

Wie bereits beschrieben, besteht das Azimutsignal der DVOR-Anlage aus einem frequenzmodulierten Hilfsträger von 9960 Hz. Dieser wird dadurch erzeugt, daß die den 52 Einzelantennen zugeführte hochfrequente Schwingung um eben diese 9960 Hz von der Trägerfrequenz des über die Mittelantenne abgestrahlten Bezugssignales abweicht. Im Vergleich zur herkömmlichen VOR-Anlage befindet sich der FM-Hilfsträger also nur auf einem Seitenband - entweder ober- oder unterhalb der nominellen Trägerfrequenz. Da für die Empfänger das FM-Signal immer noch das Bezugssignal zu sein scheint, reagieren diese teilweise mit ungenauen Phasendifferenzmes-

Foto 9: UKW-Doppler-Drehfunkfeuer (DVOR) mit aufgesetzter TACAN-Antenne für das Entfernungsmeßsystem (DME). (Foto: Deutsche Flugsicherung GmbH, Offenbach)

sungen. Daher sind moderne DVOR-Anlagen so konstruiert, daß sie die FM-Signale auf beiden Seitenbändern aussenden. Zwei separate HF-Signale - 9960 Hz ober- und unterhalb der Trägerfrequenz - werden auf den jeweils diagonal gegenüberliegenden Einzelantennen ausgestrahlt.

Für den Beobachter ergibt sich somit ein auf beiden Seitenbändern vorhandenes FM-Signal. Besonders aufgrund der sehr großen Antennenbasis liegt der Fehler einer Doppler-VOR-Station unterhalb von 0.5 Grad. Heutzutage werden DVOR-Anlagen vorwiegend in solchen Gebieten eingesetzt, in denen aufgrund der Geländeform Abweichungen der Radiale durch Bodenreflexionen oder Brechungen auftreten können (so etwa in Gebirgs- und Küstenregionen).

Entfernungsmeßeinrichtung - Distance Measuring Equipment (DME)

Das DME liefert dem Flugzeugführer die Schrägentfernung (Slant Range) seines Luftfahrzeuges zur gewählten Station. Die Arbeitsweise des DMEs beruht auf dem Prinzip der Laufzeitmessung eines Funksignales. Dazu strahlt der bordseitige DME-Sender Impulspaare aus, die von der entsprechenden Bodenstation empfangen und nach einer kurzen Verzögerung wieder zurückgesendet werden. An Bord des Flugzeuges wird nun die Zeit zwischen Aussendung und Empfang der Impulspaare gemessen und in die Entfernung zur DME-Station umgerechnet.

DME Bord- und Bodenanlagen

Das DME-Bordgerät („Interrogator") enthält sowohl Abfragesender wie auch Antwortempfänger. Der Sender arbeitet im Frequenzbereich von 1025 MHz bis 1150 MHz; bei einem Kanalabstand von einem Megahertz ergeben sich somit 126 Kanäle. Die Verwendung von Impulspaaren anstelle von Einzelimpulsen ermöglicht eine Verdoppelung der Kanalkapazität: Auf den gleichen Frequenzen können Doppelimpulse mit einem Impulsabstand von 12 Mikrosekunden (X-Kanäle) sowie einem Impulsabstand von 36 Mikrosekunden (Y-Kanäle) abgestrahlt werden. Die Bodenstation sendet die aufgenommenen Impulspaare nach einer zeitlichen Verzögerung von exakt 50 Mikrosekunden wieder zurück; je nach Frequenz des Abfrageimpulses erfolgt dieses auf einer um 63 MHz höheren oder tieferen Frequenz. Der Frequenzbereich der Bodenstation erstreckt sich folglich von 962 MHz bis 1213 MHz. X-Impulse behalten dabei auch weiterhin ihren Impulsabstand von 12 Mikrosekunden; bei Y-Impulsen wird in der Bodenanlage der Impulsabstand auf 30 Mikrosekunden reduziert, um zwischen Y- Abfrage- und Y-Antwortimpulsen unterscheiden zu können. Für Empfang und Sendung kommt eine gemeinsame Antenne mit angenäherter Rundstrahlcharakteristik zum Einsatz; die Umschaltung zwischen Sende- und Empfangsbetrieb geschieht über eine elektronische Sende-/Empfangsweiche. Zur besseren Übersicht sind in der nachfolgenden Tabelle 13 Frequenzbereich und Kanaleinteilung des vollständigen DME-Systems aufgeführt. Zusätzlich zu dem hier dargestellten Schema existieren in Zusammenhang mit dem Mikrowellen-Lande-System MLS auch noch Z-Kanäle, die einen Abfrageimpulsabstand von 21 µS oder 27 µS sowie einen Antwortimpulsabstand von 15 µS haben.

Das Antwortimpulspaar der Bodenstation wird an Bord des Luftfahrzeuges empfangen und zur Ermittlung der Entfernung ausgewertet. Dazu muß das DME-Bordgerät allerdings erst einmal in der Masse der empfangenen Antwortsignale die eigenen Impulspaare herausfinden. Im sogenannten Suchbetrieb sendet die DME-Bordanlage in unregelmäßiger Reihenfolge Abfrageimpulse aus. Zusätzlich werden diese Doppelimpulse über eine regelbare Verzögerungsschaltung einem Impulsvergleicher zugeführt, der außerdem noch über dem DME-Bordempfänger die Antwortimpulse der Bodenstation erhält. Die Verzögerungszeit im Bordgerät wird nun solange verändert, bis mit einer bestimmten hohen Häufigkeit der empfangene Doppelimpuls mit dem in der DME-Bordanlage erzeugten Impulspaar übereinstimmt. Bei einer Impulsfolgefrequenz von etwa 150 Impulspaaren pro Sekunde kann es zwischen einer und zwanzig Sekunden dauern, bis die richtige Verzögerungszeit gefunden ist; danach schaltet das DME-Gerät auf den soge-

Tabelle 13:

DME-Kanäle	Abfrageimpulse des Bordgerätes	Antwortimpulse der Bodenstation
1X bis 63X Kanalabstand 1 MHz	1025 MHz bis 1087 MHz Impulsabstand 12 µS	962 MHz bis 1024 MHz Impulsabstand 12 µS
1Y bis 63Y Kanalabstand 1 MHz	1025 MHz bis 1087 MHz Impulsabstand 36 µS	1088 MHz bis 1150 MHz Impulsabstand 30 µS
64X bis 126X Kanalabstand 1 MHz	1088 MHz bis 1150 MHz Impulsabstand 12 µS	1151 MHz bis 1213 MHz Impulsabstand 12 µS
64Y bis 126Y Kanalabstand 1 MHz	1088 MHz bis 1150 MHz Impulsabstand 36 µS	1025 MHz bis 1087 MHz Impulsabstand 30 µS

nannten Nachlaufbetrieb um. Hier wird die Verzögerungszeit synchron mit den Antwortimpulsen der Bodenstation verändert. Fällt der Antwortimpuls aufgrund weiterer Annäherung an die DME-Station etwas früher ein, so wird die Verzögerungszeit um den gleichen Betrag gekürzt - entfernt sich das Flugzeug von der Bodenstation, so wird der Antwortimpuls etwas später empfangen und die Verzögerungszeit entsprechend heraufgesetzt. Die Impulsfolgefrequenz im Nachlaufbetrieb liegt bei ungefähr 30 Impulspaaren pro Sekunde. Verliert der DME-Bordempfänger das Signal der Bodenstation, wird die zuletzt wirksame Verzögerungszeit für weitere zehn Sekunden beibehalten - danach schaltet das Bordgerät wieder in den Suchbetrieb.

Aus der im DME-Gerät ermittelten Verzögerungszeit - sie entspricht der Summe aus Laufzeit des Abfrageimpulses vom Flugzeug zur Bodenstation, 50 Mikrosekunden Verzögerung in der DME-Bodenanlage sowie der Laufzeit des Antwortimpulses von der Bodenstation zum Flugzeug - kann die Entfernung zur DME-Station errechnet werden:

$$SR = 0.5 \cdot c \cdot (TD-50)$$

SR = Schrägentfernung (Slant Range) in Meter
TD = ermittelte Verzögerungszeit (Time Delay) im Bordgerät (in Mikrosekunden)
c = Lichtgeschwindigkeit (300000 km/s)

Entsprechend der in der Luftfahrt gebräuchlichen Maßeinheiten wird die ermittelte Entfernung in Nautische Meilen (1 NM = 1852 m) umgerechnet und auf einem Instrument im Cockpit zur Anzeige gebracht.

Die DME-Frequenz kann im Flugzeug nicht direkt gewählt werden. Für VOR und DME ist ein gemeinsames Bediengerät vorhanden, denn die VOR- und DME-Frequenzen sind einan-

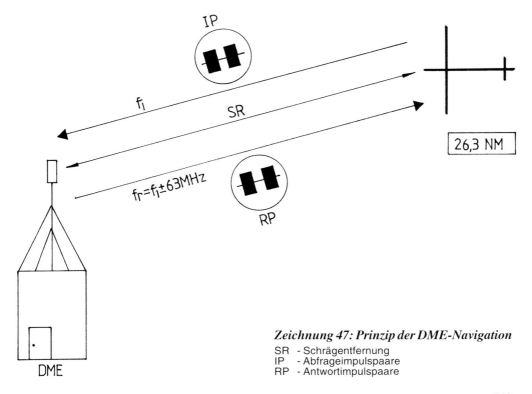

Zeichnung 47: Prinzip der DME-Navigation
SR - Schrägentfernung
IP   - Abfrageimpulspaare
RP - Antwortimpulspaare

der fest zugeordnet. Bei der Wahl einer VOR-Frequenz wird also automatisch die dazugehörige DME-Frequenz mit eingestellt - ganz gleich, ob eine VOR-Station mit einer DME-Anlage gekoppelt ist oder nicht. In der Praxis sind allerdings die meisten UKW-Drehfunkfeuer (VOR) auch mit einer Entfernungsmeßeinrichtung (DME) kombiniert. (Zeichnung 47)

Moderne DME-Bodenanlagen haben eine Reichweite von 200 NM und können die Abfrageimpulspaare von etwa 100 DME-Interrogatoren gleichzeitig verarbeiten. Erst bei einer noch größeren Anzahl von Flugzeugen werden nur die stärksten Abfrageimpulse beantwortet. Die Kennung der DME-Station besteht aus zwei oder drei Buchstaben des Morsealphabets und unterscheidet sich gewöhnlich nur in der Tonhöhe von der Kennung der dazugehörigen VOR-Station (VOR 1020 Hz, DME 1350 Hz).

Die DME-Identifikation wird mindestens einmal pro 30 Sekunden ausgestrahlt.

Mit Hilfe einer einzigen VOR-DME-Anlage ist eine einigermaßen zuverlässige Standortbestimmung möglich. Der nach ICAO-Richtlinien erlaubte maximale Fehler der DME-Entfernungsangabe liegt bei +/- 0.5 NM oder +/- 3% der gemessenen Distanz; maßgebend ist der jeweils höhere Wert. Im praktischen Flugbetrieb werden jedoch weitaus bessere Meßergebnisse erzielt: Im gesamten Meßbereich liegt der maximale Fehler bei +/- 0.2 NM, innerhalb von 5 NM zur Station sogar nur bei +/- 0.1 NM.

Darüber hinaus können auf Basis einer VOR/DME-Station auch Schlechtwetteranflüge („VOR/DME-Approach") durchgeführt werden: Das Luftfahrzeug fliegt auf einem bestimmten VOR-Radial den Flughafen an und

Tabelle 14:

VOR MHz	108	109	110	111	112	113	114	115	116	117
.000	17X	27X	37X	47X	57X	77X	87X	97X	107X	117X
.050	17Y	27Y	37Y	47Y	57Y	77Y	87Y	97Y	107Y	117Y
.100	18X	28X	38X	48X	58X	78X	88X	98X	108X	118X
.150	18Y	28Y	38Y	48Y	58Y	78Y	88Y	98Y	108Y	118Y
.200	19X	29X	39X	49X	59X	79X	89X	99X	109X	119X
.250	19Y	29Y	39Y	49Y	59Y	79Y	89Y	99Y	109Y	119Y
.300	20X	30X	40X	50X	70X	80X	90X	100X	110X	120X
.350	20Y	30Y	40Y	50Y	70Y	80Y	90Y	100Y	110Y	120Y
.400	21X	31X	41X	51X	71X	81X	91X	101X	111X	121X
.450	21Y	31Y	41Y	51Y	71Y	81Y	91Y	101Y	111Y	121Y
.500	22X	32X	42X	52X	72X	82X	92X	102X	112X	122X
.550	22Y	32Y	42Y	52Y	72Y	82Y	92Y	102Y	112Y	122Y
.600	23X	33X	43X	53X	73X	83X	93X	103X	113X	123X
.650	23Y	33Y	43Y	53Y	73Y	83Y	93Y	103Y	113Y	123Y
.700	24X	34X	44X	54X	74X	84X	94X	104X	114X	124X
.750	24Y	34Y	44Y	54Y	74Y	84Y	94Y	104Y	114Y	124Y
.800	25X	35X	45X	55X	75X	85X	95X	105X	115X	125X
.850	25Y	35Y	45Y	55Y	75Y	85Y	95Y	105Y	115Y	125Y
.900	26X	36X	46X	56X	76X	86X	96X	106X	116X	126X
.950	26Y	36Y	46Y	56Y	76Y	86Y	96Y	106Y	116Y	126Y

hält dabei entsprechend der DME-Distanz gewisse Mindestflughöhen ein; unterhalb der Wolkendecke führt der Pilot den Anflug dann nach Sicht fort. Bekommt die Besatzung keinen Sichtkontakt zu Landebahn, so muß sie ein Durchstartmanöver einleiten.

Tactical Air Navigation - TACAN

TACAN-Anlagen sind Funknavigationsanlagen der Kurz- und Mittelstreckennavigation für die militärische Luftfahrt. Sie wurden seit Mitte der fünfziger Jahre in großer Zahl in allen NATO-Mitgliedstaaten eingeführt. Die TACAN-Bodenanlage entspricht dabei im Aufbau einer DME-Station mit der zusätzlichen Möglichkeit der Azimutmessung. Im UHF-Bereich von 962 MHz bis 1213 MHz (entspricht dem DME-Frequenzbereich) liefert die TACAN-Station neben der Entfernungsangabe auch - ähnlich dem VOR-Prinzip - von der Station ausgehende Radials, die auf der Messung der Phasendifferenz zwischen einem Bezugssignal und einem richtungsabhängigen Signal beruhen. Zwar bleibt das Azimutsignal den zivilen Nutzern verborgen, dennoch können zivile DME-Geräte zur Entfernungsmessung auch auf die militärischen TACAN-Stationen zurückgreifen. Um eine sowohl militärisch wie auch zivil nutzbare Navigationseinrichtung zu schaffen, wurde das VORTAC-System eingeführt. Hierbei wird der VOR-Anlage anstelle der DME-Station eine TACAN-Station zugeordnet. Zivile Flugzeuge erhalten ihr Azimutsignal von der VOR-Anlage, das Entfernungssignal von der TACAN-Bodenanlage. Militärische Luftfahrzeuge erhalten Richtungs- und Entfernungssignal von derselben TACAN-Station.

Die Frequenzen der TACAN-Anlagen werden in Form von Kanälen veröffentlicht; die Kombination von TACAN-Kanälen mit den entsprechenden VOR-Frequenzen erfolgt gemäß Tabelle 14.

So wird beispielsweise die TACAN-Anlage auf Kanal 82 mit einer VOR-Station auf der Frequenz 113.500 MHz (X-Kanal) oder 113.550 MHz (Y-Kanal) kombiniert, um sowohl Zivil- wie auch Militärflugzeugen Richtungs- und Entfernungsangaben zur Verfügung stellen zu können. Die UHF-Frequenzeinteilungen der TACAN- und DME-Kanäle sind dabei gleich (Kanal 82X: Abfrageimpuls 1106 MHz/12 µS, Antwortimpuls 1169 MHz/12µS; Kanal 82Y: Abfrageimpuls 1106 MHz/36µS, Antwortimpuls 1043 MHz/30µS).

Markierungsfunkfeuer - Marker Beacons

Markierungsfunkfeuer sind Funkfeuer mit einem vorwiegend vertikalen Strahlungsdiagramm, senden die Funkwellen also senkrecht nach oben ab. Sie dienen lediglich zur Überflugbestimmung einzelner Punkte und sind deshalb nur dann zu empfangen, wenn sich der Empfänger in dem Strahlungsfeld oberhalb der Station befindet. Alle Marker Beacons arbeiten auf der Festfrequenz 75 MHz. Die Sendeleistung variiert je nach Verwendungszweck zwischen 10 Watt (Reichweite bis zu 6000 Fuß Höhe) und 100 Watt (Reichweite bis zu 20000 Fuß Höhe). Die Marker-Signale sind in der Regel mit Punkten, Strichen oder einer Kombination beider amplitudenmoduliert. In seltenen Fällen werden auch von Morsebuchstaben unterbrochene Dauertöne ausgestrahlt. Markierungsfunkfeuer entlang von Luftstraßen sind mit einer Frequenz von 3000 Hz tonmoduliert, in Verbindung mit dem Instrumenten-Lande-System ILS kommen Tonfrequenzen von 400 Hz, 1300 Hz und ebenfalls 3000 Hz zur Anwendung. Zur Erzeugung des Abstrahldiagrammes, welches in der Praxis entweder fächer- oder kegelförmig ist („Fan Marker" oder „Zero Marker"), werden Richtantennen verwendet. Heutzutage erscheinen Markierungsfunkfeuer größtenteils nur noch in Zusammenhang mit dem Instrumenten-Lande-System ILS. (Zeichnung 48)

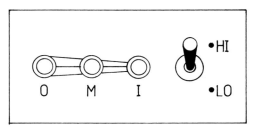

Zeichnung 49: Marker Receiver Bordgerät (Empfangsempfindlichkeit zwischen „hoch" und „gering" schaltbar)

*Zeichnung 48:
Marker Beacon Bodenanlage*

Für den Empfang eines Markierungsfunkfeuers wird ein spezieller Bordempfänger benötigt, der fest auf die Empfangsfrequenz von 75 MHz abgestimmt ist. Die Marker-Identifikation wird hörbar gemacht, gleichzeitig leuchtet eine farbige Lampe im Takt der Kennung auf. Über eine Filterschaltung werden entsprechend der Tonhöhe des empfangenen Signales unterschiedliche Leuchtanzeigen angesteuert: Bei einem 3000-Hz-Ton („Airway Marker" entlang von Luftstraßen oder „Inner Marker" des ILS an der Landebahnschwelle) leuchtet ein weißes Lämpchen auf, das 1300-Hz-Signal („Middle Marker" oder „Haupteinflugzeichen" des ILS) läßt eine gelbe Lampe aufblinken, bei einer 400-Hz-Tonfrequenz („Outer Marker", Voreinflugzeichen) schließlich erscheint ein blaues Lichtsignal. Gewöhnlich kann die Empfindlichkeit des Marker-Empfängers über einen Schalter („HIGH-LOW") abgeschwächt werden, um auch bei niedriger Flughöhe den Überflug über das Markierungsfunkfeuer exakt bestimmen zu können. (Zeichnung 49)

Dieses erlangt besondere Bedeutung bei Schlechtwetteranflügen unter Zuhilfenahme des Instrumenten-Lande-Systems ILS, da hier das Einleiten eines Fehlanflugverfahrens teilweise von der seit Überflug eines bestimmten Markierungsfunkfeuers verstrichenen Zeit abhängig gemacht wird.

Das Instrumenten-Lande-System ILS

Das ILS ermöglicht es der Flugzeugbesatzung, auch bei schlechten Sichtverhältnissen eine sichere Landung durchzuführen. VOR- und NDB-Anflugverfahren (teilweise zusammen mit einer DME-Station) erlauben es dem Piloten, bis zu einer Mindesthöhe ohne Bodensicht zu sinken und von dort aus - unterhalb der Wolkendecke - einen Sichtanflug auf die entsprechende Landebahn durchzuführen. Bei schlechten Sichtverhältnissen wird ein Präzisionsanflugsystem benötigt, welches eine horizontale wie auch vertikale Flugwegführung bis hin zum Aufsetzpunkt ermöglicht. Das ILS bedient sich dabei eines Landekurssenders (Localizer Transmitter) für die Richtungsanzeige zur Landebahn, eines Gleitwegsenders (Glide Path Transmitter) zur Sinkfluginformation sowie zwei oder drei Markierungsfunkfeuer. Häufig ist das Instrumenten-Lande-System auch noch mit einer DME-Anlage ausgerüstet, welche die Entfernung zur Aufsetzzone der Landebahn angibt.

Der Localizer (LLZ)

Mit Hilfe des Localizers kann die Position eines Flugzeuges bezüglich der Anfluggrundlinie (verlängerte Landebahnrichtung) bestimmt werden. Da bei Schlechtwetteranflügen eine deutlich genauere Positionsbestimmung nötig ist, als sie beispielsweise das UKW-Drehfunkfeuer VOR auf Basis einer Phasenvergleichsmessung liefern kann (Genauigkeit +/- 2°), beruht das Prinzip des Instrumenten-Lande-Systems ILS auf einer Feldstärkenvergleichsmessung. Dazu werden über eine besondere Antenne zwei hochfrequente keulenförmige Felder abgestrahlt, die sich auf der Anfluggrundlinie überlagern. Das in Anflugrichtung links liegende Feld ist mit einer Frequenz von 90 Hz amplitudenmoduliert, das rechte Feld mit einer Frequenz von 150 Hz. Die Localizer-Antenne befindet sich auf der verlängerten Bahnachse etwa 300 m bis 900 m (in den meisten Fällen knapp 400 m) hinter der Landebahn. Die Überlagerungszone beider Modulationsfelder erstreckt sich mit einem Öffnungswinkel von 5° jeweils 2.5° links und rechts von der Anfluggrundlinie; nach einer Empfehlung der inter-

Foto 10: Instrumenten-Lande-System ILS, Antenne des Landekurs-Senders (Localizer) für die Kursführung zur Landebahn. Auf dem Foto ist eine Zweifrequenzanlage mit zwei Antennensystemen zu sehen: Die Dipolwand dient zur Abstrahlung eines scharfgebündelten Leitstrahles, die drei aufgesetzten Dipole erzeugen eine eindeutige „Rundumüberdeckung" mit Navigationssignalen.

(Foto: Deutsche Flugsicherung GmbH, Offenbach)

nationalen Zivilluftfahrtorganisation ICAO soll ihre Breite im Bereich der Landebahnschwelle 700 ft (210 m) betragen. Da die Localizer-Antenne auch nach hinten abstrahlt, entsteht hier der sogenannte „Back Beam", der sich ebenfalls mit einem Winkel von jeweils 2.5° nach links und rechts öffnet. Der Back Beam wird nur selten zur Navigation genutzt; bei einem Instrumentenanflug muß dann berücksichtigt werden, daß in Anflugrichtung die 90-Hz- und 150-Hz-Modulationsfelder vertauscht sind.

Das Localizer-Antennensystem besteht aus einer Vielzahl von Dipolen, die in einer Reihe parallel zueinander angeordnet sind - diese Ausrichtung bewirkt die ausgeprägte keulenförmige Richtcharakteristik. Zusätzlich befindet sich etwa 10 m bis 15 m hinter der Landekursantenne in rund 3 m bis 4 m Höhe die Clearance-Antenne. Sie erfaßt einen wesentlich größeren Überdeckungsbereich; trotz einer extrem scharfen Bündelung des Kurssignales können mit Hilfe der Clearance-Antenne die Localizer-Signale bereits 35° links und rechts des Anflugkurses empfangen werden. (Siehe dazu Foto 10.)

Die Localizer-Sendefrequenzen liegen im Bereich von 108.100 MHz bis 111.950 MHz, für das ILS sind dabei die ungeraden Zehntel reserviert. Bei den sogenannten Zweifrequenz-Landekurssendern (System mit Landekurs- und Clearance-Antenne) liegen die Sendefrequenzen von Clearance- und Kurssignal um 9 kHz auseinander. Die Clearance-Modulationsfelder werden 4.5 kHz oberhalb der nominellen Trägerfrequenz ausgestrahlt, die Landekurs-Modulationsfelder entsprechend 4.5 kHz darunter. Da das Bordgerät eine Empfangsbandbreite von etwa 20 kHz aufweist, können beide Signale gleichzeitig empfangen werden. Die Ausgangsleistung des Localizer-Senders liegt gewöhnlich bei 10 W - 20 W. (Zeichnung 50)

Zur Identifikation des Localizers wird eine aus drei oder vier Morsebuchstaben bestehende Kennung in der üblichen Tonhöhe von 1020 Hz ausgestrahlt.

Teilweise sind auch Klartextkennungen üblich (zum Beispiel am Flughafen Frankfurt: „This is Frankfurt ILS 25 left"). Wie auch alle anderen ILS-Signale ist die Kennung amplitudenmoduliert. Eine Monitoranlage überprüft das Localizer-Signal ständig auf Genauigkeit (Kurslage und -breite), Modulationsgrad und Sendeleistung. Bei Störungen wird sofort auf einen Reservesender oder eine Notstromversorgung umgeschaltet.

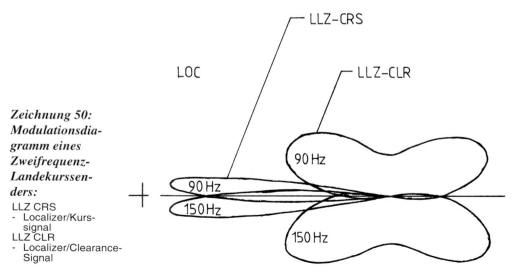

Zeichnung 50: Modulationsdiagramm eines Zweifrequenz-Landekurssenders:
LLZ CRS
- Localizer/Kurssignal
LLZ CLR
- Localizer/Clearance-Signal

Foto 11: Senderhaus und Antennenanlage des Instrumenten-Lande-Systems ILS, im Foto der Gleitwegsender (Glide Path) zur Sinkflugführung. (Foto: Deutsche Flugsicherung, Offenbach)

Der Glidepath (GP)

Der Glidepath übernimmt die vertikale Führung des Flugzeuges bis hin zum Aufsetzpunkt. Der dazugehörige Gleitwegsender steht etwa 120 m bis 180 m neben der Landebahn in Höhe der Aufsetzzone (ungefähr 300 m hinter der Landebahnschwelle), wie auf Foto 11 zu erkennen ist. Seine Ausgangsleistung ist mit acht bis zehn Watt deutlich geringer als die des Landekurssenders. Der Gleitpfadsender arbeitet im Frequenzbereich zwischen 328.6 MHz und 335.4 MHz; allerdings sind diese Frequenzen nicht separat einstellbar, da sie mit denen des Landekurssenders gekoppelt sind. Wählt der Pilot eine Localizer-Frequenz, so wird der angeschlossene Glidepath-Empfänger automatisch auf die richtige Frequenz abgestimmt. Deshalb strahlt der Gleitwegsender auch keine eigene Kennung aus.

In Aufbau und Arbeitsweise ist der GP-Sender durchaus mit dem LLZ-Sender vergleichbar. Übereinander werden zwei sich überlappende hochfrequente Felder abgestrahlt; die Mitte der Überlagerungszone bildet den Gleitweg. Das obere Feld ist mit 90 Hz, das untere Feld mit 150 Hz amplitudenmoduliert. Allerdings ist die Überlappung der Felder wesentlich schärfer gebündelt als beim Localizer: Der Öffnungswinkel des Gleitpfades beträgt nur 0.5 Grad nach oben und nach unten. Der Erhebungswinkel des Gleitweges variiert entsprechend der lokalen Flugplatzverhältnisse; er liegt normalerweise zwischen zwei Grad und vier Grad. Der Gleitweg verläuft gewöhnlich in 50 Fuß Höhe (15 m) über der Landebahnschwelle und erreicht die Landebahn in der Aufsetzzone; bei flachen Winkeln kann die Überflughöhe der Landebahnschwelle (Threshold Crossing Height, TCH) aber auch geringer sein.

Die Antennenanlage des GP-Senders besteht aus zwei übereinander angeordneten Dipolen. Da die Antennen bis zu 180 m neben der Landebahn installiert sein können, wird das Gleitpfad-Signal über eine Korrekturantenne entsprechend verschoben. Technisch ist es nicht möglich, nur einen einzigen Gleitwinkel im Erhebungswinkel von etwa 3 Grad zu erzeugen. Als Folge entstehen mehrere Gleitpfade mit einer Winkeldifferenz von ungefähr sechs Grad zueinander; wird also der korrekte Gleitweg in einem Drei-Grad-Winkel ausgesendet, so ist der erste „falsche" Gleitpfad in einem Winkel von annähernd neun Grad zur Horizontalen zu finden. (Zeichnung 51)

Die Überwachung der Signale des Gleitwegsenders geschieht mittels Felddetektoren;

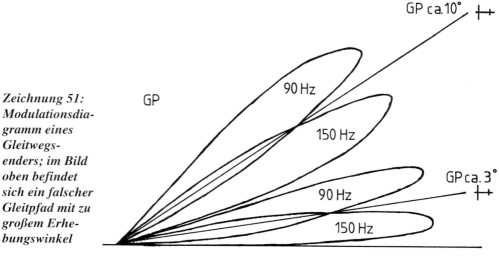

Zeichnung 51: Modulationsdiagramm eines Gleitwegsenders; im Bild oben befindet sich ein falscher Gleitpfad mit zu großem Erhebungswinkel

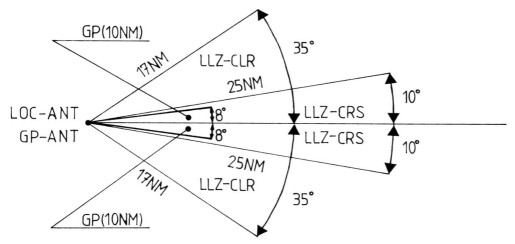

Zeichnung 52: Die von der internationalen Zivilluftfahrtbehörde ICAO geforderten Mindestreichweiten der einzelnen ILS-Komponenten; die Entfernungen werden vom Antennenstandort aus gemessen

falls nötig, kann unverzüglich auf einen Ersatzsender umgeschaltet oder die Notstromversorgung aktiviert werden. Die Mindestreichweiten der Localizer- und Glidepath-Signale sind in Zeichnung 52 dargestellt.

Einflugzeichensender

Zum vollständigen Instrumenten-Lande-System ILS gehören zusätzlich noch zwei, teilweise auch drei Markierungsfunkfeuer, die in diesem Zusammenhang Einflugzeichensender genannt werden. Die Funkfeuer stehen in einem festgelegten Abstand zur Landebahnschwelle auf der verlängerten Landebahnachse oder maximal 250 Fuß (75 m) seitlich davon versetzt. Um einen Empfang bis zu einer Höhe von 2000 Fuß (600 m) sicherzustellen, arbeiten die Markierungsfunkfeuer mit einer Sendeleistung von etwa 10 Watt.

Voreinflugzeichensender

Der Voreinflugzeichensender (äußeres Markierungsfunkfeuer, Outer Marker/OM) befindet sich etwa vier Nautische Meilen (7.4 km), höchstens jedoch sieben Nautische Meilen (13 km) vor der Landebahnschwelle. Der Outer Marker sendet in einer Tonhöhe von 400 Hz zwei Morse-Striche pro Sekunde aus. Der Überflug des Voreinflugzeichens löst im Cockpit eine blaue Leuchtanzeige aus. Am Voreinflugzeichen stellen die anfliegenden Flugzeuge in der Regel ihre Landekonfiguration her (das Fahrwerk wird ausgefahren, die Landeklappen auf Landestellung gebracht). An vielen ILS-ausgerüsteten Flughäfen Europas befindet sich an der Position des Outer Markers gleichzeitig ein ungerichtetes Funkfeuer NDB, welches als Grundlage eines NDB-Anflugverfahrens dienen kann sowie - ganz besonders im Falle des jenseits der Landebahn stehenden Funkfeuers, am Outer Marker der Gegenbahn - als Navigationshilfe für Fehlanflugverfahren nützlich ist.

Der Haupteinflugzeichensender

Der Haupteinflugzeichensender (mittleres Markierungsfunkfeuer, Middle Marker/MM) steht 0.5 Nautische Meilen (926 m) vor der Landebahnschwelle. Er sendet im Rhythmus von 95 Punkt-/Strichkombinationen pro Minute Morsepunkte und -striche in einer Tonhöhe von 1300 Hz. Am Middle Marker leuchtet im Cockpit eine gelbe Lampe auf.

Inneres Markierungsfunkfeuer

Das innere Markierungsfunkfeuer (Inner Marker) befindet sich - wenn überhaupt vorhanden - an der Landebahnschwelle höchstens 100 Fuß seitlich von der verlängerten Landebahnachse versetzt. Wie auch das Markierungsfunkfeuer entlang von Luftstraßen (Airways Marker/AM) sendet es Morsepunkte mit einer Geschwindigkeit von 6 Punkten pro Sekunde aus; die Tonhöhe der Morsesignale liegt bei 3000 Hz. Im Cockpit leuchtet während des Überfluges des Inner Markers ein weißes Leuchtsignal auf. In der Bundesrepublik Deutschland gibt es zur Zeit weder innere Markierungsfunkfeuer noch Markierungsfunkfeuer entlang von Luftstraßen. (Zeichnung 53)

ILS-Anzeigegeräte

Gewöhnlich werden beim ILS-Anflug die auch bei der VOR-Anzeige verwendeten Course Deviation Indicator (CDI) benutzt. Sobald im VHF-Navigationsempfänger eine ILS-Frequenz gerastet ist, wird die senkrechte CDI-Nadel vom Localizer-Empfänger, eine zusätzlich erscheinende waagerechte Gleitpfadanzeige vom UHF-Gleitwegempfänger angesteuert. Der Gleitwegempfänger wird automatisch entsprechend der Wahl der Localizer-Frequenz abgestimmt; die Frequenzkorrelation kann der Tabelle 15 entnommen werden.

Die Erfassung von Localizer und Glidepath basiert auf der Bestimmung der Modulationsgraddifferenz (Difference in Depth of Modulation, DDM) zwischen den beiden mit 90 Hz und 150 Hz modulierten hochfrequenten Feldern. Ist die ermittelte Modulationsgraddifferenz für eine bestimmte Trägerfrequenz gleich null, so befindet sich der Empfänger in der Landekurs- oder Gleitwegebene; die entsprechenden Anzeigenadeln stehen in der Mitte des ILS-Anzeigeinstrumentes. Bei Abweichungen vom Sollflugweg überwiegt entweder der Modulationsgrad des 90-Hz- oder des 150-Hz-Signales. Nach empfängerseitiger Unterdrückung des schwächeren Signales gibt das resultierende Modulationssignal Auskunft über die Richtung der Ablage, der Modulationsgrad ist ein Maß für die Größe der Abweichung. Dem Vollausschlag der Gleitwegnadel entspricht eine Abweichung von +/- 0.5 Grad vom Sollgleitpfad (zu hoch oder zu tief); bei Vollausschlag der Localizer-Nadel befindet sich das Flugzeug 2.5 Grad links oder rechts des Landekurses. Im Vergleich zur VOR-Anzeige (Vollausschlag der Anzeigenadel entspricht einer Abweichung von 10 Grad links oder rechts des Sollkurses) gibt es keine TO/FROM-Information, darüber hinaus hat das Vorwählen eines bestimmten Kurses keinen Einfluß auf die ILS-Anzeige.

Praktische Anwendung des ILS

An internationalen Verkehrsflughäfen ist das Instrumenten-Lande-System ILS die heutzutage wohl am häufigsten verwendete Anflughilfe. Entsprechend der Genauigkeit von

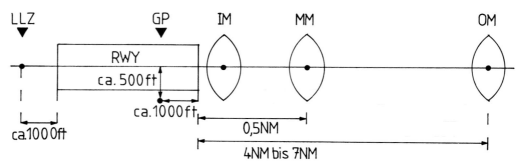

Zeichnung 53: Standort der ILS-Markierungsfunkfeuer bezüglich der Landebahn

Tabelle 15: ILS-Frequenzen

Frequenz des Localizer-Senders	Frequenz des Gleitweg-Senders	Frequenz des Localizer-Senders	Frequenz des Gleitweg-Senders
108.10 MHz	334.70 MHz	110.10 MHz	334.40 MHz
108.15 MHz	334.55 MHz	110.15 MHz	334.25 MHz
108.30 MHz	334.10 MHz	110.30 MHz	335.00 MHz
108.35 MHz	333.95 MHz	110.35 MHz	334.85 MHz
108.50 MHz	329.90 MHz	110.50 MHz	329.60 MHz
108.55 MHz	329.75 MHz	110.55 MHz	329.45 MHz
108.70 MHz	330.50 MHz	110.70 MHz	330.20 MHz
108.75 MHz	330.35 MHz	110.75 MHz	330.05 MHz
108.90 MHz	329.30 MHz	110.90 MHz	330.80 MHz
108.95 MHz	329.15 MHz	110.95 MHz	330.65 MHz
109.10 MHz	331.40 MHz	111.10 MHz	331.70 MHz
109.15 MHz	331.25 MHz	111.15 MHz	331.55 MHz
109.30 MHz	332.00 MHz	111.30 MHz	332.30 MHz
109.35 MHz	331.85 MHz	111.35 MHz	332.15 MHz
109.50 MHz	332.60 MHz	111.50 MHz	332.90 MHz
109.55 MHz	332.45 MHz	111.55 MHz	332.75 MHz
109.70 MHz	333.20 MHz	111.70 MHz	333.50 MHz
109.75 MHz	333.05 MHz	111.75 MHz	333.35 MHz
109.90 MHz	333.80 MHz	111.90 MHz	331.10 MHz
109.95 MHz	333.65 MHz	111.95 MHz	330.95 MHz

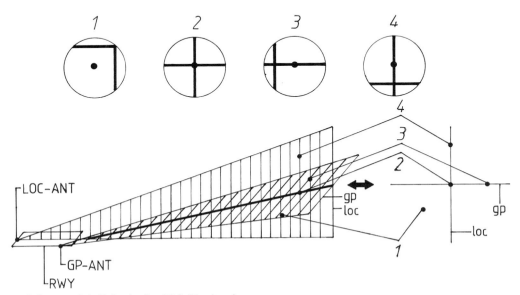

Zeichnung 54: Prinzip der ILS-Navigation

Bord- und Bodenanlagen werden sogenannte ILS-Kategorien unterschieden, die bestimmte Mindestsichtweiten sowohl vertikal (Wolkenuntergrenze) als auch horizontal entlang der Landebahn fordern.

Um einen ILS-Anflug beginnen zu können, müssen die Mindestbedingungen für die Sichtweite entlang der Landebahn erfüllt sein; kommt bei Erreichen der Entscheidungshöhe (Decision Height, DH) weder die Anflugbefeuerung noch die Landebahn in Sicht, so muß ein Fehlanflugverfahren (Durchstartmanöver) eingeleitet werden.

Die unterschiedlichen ILS-Kategorien sind wie folgt eingeteilt:

ILS-Kategorie	Mindestsichtweite entlang der Landebahn	Entscheidungshöhe
CAT I	550 m	60 m
CAT II	350 m	30 m
CAT IIIa	200 m	0 m
CAT IIIb	50 m	0 m
CAT IIIc	0 m	0 m

Der generelle Unterschied eines ILS-Anfluges zu den sogenannten „Non Precision Approaches" auf Basis eines gerichteten oder ungerichteten Funkfeuers (VOR oder NDB) liegt in der Genauigkeit der zur Verfügung stehenden Navigationshilfen. Ein VOR- oder NDB-Anflug führt die Piloten in einer bestimmten Mindesthöhe (Minimum Descent Height, MDH) zum Flughafen. Die Flughöhe wird beibehalten, bis entweder die Landebahn in Sicht kommt und der Anflug als Sichtanflug fortgesetzt werden kann, oder das Überfliegen eines bestimmten Punktes (zum Beispiel ein Markierungsfunkfeuer) das Einleiten eines Fehlflugverfahrens erfordert. Ein Präzisionsanflug (Precision Approach, beispielsweise unter Zuhilfenahme des ILS) führt die Piloten exakt in Richtung und Höhe zur Landebahn. Je nach Ausrüstung des Flugzeuges und des Flughafens muß zur Kontrolle des Systemes die Landebahn in einer bestimmten Höhe in Sicht kommen; geschieht dieses nicht, muß sofort durchgestartet werden. Bei entsprechender Ausrüstung sind sogar Landungen ohne Außensicht möglich. (Zeichnung 54)

Das RMS-Präzisionsanflugsystem

Das RMS-Anflugsystem wird in der ehemaligen UdSSR sowie in einigen Ländern des ehemaligen Ostblocks verwendet. Vom Prinzip her entspricht es weitestgehend dem ILS, selbst die entsprechenden ICAO-Empfehlungen für Präzisionsanflugsysteme werden erfüllt. Die meisten Systeme erfüllen die CAT-I-Forderungen, einige RMS-Anflugsysteme sind auch für den CAT-II-Betrieb zugelassen. Morsekennungen zur Identifikation der Anflughilfe sind nicht üblich.

Aufgrund der technischen Unterschiede ist zum Empfang der RMS-Signale eine zusätzliche Navigationsausrüstung nötig.

Der KRM-Landekurssender

Der KRM-Landekurssender entspricht dem ILS-Localizer. Im Gegensatz zum 90-Hz-/150-Hz-Modulationsdiagramm des ILS benutzt der KRM-Landekurssender links und rechts des Landekurses zwei hochfrequente, mit 60 Hz amplitudenmodulierte Felder, die sich in der Phasenlage allerdings um 180 Grad unterscheiden. Entlang der Anfluggrundlinie wird ein mit 60 Hz frequenzmoduliertes Signal ausgestrahlt.

Der GRM-Gleitwegsender

GRM-Gleitwegsender und ILS-Glidepath unterscheiden sich lediglich in der vertauschten Lage der 90-Hz-/150-Hz-Modulationsfelder; ein ILS-GP-Empfänger würde folglich verkehrte Anzeigen liefern. Der Erhebungswinkel des GRM-Gleitweges liegt üblicherweise bei 2.67 Grad.

Tabelle 16:

KRM-Frequenz	GRM-Frequenz	KRM-Frequenz	GRM-Frequenz
108.30 MHz	332.60 MHz	109.50 MHz	333.80 MHz
108.70 MHz	332.60 MHz	109.90 MHz	335.00 MHz
109.10 MHz	333.80 MHz	110.30 MHz	335.00 MHz

Markierungsfunkfeuer

Wie bereits vom Instrumenten-Lande-System ILS bekannt, ergänzen Markierungsfunkfeuer das RMS-Präzisionsanflugsystem. Der Outer Marker (Voreinflugzeichen) des RMS befindet sich auf der verlängerten Landebahnachse etwa 4 km vor der Landebahnschwelle. Zum Vergleich: Der Outer Marker des ILS steht etwa 7 km vor der Landebahn.

RMS-Frequenzen

In Tabelle 16 sind die sechs gebräuchlichen KRM/GRM-Frequenzpaare aufgeführt.

Es stehen zwar sechs KRM- (Localizer-) Frequenzen zur Verfügung, jedoch nur drei GRM- (Gleitpfad-) Frequenzen. Die Frequenzwahl erfolgt wie bei den ILS-Empfängern über die KRM-Frequenz.

Das Satellitennavigationssystem NAVSTAR/GPS

NAVSTAR/GPS (Navigation System with Time and Ranging/Global Positioning System) ermöglicht eine weltweite Positionsbestimmung mit einer Genauigkeit bis zu 100 m für den zivilen und 15 m für den militärischen Nutzer. Rein technisch ist eine Erhöhung der Genauigkeiten bis auf 3 m möglich. Da es sich bei der Satellitennavigation um ein recht neues Navigationsverfahren handelt, werden zur Zeit Erfahrungen mit GPS im alltäglichen Linienflugbetrieb gesammelt. Als Navigationshilfe für den Sichtflugbetrieb sind GPS-Geräte besonders im Bereich der Sport- und Reisefliegerei weltweit verbreitet.

Funktionsprinzip von NAVSTAR/GPS

Zur Navigation werden die Funksignale von mindestens vier der insgesamt 18 GPS-Satelliten herangezogen. Die Satelliten befinden sich in einer Höhe von 20183 km in Dreiergruppen auf insgesamt sechs Umlaufbahnen, deren Inklination (Neigung zur Äquatorebene) 55 Grad beträgt. Der Abstand zwischen den Satelliten auf einer Umlaufbahn beträgt 120 Grad, zusätzlich stehen drei Reservesatelliten zur Verfügung. Die Umlaufzeit der 850 kg schweren Satelliten beträgt zwölf Stunden, seine Lebenszeit soll im Normalfall 7.5 Jahre betragen. Jeder einzelne Satellit ist mit einer hochpräzisen Atomuhr ausgerüstet und sendet neben dem Zeitsignal und einigen operationellen Informationen auch seine augenblickliche Position in Form von geozentrischen Positionskoordinaten (Ephemeriden).

Der GPS-Empfänger verfügt ebenfalls über eine Zeitbasis; da dieser die Signale der einzelnen Satelliten aufgrund der Laufzeit der Funksignale zeitlich verzögert aufnimmt, kann ein Rechner die jeweilige Entfernung zu den einzelnen Satelliten bestimmen und dadurch auf die augenblickliche Position schließen.

Um die Kosten für eine exakte Atomuhr auf der Nutzerseite sparen zu können, wird als Zeitbasis ein kostengünstiger, dafür aber auch weniger exakt arbeitender Quarzoszillator verwendet. Als Konsequenz muß der Gangfehler der Empfängeruhr bei jeder Positionsbestimmung korrigiert werden.

Der Fehler des Quarzoszillators wirkt sich bei allen Laufzeitbestimmungen im gleichen Maße aus; insgesamt benötigt der GPS-Empfänger zur Ermittlung des Standortes in einer dreidimensionalen Umgebung also mindestens vier Informationen:

1. Die exakten Entfernungen zu mindestens drei verschiedenen Satelliten
2. Ein Korrekturwert für den Gangfehler der Empfängeruhr

Bekannt sind die folgenden Werte:

1. Die Positionen der empfangenen Satelliten (diese werden zusätzlich zum Zeitsignal mit ausgesendet)
2. Die auf Basis der (falschgehenden) Empfängeruhr gemessenen Laufzeiten der Funksignale.

Das GPS benutzt als Ursprungspunkt des dreidimensionalen Raumes den Erdmittelpunkt; zur Bestimmung der Entfernung vom Erdmittelpunkt zu einem beliebigen Punkt im Raum gilt daher die folgende Gleichung:

$$D^2 = X^2 + Y^2 + Z^2$$

(D: Entfernung, X,Y,Z: geozentrische Koordinaten eines Punktes)

Für die Entfernung zweier Punkte zueinander (beispielsweise der Entfernung des GPS-Empfängers zu einem Satelliten) gilt dann:

$$D^2 = (X_1-X_2)^2 + (Y_1-Y_2)^2 + (Z_1-Z_2)^2$$

(Punkt 1: X_1, Y_1, Z_1; Punkt 2: X_2, Y_2, Z_2)

Bei Betrachtung von Funksignalen kann die Entfernung D auch als Produkt der Lichtgeschwindigkeit mit der Signallaufzeit verstanden werden. Umgekehrt kann der Zeitfehler der GPS-Empfängeruhr auch als Entfernungsdifferenz (Produkt der Lichtgeschwindigkeit mit diesem Zeitfehler) dargestellt werden. Da der Gangfehler der Empfängeruhr alle Zeit-/Entfernungsmessungen gleichermaßen betrifft, gilt also ganz allgemein für die Entfernungen eines GPS-Empfängers zu vier verschiedenen Satelliten:

(1) $(X_1-E_x)^2 + (Y_1-E_y)^2 + (Z_1-E_z)^2 = (D_1-ZF \cdot c)^2$
(2) $(X_2-E_x)^2 + (Y_2-E_y)^2 + (Z_2-E_z)^2 = (D_2-ZF \cdot c)^2$
(3) $(X_3-E_x)^2 + (Y_3-E_y)^2 + (Z_3-E_z)^2 = (D_3-ZF \cdot c)^2$
(4) $(X_4-E_x)^2 + (Y_4-E_y)^2 + (Z_4-E_z)^2 = (D_4-ZF \cdot c)^2$

Empfänger: E_x, E_y, E_z
Zeitfehler: ZF (Empfängeruhr)
Lichtgeschwindigkeit: c (konstant)
Satelliten: X, Y, Z (1 bis 4)
Entfernungen: D (1 bis 4)

Die geozentrischen Satellitenkoordinaten ($X_1, Y_1, Z_1, X_2, Y_2, Z_2, X_3, Y_3, Z_3, X_4, Y_4, Z_4$) werden von den Satelliten selbst mit ausgestrahlt; die Entfernungen D_1, D_2, D_3 und D_4 werden aus dem Produkt der gemessenen Laufzeit mit der bekannten Lichtgeschwindigkeit c bestimmt; als unbekannte Komponenten bleiben also lediglich die Empfängerkoordinaten (E_x, E_y, E_z) sowie der Zeitfehler ZF übrig. Mit vier Gleichungen können alle vier Unbekannten bestimmt werden, was dem Rechner innerhalb des GPS-Empfängers unter Anwendung iterativer Methoden problemlos gelingt.

Technik des Satellitennavigationssystemes

Jeder Satellit sendet zwei Signale in unterschiedlichen sogenannten Pseudo Random Noise Codes (PRN-Codes) aus: Das L1 Signal auf 1575.42 MHz sowie das L2 Signal auf 1227.60 MHz. Die PRN-Codes bestehen aus einer scheinbar willkürlich aufeinanderfolgenden Reihe von Signalzuständen, die sich allerdings in gewissen Zeitabständen wiederholen. Zwei unterschiedliche PRN-Codes kommen zur Anwendung: Der C/A-Code („Clear Acquisition") sowie der P-Code („Protected"). Das C/A-Signal ist allgemein zugänglich und erlaubt Positionsbestimmungen bis zu einer Genauigkeit von 100 m, wogegen das P-Signal den militärischen Nutzern vorbehalten ist und eine erhöhte Genauigkeit bis zu 15 m liefert. Der 1023 Bit lange C/A-Code wird mit einer Übertragungsrate von 1.023 Mbps (Megabits per Second) ausgestrahlt, wiederholt sich folglich jede Millisekunde. Der P-Code erscheint mit zehnfacher Geschwindigkeit (10.23 Mbps), er beginnt alle sieben Tage mit geänderter Verschlüsselung von neuem. Das L1-Signal ist sowohl mit dem P- wie auch C/A-Code moduliert, das L2-Signal ist ausschließlich mit dem P-Code moduliert. Eine Kontrollzentrale (Master Control Station, MCS) ist für die Überwachung des Systems sowie der Bahnverfolgung der Satelliten zuständig; von hier aus werden den Satelliten dreimal täglich neue Steuerparameter übermittelt.

Der GPS-Empfänger benutzt zur unkorrigierten Laufzeitmessung die PRN-Signale; gleichzeitig werden die Datenaussendungen aller sichtbaren Satelliten gespeichert. Diese zusätzlichen Informationen werden parallel zum PRN-Code mit einer Geschwindigkeit von 50 Bit/s ausgestrahlt. Die Daten enthalten jeweils den Satellitenstatus, Korrekturparameter für Satellitenuhr und Ionosphäre, die geozentrischen Positionsdaten des Satelliten, Almanachdaten aller übrigen Satelliten sowie weitere systemspezifische Angaben; selbst eine Möglichkeit zur Nachrichtenübermittlung ist vorgesehen. Diese Daten zusammen mit den Laufzeitmessungen, des errechneten Uhrenfehlers und der Berücksichtigung relativistischer Effekte ermöglichen die genaue Bestimmung der Positionsdaten.

Grundsätzlich wird das Satellitennavigationssystem zur Bestimmung der augenblicklichen Position eingesetzt; eine Aktualisierung der errechneten Daten findet in Abständen von weniger als einer Sekunde statt. In der Luftfahrt setzt sich als Anzeigesystem die sogenannte „Moving Map" durch, welche auf einem Bildschirm die Flugzeugposition über einer synthetisch erzeugten Landkarte zeigt. Gewöhnlich bleibt das Flugzeugsymbol in der Mitte des Bildschirms, der Kartenausschnitt darunter bewegt sich entsprechend der augenblicklichen Position des Anwenders.

Je nach Rechnerleistung und Menge der vorhandenen Daten ist natürlich auch das Abfliegen vorher eingegebener Kurse bis hin zur automatischen Platzrundennavigation möglich. (Zeichnung 55)

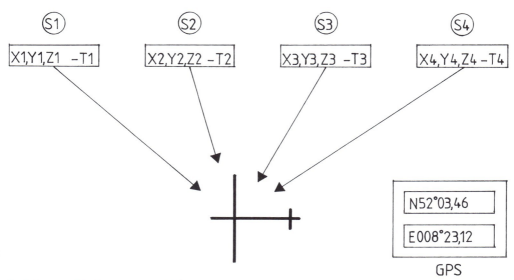

Zeichnung 55: Prinzip der GPS-Navigation (Global Positioning System)

Sekundärradaranlagen

Zur flüssigen und sicheren Durchführung des Flugverkehrs kann zumindest in Europa aufgrund der hohen Verkehrsdichte kaum mehr auf die radarunterstützte Flugverkehrskontrolle verzichtet werden. Dabei unterliegt die Verwendung des herkömmlichen Primärradarsystemes zwei wesentlichen Einschränkungen:

1. Es ist keine Höhenerfassung des Radarzieles möglich; der Fluglotse muß über Funk nachfragen.
2. Auf dem Radarschirm erscheinen alle Flugzeugechos gleich; ohne aufwendige Identifizierung über Verfahrenskurven oder Schleifen ist keine eindeutige Zuordnung zwischen Flugzeug und Leuchtpunkt auf dem Radarschirm möglich.

Diese Einschränkungen werden durch das Sekundärradarsystem (Secondary Surveillance Radar, SSR) weitestgehend aufgehoben.

Die Parabolantenne des Primärradarsystemes wird zusätzlich mit einer Sekundärradar-Balkenantenne ausgerüstet. Über diese Richtantenne sendet die Bodenstation auf der Frequenz 1030 MHz impulscodierte Abfragesignale aus, die bei Verwendung von sogenannten „Mode S"-Anlagen auch einen vierstelligen Zahlencode enthalten. Der an Bord des Luftfahrzeuges installierte Transponder empfängt diese Abfrageimpulse über eine am Flugzeugrumpf angebrachte Rundstrahlantenne. Erkennt der Transponder eine Abfrage, so vergleicht er den Abfragecode mit dem eigenen, am Bediengerät des Transponders gerasteten Code. Bei Übereinstimmung (oder einer allgemeinen Abfrage) sendet der Transponder auf der Frequenz 1090 MHz einen ebenfalls impulscodierten Antwortimpuls aus. Die Antwort enthält mindestens den erwähnten Transpondercode. Dieser besteht aus vier Ziffern, die jeweils im Drei-Bit-Format (oktal) verschlüsselt sind - die höchste einzustellende Ziffer ist damit folglich die „7". Insgesamt sind so 4096 verschiedene Zahlencodes darstellbar. Einige Codes haben eine besondere Bedeutung:

7500 - Flugzeugentführung
7600 - Funkausfall
7700 - Notfall

Darüber hinaus existieren noch eine Reihe nationaler Festlegungen, beispielsweise Code 2000 über dem Nordatlantik, Code 2200 beim Einflug in den indischen Luftraum, Code 5000 beim Einflug in den Luftraum von Myanmar.

Je nach Ausrüstung des Flugzeuges ist im Antwortimpuls auch die codierte Flughöhe (in 100-Fuß-Schritten) sowie - bei modernen Mode-S-Transpondern - auch eine einfache Datenübertragung enthalten.

Die verschlüsselte Antwort gelangt wieder über die SSR-Richtantenne zur Radarstation am Boden. Dort werden die Empfangsdaten ausgewertet und auf einem synthetisch erzeugten Radarbild zur Anzeige gebracht. Aufgrund des empfangenen Zahlencodes (in der Fliegersprache auch „Squawk" genannt) kann der Fluglotse das betreffende Flugzeug auf dem Radarschirm sofort identifizieren. Durch die Computeraufbereitung enthält das Flugzeugsymbol neben der Angabe der Flughöhe auch Informationen über Flugnummer, Steuerkurs und Geschwindigkeit über Grund. Werden Mode-S-Anlagen verwendet, findet eine Abfrage nur dann statt, wenn der Computer die Position des Flugzeuges innerhalb der Radarkeule erwartet - eine deutliche Kapazitätserhöhung des Sekundärradarsystemes ist die Folge.

Zusätzlich kann über eine Taste am Transponder ein Identifikationssignal ausgelöst werden, welches etwa zwölf Sekunden lang zusätzlich zum Antwortsignal mit abgestrahlt wird. Dieser Ident-Impuls hebt das Flugzeugsymbol auf dem Radarschirm besonders hervor; mit Hilfe dieses Verfahrens gelingt stets eine schnelle und absolut sichere Flugzeugidentifikation. (Zeichnung 60)

Aus der Vergangenheit existieren noch verschiedene militärische und zivile Abfragemodi

Foto 12: Mittelbereichs-Radaranlage Typ SRE M5 auf dem Deister, nahe Hannover. Neun solche und ähnliche Anlagen betreibt die DFS, vier weitere sind in Planung. Die Reichweite beträgt etwa 280 km; der große Schirm gehört zum Primärradarsystem, der darüber befindliche „Balken" ist die Sekundärradar-Antenne.

(Foto: Deutsche Flugsicherung GmbH, Offenbach)

Primär- und Sekundärradar
- a) konventionell / b) Sekundärradar -

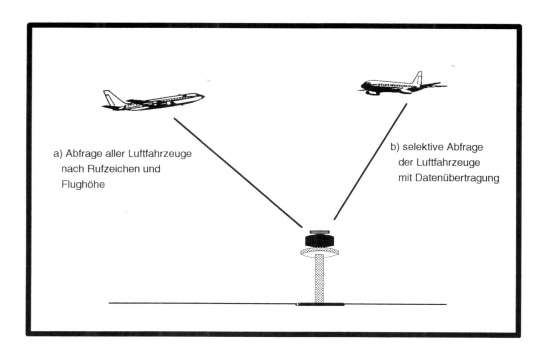

Primärradar arbeitet nach dem Reflexionsprinzip, d.h. das impulsförmig ausgesendete Radarsignal wird an einem metallischen Hindernis - dem Luftfahrzeug - reflektiert. Die Richtung und die Laufzeit des von Radarschirm wiederaufgenommenen Signals definiert damit die Richtung und Entfernung des Radarziels zur Sendestation. Primärradaranlagen benötigen große Antennenschirme und hohe Sendeleistung.

Das **Sekundärradar** verwendet demgegenüber nur ein relativ schwaches Abfragesignal, das einen an Bord der Luftfahrzeuge vorhandenen Antwortsender (Transponder) aktiviert. Dessen Antwortsignal vermittelt auf die gleiche Art wie Primärradar Position und Entfernung des Flugziels, darüberhinaus enthält das Antwortsignal zusätzliche Daten wie: Flugzeug-Rufzeichen und die - vom Höhenmesser abgeleitete - Flughöhe.

Eine Weiterentwicklung ist das **Mode S Sekundärradar**. Da die oben beschriebene Version alle Flugzeuge im Erfassungsbereich gleichzeitig abfragt, entstehen bei hoher Verkehrsdichte Überabfrage-Zustände und Ausfälle des Systems. Mode S "merkt sich" einmal in den Erfassungsbereich gelangte Flugzeuge und fragt nur immer dann ab, wenn neue Daten notwendig und zu erwarten sind.

Darüberhinaus können mit Mode S weitere Daten Bord-Boden und umgekehrt übertragen werden. Das System ist z.Zt. in Erprobung und soll Mitte der 90er Jahre eingeführt werden.

Zeichnung 60 (Quelle: Deutsche Flugsicherung GmbH, Offenbach)

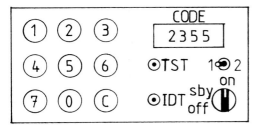

Zeichnung 56: Der Transponder eines Verkehrsflugzeuges

der Bodenstationen, ebenso verschiedene Antwortformate mit und ohne Höhencodierung. Innerhalb Europas sind heutzutage für Instrumentenflüge nur noch Transponder mit Höheninformation zulässig, in den USA sind aufgrund der Ausrüstungspflicht der Passagierflugzeuge mit dem Zusammenstoßwarnsystem TCAS sogar Mode-S-Transponder vorgeschrieben (TCAS benutzt ebenfalls die Transpondersignale zur Flugzeugidentifikation sowie eine einfache Datenübertragung zur Festlegung der Ausweichrichtung). Zeichnung 56 zeigt das Tastaturfeld eines modernen Transponders.

Ausblick in die Zukunft

Neben den hier beschriebenen Navigationssystemen finden noch die Langstreckennavigationssysteme LORAN C (Nordamerika, etwa 2000 Nutzer) sowie Omega (weltweit, ungefähr 10000 Nutzer) Anwendung. Ebenso sind bordautonome Navigationssysteme (INS/Inertial Navigation System, IRS/Inertial Reference System, Doppler-Radar) weit verbreitet. Allerdings dürfte der Zukunft wohl das Satelliten-Navigationssystem GPS vorbehalten bleiben, welches bei entsprechender Genauigkeit auch Schlechtwetteranflüge zuläßt. Versuche in diese Richtung verliefen bis jetzt vielversprechend. Denkbar wäre auch ein bordautonomes Navigationssystem mit regelmäßiger Korrektur durch das GPS („Update"), um bei Ausfall oder Wegschalten des Satelliten-Navigationssystemes auch weiterhin eine ausreichend genaue Navigationsfähigkeit garantieren zu können.

Sicherlich ersetzt werden die vielen gerichteten und ungerichteten Funkfeuer, da das Navigieren von Funkfeuer zu Funkfeuer teilweise erhebliche Umwege verursacht - der Trend geht hier eindeutig zum Abfliegen der Direktverbindungen.

Die Frequenztabelle

In der Frequenztabelle sind alle Funkfeuer, DME und TACAN-Anlagen in Deutschland, Österreich und der Schweiz aufgelistet. Für die entsprechend ausgerüsteten Flughäfen in der Bundesrepublik Deutschland enthält die Tabelle auch die Anflughilfen.

Neben Art und Namen des Funkfeuers sind auch Frequenz, Kennung und Standort verzeichnet.

Tabelle der Funknavigationsanlagen

In der Tabelle sind sämtliche Funknavigationsanlagen in Deutschland, Österreich und der Schweiz aufgeführt. Zu den Navigationseinrichtungen erscheinen die folgenden Angaben:

1. Name des Funkfeuers oder - bei Landehilfen - des Flugplatzes
2. Kennung der Funknavigationsanlage (Aussendung in Klartext oder Morsecode)
3. Funknavigationssystem

NDB	- ungerichtetes Mittelwellen-Funkfeuer (Nondirectional Radio Beacon)
NDB/OM	- NDB an der Position des Outer Markers (Voreinflugzeichensender)
VOR	- UKW-Drehfunkfeuer (VHF Omnidirectional Radio Range)
TVOR	- Nahbereichs-VOR (Terminal VOR)
DVOR	- Doppler-VOR
DME	- Entfernungsmessung (Distance Measuring Equipment)
TACAN	- Tactical Air Navigation (militärisches UHF-Drehfunkfeuer)
LOC RWY	- Landekurssender (Localizer) für Landebahn ... (ILS)
GS RWY	- Gleitwegsender (Glidepath) für Landebahn ... (ILS)

4. Frequenz der Funknavigationsanlage

NDB, NDB/OM	- Sendefrequenz in kHz
VOR, TVOR, DVOR	- Sendefrequenz in MHz
LOC (ILS)	- Sendefrequenz in MHz
GS (ILS)	- Sendefrequenz in MHz
DME	- Abfragefrequenz in MHZ/Antwortfrequenz in MHz/Kanal-ID (VHF-Frequenzanzeige des Kanalwählers)
TACAN	- Angabe wie bei DME, da zivile Luftfahrzeuge die DME-Baugruppe der TACAN-Anlage benutzen

5. Standortkoordinaten der Funknavigationsanlagen

1. Name der Anlage	2. Kennung	3. System	4. Frequenz	5. Standort
Absam	"AB"	NDB	313.0 kHz	N47 17/O011 30
Ahlhorn	"AHL"	TACAN	1041/978/17X (108.000 MHz)	N52 53/O008 14
Ahlhorn	"AHL"	LOC RWY 27 GS RWY 27	109.300 MHz 332.000 MHz	N52 54/O008 22
Ahlhorn	"AHL"	NDB	290.0 kHz	N52 53/O008 07
Ahlhorn	"HHN"	NDB/OM	361.0 kHz	N52 54/O008 22
Allersberg	"ALB"	DME	1073/1010/49X (111.200 MHz)	N49 13/O011 13
Allersberg	"ALB"	VOR	111.200 MHz	N49 13/O011 14
Alster	"ALF"	DME	1129/1192/105X (115.800 Mhz)	N53 38/O010 00
Altenrhein	"ALT"	NDB	341.0 kHz	N47 29/O009 34

1. Name der Anlage	2. Kennung	3. System	4. Frequenz	5. Standort
Amberg	"AMG"	NDB	301.0 kHz	N49 26/O011 51
Ansbach	"ANS"	NDB	452.0 kHz	N49 19/O010 38
Arpe	"ARP"	DVOR	112.000 MHz	N51 01/O008 18
Augsburg	"AUG"	DME	1130/1193/106X (115.900 MHz)	N48 26/O010 56
Augsburg	"AUG"	LOC RWY 25 GS RWY 25	108.500 MHz 329.900 MHz	N48 26/O010 56
Augsburg	"AGB"	NDB	318.0 kHz	N48 26/O010 56
Barmen	"BAM"	TACAN	1107/1170/83X (113.600 MHz)	N51 20/O007 11
Barmen	"BAM"	VOR	113.600 MHz	N51 20/O007 11
Basepohl	"QT"	NDB	322.0 kHz	N53 45/O012 59
Bayreuth	"BAY"	DME	1067/1004/43X (110.600 MHz)	N49 59/O011 38
Bayreuth	"BAY"	VOR	110.600 MHz	N49 59/O011 38
Bayreuth	"BAZ"	NDB	420.0 kHz	N49 58/O011 34
Beeskow	"BKW"	NDB	402.0 kHz	N52 10/O014 15
Bern	"BER"	NDB	366.5 kHz	N46 54/O007 31
Bern (Belp)	"IBE"	LOC RWY 14 GS RWY 14	110.100 MHz 334.400 MHz	N46 54/O007 31
Bitburg	"BIT"	TACAN	1080/1017/56X (111.900 MHz)	N49 56/O006 33
Bitburg AB	"IBIT"	LOC RWY 24 GS RWY 24	111.900 MHz 331.100 MHz	N49 56/O006 33
Bottrop	"BOT"	NDB	406.5 kHz	N51 35/O007 02
Boxberg	"BOG"	NDB	397.0 kHz	N51 25/O014 35
Braunschweig	"BWG"	LOC RWY 27	108.500 MHz	N52 19/O014 35
Braunschweig	"BRU"	NDB	427.0 kHz	N52 19/O010 37
Bremen	"BMN"	DME	1145/1082/121Y (117.450 MHz)	N53 03/O008 47
Bremen	"IBMN"	LOC RWY 09 GS RWY 09	110.300 MHz 335.000 MHz	N53 03/O008 40
Bremen	"DLR"	LOC RWY 27 GS RWY 27	110.900 MHz 330.800 MHz	N53 03/O008 55
Bremen	"BMN"	TVOR	117.450 MHz	N53 03/O008 47
Bremen	"BW"	NDB/OM	276.5 kHz	N53 03/O008 40
Bremen	"BMN"	NDB/OM	346.5 kHz	N53 03/O008 55
Bruck	"BRK"	NDB/OM	408.0 kHz	N48 04/O016 43
Brüggen	"BGG"	TACAN	1150/1213/126X (117.900 Mhz)	N51 12/O006 08

1. Name der Anlage	2. Kennung	3. System	4. Frequenz	5. Standort
Brüggen AB	"BG"	LOC RWY 27 GS RWY 27	111.300 MHz 332.300 MHz	N51 13/O006 17
Brünkendorf	"BKD"	TACAN	1148/1211/124X (117.700 MHz)	N53 02/O011 33
Brünkendorf	"BKD"	DVOR	117.700 MHz	N53 02/O011 33
Büchel	"BUE"	TACAN	1142/1205/118X (117.100 MHz)	N50 11/O007 04
Bückeburg	"IYC"	LOC RWY 26 GS RWY 26	111.900 MHz 331.100 MHz	N52 18/O009 06
Bückeburg	"BYC"	NDB	368.0 kHz	N52 18/O009 06
Celle	"CEL"	NDB/OM	311.0 kHz	N52 36/O010 07
Charlie	"CHA"	VOR	115.500 MHz	N49 55/O009 03
Cola	"COL"	DVOR	108.800 MHz	N50 47/O007 36
Coleman	"HDM"	TVOR	108.200 MHz	N49 34/O008 28
Coleman	"HDM"	NDB	334.0 kHz	N49 32/O008 23
Cottbus	"MR"	NDB	383.0 kHz	N51 46/O014 16
Diepholz	"DP"	NDB	325.0 kHz	N52 36/O008 27
Dinkelsbühl	"DKB"	TACAN	1149/1212/125X (117.800 MHz)	N49 09/O010 14
Dinkelsbühl	"DKB"	DVOR	117.800 MHz	N49 09/O010 14
Donaueschingen	"DVI"	NDB	490.0 kHz	N47 59/O008 31
Dortmund	"DOM"	TACAN	1098/1161/74X (112.700 MHz)	N51 43/O007 35
Dortmund	"DOM"	DVOR	112.700 MHz	N51 43/O007 35
Dortmund-Wickede	"DWD"	DME	1147/1210/123X (117.600 MHz)	N51 32/O007 38
Dortmund-Wickede	"IDWE"	LOC RWY 06	111.100 MHz	N51 32/O007 38
Dortmund-Wickede	"IDWW"	LOC RWY 24	111.100 MHz	N51 32/O007 38
Dortmund-Wickede	"DWI"	NDB	357.0 kHz	N51 32/O007 38
Dresden	"DSN"	DME	1140/1203/116X (116.900 MHz)	N51 08/O013 46
Dresden	"IFS"	LOC RWY 22 GS RWY 22	109.700 MHz 333.200 MHz	N51 12/O013 51
Dresden	"IKW"	LOC RWY 04 GS RWY 04	110.500 MHz 329.600 MHz	N51 05/O013 42
Dresden	"FS"	NDB/OM	374.0 kHz	N51 12/O013 51
Dresden	"F"	NDB	407.0 kHz	N51 09/O013 48

1. Name der Anlage	2. Kennung	3. System	4. Frequenz	5. Standort
Düsseldorf	"DUS"	DME	1122/1059/98Y (115.150 MHz)	N51 17/O006 45
Düsseldorf	"DLI"	LOC RWY 23 GS RWY 23	109.900 MHz 333.800 MHz	N51 21/O006 54
Düsseldorf	"DLO"	LOC RWY 05 GS RWY 05	111.500 MHz 332.900 MHz	N51 15/O006 40
Düsseldorf	"DUS"	TVOR	115.150 MHz	N51 17/O006 45
Düsseldorf	"DY"	NDB	284.5 kHz	N51 14/O006 39
Düsseldorf	"LI"	NDB	417.0 kHz	N51 21/O006 45
Eggebek	"EGB"	TACAN	1135/1198/111X (116.400 MHz)	N54 27/O009 21
Elbe	"LBE"	TACAN	1122/1185/98X (115.100 MHz)	N53 39/O009 36
Elbe	"LBE"	VOR	115.100 MHz	N53 39/O009 36
Ensheim	"SR"	NDB/OM	360.0 kHz	N49 13/O007 13
Erding	"ERD"	TACAN	1107/1170/83X (113.600 MHz)	N48 20/O011 57
Erding	"ERD"	VOR	113.600 MHz	N48 20/O011 57
Erfurt	"ERF"	DME	1123/1060/99Y (115.250 MHz)	N50 59/O010 58
Erfurt	"IRF"	LOC RWY 28 GS RWY 28	109.900 MHz 333.800 MHz	N50 58/O011 05
Erfurt	"R"	NDB	330.0 kHz	N50 59/O011 00
Erfurt	"RF"	NDB/OM	410.0 kHz	N50 58/O011 05
Erfurt	"ERT"	NDB	425.0 kHz	N50 59/O010 52
Erlangen	"ERL"	TACAN	1120/1183/96X (114.900 MHz)	N49 39/O011 09
Erlangen	"ERL"	VOR	114.900 MHz	N49 39/O011 09
Eurach	"EUR"	DME	1123/1186/99X (115.200 MHz)	N47 44/O011 15
Eurach	"EUR"	DVOR	115.200 MHz	N47 44/O011 15
Fassberg	"FSB"	TACAN	1119/1182/95X (114.800 MHz)	N52 55/O010 12
Fassberg	"FSB"	NDB	284.0 kHz	N52 55/O010 11
Fischamend	"FMD"	DME	1065/1002/41X (110.400 MHz)	N48 06/O016 38
Fischamend	"FMD"	VOR	110.400 kHz	N48 06/O016 38
Flensburg	"FLB"	NDB	380.0 kHz	N54 45/O009 30
Frankfurt	"FFM"	TACAN	1113/1176/89X (114.200 MHz)	N50 03/O008 38
Frankfurt	"FFM"	DVOR	114.200 MHz	N50 03/O008 38

1. Name der Anlage	2. Kennung	3. System	4. Frequenz	5. Standort
Frankfurt	"FR"	NDB/OM	297.0 kHz	N50 04/O008 41
Frankfurt	"FFM"	NDB	320.0 kHz	N50 03/O008 39
Frankfurt	"FW"	NDB/OM	382.0 kHz	N50 00/O008 26
Frankfurt/Main	"DLF"	LOC RWY 25R GS RWY 25R	109.500 MHz 332.600 MHz	N50 04/O008 41
Frankfurt/Main	"RHM"	LOC RWY 07L GS RWY 07L	110.100 MHz 334.400 MHz	N50 00/O008 26
Frankfurt/Main	"IFM"	LOC RWY 25L GS RWY 25L	110.700 MHz 330.200 MHz	N50 04/O008 41
Frankfurt/Main	"IRF"	LOC RWY 07R GS RWY 07R	111.100 MHz 331.700 MHz	N50 00/O008 26
Freistadt	"FRE"	DME	1106/1169/82X (113.500 MHz)	N48 26/O014 08
Freistadt	"FRE"	VOR	113.500 MHz	N48 26/O014 08
Fribourg	"FRI"	VOR	115.100 MHz	N46 47/O007 14
Friedland	"FLD"	VOR	115.600 kHz	N53 46/O013 34
Friedland	"FLD"	NDB	292.0 kHz	N53 46/O013 35
Friedrichshafen	"IFHE"	LOC RWY 06 GS RWY 06	111.900 MHz 331.100 MHz	N47 41/O009 32
Friedrichshafen	"IFHW"	LOC RWY 24 GS RWY 24	111.900 MHz 331.100 MHz	N47 41/O009 32
Friedrichshafen	"FHA"	NDB	473.0 kHz	N47 41/O009 32
Fritzlar	"FTZ"	NDB	468.0 kHz	N51 07/O009 17
Fulda	"FUL"	TACAN	1082/1019/58X (112.100 MHz)	N50 36/O009 34
Fulda	"FUL"	DVOR	112.100 MHz	N50 36/O009 34
Fulda	"FDA"	NDB	441.0 kHz	N50 33/O009 38
Fürstenwalde	"FWE"	DME	1134/1071/110Y (116.350 MHz)	N52 25/O014 08
Fürstenwalde	"FWE"	VOR	116.350 MHz	N52 25/O014 08
Füstenfeldbruck	"FFB"	TACAN	1041/978/17X (108.000 MHz)	N48 13/O011 09
Gatow (Berlin)	"GW"	NDB	370.5 kHz	N52 27/O013 08
Gatow AB (Berlin)	"GW"	LOC RWY 26R GS RWY 26R	108.900 MHz 329.300 MHz	N52 30/O013 17
Gedern	"GED"	TACAN	1069/1006/45X (110.800 MHz)	N50 25/O009 15
Gedern	"GED"	DVOR	110.800 MHz	N50 25/O009 15
Geilenkirchen	"GIX"	TACAN	1063/1000/39X (110.200 MHz)	N50 58/O006 03

1. Name der Anlage	2. Kennung	3. System	4. Frequenz	5. Standort
Geilenkirchen AB	"GIX"	LOC RWY 27 GS RWY 27	110.100 MHz 334.400 MHz	N50 58/O006 06
Genf	"GVA"	DME	1117/1180/93X (114.600 MHz)	N46 15/O006 08
Genf	"GVA"	VOR	114.600 MHz	N46 15/O006 08
Genf (Cointrin)	"ISW"	LOC RWY 23 GS RWY 23	109.900 MHz 333.800 MHz	N46 15/O006 08
Genf (Cointrin)	"INE"	LOC RWY 05 GS RWY 05	110.900 MHz 330.800 MHz	N46 15/O006 08
Germinghausen	"GMH"	DVOR	115.400 MHz	N51 10/O007 54
Germinghausen	"GMH"	NDB	423.0 Khz	N5110/O00754
Giebelstadt	"GBL"	TACAN	1071/1008/47X (111.000 MHz)	N49 39/O009 57
Giebelstadt	"GBL"	NDB	429.0 kHz	N49 39/O009 59
Giessen	"GIN"	NDB	314.0 kHz	N50 38/O008 49
Gland	"GLA"	NDB	320.0 kHz	N46 25/O006 15
Gleichenberg	"GBG"	NDB	426.0 kHz	N46 53/O015 48
Glückstadt	"GLX"	NDB	365.0 kHz	N53 51/O009 27
Gompitz (Dresden)	"GPZ"	NDB	380.0 kHz	N51 02/O013 38
Grafenwöhr	"GRF"	TACAN	1079/1016/55X (111.800 MHz)	N49 42/O011 56
Grafenwöhr	"GRW"	NDB	405.0 kHz	N49 42/O011 57
Graz	"GRZ"	DME	1133/1196/109X (116.200 MHz)	N46 57/O015 27
Graz	"OEG"	LOC RWY 35 GS RWY 35	110.900 MHz 330.800 MHz	N46 55/O015 28
Graz	"GRZ"	VOR	116.200 MHz	N46 57/O015 27
Graz	"GRZ"	NDB/OM	290.0 kHz	N46 55/O015 28
Grenchen	"GRE"	DME	1047/1110/23Y (108.650 MHz)	N47 11/O007 25
Grenchen	"GRE"	VOR	108.650 MHz	N47 11/O007 25
Grenchen	"GRE"	NDB	326.0 kHz	N47 11/O007 25
Greven	"MST"	NDB/OM	305.0 kHz	N52 07/O007 34
Gütersloh	"GSO"	TACAN	1132/1195/108X (116.100 MHz)	N51 56/O008 17
Hamburg	"HAM"	TACAN	1102/1165/78X (113.100 MHz)	N53 41/O010 12
Hamburg	"IHB"	LOC RWY 05 GS RWY 05	110.500 MHz 329.600 MHz	N53 35/O009 53

1. Name der Anlage	2. Kennung	3. System	4. Frequenz	5. Standort
Hamburg	"IAM"	LOC RWY 15 GS RWY 15	111.100 MHz 331.700 MHz	N53 43/O009 56
Hamburg	"DLH"	LOC RWY 23 GS RWY 23	111.500 MHz 332.900 MHz	N53 41/O010 05
Hamburg	"HAM"	DVOR	113.100 MHz	N53 41/O010 12
Hamburg	"GT"	NDB/OM	323.0 kHz	N53 43/O009 56
Hamburg	"HAM"	NDB/OM	339.0 kHz	N53 41/O010 05
Hamburg	"FU"	NDB/OM	350.5 kHz	N53 35/O009 53
Hamburg (Finkenwerder)	"HFW"	LOC RWY 23 GS RWY 23	108.500 MHz 329.900 MHz	N53 30/O009 45
Hamburg (Finkenwerder)	"HFE"	LOC RWY 05 GS RWY 05	110.700 MHz 330.200 MHz	N53 30/O009 45
Hamm	"HMM"	DME	1127/1064/103Y (115.650 MHz)	N51 52/O007 43
Hamm	"HMM"	DVOR	115.650 MHz	N51 52/O007 43
Hammelburg	"HAB"	NDB	403.0 kHz	N50 06/O009 47
Hanau	"HNU"	NDB	432.0 kHz	N50 10/O009 09
Hannover	"HAD"	DME	1110/1047/86Y (113.950 MHz)	N52 28/O009 41
Hannover	"IHW"	LOC RWY 09L GS RWY 09L	108.300 MHz 334.100 MHz	N52 28/O009 33
Hannover	"INV"	LOC RWY 27R GS RWY 27R	108.900 MHz 329.300 MHz	N52 30/O009 48
Hannover	"DLA"	LOC RWY27L GS RWY 27L	109.500 MHz 332.600 MHz	N52 27/O009 49
Hannover	"HA"	NDB/OM	320.0 kHz	N52 28/O009 48
Hannover	"HAE"	NDB	332.0 kHz	N52 28/O009 34
Hannover	"HW"	NDB/OM	358.0 kHz	N52 28/O009 33
Havel	"HVL"	DME	1104/1167/80X (113.300 MHz)	N52 27/O013 08
Havel	"HVL"	DVOR	113.300 MHz	N52 27/O013 08
Hehlingen	"HLZ"	TACAN	1144/1207/120X (117.300 MHz)	N52 22/O010 48
Hehlingen	"HLZ"	DVOR	117.300 MHz	N52 22/O010 48
Hehlingen	"HLI"	NDB	403.5 kHz	N52 23/O010 51
Heidelberg	"HDL"	NDB	417.0 kHz	N49 23/O008 36
Helgoland	"DHE"	TACAN	1134/1197/110X (116.300 MHz)	N54 11/O007 55
Helgoland	"DHE"	VOR	116.300 MHz	N54 11/O007 55

1. Name der Anlage	2. Kennung	3. System	4. Frequenz	5. Standort
Helgoland	"DHE"	NDB	397.2 kHz	N54 11/O007 53
Helmholtz	"DBR"	NDB	347.0 kHz	N52 28/O013 18
Hermsdorf	"HDO"	DME	1121/1184/97X (115.000 MHz)	N50 56/O014 22
Hermsdorf	"HDO"	DVOR	115.000 MHz	N50 56/O014 22
Hochwald	"HOC"	DME	1103/1166/79X (113.200 MHz)	N47 28/O007 40
Hochwald	"HOC"	VOR	113.200 MHz	N47 28/O007 40
Hof	"HOD"	DME	1068/1005/44X (110.700 MHz)	N50 18/O011 51
Hof	"IHOE"	LOC RWY 09	110.700 MHz	N50 18/O011 58
Hof	"IHOW"	LOC RWY 27 GS RWY 27	110.700 MHz 330.200 MHz	N50 18/O011 58
Hof	"HOF"	NDB	484.0 kHz	N50 17/O011 46
Hohenfels	"HFX"	NDB	286.0 kHz	N49 13/O011 52
Hohn	"HN"	LOC RWY 26 GS RWY 26	108.900 MHz 329.300 MHz	N54 20/O009 40
Hohn	"HN"	NDB/OM	344.0 kHz	N54 20/O009 40
Holzdorf	"HOZ"	TACAN	1143/1080/119Y (117.250 MHz)	N51 46/O013 11
Holzdorf	"HOZ"	NDB	406.0 kHz	N51 46/O013 06
Holzhausen	"HHN"	NDB/OM	361.0 kHz	N52 54/O008 21
Hopsten	"HOP"	TACAN	1051/988/27X (109.000 MHz)	N52 21/O007 33
Illesheim	"ILM"	NDB	488.0 kHz	N49 29/O010 23
Ingolstadt	"IGL"	TACAN	1075/1012/51X (111.400 MHz)	N48 43/O011 31
Ingolstadt	"MG"	LOC RWY 25L GS 25L	108.100 MHz 334.700 MHz	N48 44/O011 39
Ingolstadt	"IGL"	NDB/OM	345.0 kHz	N48 44/O011 39
Innsbruck	"OEV"	LOC RWY 26 GS RWY 26	111.100 MHz 331.700 MHz	
Innsbruck	"INN"	NDB	420.0 kHz	N47 14/O011 24
Itzehoe	"ITZ"	NDB	359.0 kHz	N53 59/O009 34
Jever	"JEV"	NDB	390.0 kHz	N53 31/O008 01
Karlsruhe	"KRH"	DME	1130/1067/106Y (115.950 MHz)	N49 00/O008 35
Karlsruhe	"KRH"	DVOR	115.950 MHz	N49 00/O008 35
Kassel	"KSL"	DME	1050/987/26X (108.900 MHz)	N51 28/O009 28
Kassel	"KSL"	NDB	349.0 kHz	N51 28/O009 28

1. Name der Anlage	2. Kennung	3. System	4. Frequenz	5. Standort
Kassel (Calden)	"KSL"	LOC RWY 22	108.100 MHz	N51 28/O009 28
Kempten	"KPT"	DME	1057/994/33X (109.600 MHz)	N47 45/O010 21
Kempten	"KPT"	DVOR	109.600 MHz	N47 45/O010 21
Kiel-Holtenau	"IKHE"	LOC RWY 08 GS RWY 08	109.500 MHz 332.600 MHz	N54 23/O010 07
Kiel-Holtenau	"IKHW"	LOC RWY 26 GS RWY 26	109.500 MHz 332.600 MHz	N54 23/O010 07
Kiel-Holtenau	"KIL"	NDB	385.5 kHz	N54 23/O010 07
Kirn	"KIR"	TACAN	1146/1209/122X (117.500 MHz)	N49 51/O007 22
Kirn	"KIR"	VOR	117.500 MHz	N49 51/O007 22
Kitzingen	"KTG"	TVOR	111.400 MHz	N49 45/O010 13
Kitzingen	"KTG"	NDB	325.0 kHz	N49 45/O010 12
Klagenfurt	"KFT"	DME	1102/1165/78X (113.100 MHz)	N46 36/O014 34
Klagenfurt	"OEK"	LOC RWY 29 GS RWY 29	110.100 MHz 334.400 MHz	N46 37/O014 27
Klagenfurt	"KFT"	VOR	113.100 MHz	N46 36/O014 34
Klagenfurt	"KI"	NDB	313.0 kHz	N46 38/O014 23
Klagenfurt	"KFT"	NDB	374.0 kHz	N46 38/O014 32
Klagenfurt	"KW"	NDB	405.0 kHz	N46 40/O014 13
Kloten (Zürich)	"KLO"	DME	1135/1198/111X (116.400 MHz)	N47 28/O008 33
Kloten (Zürich)	"KLO"	VOR	116.400 MHz	N47 28/O008 33
Köln-Bonn	"KBO"	DME	1082/1145/58Y (112.150 MHz)	N50 52/O007 09
Köln-Bonn	"DLW"	LOC RWY 25 GS RWY 25	109.100 MHz 331.400 MHz	N50 54/O007 15
Köln-Bonn	"DLK"	LOC RWY 32R GS RWY 32R	109.700 MHz 333.200 MHz	N50 48/O007 15
Köln-Bonn	"KBI"	LOC RWY 14L GS RWY 14L	110.900 MHz 330.800 MHz	N50 56/O007 04
Köln-Bonn	"KBO"	TVOR	112.150 MHz	N50 52/O007 09
Köln-Bonn	"LW"	NDB/OM	300.5 kHz	N50 54/O007 15
Köln-Bonn	"LV"	NDB/OM	327.0 kHz	N50 48/O007 15
Köln-Bonn	"LJ"	NDB/OM	365.0 kHz	N50 56/O007 04
König	"KNG"	NDB	355.0 kHz	N49 46/O009 06
Kühtai	"KTI"	NDB	413.0 kHz	N47 13/O011 02
Laage	"LAG"	TACAN	1113/1050/89Y (114.250 MHz)	N53 55/O012 17

1. Name der Anlage	2. Kennung	3. System	4. Frequenz	5. Standort
Laage	"LAG"	NDB/OM	383.0 kHz	N53 55/O012 22
Laarbruch	"LLK"	TACAN	1126/1189/102X (115.500 MHz)	N51 36/O006 08
Laarbruch AB	"LL"	LOC RWY 27 GS RWY 27	110.700 MHz 330.200 MHz	N51 36/O006 08
Lahr	"LHR"	TACAN	1063/1000/39X (110.200 MHz)	N48 23/O007 50
Lahr	"ILHR"	LOC RWY 03 GS RWY 03	111.300 MHz 332.300 MHz	N48 23/O007 50
Lahr	"LHR"	NDB	450.0 kHz	N48 22/O007 49
Landsberg	"LQ"	NDB/OM	448.0 kHz	N48 06/O011 01
Landsberg AB	"LQ"	LOC RWY 25 GS RWY 25	111.700 MHz 333.500 MHz	N48 06/O011 01
Laupheim	"LUP"	NDB	407.0 kHz	N48 13/O009 55
Lechfeld	"LCH"	TACAN	1049/986/25X (108.800 MHz)	N48 12/O010 52
Leck	"LCK"	TACAN	1052/989/28X (109.100 MHz)	N54 48/O008 57
Leine	"DLE"	DME	1123/1186/99X (115.200 MHz)	N52 15/O009 53
Leine	"DLE"	DVOR	115.200 MHz	N52 15/O009 53
Leipheim	"LPH"	TACAN	1077/1014/53X (111.600 MHz)	N48 24/O010 06
Leipzig	"LEG"	DME	1129/1066/105Y (115.850 MHz)	N51 26/O012 29
Leipzig	"LEG"	VOR	115.850 MHz	N51 26/O012 29
Leipzig	"MA"	NDB/OM	357.0 kHz	N51 24/O012 21
Leipzig	"SK"	NDB/OM	434.0 kHz	N51 26/O012 07
Leipzig-Halle	"IMA"	LOC RWY 29 GS RWY 29	110.300 MHz 335.000 MHz	N51 24/O012 21
Leipzig-Halle	"ILZE"	LOC RWY 11 GS RWY 11	111.900 MHz 331.100 MHz	N51 26/O012 07
Lemwerder	"ILEM"	DME	1074/1011/50X (111.300 MHz)	N53 09/O008 37
Lemwerder	"ILEM"	LOC RWY 34	111.300 MHz	N53 09/O008 37
Les Eplatures	"ICF"	LOC RWY 24 GS RWY 24	108.150 MHz 334.550 MHz	N47 05/O006 48
Les Eplatures	"LPS"	NDB	403.0 kHz	N47 05/O006 48
Lichtenau	"LAU"	NDB	341.0 kHz	N51 12/O009 42
Lima	"LMA"	NDB	311.0 kHz	N51 22/O006 24

1. Name der Anlage	2. Kennung	3. System	4. Frequenz	5. Standort
Linz	"LNZ"	DME	1137/1200/113X (116.600 MHz)	N48 14/O014 06
Linz	"OEL"	LOC RWY 27 GS RWY 27	109.300 MHz 332.000 MHz	N48 14/O014 19
Linz	"LNZ"	VOR	116.600 MHz	N48 14/O014 06
Linz	"LNZ"	NDB/OM	327.0 kHz	N48 14/O014 19
Lübars	"DLS"	NDB	413.5 kHz	N52 37/O013 22
Lübeck	"LND"	DME	1127/1064/103Y (115.650 MHz)	N53 49/O010 43
Lübeck	"LUB"	DVOR	110.600 MHz	N53 57/O010 40
Lübeck (Blankensee)	"ILUW"	LOC RWY 25 GS RWY 25	111.700 MHz 333.500 MHz	N53 50/O010 50
Lübeck	"LYE"	NDB	394.0 kHz	N53 48/O010 42
Lübeck (Blankensee)	"ILUE"	LOC RWY 07 GS RWY 07	111.700 MHz 333.500 MHz	N53 50/O010 50
Luburg	"LBU"	DME	1053/990/29X (109.200 MHz)	N48 55/O009 21
Luburg	"LBU"	VOR	109.200 MHz	N48 55/O009 21
Luburg	"LBU"	NDB	367.0 kHz	N48 55/O009 21
Lugano	"ILU"	LOC RWY 03 GS RWY 03	111.500 MHz 332.900 MHz	N46 00/O008 54
Magdeburg	"MAG"	DME	1144/1081/120Y (117.350 MHz)	N52 00/O011 48
Magdeburg	"MAG"	VOR	117.350 MHz	N52 00/O011 48
Maisach	"MAH"	DME	1045/982/21X (108.400 MHz)	N48 16/O011 19
Maisach	"MAH"	DVOR	108.400 MHz	N48 16/O011 19
Mansbach	"MBA"	NDB	289.0 kHz	N50 47/O009 55
Memmingen	"MEM"	TACAN	1143/1206/119X (117.200 MHz)	N48 00/O010 15
Mendig	"NMN"	NDB	331.0 kHz	N50 22/O007 19
Mengen	"MEG"	NDB	401.0 kHz	N48 03/O009 22
Metro	"MTR"	VOR	117.700 MHz	N50 17/O008 51
Michaelsdorf	"MIC"	DVOR	112.200 MHz	N54 18/O011 00
Mike	"MIQ"	NDB	426.5 kHz	N48 34/O011 36
Milldorf	"MDF"	DME	1141/1204/117X (117.000 MHz)	N48 14/O012 20
Milldorf	"MDF"	DVOR	117.000 MHz	N48 14/O012 20
Mönchengladbach	"MGB"	NDB	377.0 kHz	N51 14/O006 30

1. Name der Anlage	2. Kennung	3. System	4. Frequenz	5. Standort
Montana	"MOT"	DME	1129/1066/105Y (115.850 MHz)	N46 19/O007 30
Montana	"MOT"	VOR	115.850 MHz	N46 19/O007 30
Moosburg	"MBG"	DME	1142/1079/118Y (117.150 MHz)	N48 35/O012 16
Moosburg	"MBG"	DVOR	117.150 MHz	N48 35/O012 16
München	"DMN"	DME	1131/1194/107X (116.000 MHz)	N48 22/O011 48
München	"MUN"	TACAN	1094/1157/70X (112.300 MHz)	N48 11/O011 49
München	"DMS"	DME	1047/984/23X (108.600 MHz)	N48 21/O011 47
München	"IMSW"	LOC RWY 26L GS RWY 26L	108.300 MHz 334.100 MHz	N48 21/O011 54
München	"IMNW"	LOC RWY 26R GS RWY 26R	108.700 MHz 330.500 MHz	N48 23/O011 55
München	"IMNE"	LOC RWY 08L GS RWY 08L	110.300 MHz 335.000 MHz	N48 21/O011 41
München	"IMSE"	LOC RWY 08R GS RWY 08R	110.900 MHz 330.800 MHz	N48 20/O011 39
München	"MUN"	VOR	112.300 MHz	N48 11/O011 49
München	"MNW"	NDB/OM	338.0 kHz	N48 23/O011 55
München	"MNE"	NDB/OM	358.0 kHz	N48 21/O011 41
München	"MSE"	NDB/OM	385.0 kHz	N48 20/O011 39
München	"MSW"	NDB/OM	400.0 kHz	N48 21/O011 54
Münster	"MUB"	DME	1111/1048/87Y (114.050 MHz)	N52 08/O007 41
Münster	"MST"	NDB/OM	305.0 kHz	N52 07/O007 34
Münster	"MYN"	NDB/OM	371.0 kHz	N52 10/O007 48
Münster-Osnabrück	"IMOE"	LOC RWY 07 GS RWY 07	110.100 MHz 334.400 MHz	N52 07/O007 34
Münster-Osnabrück	"IMOW"	LOC RWY 25 GS RWY 25	110.100 MHz 334.400 MHz	N52 10/O007 48
Muri	"MUR"	NDB	312.0 kHz	N46 57/O007 28
Nattenheim	"NTM"	TACAN	1124/1187/100X (115.300 MHz)	N50 01/O006 32
Nattenheim	"NTM"	VOR	115.300 MHz	N50 01/O006 32
Neckar	"NKR"	NDB	292.0 kHz	N49 20/O008 44
Neubrandenburg	"NRG"	NDB	357.0 kHz	N53 37/O013 24

1. Name der Anlage	2. Kennung	3. System	4. Frequenz	5. Standort
Neuburg	"NEU"	TACAN	1050/987/26X (108.900 MHz)	N48 43/O011 13
Neuhausen ob Eck	"NUN"	NDB	442.5 kHz	N47 59/O008 55
Niederstetten	"NSN"	NDB	311.0 kHz	N49 24/O009 58
Nienburg	"NIE"	VOR	117.000 MHz	N52 38/O009 22
Nordholz	"NDO"	TACAN	1142/1205/118X (117.100 MHz)	N53 46/O008 39
Nordholz	"NDO"	NDB/OM	372.0 kHz	N53 47/O008 49
Nordholz NAVY	"NDO"	LOC RWY 26 GS RWY 26	111.900 MHz 331.100 MHz	N53 47/O008 49
Nördlingen	"NDG"	NDB	375.0 kHz	N48 50/O010 25
Nörvenich	"NOR"	TACAN	1134/1071/110Y (116.350 MHz)	N50 50/O006 42
Nörvenich	"NOR"	VOR	116.350 MHz	N50 51/O006 42
Nunsdorf	"NUF"	VOR	113.800 MHz	N52 15/O013 19
Nürnberg	"NBG"	DME	1125/1188/101X (115.400 MHz)	N49 30/O011 06
Nürnberg	"DLN"	LOC RWY 28 GS RWY 28	109.100 MHz 331.400 MHz	N49 29/O011 12
Nürnberg	"DNB"	LOC RWY 10 GS RWY 10	111.300 MHz 332.300 MHz	N49 31/O010 58
Nürnberg	"NB"	NDB/OM	295.0 kHz	N49 31/O010 58
Oberpfaffen-hofen	"OBI"	DME	1066/1003/42X (110.500 MHz)	N48 05/O011 17
Oberpfaffen-hofen	"OBI"	LOC RWY 22 GS RWY 22	110.500 MHz 329.600 MHz	N48 05/O011 17
Oberpfaffen-hofen	"OBI"	NDB	429.0 kHz	N48 05/O011 17
Oldenburg	"OBG"	TACAN	1141/1204/117X (117.000 MHz)	N53 11/O008 09
Osnabrück	"OSN"	DVOR	114.300 MHz	N52 12/O008 17
Paderborn-Lippstadt	"PAD"	DME	1046/983/22X (108.500 MHz)	N51 38/O008 38
Paderborn-Lippstadt	"PAD"	LOC RWY 24 GS RWY 24	111.700 MHz 333.500 MHz	N51 39/O008 42
Paderborn-Lippstadt	"PAD"	NDB	354.0 kHz	N51 38/O008 38
Passeiry	"PAS"	DME	1137/1200/113X (116.600 MHz)	N46 10/O006 00

1. Name der Anlage	2. Kennung	3. System	4. Frequenz	5. Standort
Passeiry	"PAS"	VOR	116.600 MHz	N46 10/O006 00
Pferdsfeld	"PFF"	TACAN	1101/1164/77X (113.000 MHz)	N49 52/O007 36
Planter	"DIP"	NDB	327.0 kHz	N52 28/O013 28
Preschen	"PRN"	TACAN	1141/1078/117Y (117.050 MHz)	N51 40/O014 38
Ramstein	"RMS"	TACAN	1105/1168/81X (113.400 MHz)	N49 26/O007 36
Ramstein AB	"IRMS"	LOC RWY 27 GS RWY 27	110.500 MHz 329.600 MHz	N49 26/O007 36
Ramstein AB	"IRST"	LOC RWY 09 GS RWY 09	111.500 MHz 332.900 MHz	N49 26/O007 36
Rattenberg	"RTT"	NDB	303.0 kHz	N47 26/O011 56
Remscheid	"RSD"	NDB	351.0 kHz	N5110/O00717
Rheine-Bentlage	"BET"	NDB	401.5 kHz	N52 17/O007 23
Rhine	"RHI"	NDB	332.0 kHz	N47 34/O008 29
Ried	"RID"	DME	1083/1020/59X (112.200 MHz)	N49 47/O008 33
Ried	"RID"	DVOR	112.200 MHz	N49 47/O008 33
Rodenberg	"ROD"	VOR	113.400 MHz	N52 13/O009 17
Roding	"RDG"	TACAN	1118/1181/94X (114.700 MHz)	N49 03/O012 32
Roding	"RDG"	DVOR	114.700 MHz	N49 03/O012 32
Röthenbach	"RTB"	NDB	415.0 kHz	N49 29/O011 15
Rüdesheim	"RUD"	NDB	338.0 kHz	N50 02/O007 57
Saarbrücken	"SAA"	DME	1109/1046/85Y (113.850 MHz)	N49 13/O007 07
Saarbrücken	"DSB"	LOC RWY 27 GS RWY 27	108.700 MHz 330.500 MHz	N49 13/O007 13
Saarbrücken	"SAA"	TVOR	113.850 MHz	N49 13/O007 07
Saarbrücken	"SBN"	NDB	343.0 kHz	N49 13/O007 07
Saarbrücken	"SR"	NDB/OM	360.0 kHz	N49/13/O007 13
Salzburg	"SBG"	DME	1109/1172/85X (113.800 MHz)	N48 00/O012 54
Salzburg	"OES"	LOC RWY 16 GS RWY 16	109.900 MHz 333.800 MHz	N47 53/O012 57
Salzburg	"SBG"	VOR	113.800 MHz	N48 00/O012 54
Salzburg	"SU"	NDB/OM	356.0 kHz	N47 53/O012 57
Salzburg	"SBG"	NDB	382.0 kHz	N47 58/O012 54

1. Name der Anlage	2. Kennung	3. System	4. Frequenz	5. Standort
Salzburg	"SI"	NDB	410.0 kHz	N47 49/O012 59
Schaffhausen	"SHA"	NDB	371.5 kHz	N47 41/O008 44
Schleswig	"SWG"	TACAN	1079/1016/55X (111.800 MHz)	N54 27/O009 30
Schönefeld (Berlin)	"SLL"	LOC RWY 25L GS RWY 25L	109.900 MHz 333.800 MHz	N52 24/O013 38
Schönefeld (Berlin)	"SLR"	LOC RWY 25R GS RWY 25R	110.300 MHz 335.000 MHz	N52 25/O013 34
Schönefeld (Berlin)	"MWR"	LOC RWY 07R GS RWY 07R	110.700 MHz 330.200 MHz	N52 21/O013 23
Schönefeld (Berlin)	"SL"	NDB/OM	299.0 kHz	N52 24/O013 38
Schönefeld (Berlin)	"MW"	NDB/OM	309.0 kHz	N52 21/O013 23
Schupberg	"SHU"	NDB	356.5 kHz	N47 01/O007 24
Schwäbisch Hall Hessenthal	"TEST"	NDB	482.0 kHz	N4908/O009 53
Schweinfurt	"SCF"	NDB	363.0 kHz	N50 03/O010 10
Sembach	"SEX"	NDB	428.0 kHz	N49 34/O008 03
Siegerland	"SIL"	NDB	489.0 kHz	N50 41/O008 08
Sion	"SIO"	DME	1082/1145/58Y (112.150 MHz)	N46 13/O007 17
Sion	"ISI"	LOC RWY 26 GS RWY 26	108.350 MHz 333.950 MHz	N46 13/O007 17
Sion	"SIO"	VOR	112.150 MHz	N46 13/O007 17
Sollenau	"SNU"	DME	1126/1189/102X (115.500 MHz)	N47 53/O016 17
Sollenau	"SNU"	VOR	115.500 MHz	N47 53/O016 17
Solling	"SOG"	NDB	374.5 kHz	N51 41/O009 31
Spangdahlem	"SPA"	TACAN	1056/993/32X (109.500 MHz)	N49 59/O006 42
Spangdahlem AB	"ISPA"	LOC RWY 23 GS RWY 23	108.100 MHz 334.700 MHz	N49 59/O006 42
Spessart	"PSA"	NDB	370.0 kHz	N49 52/O009 21
Speyer	"SPM"	NDB	350.0 kHz	N49 18/O008 27
St. Prex	"SPR"	DME	1110/1173/86X (113.900 MHz)	N46 28/O006 27
St. Prex	"SPR"	VOR	113.900 MHz	N46 28/O006 27
Steinhof	"STE"	NDB	293.0 kHz	N48 13/O016 15
Stockerau	"STO"	DME	1101/1164/77X (113.000 MHz)	N48 25/O016 01

1. Name der Anlage	2. Kennung	3. System	4. Frequenz	5. Standort
Stockerau	"STO"	VOR	113.000 MHz	N48 25/O016 01
Stuttgart	"SGD"	DME	1119/1182/95X (114.800 MHz)	N48 41/O009 13
Stuttgart	"DLG"	LOC RWY 26 GS RWY 26	109.900 MHz 333.800 MHz	N48 43/O009 20
Stuttgart	"ISE"	LOC RWY 08	110.900 MHz	N48 43/O009 20
Stuttgart	"SG"	NDB/OM	306.0 kHz	N48 43/O009 20
Stuttgart	"SY"	NDB/OM	384.0 kHz	N48 40/O009 07
Sulz	"SUL"	DVOR	116.100 MHz	N48 23/O008 39
Sylt (Westerland)	"WES"	DME	1076/1013/52X (111.500 MHz)	N54 52/O008 25
Sylt (Westerland)	"IWES"	LOC RWY 33 GS RWY 33	111.500 MHz 332.900 MHz	N54 52/O008 25
Sylt (Westerland)	"SLT"	NDB/OM	387.0 kHz	N54 52/O008 25
Tango	"TGO"	TACAN	1096/1159/72X (112.500 MHz)	N48 37/O009 16
Tango	"TGO"	DVOR	112.500 MHz	N48 37/O009 16
Tango	"TGO"	NDB	422.0 kHz	N48 37/O009 16
Taunus	"TAU"	TACAN	1138/1201/114X (116.700 MHz)	N50 15/O008 10
Taunus	"TAU"	DVOR	116.700 MHz	N50 15/O008 10
Tegel (Berlin)	"TGL"	TACAN	1094/1157/70X (112.300 MHz)	N52 34/O013 17
Tegel (Berlin)	"ITGE"	LOC RWY 08R GS RWY 08R	108.500 MHz 329.900 MHz	N52 33/O013 09
Tegel (Berlin)	"ITLE"	LOC RWY 08L GS RWY 08R	109.100 MHz 331.400 MHz	N52 33/O013 09
Tegel (Berlin)	"ITGW"	LOC RWY 26L GS RWY 26L	109.300 MHz 332.000 MHz	N52 34/O013 23
Tegel (Berlin)	"ITLW"	LOC RWY 26R GS RWY 26R	110.100 MHz 334.400 MHz	N52 34/O013 23
Tegel (Berlin)	"TGL"	DVOR	112.300 MHz	N52 34/O013 17
Tegel East (Berlin)	"GL"	NDB/OM	321.5 kHz	N52 34/O013 23
Tegel West (Berlin)	"RW"	NDB/OM	392.0 kHz	N52 33/O013 09
Tempelhof (Berlin)	"IDLB"	LOC RWY 27L GS 27L	109.500 MHz 332.600 MHz	N52 29/O013 24

1. Name der Anlage	2. Kennung	3. System	4. Frequenz	5. Standort
Tempelhof (Berlin)	"TOF"	TACAN	1112/1175/88X (114.100 MHz)	N52 29/O013 24
Tempelhof (Berlin)	"IDBR"	LOC RWY 09R GS 09R	109.700 MHz 333.200 MHz	N52 29/O013 24
Tempelhof (Berlin)	"TOF"	DVOR	114.100 MHz	N52 29/O013 24
Trasadingen	"TRA"	DME	1114/1177/90X (114.300 MHz)	N47 42/O008 26
Trasadingen	"TRA"	VOR	114.300 MHz	N47 42/O008 26
Trausdorf (Eisenstadt)	"TF"	NDB	315.0 kHz	N47 48/O016 33
Trent	"TRT"	VOR	117.100 MHz	N54 31/O013 15
Trent	"TRT"	NDB	348.0 kHz	N54 32/O013 15
Tulln	"TUN"	DME	1075/1012/51X (111.400 MHz)	N48 19/O015 59
Tulln	"TUN"	VOR	111.400 MHz	N48 19/O015 59
Tulln	"TUN"	NDB	358.0 kHz	N48 19/O015 59
Villach	"VIW"	DME	1100/1163/76X (112.900 MHz)	N46 42/O013 55
Villach	"VIW"	VOR	112.900 MHz	N46 42/O013 55
Villach	"VIW"	NDB	259.5 kHz	N46 42/O013 55
Wagram	"WGM"	DME	1083/1020/59X (112.200 MHz)	N48 20/O016 30
Wagram	"WGM"	VOR	112.200 MHz	N48 20/O016 30
Walda	"WLD"	DME	1099/1162/75X (112.800 MHz)	N48 35/O011 08
Walda	"WLD"	DVOR	112.800 MHz	N48 35/O011 08
Wallisellen	"WAL"	NDB	360.0 kHz	N47 25/O008 35
Warburg	"WRB"	TACAN	1108/1171/84X (113.700 MHz)	N51 30/O009 07
Warburg	"WRB"	DVOR	113.700 MHz	N51 30/O009 07
Weser	"WSR"	TACAN	1100/1163/76X (112.900 MHz)	N53 21/O008 53
Weser	"WSR"	VOR	112.900 MHz	N53 21/O008 53
Wien	"WO"	NDB/OM	303.0 kHz	N48 09/O016 28
Wien	"BRK"	NDB/OM	408.0 kHz	N48 04/O016 43
Wien (Schwechat)	"OEN"	LOC RWY 34 GS RWY 34	108.100 MHz 334.700 MHz	N48 01/W016 37
Wien (Schwechat)	"OEZ"	LOC RWY 16 GS RWY 16	108.500 MHz 329.900 MHz	N48 11/O016 33

1. Name der Anlage	2. Kennung	3. System	4. Frequenz	5. Standort
Wien (Schwechat)	"OEX"	LOC RWY 30 GS RWY 30	109.700 MHz 333.200 MHz	N48 04/O016 43
Wien (Schwechat)	"OEW"	LOC RWY 12 GS RWY 12	110.300 MHz 335.000 MHz	N48 09/O016 28
Wiesbaden	"WIB"	TACAN	1112/1175/88X (114.100 MHz)	N50 03/O008 19
Wiesbaden	"WBD"	NDB	339.0 kHz	N50 03/O008 20
Willisau	"WIL"	DME	1140/1203/116X (116.900 MHz)	N47 11/O007 54
Willisau	"WIL"	VOR	116.900 MHz	N47 11/O007 54
Wipper	"WYP"	VOR	109.600 MHz	N51 03/O007 17
Wittmundhafen	"WTM"	TACAN	1125/1188/101X (115.400 MHz)	N53 33/O007 44
Wunstorf	"WUN"	TACAN	1140/1203/116X (116.900 MHz)	N52 28/O009 27
Wunstorf	"HW"	NDB/OM	358.0 kHz	N52 28/O009 33
Wunstorf	"WUN"	NDB	419.0 kHz	N52 28/O009 27
Wunstorf AB	"WUN"	LOC RWY 26 GS RWY 26	109.700 MHz 333.200 MHz	N52 28/O009 33
Würzburg	"WUR"	VOR	110.200 MHz	N49 43/O009 57
Würzburg	"WUR"	NDB	334.0 kHz	N49 43/O009 57
Zeltweg	"ZW"	NDB	418.0 kHz	N47 12/O014 45
Zürich (Kloten)	"IKL"	LOC RWY 14 GS RWY 14	108.300 MHz 334.100 MHz	N47 32/O008 28
Zürich (Kloten)	"IZH"	LOC RWY 16 GS RWY 16	110.500 MHz 329.600 MHz	N47 31/O008 30
Zürich East	"ZUE"	DME	1061/1124/37Y (110.050 MHz)	N47 36/O008 49
Zürich East	"ZUE"	VOR	110.050 MHz	N47 36/O008 49

Abschnitt IV:
Der feste Flugfunkdienst

Aufbau des festen Flugfernmeldedienstes

Zur sicheren und flüssigen Durchführung des internationalen Luftverkehrs ist eine zügige Kommunikation zwischen allen betroffenen Dienststellen notwendig. Dazu gehört sicherlich die Weitergabe von flugspezifischen Daten an die einzelnen Kontrollstellen, aber auch die Übermittlung von Not- und Dringlichkeitsmeldungen. Ebenso müssen die im Abschnitt „Flugwetterfunk" aufgeführten Wettermeldungen in der heutigen Zeit des globalen Luftverkehrs weltweit verfügbar sein. Zum Datenaustausch auf internationaler Ebene steht das feste Flugfernmeldenetz (Aeronautical Fixed Telecommunication Network, AFTN) zur Verfügung. Die Struktur des AFTN basiert auf der weltweiten Vernetzung sogenannter Flugfernmeldeleitzentralen (FFZ). Um über diese Leitzentralen einzelne Adressaten ansprechen zu können, wurde ein ICAO-Ortskennungssystem geschaffen. Da in der Regel jedes Land eine eigene Flugfernmeldeleitzentrale besitzt, ist in der ursprünglich rein fernmeldetechnisch entstandenen ICAO-Kennung auch eine geographische Information enthalten. Insgesamt existieren weltweit 18 Fernmeldeleitgebiete, die jeweils mehrere Länder umfassen können. Der erste der grundsätzlich vier Buchstaben der ICAO-Kennung beschreibt ein Leitgebiet; Deutschland liegt im Gebiet „E" (nördliches Europa), die Schweiz und Österreich befinden sich im Gebiet „L". Der zweite Buchstabe kennzeichnet einen bestimmten Teil des Fernmeldeleitgebietes, gewöhnlich ein Land. „ED" und „ET" steht für die Bundesrepublik Deutschland, „LO" für Österreich und „LS" für die Schweiz. Jeder dieser Teilregionen ist eine eigene Flugfernmeldezentrale zugeordnet. Die deutsche Zentrale befindet sich in Frankfurt, die Fernmeldezentralen für Österreich und der Schweiz stehen in Wien und in Zürich.

Struktur des deutschen AFTN

Die Flugfernmeldeleitzentrale (FFZ) in Frankfurt besitzt die ICAO-Ortskennung „EDDD", sie stellt die Anbindung des nationalen AFTN an das internationale Flugfernmeldenetz her. Die in Frankfurt ansässigen Einrichtungen und Organisationen der Luftfahrt sind direkt an die FFZ angeschlossen (zum Beispiel die Regionalkontrollstelle Frankfurt, der Flughafen Frankfurt, die Lufthansa und der Deutsche Wetterdienst in Offenbach). Ebenso ist die FFZ natürlich auch mit den Leitzentralen der Nachbarländer verbunden (beispielsweise Zürich, LSSS und Wien, LOWW, aber auch Carswell/USA, KAWN). Einzelne Fernmeldestellen sind der FFZ über eine Reihe von regionalen Leitstellen zugeordnet; hiervon zählen zwar nicht alle im eigentlichen Sinne zum nationalen AFTN, können aber trotzdem über ihre ICAO-Kennung adressiert werden. Alle nicht direkt an die FFZ angeschlossenen AFTN-Teilnehmer - dazu gehören auch die deutschen Verkehrsflughäfen - sind über das Datenübertragungs- und -verteilsystem (DÜV) zu erreichen. Die zentrale DÜV-Station steht ebenfalls in Frankfurt und ist direkt mit der FFZ verbunden. Angeschlossene regionale DÜV-Stationen befinden sich in Bremen, Düsseldorf, München und Karlsruhe sowie - im Zuge von Eurocontrol - in Maastricht. Über die regionalen DÜV-Stationen besteht schließlich Verbindung zu den einzelnen Verkehrsflughäfen mit ihren verschiedenen Flugverkehrskontrolleinrichtungen (An- und Abflugskontrolle, Gebietskontrolle, Flughafenkontrolle).

Sämtliche AFTN-Teilnehmer werden über ihre ICAO-Ortskennung adressiert (siehe dazu auch „Adressatenliste" im Kapitel „Meldungsformat"). In der Bundesrepublik Deutschland gibt der dritte Buchstabe der ICAO-Kennung die Region, der vierte Buchstabe schließlich den eigentlichen Ort an:

```
ET     - militärische Ortskennung
EDA    - Berlin FIR
EDB    - Berlin FIR
EDC    - Berlin FIR
EDD    - Verkehrsflughäfen
EDDD   - Flugfernmeldeleitzentrale
         (FFZ), Frankfurt
EDDZ   - Büro Nachrichten für
         Luftfahrer, Frankfurt
EDE    - Frankfurt FIR
EDF    - Frankfurt FIR
EDG    - Frankfurt FIR
EDH    - Bremen FIR
EDK    - Düsseldorf FIR
EDL    - Düsseldorf FIR
EDM    - München FIR
EDN    - München FIR
EDO    - Berlin FIR
EDP    - München FIR
EDQ    - München FIR
EDR    - Frankfurt FIR
EDS    - Frankfurt FIR
EDT    - Frankfurt FIR
EDUU   - Rhein UAC
EDV    - Bremen FIR
EDW    - Bremen FIR
EDX    - Bremen FIR
EDYY   - Maastricht UAC
EDZ    - zivile Dienststellen des
         Wetterdienstes
EDZZ   - Sammeladressse für Nationale AFTN-
         Meldungen
```

Innerhalb des festen Flugfunkdienstes werden die Informationen zwischen den angeschlossenen Stellen entweder über feste Leitungen oder aber auch über festgelegte Kurzwellenfrequenzen übertragen. Dabei besteht natürlich nicht unbedingt eine direkte Verbindung zwischen Sender und Empfänger - die Meldungen erreichen ihr Ziel oftmals erst über mehrere Fernmeldezentralen und Regionalleitstellen. Gerade bei Langstreckenflügen werden flugspezifische Daten oftmals an eine Vielzahl von Kontrollstellen weitergeleitet - über die nationalen Flugfernmeldezentralen gelangen diese Informationen dann gleichzeitig zu mehreren Flugfernmeldestellen.

Der Datenaustausch geschieht weitestgehend in Form von Fernschreibmeldungen über flugsicherungsinterne oder angemietete Festleitungen. Besonders in Entwicklungsländern wird teilweise auf die Funkübermittlung zurückgegriffen; hier ist der Datentransfer als Funkfernschreibmeldung im Duplex-Verfahren oder über eine Telegraphieverbindung sowohl im Simplex- als auch im Duplex-Verfahren möglich. Im Simplex-Verkehr senden und empfangen die Stationen abwechselnd auf derselben Frequenz, im Duplex-Verkehr senden beide Stationen gleichzeitig auf zwei unterschiedlichen Frequenzen und empfangen die Gegenstation auf der jeweils anderen Frequenz.

Die Flugfernmeldestelle

Zu jeder Flugsicherungsregionalstelle gehört eine Flugfernmeldestelle, die an das feste Flugfernmeldenetz AFTN angeschlossen ist. Durch Standardisierung bestimmter Einzelmeldungen ist ein weltweiter Datenaustausch problemlos möglich. Bei entsprechender Ausrüstung der Flugfernmeldestelle wird die auflaufende Fernschreibmeldung automatisch weitergereicht oder in den Flugsicherungscomputer eingelesen. Während bei den über Festleitungen miteinander verbundenen Stationen eine automatische Informationsverarbeitung heutzutage selbstverständlich ist, werden die Meldungen bei den über Kurzwellenfunk verbundenen Fernmeldestellen oftmals noch manuell verarbeitet - insbesondere trifft dieses natürlich bei den Tastfunkverbindungen zu.

Art der Meldungen im festen Flugfunkdienst

Wie auch im beweglichen Flugfunkdienst üblich, werden die einzelnen im festen Flugfunkdienst übertragenen Informationen nach Inhalt klassifiziert und einer bestimmten Vorrangstufe zugeordnet. Folgende Meldungen sind möglich:

(a) Notmeldungen und Notverkehr
  Vorrangstufe SS
(b) Dringlichkeitsmeldungen
  Vorrangstufe SS
(c) Flugsicherheitsmeldungen
  1. Flugbewegungs- und Flugkontrollmeldungen
    Vorrangstufe FF
  2. Meldung einer Luftverkehrsgesellschaft an im Fluge befindliche Luftfahrzeuge
    Vorrangstufe FF
  3. Wetterberichte an im Fluge befindliche Luftfahrzeuge
    Vorrangstufe FF
  4. andere Meldungen für im Fluge befindliche Luftfahrzeuge
    Vorrangstufe FF
(d) Wettermeldungen
  1. Wettervorhersagen (TAF)
    Vorrangstufe GG
  2. Wetterberichte (METAR/SPECI)
    Vorrangstufe GG
  3. andere Wettermeldungen zwischen den Flugwetterämtern
    Vorrangstufe GG
(e) Flugbetriebsmeldungen
  1. Meldungen über Flugzeugbeladung und Passagiere
    Vorrangstufe GG
  2. Meldungen über Flugzeugumlaufänderungen innerhalb der nächsten 72 Stunden
    Vorrangstufe GG
  3. Meldungen zur Flugzeugabfertigung (Start innerhalb der nächsten 48 Stunden)
    Vorrangstufe GG
  4. Meldungen bezüglich Änderungen für Passagiere, Besatzungen oder Fracht
    Vorrangstufe GG
  5. Meldungen über außerplanmäßige Landungen
    Vorrangstufe GG
  6. Meldungen über Ersatzteillieferungen innerhalb der nächsten 48 Stunden
    Vorrangstufe GG
  7. Meldungen bezüglich der Flugplanung und Abfertigung außerplanmäßiger Flüge (Start innerhalb der nächsten 48 Stunden)
    Vorrangstufe GG
  8. Übertragung von Start- und Landezeiten eines Luftfahrzeuges vom Flughafenbüro an die Operationszentrale einer Luftverkehrsgesellschaft (wenn nicht unter (c) als Flugbewegungsmeldung möglich)
    Vorrangstufe GG
(f) Flugverwaltungsmeldungen
  1. Meldungen bezüglich Funktion und Wartung von Einrichtungen, die für die Sicherheit und Pünktlichkeit des Luftverkehrs wichtig sind
    Vorrangstufe GG
  2. Meldungen bezüglich der ordnungsgemäßen Funktion des Flugfernmeldedienstes
    Vorrangstufe GG
  3. Meldungen zwischen Zivilluftfahrtbehörden bezüglich des internationalen Flugbetriebes
    Vorrangstufe GG
(g) Meldungen zur Verbreitung der „Nachrichten für Luftfahrer, NfL" oder „Notice to Airmen, NOTAM"

1. SNOWTAM - Zustandsberichte der Bahnen und Rollwege eines Flughafens bezüglich Schnee, Schneematsch und Eis
   (Siehe dazu auch Abschnitt II „Flugwetterfunk")
   Vorrangstufe GG
2. NOTAM Klasse I - sämtliche für Piloten wichtige Informationen über technische und organisatorische Unregelmäßigkeiten im Flugbetrieb
   Vorrangstufe GG

(h) Reservierungsmeldungen
Alle Meldungen einer Luftverkehrsgesellschaft bezüglich Reservierung und Verkauf von Fracht- und Passagierkapazitäten (Start des Flugzeuges innerhalb der nächsten 72 Stunden)
Vorrangstufe KK

(i) Meldungen von Luftverkehrsgesellschaften an ihre Außenstellen und Flughafenbüros
Vorrangstufe KK

(k) Dienstmeldungen
Meldungen von Stationen des festen Flugfunkdienstes zur Verifikation und Kontrolle anderer Meldungen
Vorrangstufe entsprechend der zu kontrollierenden Meldung

Neben den gerade aufgeführten Meldungen existieren außerdem noch Übertragungen mit besonderem Vorrang, die nur von bestimmten autorisierten Personen unter besonderen Bedingungen ausgesendet werden dürfen. Solche Meldungen fallen unter die Vorrangstufe DD.

Die Reihenfolge der Übertragung der einzelnen Meldungen innerhalb des AFTN richtet sich nach den entsprechenden Vorrangstufen:

Höchste Priorität:	Vorrangstufe SS
Mittlere Priotität:	Vorrangstufen DD und FF
Niedrigste Priorität:	Vorrangstufen GG und KK

Das Meldungsformat

Sämtliche Meldungen innerhalb des festen Flugfernmeldenetzes erscheinen in einem einheitlichen Format, welches sowohl für Fernschreib- als auch für Telegraphieverbindungen festgelegt ist. Eine standardisierte Meldung besteht aus fünf oder sechs einzelnen Teilen: Kopf, (wenn nötig: gekürzte Adressatenliste), Adressatenliste, Absender, Text und Ende. Übertragen werden Ziffern, Zeichen sowie einige Sonder- und Steuerzeichen.

Bei einer Fernschreibübertragung können folgende Steuerzeichen nach dem internationalen Telegraphiealphabet Nummer 2 (ITA-2) Verwendung finden:

Zeichen 10, „[10]"
  - BEL (Klingelsignal)

Zeichen 27, „[27]"
  - carriage return (Wagenrücklauf)

Zeichen 28, „[28]"
  - line feed (Zeilenvorschub)

Zeichen 29, „[29]"
  - letter shift (Buchstaben)

Zeichen 30, „[30]"
  - figure shift (Ziffern und Zeichen)

Zeichen 31, „[31]"
  - space (Leerzeichen)

Bei einer Telegraphieübertragung können folgende Sonderzeichen erscheinen:
  [AR] :   .-.-.
  [BT] :   -...-
  [KA] :   -.-.-
  [AS] :   .-...
  [IMI] :   ..—..   (entspricht einem „?")

Zulässig sind auch Kombinationen von Steuerzeichen, Buchstabengruppen mit besonderer Bedeutung sowie Q-Gruppen (insbesondere bei Telegraphieübertragungen).

Die nachfolgende Tabelle 17 beschreibt Aufbau und Format der AFTN-Meldungen.

Tabelle 17: AFTN-Meldungsformat

1. Standard-Fernschreibmeldung bei Verwendung des ITA-2-Codes:

Komponente	Beschreibung	Beispiel
Startsignal	Buchstabenfolge "ZCZC"	ZCZC
Übertragungskennung	1. Leerzeichen 2. Kennbuchstabe Sender 3. Kennbuchstabe Empfänger 4. Kennbuchstabe Sendekanal 5. figure shift 6. dreistellige Übertragungsnummer	[31]GLA[30]017
zusätzliche Informationen	1. Leerzeichen 2. nicht mehr als zehn Zeichen	[31]130706
Platzhalter	1. fünf Leerzeichen 2. letter shift	[31][31][31][31][31][29]
Umleitungszeichen (optional)	1. Buchstabenfolge "VVV" 2. fünf Leerzeichen 3. letter shift	VVV[31][31][31][31][31][29]

GEKÜRZTE ADRESSATENLISTE (OPTIONAL)

Ausrichtung	1. zwei Wagenrücklauf 2. Zeilenvorschub	[27][27][28]
Vorrangstufe	zwei Buchstaben	GG
Adressatenliste	1. Leerzeichen 2. Adresse der Station, an welche die Meldung weitergegeben werden soll (8-Buchstaben-Gruppe)	[31]LGGGZRZX [31]LGATKLMW

ADRESSATENLISTE

Ausrichtung	1. zwei Wagenrücklauf 2. Zeilenvorschub	[27][27][28]
Vorrangstufe	zwei Buchstaben	GG
Adressaten	1. Leerzeichen 2. Adresse der Station, an welche die Meldung weitergegeben werden soll (8-Buchstaben-Gruppe)	[31]EGLLZRZX [31]EGLLYKYX [31]EGLLACAM
Ausrichtung	1. zwei Wagenrücklauf 2. Zeilenvorschub	[27][27][28]

ABSENDER

Aufgabezeit	1. figure shift 2. sechsstellige Datum-Zeit-Gruppe 3. letter shift	[30]130700[29]
Absender	1. Leerzeichen 2. Acht-Buchstaben-Kennung des Absenders	[31]EDDNZRZX
Dringlichkeitssignal(nur bei Übertragung von Not- und Dringlichkeits-meldungen)	1. figure shift 2. Fünf Signaltöne 3. letter shift	[30][10][10][10][10][10][29]
Ausrichtung	1. Zwei Wagenrücklauf 2. Zeilenvorschub	[27][27][28]

TEXT

Textanfang	Angaben wenn nötig: 1. genaue Bezeichnung des Adressaten 2. zwei Wagenrücklauf 3. Zeilenvorschub 4. Wort "FROM" 5. genaue Bezeichnung des Absenders 6. Wort "STOP" 7. zwei Wagenrücklauf 8. Zeilenvorschub 9. Bezug zu ...	AIRLINES DISPATCH OFFICE NAIROBI AIRPORT [27][27][28] FROM AIRLINES DISPATCH OFFICE MOMBASA AIRPORT STOP [27][27][28] REFERENCE FLIGHT ZQ707
Text	1. Textzeile 2. zwei Wagenrücklauf 3. Zeilenvorschub Bei der letzten Textzeile wird die Ausrichtung weggelassen	...[27][27][28]
Bestätigung (optional)	1. zwei Wagenrücklauf 2. Zeilenvorschub 3. Abkürzung "CFM" 4. zu bestätigender Text	[27][27][28]CFM...
Korrektur (optional)	1. zwei Wagenrücklauf 2. Zeilenvorschub 3. Abkürzung "COR" 4. korrigierter Text	[27][27][28]COR...
Textende	1. letter shift 2. zwei Wagenrücklauf 3. Zeilenvorschub	[29][27][27][28]

ENDE

Seitenvorschub	sieben Zeilenvorschub	[28][28][28][28][28][28][28]
Ende der Meldung	vier Buchstaben "N"	NNNN
Trennungssignal	zwölf letter shift	[29][29][29][29][29][29][29][29][29][29][29][29]

2. Wird die Meldung als Telegraphieaussendung übertragen, so erscheint sie wie in Tabelle 18 gezeigt.

Tabelle 18: AFTN-Meldungsformat

KOPF

Komponente	Beschreibung	Beispiel
Startsignal	Sonderzeichen [KA]	-.-.-
Übertragungskennung	1. Kennbuchstabe Sender 2. Kennbuchstabe Empfänger 3. Kennbuchstabe Sendekanal 4. dreistellige Übertragungsnummer	GLA017
Umleitungszeichen (optional)	Q-Gruppe	QSP

GEKÜRZTE ADRESSATENLISTE (OPTIONAL)

Trennungssignal	Sonderzeichen [BT]	-...-
Vorrangstufe	zwei Buchstaben	GG
Adressatenliste	Adresse der Station, an welche die Meldung weitergegeben werden soll (8-Buchstaben-Gruppe)	LGGGZRZXLGATKLMW

ADRESSATENLISTE

Trennungssignal	Sonderzeichen [BT]	-...-
Vorrangstufe	zwei Buchstaben	GG
Adressatenliste	Adresse der Station, an welche die Meldung weitergegeben werden soll(8-Buchstaben-Gruppe)	EGLLZRZX EGLLYKYX EGLLACAM
Trennungssignal	Sonderzeichen [BT]	-...-

ABSENDER

Aufgabezeit	sechsstellige Datum-Zeit-Gruppe	130700
Absender	1. Leerzeichen 2. Acht-Buchstaben-Kennung des Absenders	EDDNZRZX
Trennungssignal	Sonderzeichen [BT]	-...-

TEXT

Textanfang	Angaben wenn nötig: 1. genaue Bezeichnung des Adressaten 2. Trennungssignal [BT] 3. Wort "FROM" 4. genaue Bezeichnung des Absenders 5. Wort "STOP" 6. Trennungssignal [BT] 7. Bezug zu ...	AIRLINES DISPATCH OFFICE NAIROBI AIRPORT-...- FROM AIRLINES DISPATCH OFFICE MOMBASA AIRPORT STOP -...- REFERENCE FLIGHT ZQ707
Text	Meldungstext	...
Bestätigung (optional)	1. Trennungssignal [BT] 2. Abkürzung "CFM" 3. zu bestätigender Text	-...- CFM...
Korrektur (optional)	1. Trennungssignal [BT] 2. Abkürzung "COR" 3. korrigierter Text	-...- COR...
Textende	Trennungssignal [BT]	-...-

ENDE

| Ende der Meldung | Sonderzeichen [AR] | .-.-. |

Erläuterungen zum Standardformat der Meldungen innerhalb des festen Flugfernmeldenetzes AFTN:

1. Kopf

„Startsignal":
 grundsätzlich „ZCZC" oder -.-.- [KA]

„Übertragungskennung":
 Sender, Empfänger, Kanal und laufende Nummer der Meldung (jeweils um 0000 Uhr UTC beginnend) auf diesem Übertragungskanal

Beispiel: „GLA017" - 17. Aussendung des Tages auf dem Kanal A vom Terminal G zum Terminal L

„zusätzliche Informationen":
 Hier können bis zu zehn Ziffern und Buchstaben erscheinen, beispielsweise eine sechsstellige Ziffernfolge zur Angabe der aktuellen Sendezeit (Tag des Monats sowie Uhrzeit in Stunden und Minuten UTC).

„Platzhalter":
 Werden gebraucht, um die unterschiedlichen Fernschreibmeldungen auch auf dem

Papier in einem einheitlichen Format erscheinen zu lassen.

„Umleitungszeichen":
Kann eine Meldung aufgrund einer Störung nicht auf dem primären Wege zum Adressaten gelangen, so wird durch Übertragung des Umleitungszeichens ein festgelegter alternativer Weg gewählt.

2. Gekürzte Adressatenliste (optional)

Würde die Aussendung einer unveränderten Standardmeldung zur Folge haben, daß diese Meldung ständig zwischen zwei oder mehreren Stationen hin- und herläuft (zum Beispiel bei einer Verbreitung über mehrere Relaisstationen), so wird vor Wiederaussendung der Meldung in diesem Feld eine gekürzte Adressatenliste eingefügt. In dem oben angeführten Beispiel taucht dann die jeweils vorhergegangene Relaisstation, die diese Meldung ja bereits einmal ausgesendet hat, in der gekürzten Adressatenliste nicht mehr auf.

3. Adressatenliste

„Trennsignal":
Trennung der nachfolgenden Liste vom vorausgegangenen Text

„Vorrangstufe":
Zwei-Buchstaben-Gruppe gemäß der im Kapitel „Art der Meldungen im festen Flugfunkdienst" festgelegten Vorrangstufe der übertragenen Meldung

„Adressaten":
Acht-Buchstaben-Gruppe der Adressaten; innerhalb dieser Gruppe stehen die ersten vier Buchstaben für die ICAO-Ortskennung, die nächsten drei Buchstaben bezeichnen die entsprechende Behörde, Dienststelle oder Luftverkehrsgesellschaft, der achte Buchstabe schließlich ist in der Regel ein „X". Im Einzelfall kann bei Luftverkehrsgesellschaften an achter Stelle auch ein anderer Buchstabe stehen, der eine bestimmte Abteilung innerhalb dieser Airline bezeichnet.

Kann eine Dienststelle, Behörde oder Fluggesellschaft nicht über einen entsprechenden Drei-Buchstaben-Schlüssel innerhalb dieser Gruppe dargestellt werden, so erscheint hier „YYY" für eine zivile, „YXY" für eine militärische sowie „YFY" für eine AFTN-Dienststelle. Letzteres ist nur bei einer AFTN-Dienstmeldung möglich; dann müssen auch nähere Angaben zu dieser Dienststelle im Textkopf der Meldung erfolgen.

Ist die Meldung für ein im Fluge befindliches Luftfahrzeug bestimmt, so erscheint „ZZZ" an fünfter bis siebenter Stelle, nähere Angaben erfolgen auch hier im Text der Meldung. In allen genannten Fällen ist der achte Buchstabe ein „X".

Die gleichen Acht-Buchstaben-Gruppen finden auch bei der Angabe des Absenders (Feld 4) Verwendung.

Beispiel:
EDDHZTZX
- *Kontrollturm (ZTZ) in Hamburg (EDDH)*
EDDMYMYX
- *Wetteramt (YMY) in München (EDDM)*
EHAMKLMS
- *Dienststelle S der KLM in Amsterdam (EHAM)*

„Trennsignal":
Trennung der Adressliste vom nachfolgenden Absender

4. Absender

„Aufgabezeit":
sechsstellige Ziffernfolge, die den Tag des Monats sowie die Aufgabezeit des Textes der Meldung in Stunden und Minuten UTC angibt

Beispiel:
130700 - der Meldungstext wurde am 13. des Monats um 0700 Uhr UTC zur Sendung aufgegeben

„Absender":
: Acht-Buchstaben-Gruppe des Absenders, wie auch schon unter „Adressliste" angegeben; auch hier sind die Kürzel „YYY", „YXY", „YFY" sowie „ZZZ" zulässig.

„Dringlichkeitssignal":
: Verwendung nur im Fernschreibbetrieb bei Übertragung von Not- und Dringlichkeitsmeldungen sowie im Notverkehr; am Empfänger wird hierdurch ein Alarmsignal ausgelöst.

„Trennsignal":
: Trennung der Absenderangaben vom eigentlichen Text der Meldung

5. Text

„Textkopf":
: Sind Adressaten oder Absender mit „YYY", „YXY", „YFY" oder „ZZZ" verschlüsselt, so erscheinen hier die näheren Informationen. Absender werden durch das vorangestellte Wort „FROM" gekennzeichnet, am Ende der Liste folgt „STOP". Sind mehrere Angaben nötig, so stehen sie - jeweils durch ein Trennsignal voneinander separiert - in derselben Reihenfolge wie auch die dazugehörigen Acht-Buchstaben-Gruppen.
Zusätzlich können im Textkopf Querverweise oder Angaben von Meldungen, auf die der Absender Bezug nimmt, erscheinen.

„Meldungstext":
: Klartext, nach jeder Druckzeile - ausgenommen hiervon ist die letzte Zeile - wird zweimal Wagenrücklauf (CR) sowie einmal Zeilenvorschub (LF) gesendet. Gemäß einer ICAO-Festlegung darf der Meldungstext einschließlich der Leerzeichen maximal 1800 Zeichen umfassen, die gedruckte Zeile soll höchstens 69 Zeichen lang sein.

„Bestätigung":
: Soll eine bestimmte Meldung bestätigt werden, so erscheint der entsprechende Text hinter der Abkürzung „CFM" (confirmation).

„Korrektur":
: Ist die Korrektur einer Meldung notwendig, erscheint der korrigierte Text hinter der Abkürzung „COR" (correction).

„Textende":
: Hiermit wird lediglich das Ende des Meldungstextes gekennzeichnet.

6. Ende

„Seitenvorschub":
: Zur optischen Trennung des Textes von nachfolgenden Fernschreibübermittlungen

„Ende der Meldung":
: Sonderzeichen [AR] (.-.-.) im Telegraphieverkehr, die Gruppe „NNNN" bei einer Fernschreibübertragung

Folgen im Fernschreibverkehr ohne Pause mehrere AFTN-Meldungen aufeinander, so wird vor dem Startsignal einer neuen AFTN-Meldung ein zusätzliches Meldungstrennsignal ausgestrahlt, welches aus der zwölfmaligen Übertragung des Codes 29 (letter shift) besteht. In Einzelfällen - bei Verwendung bestimmter Fernschreibausrüstungen - können auch mehrere Trennsignale hintereinander ausgesendet werden.

Nach einer ICAO-Festlegung soll die Gesamtlänge einer Fernschreibmeldung inclusive aller Steuer- und Leerzeichen 2100 Zeichen nicht überschreiten, wobei die Länge einer Textzeile maximal 69 Zeichen betragen darf.

Die nachfolgende Flugplanmeldung soll als Beispiel einer typischen AFTN-Meldung dienen:

ZCZC ZGA202 141803
FF KZAUZQZX KZOBZRZX KJFKDLHD
KZOBZQZX CZYZZQZX CZULZQZX KZB-
WZQZX CZQMZQZX CZQXZQZX CYH-
QZDZX EGGXZOZX EISNZQZX
EGTTZQZF EBURZQZX EDDYZQZX ED-
DUZQZX EDZZZQZX EBBDZMFP LFPY-
ZMFP
141755 EDDFDLHD
(FPL-DLH431-IS

289

- B747/H-SRX/C
- KORD2330
- N0498F330 DCT ELX DCT UNBAR DCT SVM DCT YXU J586 YYZ J594 MSS J586 YJN J500 YSC DCT MIILS N45 YYT/M084F350 NATX DOLIP/N0487F370 UN523 CRK UL1 EVRIN UL1 KONAN UG1 SPI UG1 NTM NTM1A
-EDDF0720 EDDK
-EET/CYYZ0026 CZUL0106 KZBW0133 CZQM0146 CZQX0223 48N050W0306 50N040W0350 51N030W0432 52N020W0514 52N015W0534 DOLIP0546 CRK0600 KOK0648 REG/DABZD SEL/AFKM RMK/02.V350 03.W350)
NNNN

Abweichend vom Beispiel stehen in der Originalmeldung zwischen dem Textende sowie dem Signal „Ende der Meldung" (NNNN) insgesamt acht Leerzeilen.

Mit der Flugplanmeldung werden die Daten des bei dem zuständigen Flugberatungsdienst aufgegebenen Flugplanes an die jeweiligen Kontrollstellen geschickt. Die Flugplandaten erscheinen im Meldungstext in derselben Reihenfolge, wie sie auch im Flugplanformular stehen.

Entschlüsselung der Flugplanmeldung:

1. Kopf
ZCZC
    Startsignal
ZGA202
    Übertragungskennung: Meldungsnummer 202 auf dem Kanal A vom Terminal Z zum Terminal G
141803
    zusätzliche Informationen: In diesem Falle wird die aktuelle Sendezeit angegeben (1803 Uhr UTC am 14. des Monats)

2. Adressatenliste
FF
    Vorrangstufe FF

Adressaten
    ICAO-Kennung sowie Kürzel für Behörde, Dienststelle oder Luftverkehrsgesellschaft (insgesamt acht Buchstaben) (ZQZ: Flight Information Center FIC
KZOBZRZX: Cleveland Luftverkehrskontrollzentrum ATCC
KJFKDLHD: Lufthansa Dispatch New York)

3. Absender
141755
    Aufgabezeit: 1755 Uhr UTC am 14. des Monats
EDDFDLHD
    Lufthansa Dispatch Frankfurt

4. Text
(FPL
    Flugplan-Standardmeldung, in Klammern eingefaßt
-DLH431
    Flug Lufthansa 431
-IS
    Linienflug (S) nach Instrumentenflugregeln (I)
-B747/H
    Flugzeugtyp B747-200, Wirbelschleppenkategorie „HEAVY"
-SRX/C
    Ausrüstung: S - die der Flugroute entsprechende Funk- und Navigationsausrüstung (VHF-COM, HF-COM, ADF, VOR, DME, INS)
    R - Area-Navigationsausrüstung
    X - Kollisions-Warngerät (TCAS)
    /C - Transponder mit Höhenkodierung
-KORD2330
    geplanter Start in Chicago-O´Hare um 2330 Uhr UTC
-N0498F330
    Fluggeschwindigkeit 498 Knoten (922 km/h) in der Flugfläche 330
Flugstrecke
    Angabe von Funkfeuern (1 bis 3 Buchstaben), Pflichtmeldepunkten (5 Buchstaben) und Luftstraßen (Buchstaben/Zahlen); falls

vorhanden, werden auch Höhen- und Geschwindigkeitsänderungen mit angegeben
/N0487F370
neue Höhe Flugfläche 370, Geschwindigkeit 487 Knoten (901 km/h)
(DCT - direkte Flugroute
YXU - VOR „London" in Kanada
J586 - Luftstraße J586
MIILS - Pflichtmeldepunkt
N45 - North American Route 45
NATX - North Atlantic Track X
UN523 - Luftstraße UN523
UG1 - Luftstraße UG1)
-EDDF0720 EDDK
geplante Ankunft am Zielflughafen Frankfurt um 0720 Uhr UTC, Ausweichflughafen Köln
-EET/
geschätzte Flugzeiten (Estimated Elapsed Time) bis zu den angegebenen Punkten
(CZQX0223 - Einflug in die Gander FIR nach 2 Stunden 23 Minuten
52N020W0514 - Überflug von 52°N und 020°W nach 5 Stunden 14 Minuten
DOLIP0546 - Überflug des Pflichtmeldepunktes DOLIP nach 5 Stunden 46 Min.
CRK0600 - Überflug des Funkfeuers „Cork" nach 6 Stunden)
REG/DABZD
Flugzeugkennzeichen D-ABZD
SEL/AFKM
SelCal-Code AF-KM
RMK/
Bemerkungen:
02.V350 03.W350)
alternative Flugstrecken im NAT-System (falls der Track X aufgrund der Verkehrslage nicht zur Verfügung stehen sollte, wird als zweite Möglichkeit der Track V in Flugfläche 350 sowie als dritte Alternative der Track W ebenfalls in Flugfläche 350 bevorzugt)

5. Ende
NNNN
Ende der Meldung

Standardmeldungen

Viele den alltäglichen Flugablauf betreffende Meldungen innerhalb des festen Flugfunkdienstes (beispielsweise Flugsicherungsmeldungen) haben - von den unterschiedlichen Zahlenwerten einmal abgesehen - oftmals sehr ähnlichen Inhalt. Es liegt also nahe, die unterschiedlichen Meldungstypen derart zu standardisieren, daß der jeweilige Meldungstext sofort in entsprechend programmierte Flugsicherungscomputer eingelesen werden kann. Ein solcher Standardtext ist in Klammern gefaßt und am Anfang direkt nach dem „Klammer-auf"-Zeichen durch eine Drei-Buchstaben-Gruppe kenntlich gemacht; diese Gruppe charakterisiert die jeweilige Art der Standardmeldung. Am Ende des Meldungstextes steht entsprechend das „Klammer-zu"-Symbol.

In der folgenden Tabelle sind alle innerhalb des AFTN zur Kennzeichnung von Standardtexten zulässigen Drei-Buchstaben-Kürzel aufgeführt:

ACP - Acceptance (Übernahme)
ALR - Alerting (Alarmmeldung)
ARR - Arrival (Ankunft)
CDN - Coordination (Koordination)
CHG - Modification (Änderung)
CNL - Flight Plan Cancellation (Flugplanstreichung)
CPL - Current Flight Plan (Aktueller Flugplan)
DLA - Delay (Verspätung)
DEP - Departure (Abflug)
EST - Estimate (Erwartete Überflugzeit)
FPL - Filed Flight Plan (Aufgegebener Flugplan)
LAM - Logical Acknowledgement (Bestätigung)
RCF - Radio Communication Failure (Funkausfall)
RQP - Request Flight Plan (Flugplananforderung)
RQS - Request Supplementary Flight Plan (Anforderung eines Ergänzungsflugplanes)

SPL - Supplementary Flight Plan (Ergänzungsflugplan)
SVC - Service Message (Dienstmeldung)

Ebenfalls zu den Standardmeldungen zählen die folgenden Aussendungen, die schon für sich in einem standardisierten Format stehen und deshalb nicht durch einen Drei-Buchstaben-Code gekennzeichnet werden. Informationen über Absender, Gültigkeitszeitraum und Meldungsart sind bereits im Meldungstext enthalten:

ACCID
  - Meldungen über Flugzeugunfälle
NOTAM
  - Nachrichten für Luftfahrer
SNOWTAM
  - Zustandsmeldung der Start- und Landebahnen als NOTAM-Sondermeldung
Wettermeldungen
  - METAR und SPECI (als Bulletin SA und SP)
  - TAF (als Bulletin FC)
  - SIGMET
  - AIREP

Hinweise zur Dekodierung von SNOWTAM- und Flugwettermeldungen erscheinen im Abschnitt II „Flugwetterfunk", die Entschlüsselung von NOTAM-Meldungen wird im Abschnitt I „Flugbetriebsverfahren im beweglichen Flugfunkdienst" erläutert.

Das unter „Meldungsformat" dargestellte Beispiel (Filed Flight Plan, FPL) war bereits eine Standardmeldung; ebenso werden die dazugehörigen Start- und Landemeldungen (Departure, DEP und Arrival, ARR) in einem einheitlichen Format ausgesendet.

Abflug von LH431 von Chicago nach Frankfurt um 2337 Uhr UTC:
  (DEP-DLH431-KORD2337-EDDF)
Ankunft in Frankfurt um 0720 Uhr UTC:
  (ARR-DLH431-EDDF0720)

Bei den Standardmeldungen bleibt das übliche AFTN-Meldungsformat bestehen, lediglich der standardisierte Meldungstext wird zur automatischen Verarbeitung besonders gekennzeichnet. Zur besseren Übersichtlichkeit ist in den obigen Beispielen nur der eigentliche Text der AFTN-Meldung aufgeführt.

Verkürztes Meldungsformat

Wird der AFTN-Meldungstext über fest verschaltete Kanäle (Direktleitungen, ständige Funkverbindungen) oder über ein Fernmeldenetz außerhalb des festen Flugfunkdienstes ausgesendet, so kann auf die Übertragung des doch recht umfangreichen AFTN-Meldungsformates zugunsten einer stark verkürzten Form verzichtet werden. Gemäß einer ICAO-Empfehlung sieht dieses verkürzte Meldungsformat wie folgt aus:

1. Startsignal: ZCZC
2. Nur auf von mehreren Stationen genutzten Kanälen, über die gewöhnlich manuell bearbeitete Meldungen ausgetauscht werden:
   - 1 Leerzeichen [31]
   - Kennung der Sendestation
   - Kennung der Empfangsstation
3. Zentrierfunktion (zweimal Wagenrücklauf sowie einmal Zeilenvorschub [27][27][28])
4. Meldungstext:
   - Standardtext in Klammern
   - NOTAM- und SNOWTAM-Meldungen
   - Wettermeldungen
   - beliebiger Text
5. Ende der Meldung: NNNN

Bei Verwendung von festen Übertragungskanälen zwischen zwei AFTN-Stationen (Standleitungen) kann die Aussendung der unter Punkt 2 beschriebenen Adress- und Absenderangaben entfallen.

Neben den Flugsicherungsmeldungen erscheinen häufig auch Wettermeldungen in einem verkürzten Format; teilweise sogar als Aussendung an alle angeschlossenen Stationen. Da ein Wetterbulletin ohnehin schon sämtliche Informationen über Absender, Sendezeit und Meldungsort enthält, besteht die AFTN-Wettermeldung oftmals nur aus Startsignal, Meldungstext und Endsignal.

Als Beispiel folgt ein englisches METAR-Bulletin:
ZCZC 231 131152
SAUK31 EGGY 131150
EGLL 20005KT 9999 SCT020 BKN080 03/02 Q1010 NOSIG=
EGKK 08008KT 4000 -RASN OVC006 02/02 Q0999 TEMPO BKN004=
EGSS 18003KT 2000 -SN SCT008 OVC012 M00/M01 Q1006 NOSIG 26150095=
EGHH 21005KT 7000 -RA SCT010 BKN018 OVC060 10/08 Q0990=
NNNN

Das Bulletin ist die Aussendung 231 am 13. des Monats, Sendezeit 1152 Uhr UTC. Hinweise zur Entschlüsselung der einzelnen Wettermeldungen sind dem Abschnitt II „Flugwetterfunk" zu entnehmen.

Betriebstechnik der AFTN-Stationen

Zum größten Teil werden die Meldungstexte innerhalb des AFTN als Fernschreibmeldungen ausgesendet; hierbei beschränkt sich die Betriebstechnik auf die Kontaktaufnahme mit der Gegenstation. Sind Sender und Empfänger nicht direkt über eine Standleitung miteinander verbunden, so erfolgt der Datenaustausch über eine oder mehrere Vermittlungsstellen.

Vereinzelt sind aber auch noch Telegraphieübertragungen der AFTN-Meldungen üblich; hierbei ist eine gute Betriebstechnik zur schnellen und fehlerfreien Übertragung der Meldungstexte zwingend notwendig. Die aufgeführten Regeln beschreiben die Durchführung des Telegraphie- und Fernschreibverkehrs, wie er zwischen den einzelnen AFTN-Stationen stattfindet.

Rufzeichen der AFTN-Funkstellen

Jeder an das Fernmeldenetz des festen Flugfunkdienstes angeschlossene Teilnehmer besitzt - ähnlich dem Prinzip der Telefonnummer - eine aus acht Buchstaben bestehende Kennung, unter welcher er weltweit zu erreichen ist. Diese Acht-Buchstaben-Gruppe setzt sich aus dem ICAO-Ortskenner (vier Buchstaben) sowie einem Dienststellenkenner (drei Buchstaben und „X" bei Behörden und Dienststellen, vier Buchstaben bei Luftverkehrsgesellschaften) zusammen. Bei automatischer oder manueller Vermittlung über das Kabelnetz des AFTN wird eine Meldung anhand des entsprechenden Acht-Buchstaben-Kenners des Adressaten zum richtigen Ziel befördert. Besonders in Afrika und zum Teil auch im fernen Osten sind jedoch nicht alle Stationen an ein Kabelnetz angeschlossen; hier findet um so häufiger die Übertragung der Meldung über Kurzwellenfunk statt. Den am internationalen Funkverkehr teilnehmenden Fernmeldestellen des festen Flugfunkdienstes ist neben dem AFTN-Kennzeichen auch ein Funkrufzeichen gemäß der internationalen Fernmeldeunion ITU zugeteilt worden. Dieses Rufzeichen wird ausschließlich im Funkbetrieb der Fernmeldestellen untereinander verwendet und ist für den einzelnen AFTN-Teilnehmer bedeutungslos, da es im eigentlichen Meldungstext nicht erscheint - die Angabe von Absender und Adressat erfolgt stets im oben angeführten Acht-Buchstaben-Format. Da aber durchaus für den Kurzwellenhörer von Interesse, sind die ITU-Rufzeichen der über Funkverbindungen an das AFTN angeschlossenen Fernmeldestellen im Frequenzverzeichnis am Ende dieses Abschnittes mit aufgeführt.

Telegraphiebetrieb im AFTN

Bei der Beschreibung der Betriebstechnik werden - wie im Funkverkehr üblich - die ITU-Rufzeichen der Funkstellen verwendet.

Rufen zur Kontaktaufnahme

Zur Kontaktaufnahme innerhalb des AFTN gibt es die Möglichkeit des Einzelanrufes, des Mehr-Stationen-Anrufes sowie des allgemeinen Anrufes.

Im Beispiel für den Einzelanruf (Tabelle 19) ruft Yangon (XZW) die Station Dhaka (S2D) zur Übermittlung einer Meldung der Vorrangstufe FF.

Mehr-Stationen-Anruf, Antwort erwartet (Tabelle 2):Tel Aviv/Ben Gurion (4XL) ruft die Stationen Karthoum (STK) und Nairobi (5YD) zur Übermittlung einer Meldung der Vorrangstufe GG.

MEHR-STATIONEN-ANRUF
(keine Antwort erwartet)

CP	[Rufzeichen der gerufenen Stationen]
CP	DJR 5YD

Das Beispiel stellt einen Anruf an die Stationen Djibouti (DJR) und Nairobi (5YD) dar.

ALLGEMEINER ANRUF
(Antwort erwartet)

CQ	K

ALLGEMEINER ANRUF
(keine Antwort erwartet)

CQ

Antwort der angerufenen Stationen

Die angerufene Station ist zur Aufnahme des Meldungstextes bereit: Im Beispiel antwortet Dhaka (S2D) der rufenden Station Yangon (XZW) (Tabelle 21)

Sind Verwechselungsmöglichkeiten ausgeschlossen, so kann die antwortende Funkstelle das Rufzeichen der rufenden Station sowie das Kürzel „DE" auslassen; im obigen Beispiel sendet Dhaka (S2D) dann lediglich „S2D K" als Antwort auf den Anruf.

Die angerufene Station ist nicht zur Aufnahme des Meldungstextes bereit (Tabelle 22): Beispiel: Dhaka (S2D) kann in den nächsten zehn Minuten keine Meldung aufnehmen.

Die Angabe der voraussichtlichen Wartezeit und des Verzögerungsgrundes ist optional und kann daher auch ersatzlos ausgelassen werden.

Die angerufene Station hat das Rufzeichen des Anrufers nicht verstanden:

QRZ	[IMI] (?)	[Rufzeichen der angerufenen Station]
QRZ	?	D2UI

Im Beispiel hat Luanda (D2UI) die Kennung der rufenden Funkstelle nicht aufnehmen können.

Die rufende oder angerufene Station beabsichtigt einen Frequenzwechsel:

QSY	[gewünschte Frequenz]
QSY	16245

Beispiel: Eine der beteiligten Stationen wünscht die Änderung der Übertragungsfrequenz auf 16245 kHz.

Übermittlung des Meldungstextes

Die Übermittlung der Meldung geschieht nach dem festgelegten AFTN-Meldungsformat für Telegraphieaussendungen. Werden mehrere Meldungen aufeinanderfolgend übertragen, so erscheint nach jedem Endsignal [AR] die Vorrangstufe des nächsten Meldungstextes (SS, DD, FF, GG oder KK).

Unterbrechung einer Aussendung

Eine laufende Übertragung kann von einer Station, die einen Meldungstext höherer Priorität auszusenden hat, unterbrochen werden. Bei den Vorrangstufen DD und FF darf die Unterbrechung der laufenden Aussendung erst am jeweiligen Meldungsende, bei der Vorrangstufe SS (Not- und Dringlichkeitsverkehr) auch innerhalb des geschlossenen Meldungstextes stattfinden. Dieses sogenannte „Break-In Procedure" sieht folgendermaßen aus:

[Rufzeichen der zu unterbrechenden Station]	BK

Tabelle 19:
EINZELANRUF

[Rufzeichen der gerufenen Station]	DE	[Rufzeichen der rufenden Station]	[Vorrangstufe]
S2D	DE	XZW	FF

Tabelle 20:
MEHR-STATIONEN-ANRUF (Antwort erwartet)

[Rufzeichen der gerufenen Stationen]	DE	[Rufzeichen der rufenden Station]	[Vorrangstufe]
STK 5YD	DE	4XL	GG

Tabelle 21:
ANTWORT

[Rufzeichen der rufenden Station]	DE	[Rufzeichen der antwortenden Station]	K
XZW	DE	S2D	K

Tabelle 22:
ANTWORT

[Rufzeichen der angerufenen Station]	[AS]	[voraussichtliche Wartezeit in Minuten]	[Grund der Verzögerung]
S2D	[AS]	10	

Tabelle 23:
EMPFANGSBESTÄTIGUNG

[Rufzeichen der bestätigenden Station]	R	[Übertragungskennung der relevanten Aussendung]	[AR] oder K
5YD	R	DKA012/05	[AR]

Tabelle 24:
STREICHUNG

[Rufzeichen der Empfangsstation]	DE	[Rufzeichen der Sendestation]	QTA	[Übertragungskennung der entsprechenden Meldung]
XZW	DE	S2D	QTA	DMA033/12

Anschließend soll eine kurze Hörpause eingehalten werden.

Empfangsbestätigung einer Meldung

Nairobi (5YD) bestätigt die Meldung DKA012 vom fünften Tag des Monats. Durch den Abschluß [AR] verzichtet Nairobi auf eine Antwort; bei Beendigung der Aussendung mit „K" wird eine Antwort gewünscht. (Tabelle 23)

Streichung einer Meldung

Im Beispiel informiert Dhaka (S2D) die Fernmeldestelle Yangon (XZW) über die Streichung der Meldung DMA033 vom zwölften Tag des Monats. (Tabelle 24)

Doppelaussendung einer Meldung

Ist eine Meldung aus operationellen Gründen doppelt ausgesendet worden, so enthält das Duplikat als letztes Element im Textteil das Wort „DUPE".

Meldungskorrekturen

Vor Empfang der offiziellen Empfangsbestätigung kann eine Meldung durch die aussendende Station beliebig korrigiert, geändert oder auch gestrichen werden. Korrekturen erfolgen grundsätzlich in Klartext, Streichungen unvollständiger Meldungstexte durch zweimalige Übertragung der Gruppe „QTA".

Nach Erhalt der Empfangsbestätigung sind solche Änderungen nur noch durch die entsprechenden Dienstmeldungen möglich (Korrektur, Bestätigung oder Streichung).

Gewöhnlich werden Anfragen der Empfangsstation an die Sendestation bezüglich des Meldungstextes sofort vor Ausstrahlung der Empfangsbestätigung geklärt. Ist das nicht möglich, weil die Sendestelle als Relaisstation nicht Urheber des Textes ist, so antwortet diese auf entsprechende Anfragen mit dem Kürzel „CTF". Die ursprüngliche Empfangsstation wiederholt nun den gesamten Meldungstext gefolgt von „CTF" sowie die jeweiligen Anfragen - diese Aussendung geht zurück an den eigentlichen Urheber der Meldung, der dann eventuell notwendige Dienstmeldungen (Korrektur, Ergänzung oder Streichung) über die Relaisstation an die Empfangsstelle zurücksendet.

Fernschreibbetrieb im AFTN

Da die Fernschreibverbindungen innerhalb des AFTN weitestgehend automatisiert sind, spielt die Betriebstechnik in diesem Bereich eine eher untergeordnete Rolle. Sämtliche Teilnehmer benutzen zur Adressierung der Gegenstation am AFTN-Terminal immer die AFTN-Kenner gemäß der internationalen ICAO-Festlegung. Entsprechend werden auch bei der Beschreibung des Fernmeldebetriebes diese AFTN-Kennungen verwendet.

Sind Sende- und Empfangsstation über eine Direktleitung (Standleitung, feste Funkverbindung) oder eine automatische Vermittlungsstelle miteinander verbunden, so findet die AFTN-Meldung ohne größeren Aufwand der beteiligten Fernmeldestellen nahezu von alleine ihren Weg zum Empfänger. Etwas komplizierter gestaltet sich da schon der Verbindungsaufbau über eine oder mehrere manuelle Vermittlungsstellen, wie sie allerdings nur noch in den Entwicklungsländern üblich sind.

In diesem Falle läßt sich die Sendestation mit der entsprechenden Vermittlungsstelle verbinden und sendet die Kennung der Fernmeldestelle, zu welcher eine Übertragungsleitung gewünscht wird. Folgende Antworten der Vermittlungsstelle sind möglich:

DF - Die Verbindung zur Empfangsstation ist durchgeschaltet

NEH - Die Sendestation kann die Meldung an die Vermittlungsstelle übertragen, die sich dann um die Weitergabe an die entsprechenden Empfangsstation kümmert.

THRU - Die Verbindung zur nächsten Vermittlungsstelle ist durchgeschaltet - von hier aus kann die Sendestation eine Weitervermittlung beantragen.

OCC - Eine Vermittlung ist zur Zeit nicht möglich, da alle Leitungen/Kanäle belegt sind.

Beantragt die aussendende Fernmeldestelle eine Verbindung zu mehreren Empfangsstationen gleichzeitig („Multiple Transmission"), so überträgt sie der Vermittlungsstelle viermal den Buchstaben „M" gefolgt von den ICAO-Kennern der jeweiligen Stationen. Als Antwort sendet die Vermittlungsstation die ICAO-Kennungen der Empfangsstationen, zu denen eine Verbindung durchgeschaltet werden konnte, sowie das Kürzel „DF".

Beispiel:
MMMM EGGB EGDF EGRO

Mögliche Antworten der Vermittlungsstelle wären:
EGGB EGDF EGRO DF
wenn alle Verbindungen durchgeschaltet werden konnten, oder:
EGGB EGDF NEH EGRO OCC
wenn zwar momentan alle Leitungen belegt sind, die Vermittlungsstelle die Meldung für die Stationen EGGB und EGDF jedoch annehmen kann, um sie später an die eigentlichen Adressaten weiterzugeben.

Zur Herstellung einer Verbindung reichen hier die ICAO-Ortskennungen der entsprechenden AFTN-Teilnehmer völlig aus, denn die zu der jeweiligen Regionalstelle gehörende Fernmeldestelle leitet die AFTN-Meldung zu ihrer Zieladresse weiter. Im eigentlichen Meldungstext müssen aber alle Dienststellenangaben im festgelegten Acht-Buchstaben-Format erscheinen. In modernen Systemen - wie in Europa und den USA gebräuchlich - erfolgt die automatische Vermittlung der Meldungen bis hin zur genau spezifizierten Dienststelle des Empfängers.

Überprüfung der Übertragungskanäle

Die AFTN-Übertragungskanäle werden periodisch auf ihre Funktion hin überprüft, um gegebenenfalls rechtzeitig auf alternative Übertragungswege umschalten zu können. Diese Funktionskontrolle geschieht in Form einer Dienstmeldung mit dem Text „CH". Bei Verwendung von Funkfernschreibverbindungen wird zusätzlich im Meldungstext das ITU-Rufzeichen der aussendenden Station eingefügt, um den Vorschriften der regelmässigen Senderidentifikation gerecht zu werden.

Das Format der entsprechenden Dienstmeldung sieht wie folgt aus:

1. Standard AFTN-Meldungskopf
2. Zentrierfunktion (zweimal Wagenrücklauf, einmal Zeilenvorschub/[27][27][28])
3. Text „CH"
4. Zentrierfunktion (zweimal Wagenrücklauf, einmal Zeilenvorschub/[27][27][28])
5. Text „DE", Leerzeichen [31], ITU-Rufzeichen der aussendenden Station (nur bei Funkfernschreibübertragungen)
6. Zentrierfunktion (zweimal Wagenrücklauf, einmal Zeilenvorschub/[27][27][28]) (nur bei Funkfernschreibübertragungen)
7. Ende der Meldung: „NNNN"
8. Falls notwendig: Meldungstrennsignal (zwölfmal „letter shift" [29])

Gemäß einer ICAO-Empfehlung soll in Zeiten, zu denen der Übertragungskanal nicht benutzt wird, die Funktionskontrolle dreimal pro Stunde (zur vollen Stunde sowie jeweils 20 und 40 Minuten danach) erfolgen.

Die jeweilige Empfangsstation überprüft die Testaussendung auf ihre Vollständigkeit und richtige Sequenz innerhalb der anderen über diesen Kanal übertragenen Meldungen. Bei positiven Testergebnissen antwortet die Empfangsstation nicht; scheint der Übertragungskanal jedoch nicht in Ordnung zu sein, sendet sie die folgende Mitteilung aus:

1. Kennung „SVC" für eine Dienstmeldung
2. Text „MIS CH"
3. Falls nötig: erwartete Empfangszeit der letzten Kontrollaussendung
4. Text „LR"
5. Übertragungskennung der letzten korrekt empfangenen AFTN-Meldung
6. Zentrierfunktion (zweimal Wagenrücklauf, einmal Zeilenvorschub/[27][27][28])

Die vollständige Meldung könnte wie folgt aussehen:
SVC MIS CH 0140 LR KNA123 [27][27][28]
Bedeutung: Die Kontrollmeldung um 0140 Uhr UTC ist nicht oder nicht korrekt empfangen worden; die Übertragungskennung der letzten empfangenen AFTN-Meldung lautet „KNA123".

Hiernach können weitere Testsendungen zur genauen Fehlerlokation oder auch Dienstmeldungen zum Umschalten auf einen Sekundärübertragungsweg folgen. Gemäß nationaler Vereinbarungen kann in einigen Ländern bei hoher Zuverlässigkeit und regelmäßiger Auslastung der Übertragungskanäle auf deren regelmäßige Kontrolle mittels Testsendungen verzichtet werden.

Übermittlung von Informationen als Klartextaussendung

Im Einzelfall können wichtige Informationen auch in Klartext über Frequenzen des festen und des beweglichen Flugfunkdienstes übertragen weden. Meistens geschieht dieses in Ländern unzuverlässiger AFTN-Bodenverbindungen (teilweise in Fernost und Afrika). Hier rufen sich die Bodenstationen des beweglichen Flugfunkdienstes auf den jeweiligen Kurzwellenfrequenzen gegenseitig, um die aktuellen Flugplandaten und erwartete Überflugzeiten eines bestimmten Fluges weiterzugeben - oftmals funktioniert dieser Weg auch einfacher und schneller als eine offizielle AFTN- oder Telefonverbindung. Entsprechend der MWARA- und RDARA-Frequenzzuweisungen arbeiten Bodenfunkstellen angrenzender Kontroll- und Informationsbezirke ohnehin häufig auf denselben Kurzwellenfrequenzen.

Einige Frequenzen des festen Flugfunkdienstes sind zwar durchaus für Informationsübertragung in Klartext (USB) vorgesehen, aber wie auch auf den Frequenzen des beweglichen Flugfunkdienstes entspricht diese Art der Meldungsübermittlung zwischen den einzelnen Bodenfunkstellen keinesfalls der offiziellen Form.

AFTN-Frequenzangaben

In der Frequenzliste des festen Flugfunkdienstes sind die Kurzwellenfrequenzen der AFTN-Fernmeldestellen zusammen mit Namen und ITU-Rufzeichen sowie der verwendeten Modulationsart aufgeführt. Die Tabelle ist numerisch nach Sendefrequenz in aufsteigender Reihenfolge geordnet.

Frequenztabelle des festen Flugfunkdienstes

Die Tabelle enthält die folgenden Angaben:
1. Arbeitsfrequenz der Funkstelle
2. Name der Funkstelle (häufig identisch mit dem Stadtnamen des Standortes)
3. Nationalität
4. Funkrufzeichen
5. Modulationsart; die Abkürzungen bedeuten

    CW - Telegraphieverbindung im internationalen Morsecode
    RTTY - Funkfernschreibverbindung
        NN Bd - Übertragungsgeschwindigkeit in Baud (Zeichenwechsel pro Sekunde)
        AE3 - Einkanal-ARQ unter Verwendung des internationalen Telegraphiealphabets Nr.3 (ITA-3)
        AM3 - Mehrkanal-ARQ unter Verwendung des internationalen Telegraphiealphabets Nr.3 (ITA-3); 2 Time-Division-Multiplex-Teilkanäle (TDM)
        B2 - Standard-Baudot-Verfahren unter Verwendung des internationalen Telegraphiealphabets Nr.2 (ITA-2)

1. Frequenz	2. Funkstelle/3. Land	4. Funkrufzeichen	5. Modulationsart
2822.5 kHz	Tripoli/Libyen	5AF	RTTY 50 Bd/B2
3177.5 kHz	Calcutta/Indien	AWC	RTTY 50 Bd/B2
3595 kHz	Luqa/Malta	9HA	RTTY 50 Bd/B2
3602.5 kHz	Khartoum/Sudan	STK	RTTY 50 Bd/B2
3885 kHz	Budapest/Ungarn	HAM	CW
3885 kHz	Tirana/Albanien	ZAT	CW
3898 kHz	Brazzaville/Kongo	TNL	RTTY 96 Bd/AM2
3999 kHz	Jeddah/Saudi-Arabien	HZJ	RTTY 50 Bd/B2
4014.5 kHz	Antananarivo/Madagaskar	5ST	RTTY 48 Bd/AE3
4056 kHz	Douala/Kamerun	TJK	RTTY 50 Bd/B2
4464.5 kHz	Libreville/Gabun	TRK	RTTY 50 Bd/B2
4488 kHz	Brazzaville/Kongo	TNL	RTTY 96 Bd/AM2
4510 kHz	Accra/Ghana	9GC	RTTY 50 Bd/B2
4512.5 kHz	Addis Abeba/Ethiopien	ETD3	RTTY 50 Bd/B2
4787 kHz	Douala/Kamerun	TJK	RTTY 50 Bd/B2
4788 kHz	Dakar/Senegal	6VU	RTTY 50 Bd/B2
5107 kHz	Tehran/Iran	EPD	RTTY 50 Bd/B2
5115 kHz	Colombo/Sri Lanka	4RM	RTTY 50 Bd/B2
5117.5 kHz	Cotonou/Benin	TYE	RTTY 50 Bd/B2
5170.2 kHz	Lome/Togo	5VX	RTTY 50 Bd/B2
5317.5 kHz	Tripoli/Libyen	5AF	RTTY 50 Bd/B2
5333.5 kHz	Djibouti/Djibouti	DJR	RTTY 50 Bd/B2

1. Frequenz	2. Funkstelle/3. Land	4. Funkrufzeichen	5. Modulationsart
5393.5 kHz	Monrovia/Liberia	ELRB	RTTY 50 Bd/B2
5442 kHz	Aden/Jemen	7OC	RTTY 50 Bd/B2
5474 kHz	Santa Maria/Azoren	CSY	RTTY 50 Bd/B2
5730 kHz	Niamey/Niger	5UA	RTTY 96 Bd/AM2
5738 kHz	Accra/Ghana	9GC	RTTY 50 Bd/B2
5738 kHz	Hanoi/Vietnam	XVI	RTTY 50 Bd/B2
5803.5 kHz	Accra/Ghana	9GC	RTTY 50 Bd/B2
5807.5 kHz	Ouagadougou/ Burkina Faso	XTU	RTTY 96 Bd AM2
5813.5 kHz	Shannon/Irland	EIP	RTTY 50 Bd/B2
5818.5 kHz	Luqa/Malta	9HA	RTTY 50 Bd/B2
5848 kHz	Abidjan/Elfenbeinküste	TUH	RTTY 50 Bd/B2
5879 kHz	Aden/Jemen	7OC	RTTY 50 Bd/B2
6529.5 kHz	Colombo/Sri Lanka	4RM	RTTY 50 Bd/B2
6736 kHz	Addis Abeba/Ethiopien	ETD3	RTTY 50 Bd/B2
6772 kHz	Pointe Noire/Kongo	TNO	RTTY 50 Bd/B2
6775 kHz	Ouagadougou/ Burkina Faso	XTU	RTTY 96 Bd/AM2
6866 kHz	Sal/Kapverden	D4B	RTTY 50 Bd/B2
6870 kHz	Mataveri/Osterinseln	CAI7E	RTTY 50 Bd/B2
6902.5 kHz	Bangui/Zentralafrika	TLO	RTTY 96 Bd/AM2
6912 kHz	Addis Abeba/ Ethiopien	ETD3	RTTY 50 Bd/B2
6925 kHz	Medan/Indonesien	8BN	RTTY 50 Bd/B2
6941.5 kHz	Libreville/Gabun	TRK	RTTY 50 Bd/B2
6943 kHz	Nouadhibou/ Mauretanien	5TX	RTTY 48 Bd/AE3
6975 kHz	Dakar/Senegal	6VU	RTTY 50 Bd/B2
6989 kHz	Male/Malediven	8Q9	RTTY 50 Bd/B2
7355 kHz	Bamako/Mali	TZH	RTTY 50 Bd/B2
7423 kHz	Nairobi/Kenia	5YD	RTTY 50 Bd/B2
7483.5 kHz	Dakar/Senegal	6VU	RTTY 96 Bd/AM2
7524 kHz	Cotonou/Benin	TYE	RTTY 96 Bd/AM2
7596 kHz	Niamey/Niger	5UA	RTTY 96 Bd/AM2
7610 kHz	Conakry/Guinea	3XA	RTTY 50 Bd/B2
7614 kHz	Niamey/Niger	5UA	RTTY 50 Bd/B2
7626 kHz	Bamako/Mali	TZH	RTTY 50 Bd/B2
7690 kHz	Abidjan/Elfenbeinküste	TUH	RTTY 50 Bd/B2
7730 kHz	Bissau/Guinea-Bissau	J5G	RTTY 50 Bd/B2
7817.5 kHz	Kano/Nigeria	5NK	RTTY 50 Bd/B2
7912 kHz	Budapest/Ungarn	HAM	CW
7912 kHz	Tirana/Albanien	ZAT	CW
7913 kHz	Lusaka/Sambia	9JZ	RTTY 50 Bd/B2
7990 kHz	Dar-es-Salaam/ Tansania	5HD	RTTY 50 Bd/B2

1. Frequenz	2. Funkstelle/3. Land	4. Funkrufzeichen	5. Modulationsart
8071.5 kHz	Delhi/Indien	AWD	RTTY 50 Bd/B2
8101 kHz	Khartoum/Sudan	STK	RTTY 50 Bd/B2
8118 kHz	Lusaka/Sambia	9JZ	RTTY 50 Bd/B2
8123 kHz	Brazzaville/Kongo	TNL	RTTY 96 Bd/AM2
8137.5 kHz	Lilongwe/Malawi	7QZ	RTTY 50 Bd/B2
8145 kHz	Shannon/Irland	EIP	RTTY 50 Bd/B2
8165 kHz	Nairobi/Kenia	5YD	RTTY 50 Bd/B2
8855 kHz	Hanoi/Vietnam	XVI	RTTY 50 Bd/B2
8855 kHz	Riyan/Jemen	7OR	RTTY 50 Bd/B2
9047 kHz	Port Blair/Nikobaren	AVO	CW
9058 kHz	Kinshasa/Zaire	9PL	RTTY 50 Bd/B2
9070 kHz	Dakar/Senegal	6VU	RTTY 50 Bd/B2
9072.5 kHz	Bangui/Zentralafrika	TLO	RTTY 50 Bd/B2
9105 kHz	Lagos/Nigeria	5NL	RTTY 50 Bd/B2
9136 kHz	Douala/Kamerun	TJK	RTTY 50 Bd/B2
9195 kHz	Antananarivo/ Madagaskar	5ST	RTTY 48 Bd/AE3
9217 kHz	Ndjamena/Tschad	TTL	RTTY 96 Bd/AM2
9226 kHz	Douala/Kamerun	TJK	RTTY 50 Bd/B2
9285 kHz	Brazzaville/Kongo	TNL	RTTY 96 Bd/AM2
9287.2 kHz	Bangui/Zentralafrika	TLO	RTTY 50 Bd/B2
9378.5 kHz	Mauritius/Mauritius	3BZ	RTTY 48 Bd/AE3
9846 kHz	Abidjan/Elfenbeinküste	TUH	RTTY 50 Bd/B2
9873.5 kHz	Addis Abeba/Ethiopien	ETD3	RTTY 50 Bd/B2
9909 kHz	Seychelles/Seychellen	S7Z	RTTY 50 Bd/B2
9994 kHz	Santa Maria/Azoren	CSY	RTTY 50 Bd/B2
10102.4 kHz	Conakry/Guinea	3XA	RTTY 50 Bd/B2
10121.1 kHz	Sao Tome/Sao Tome	S9Y	RTTY 50 Bd/B2
10122.5 kHz	Calcutta/Indien	AWC	RTTY 50 Bd/B2
10132 kHz	Brazzaville/Kongo	TNL	RTTY 50 Bd/B2
10134 kHz	Bamako/Mali	TZH	RTTY 50 Bd/B2
10145 kHz	Ho-Chi-Minh-Stadt/Vietnam	XVZ	RTTY 50 Bd/B2
10407.5 kHz	Dakar/Senegal	6VU	RTTY 50 Bd/B2
10418.5 kHz	Asmara/Eritrea	ETS	RTTY 50 Bd/B2
10486 kHz	Kathmandu/Nepal	9NK	RTTY 50 Bd/B2
10510 kHz	Mogadishu/Somalia	6OM	RTTY 50 Bd/B2
10527 kHz	Kigali/Ruanda	9XK	RTTY 50 Bd/B2
10540 kHz	Santa Maria/Azoren	CSY	RTTY 50 Bd/B2
10612.7 kHz	Dhaka/Bangladesh	S2D	RTTY 50 Bd/B2
10633.2 kHz	Cairo/Ägypten	SUC	RTTY 50 Bd/B2
10654.3 kHz	Bangkok/Thailand	HSD	RTTY 50 Bd/B2
10779 kHz	Addis Abeba/Ethiopien	ETD3	RTTY 50 Bd/B2
11027.5 kHz	Kinshasa/Zaire	9PL	RTTY 50 Bd/B2
11063.5 kHz	Khartoum/Sudan	STK	RTTY 50 Bd/B2

1. Frequenz	2. Funkstelle/3. Land	4. Funkrufzeichen	5. Modulationsart
11065 kHz	Kabul/Afghanistan	YAV	RTTY 50 Bd/B2
11147 kHz	Maputo/Mosambik	C9E	RTTY 50 Bd/B2
11175 kHz	Dar-es-Salaam/Tansania	5HD	RTTY 50 Bd/B2
11439 kHz	Kano/Nigeria	5NK	RTTY 50 Bd/B2
11440 kHz	Shannon/Irland	EIP	RTTY 50 Bd/B2
11443 kHz	Lusaka/Sambia	9JZ	RTTY 50 Bd/B2
11486 kHz	Abidjan/Elfenbeinküste	TUH	RTTY 50 Bd/B2
11495 kHz	Tripoli/Libyen	5AF	RTTY 50 Bd/B2
11507.5 kHz	Khartoum/Sudan	STK	RTTY 50 Bd/B2
11541 kHz	Aden/Jemen	7OC	RTTY 50 Bd/B2
11545 kHz	Nairobi/Kenia	5YD	RTTY 50 Bd/B2
11677 kHz	Douala/Kamerun	TJK	RTTY 50 Bd/B2
12065 kHz	Tehran/Iran	EPD	RTTY 50 Bd/B2
12174.3 kHz	Addis Abeba/Ethiopien	ETD3	RTTY 50 Bd/B2
13200 kHz	Mataveri/Osterinseln	CAI7E	RTTY 50 Bd/B2
13366.5 kHz	Nairobi/Kenia	5YD	RTTY 50 Bd/B2
13737 kHz	Nairobi/Kenia	5YD	RTTY 50 Bd/B2
13870 kHz	Bujumbura/Burundi	9UA	RTTY 50 Bd/B2
13996.5 kHz	Khartoum/Sudan	STK	RTTY 50 Bd/B2
14462.5 kHz	Brazzaville/Kongo	TNL	RTTY 50 Bd/B2
14497.7 kHz	Santa Maria/Azoren	CSY	RTTY 50 Bd/B2
14498 kHz	Cairo/Ägypten	SUC	RTTY 50 Bd/B2
14508 kHz	Sal/Kapverden	D4B	RTTY 50 Bd/B2
14600 kHz	Santiago/Chile	CAK	RTTY 50 Bd/B2
14633 kHz	Bujumbura/Burundi	9UA	RTTY 50 Bd/B2
14786.5 kHz	Kinshasa/Zaire	9PL	RTTY 50 Bd/B2
14846 kHz	Nairobi/Kenia	5YD	RTTY 50 Bd/B2
14937.5 kHz	Ndjamena/Tschad	TTL	RTTY 96 Bd/AM2
14989 kHz	Brazzaville/Kongo	TNL	RTTY 50 Bd/B2
16202 kHz	Khartoum/Sudan	STK	RTTY 50 Bd/B2
16245 kHz	Antananarivo/Madagaskar	5ST	CW
16245 kHz	Djibouti/Djibouti	DJR	CW
16245 kHz	Nairobi/Kenia	5YD	CW
18047 kHz	Ndjamena/Tschad	TTL	RTTY 50 Bd/B2
18164.5 kHz	Khartoum/Sudan	STK	RTTY 50 Bd/B2
18178.5 kHz	Khartoum/Sudan	STK	RTTY 50 Bd/B2
18363.5 kHz	Kinshasa/Zaire	9PL	RTTY 50 Bd/B2
18388.5 kHz	Tripoli/Libyen	5AF	RTTY 50 Bd/B2
18543.5 kHz	Khartoum/Sudan	STK	RTTY 50 Bd/B2
18925 kHz	Addis Abeba/Ethiopien	ETD3	RTTY 50 Bd/B2
19822.5 kHz	Tripoli/Libyen	5AF	RTTY 50 Bd/B2

Anhang A: ICAO-Ortskenner

Die Tabelle enthält die ICAO-Ortskennungen der europäischen Verkehrsflughäfen (Gebiete „E" und „L").

EBBR	Brüssel	EGHH	Bournemouth
EBOS	Ostende	EGJB	Guernsey
EDDB	Berlin/Schönefeld	EGJJ	Jersey
EDDC	Dresden	EGKK	London Gatwick
EDDE	Erfurt	EGLL	London Heathrow
EDDF	Frankfurt	EGNX	East Midlands
EDDG	Münster-Osnabrück	EGPE	Inverness
EDDH	Hamburg	EGPF	Glasgow
EDDI	Berlin/Tempelhof	EGPH	Edinburgh
EDDK	Köln-Bonn	EGPK	Prestwick
EDDL	Düsseldorf	EGSS	London Stansted
EDDM	München	EHAM	Amsterdam
EDDN	Nürnberg	EHBK	Maastricht
EDDP	Leipzig	EHEH	Eindoven
EDDR	Saarbrücken	EHRD	Rotterdam
EDDS	Stuttgart	EICK	Cork
EDDT	Berlin/Tegel	EIDW	Dublin
EDDV	Hannover	EINN	Shannon
EDDW	Bremen	EKBI	Billund
EDFH	Hahn	EKCH	Copenhagen Kastrup
EDHK	Kiel-Holtenau	EKEB	Esbjerg
EDHL	Lübeck-Blankensee	EKRK	Copenhagen Roskilde
EDLP	Paderborn-Lippstadt	EKRN	Rönne
EDNY	Friedrichshafen	EKYT	Aalborg
EDOR	Rostock-Laage	ELLX	Luxembourg
EDVE	Braunschweig	ENBO	Bodö
EDXW	Westerland/Sylt	ENBR	Bergen
EETN	Tallinn	ENCN	Kristiansand
EFHK	Helsinki	ENFB	Oslo Fornebu
EFTP	Tampere	ENGM	Oslo Gardermön
EFTU	Turku	ENVA	Trondheim
EFVA	Vaasa	ENZV	Stavanger
EGAA	Belfast	EPGD	Danzig
EGBB	Birmingham	EPKK	Krakau
EGCC	Manchester	EPKT	Kattowitz
EGFF	Cardiff	EPPO	Posen
EGGD	Bristol	EPRZ	Rzeczow
EGGP	Liverpool	EPWA	Warschau
EGGW	Luton	ESSG	Göteborg Landvetter

ESGJ	Jonköping	LFLL	Lyon
ESGP	Göteborg Saeve	LFLS	Grenoble
ESMQ	Kalmar	LFLX	Chateauroux
ESMS	Malmö	LFMK	Carcassonne
ESSA	Stockholm	LFML	Marseille
ESSP	Norköping	LFMN	Nice
ESSV	Visby	LFMP	Perpignan
EVRA	Riga	LFMT	Montpellier
LATI	Tirana	LFOB	Beauvais
LBBG	Bourgas	LFOT	Tours
LBSF	Sofia	LFPG	Paris C. d. Gaulle
LBWN	Varna	LFPO	Paris Orly
LCLK	Larnaca	LFSB	Basle
LCPH	Paphos	LFST	Strasbourg
LDDU	Dubrovnik	LFTH	Hyeres
LDZA	Zagreb	LFTW	Nimes
LEAL	Alicante	LGAD	Andravida
LEAM	Almeria	LGAT	Athen
LEBB	Bilbao	LGHI	Chios
LEBL	Barcelona	LGIR	Heraklion
LEGE	Gerona	LGKO	Kos
LEIB	Ibiza	LGKP	Karpathos
LEJR	Jerez	LGKR	Kerkira
LEMD	Madrid	LGKV	Kavala
LEMG	Malaga	LGLM	Limnos
LEMH	Menorca	LGMK	Mykonos
LEPA	Palma	LGMT	Mitilini
LERS	Reus	LGRP	Rhodos
LEST	Santiago	LGRX	Araxos
LEVC	Valencia	LGSA	Chania
LEVT	Vitoria	LGSK	Skiathos
LEXJ	Santander	LGSM	Samos
LEZL	Sevilla	LGSR	Santorin
LFBA	Agen	LGTS	Thessaloniki
LFBD	Bordeaux	LGZA	Zakinthos
LFBI	Poitiers	LHBP	Budapest
LFBO	Toulouse	LIBD	Bari
LFBP	Pau	LIBR	Brindisi
LFBT	Tarbes	LICA	Lamezia Terme
LFBZ	Biarritz	LICC	Catania
LFJL	Metz	LICJ	Palermo
LFKB	Bastia	LICT	Trapani
LFKC	Calvi	LIEA	Alghero
LFKF	Figari	LIEE	Cagliari
LFKJ	Ajaccio	LIEO	Olbia
LFLD	Bourges	LIMC	Mailand Malpensa

LIME	Bergamo	LOWL	Linz
LIMF	Turin	LOWS	Salzburg
LIMJ	Genua	LOWW	Wien
LIML	Mailand Linate	LPAZ	Santa Maria
LIPE	Bologna	LPFR	Faro
LIPH	Treviso	LPFU	Funchal
LIPK	Forli	LPLA	Lajes
LIPQ	Triest	LPPD	Ponta Delgada
LIPR	Rimini	LPPR	Porto
LIPX	Verona	LPPS	Porto Santo
LIPZ	Venedig	LPPT	Lissabon
LIRA	Rom Ciampino	LRCK	Constanta
LIRF	Rom Fiumicino	LROP	Bucharest
LIRN	Neapel	LSGG	Genf
LIRP	Pisa	LSZH	Zürich
LJLJ	Ljublijana	LTAC	Ankara
LKIB	Bratislava	LTAF	Adana
LKPR	Prag	LTAI	Antalya
LLBG	Tel Aviv	LTBA	Istanbul
LLOV	Ovda	LTBJ	Izmir
LMML	Malta	LTBS	Mugla
LOWG	Graz	LTCE	Erzurum
LOWK	Klagenfurt		

Anhang B:
Konvertierung von Maßeinheiten

Unter Zuhilfenahme der angegebenen Faktoren und Formeln können Zahlenwerte problemlos von einer Maßeinheit in die andere umgerechnet werden.

Maßeinheit	Abkürzung	Umrechnungsfaktor
Amerikanische Gallone (U. S. gallon)	U.S. gal.	1 U.S. gal. = 3.785 l 1 l = 0.264 U.S. gal.
Englisches Pfund (pound)	lb(s)	1 lb = 453.592 g 1 kg = 2.204 lbs
Fuß (feet)	ft	1 ft = 30.48 cm 1 m = 3.28 ft
Fuß pro Minute (feet per minute)	fpm	1 fpm = 0.00508 m/s 1 m/s = 196.8 fpm
Gallone (imperial gallon)	Imperial gal.	1 Imperial gal. = 4.546 l 1 l = 0.219 Imperial gal.
Grad Fahrenheit (degrees Fahrenheit)	°F	°C = 5/9·(°F-32) °F = (9·°C/5)+32
Landmeile (statute mile)	sm	1 sm = 1.6093 km 1 km = 0.6213 sm
Landmeilen pro Stunde (miles per hour)	mph	1 mph = 1.6093 km/h 1 km/h = 0.6213 mph
Seemeile (nautical mile)	NM	1 NM = 1.852 km 1 km = 0.539 NM
Seemeilen pro Stunde (Knoten/knots)	kt(s)	1 kt = 1.852 km/h 1 km/h = 0.539 kts
Unzen/ounces fluid (Hohlmaß)	fl. oz.	1 fl. oz. = 0.0296 l 1 l = 33.7837 fl. oz.
Zoll (inch)	in	1 in = 2.54 cm 1 m = 39.37 in
Zoll Quecksilbersäule (inches of mercury)	in Hg	1 in Hg = 33.8653 haPa 1 haPa = 0.029528 in Hg

Anhang C: Literaturverzeichnis

Kendal, Brian: Manual of Avionics, Third Edition; Blackwall Scientific Publications, Oxford, 1993

Mensen, Heinrich: Moderne Flugsicherung, 2. neubearbeitete Auflage; Springer-Verlag, Berlin, 1993

Smith, David J.: Air Band Radio Handbook, Fourth Edition; Patrick Stephens Limited, Sparkford, 1992

Weishaupt, Herbert: Das große Buch vom Flugsport, 2. Auflage; Druck- und Verlagshaus M. Theiss Ges. m. b. H., Wolfsberg, 1980

Deutsche Flugsicherung GmbH, Offenbach: Luftfahrthandbuch Deutschland (AIP), Band III (VFR)

Deutsche Flugsicherung GmbH, Offenbach: AIC 13/94, 23. Juni 1994 (Reorganisation der Ortskennungen)

International Civil Aviation Organisation (ICAO): International Standards, Recommended Practices and Procedures for Air Navigation Services
- Annex 10 to the Convention on International Civil Aviation (Aeronautical Telecommunications Part I and II), April 1985
- ICAO Abbreviations and Codes, 1989

WMO Manual on Codes, WMO Publication No. 306

Radio ist mehr als nur Hören ...

Deshalb benötigen Sie

das neue Fachmagazin für weltweiten Rundfunkempfang!

Einzelheft mit 72 Seiten	DM 8,–
Abonnement Inland	DM 48,–
Ausland	DM 52,80

Bitte forden Sie ein kostenloses Probeexemplar an!

- Fachlich kompetente Beiträge aus aller Welt
- Technik, Tests, Trends und Marktübersichten
- Neues über die Empfangsmöglichkeiten auf allen Wellen
- Ausführliche und topaktuelle Hörfahrpläne

Radio Hören erscheint alle 2 Monate

 **Verlag für Technik und Handwerk GmbH D-76526 Baden-Baden**